U0203949

Multisim 14

在电工电子技术中的应用

李明晶 董玉冰 云海姣 刘冬梅 编著

清华大学出版社
北京

内 容 简 介

本书是系统介绍 Multisim 14 软件的基础操作、分析方法及其在电路分析、模拟电路、数字电路、通信电子电路和电子技术课程设计中的应用的立体化教程(含纸质图书、仿真文件、教学大纲、教学课件)。本书共分为 11 章：第 1 章、第 2 章介绍 EDA 技术和 Multisim 14 系统；第 3 章介绍 Multisim 14 的元件库；第 4 章介绍 Multisim 14 的仪器；第 5 章、第 6 章介绍 Multisim 14 的基本分析方法和高级分析方法；第 7 章介绍 Multisim 14 在电路分析中的应用；第 8 章介绍 Multisim 14 在模拟电路中的应用；第 9 章介绍 Multisim 14 在数字电路中的应用；第 10 章介绍 Multisim 14 在通信电子电路中的应用；第 11 章介绍 Multisim 14 在电子技术课程设计中的应用。

本书案例丰富、易学易用，适合作为高校电子信息类专业 Multisim 14 软件课程的教材和实验的辅助工具，也适合作为电子设计工作者学习电路分析、模拟电路、数字电路和通信电子电路等设计的参考教材。

图书在版编目（CIP）数据

Multisim14 在电工电子技术中的应用 / 李明晶等编著. -- 北京：清华大学出版社，2024.12. --（电子信息科学与技术丛书）. -- ISBN 978-7-302-67844-1

Ⅰ. TN702.2

中国国家版本馆 CIP 数据核字第 2024WZ1746 号

策划编辑：盛东亮
责任编辑：范德一
封面设计：李召霞
责任校对：王勤勤
责任印制：刘　菲

出版发行：清华大学出版社

网　　址：https://www.tup.com.cn，https://www.wqxuetang.com
地　　址：北京清华大学学研大厦 A 座　　**邮　　编**：100084
社 总 机：010-83470000　　**邮　　购**：010-62786544
投稿与读者服务：010-62776969，c-service@tup.tsinghua.edu.cn
质量反馈：010-62772015，zhiliang@tup.tsinghua.edu.cn
课件下载：https://www.tup.com.cn，010-83470236

印 装 者：大厂回族自治县彩虹印刷有限公司
经　　销：全国新华书店
开　　本：185mm×260mm　　**印　　张**：17.5　　**字　　数**：446 千字
版　　次：2024 年 12 月第 1 版　　**印　　次**：2024 年 12 月第1 次印刷
印　　数：1～1500
定　　价：59.00 元

产品编号：101595-01

前言

PREFACE

电子设计自动化(Electronic Design Automation,EDA)技术是伴随计算机、集成电路、电子系统的设计发展起来的,至今已有30多年的历程。20世纪80年代后期,出现了一批优秀的EDA软件,如PSPICE、EWB等,EDA软件代表着电子系统设计的技术潮流,已逐步成为电子工程师理想的设计工具,也是电子工程师和高等院校电子类专业学生必须掌握的基本工具。

电子设计工作平台Electronics Workbench由加拿大IIT(Interactive Image Technologies)公司推出,可以完成电路仿真设计和版图设计,是一套功能完善、操作界面友好、容易使用的EDA工具,广泛应用于国内外各高校和电子技术界。Electronics Workbench主要包括Multisim 14电路仿真设计工具、VHDL/Verilog编辑/编译工具、Ultiboard PCB设计工具和Yltirounte自动布线工具。这些工具可以独立使用,也可以配套使用,如果配备了上述全部工具,就可以构成一个相对完整的电子设计软件平台。

Multisim 14是一种专门用于电路仿真和设计的软件,是NI公司下属的Electronics Workbench Group推出的以Windows为基础的仿真工具,是目前最为流行的EDA软件之一。该软件基于PC平台,采用图形操作界面虚拟仿真了一个与实际情况非常相似的电子电路实验工作台,几乎可以完成在实验室进行的所有电子电路实验,已被广泛地应用于电子电路分析、设计、仿真等。

全书主要介绍了Multisim 14的基本分析方法、高级分析方法及Multisim 14在电工电子技术中的应用。在电路分析中的应用主要对直流电路的基本定律和定理进行了验证,动态电路的动态特性进行了仿真;在模拟电路分析中的应用主要对基本放大电路、反馈放大电路、集成运算放大器和直流稳压电源等知识点进行了全面的仿真;在数字电路分析中的应用主要对晶体管的开关特性、组合电路的应用、时序逻辑电路的应用、集成555定时器的应用、数/模(D/A)和模/数(A/D)转换等知识点进行了全面的仿真,与理论教学环环相扣;在通信电子电路中的应用主要对高频小信号调谐放大电路、调谐功率放大电路、正弦波振荡电路、振幅调制电路和振幅解调电路等知识点进行了全面的仿真,同时介绍了Multisim 14在电子课程设计中的应用。

全书由李明晶负责组织和编写。其中,刘冬梅编写第1章～第3章;李明晶编写第4章～第7章;云海姣编写第8章～第10章;董玉冰编写第11章。

全书由长春大学电子信息工程学院李杰教授主审。同时,在本书的编写过程中也参考了一些优秀的教材,在此一并表示衷心的感谢!

由于编者水平有限,书中难免存在错误与不妥之处,恳请读者提出批评意见和改进建议,以利于本书的进一步完善。

编著者

2024年10月

知识图谱

KNOWLEDGE GRAPH

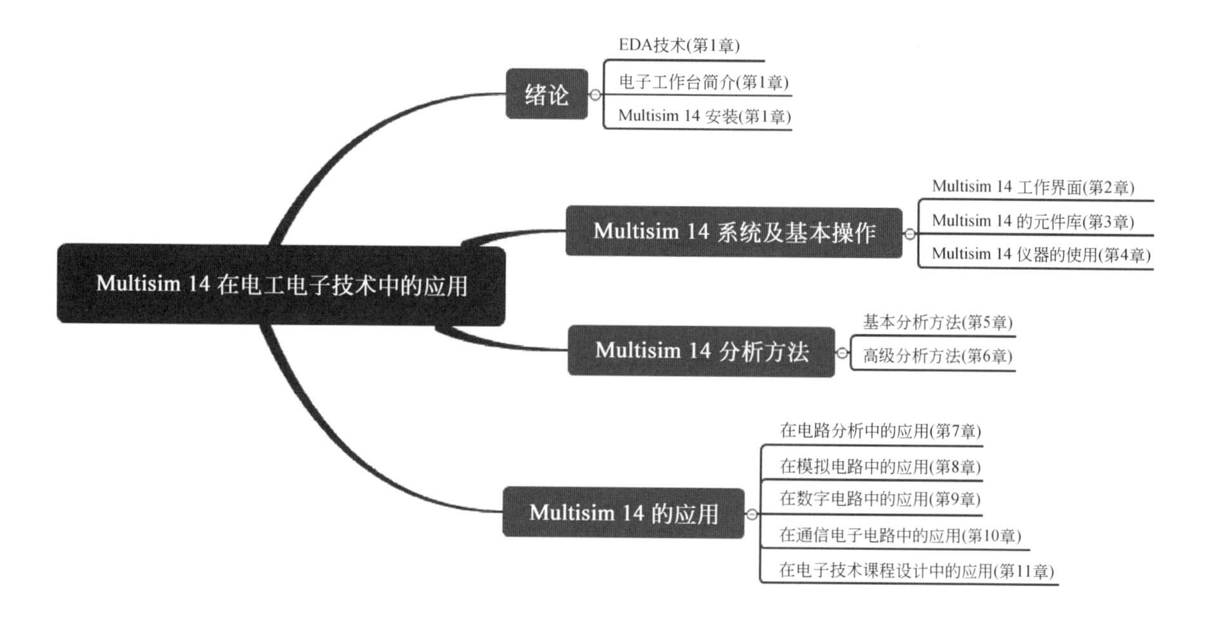

目录

CONTENTS

第1章 绪　论

CHAPTER 1

电子电路的设计包括设计方案提出、方案论证和修改完善三个阶段，有时需经多次修改完善才能获得可用的功能电路。传统设计方法一般采用搭接实验电路的方式进行，该方式费用高、效率低。以“人”为设计主体、借助计算机完成设计任务的模式即为计算机辅助设计(Computer Aided Design，CAD)。

1.1 EDA 技术

电子设计自动化(Electronic Design Automation，EDA)技术也称电子设计自动化技术，是在电子 CAD 技术的基础上发展起来的计算机设计软件系统，它是计算机、信息和 CAM (Computer Aided Manufacturing，计算机辅助制造)、CAT(Computer Aided Test，计算机辅助测试)等技术发展的产物。利用 EDA 工具，电子设计师可以从概念、协议、算法等开始设计电子系统，大量工作可以通过计算机完成，包括电子产品的电路设计、性能分析以及印制电路板设计等。

随着电子和计算机技术的发展，电路的集成度和电子产品的智能化程度越来越高，而产品的更新周期却越来越短。现阶段，电子产品研制已与计算机技术的运用密不可分，EDA 技术为电子电路设计人员在计算机上完成电路的功能设计、逻辑设计、性能分析、时序测试以及印制电路板的设计(包括印制电路板的温度分布和电磁兼容测试)提供了便利条件。目前，EDA 技术已在世界各大公司、企业和科研单位广泛使用。EDA 软件众多，有 EWB、PSPICE、OrCad、Pcad、Protel 等，本书重点介绍比较常用的 EDA 软件 EWB(Electronics Workbench)，其最新版本更名为 Multisim(Multi Simulation)。

1.2 电子工作台简介

传统的电子电路设计开发，通常需要制作一块试验板或在面包板上进行模拟实验，以测试是否达到设计指标要求，并且需要反复实验、调试，才有可能设计出符合要求的电路，既费时费力，又提高了设计成本；另外，受工作场所、仪器设备等因素的限制，许多实验(理想化、破坏性的实验)不能进行。

随着计算机软硬件的发展，解决以上问题的计算机仿真技术应运而生。加拿大 IIT 公司于 20 世纪 80 年代末、90 年代初推出了专用于电子电路仿真设计的“电子工作台”(Electronics Workbench，EWB)软件。EWB 以 SPICE3F5 为软件核心，具有数字与模拟信号混合仿真功能，其最新版本更名为Multisim，功能更加完善。电子产品设计人员可利用该软件对所设计的电路进行仿真和调试，一方面可以验证设计的电路是否能达到设计要求和技术指标，另一方面可以通过改变电路的结构、元件参数使整个电路的性能达到最佳。最后，将仿真得到的性能指标合格的电子电路制板，不仅降低了电路的设计成本，而且缩短了产品的研发周期。

目前，国内有许多大学将Multisim作为EDA技术学习的主要内容，纳入了电子类课程的实验教学，使学生在掌握电子技术基本原理的基础上，得到电路分析、应用及开发能力的训练。一些学校受限于实验条件，个别电路的设计和调试任务无法完成，通过利用Multisim在计算机上虚拟的各种元件、仪表齐备的电子工作台，一方面克服了实验室条件的限制；另一方面又可针对不同训练目的进行仿真实验，培养了学生排除故障、综合分析和开发创新能力，是对电子实验技能训练的有力补充。

1.3 Multisim 14 安装

Multisim 14有教育版、专业版、加强专业版和特别版4个版本。不同版本的功能不同，界面也有差别，本书基于Multisim 14教育版实现电路设计与仿真。具体安装方法同其他软件基本相同，在此不作详细介绍。

第 2 章

CHAPTER 2

Multisim 14 系统

启动 Multisim 14,其工作界面如图 2.1.1 所示,主要由主菜单、工具栏(系统、查看、仪表)、元件组、设计管理器、主设计窗口等部分组成。

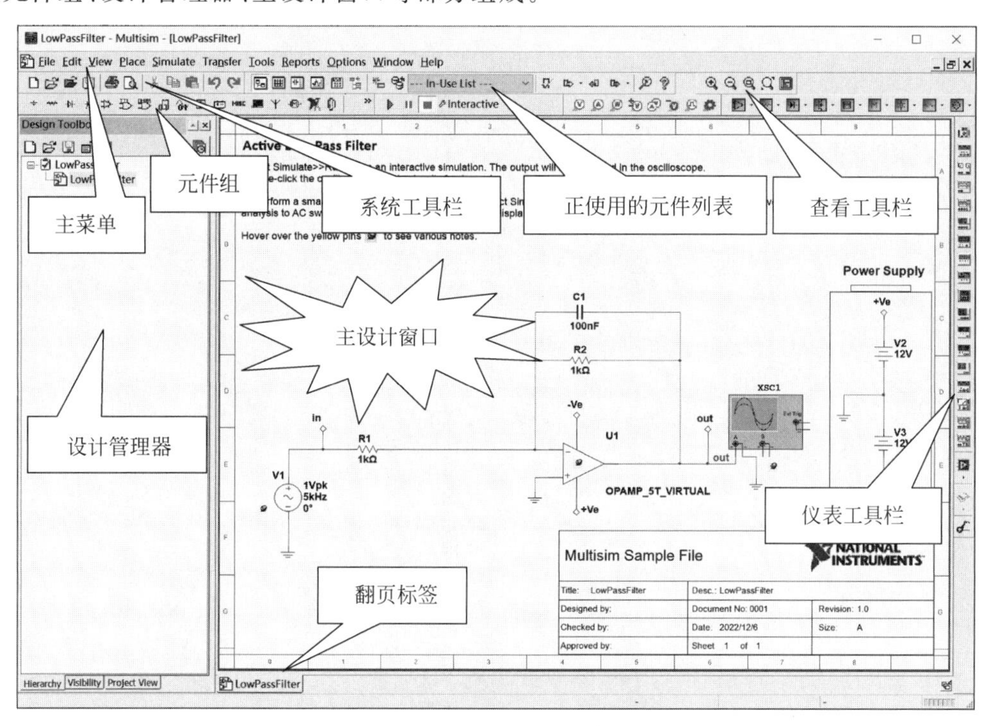

图 2.1.1 Multisim 14 工作界面

2.1 Multisim 14 工作界面

2.1.1 主菜单

在 Multisim 14 主菜单中可以找到所有功能命令,完成电路设计的全过程,其工作界面如图 2.1.1 所示,功能命令列举如下。

(1) File 菜单如图 2.1.2 所示。

(2) Edit 菜单如图 2.1.3 所示。

(3) View 菜单如图 2.1.4 所示。

(4) Place 菜单如图 2.1.5 所示。

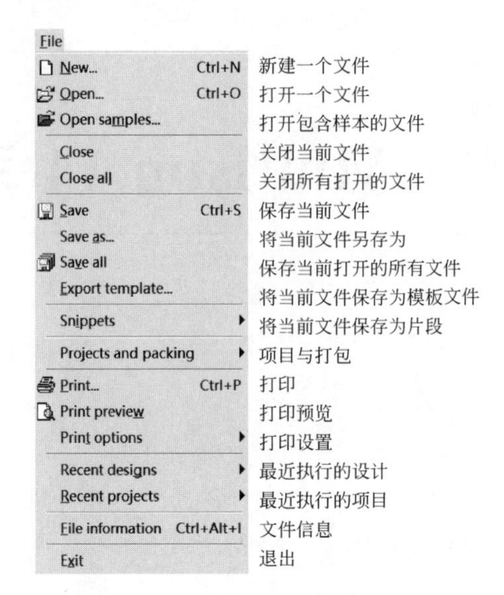

图 2.1.2　File 菜单

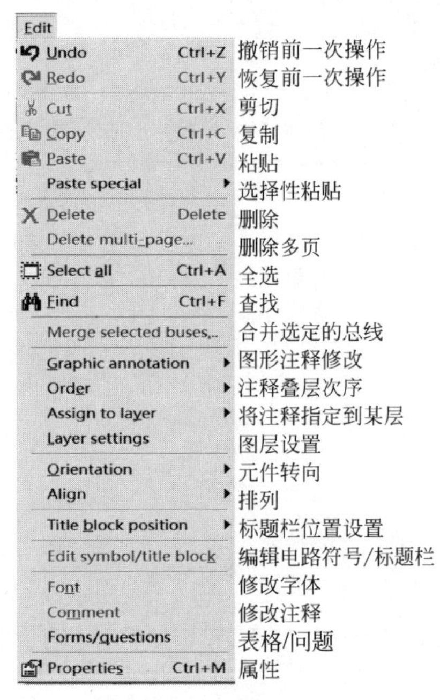

(a) Edit主菜单

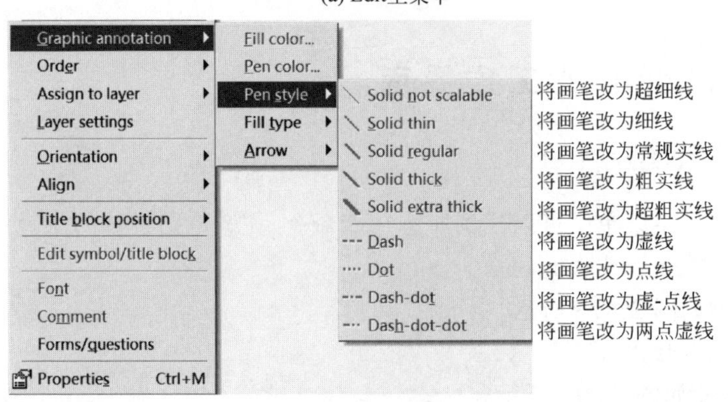

(b) Pen style子菜单

图 2.1.3　Edit 菜单

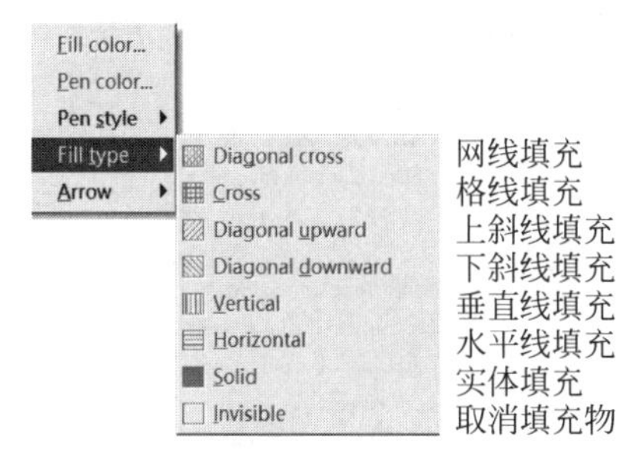

(c) Fill type子菜单

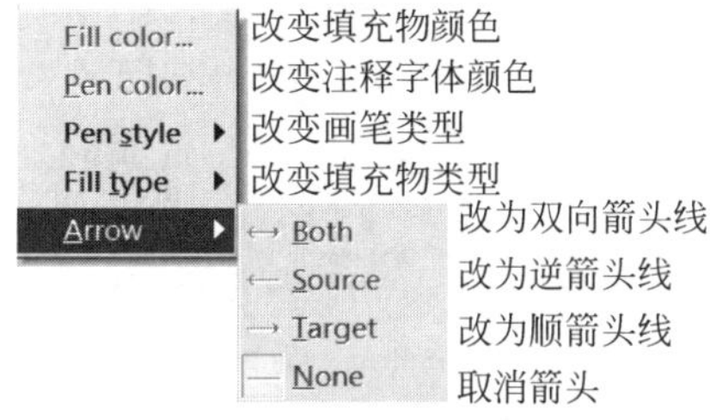

(d) Arrow子菜单

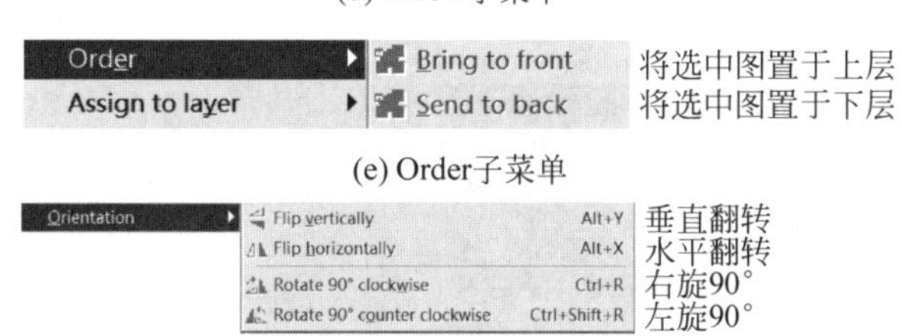

(e) Order子菜单

(f) Orientation子菜单

图 2.1.3　（续）

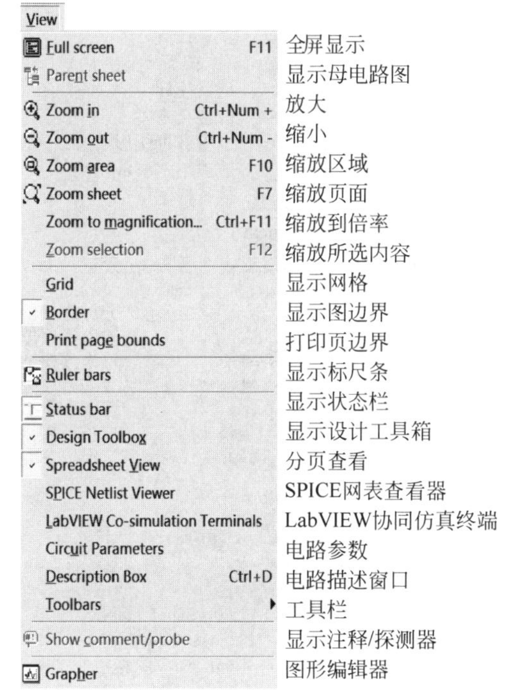

(a) View主菜单

图 2.1.4　View 菜单

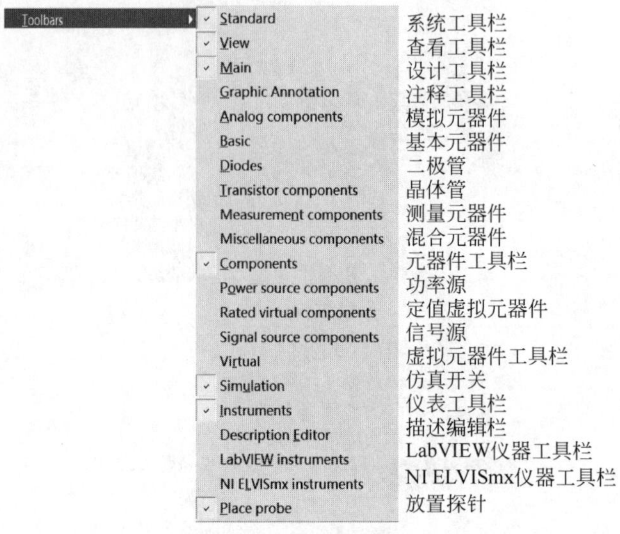

(b) Toolbars子菜单

图 2.1.4 （续）

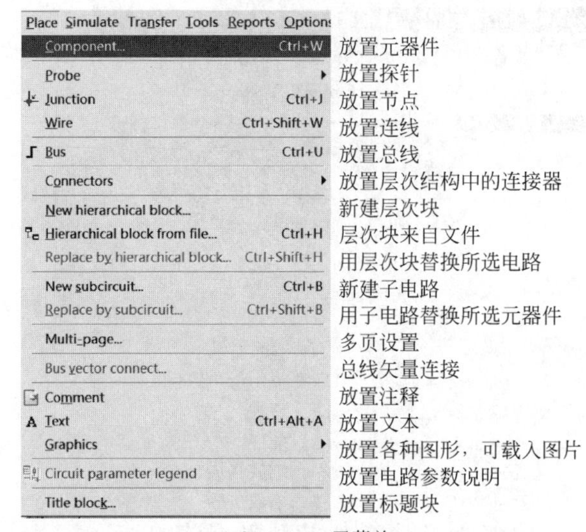

(a) Component子菜单

Connectors
On-page connector Ctrl+Alt+O 连接到上页
Global connector Ctrl+Alt+G 全局连接器
Hierarchical connector Ctrl+I 分层连接器
Input connector 输入连接器
Output connector 输出连接器
Bus hierarchical connector 总线分层连接器
Off-page connector 连接到下页
Bus off-page connector 总线连接到下页
LabVIEW co-simulation terminals LabVIEW协同仿真终端

(b) Connectors子菜单

Graphics
Line Ctrl+Shift+L 注释线
Multiline 曲线
Rectangle 四边形
Ellipse Ctrl+Shift+E 椭圆
Arc Ctrl+Shift+A 圆弧
Polygon Ctrl+Shift+G 多边形
Picture 载入图片

(c) Graphics子菜单

图 2.1.5 Place 菜单

（5）Simulate 菜单如图 2.1.6 所示。

（6）Transfer 菜单如图 2.1.7 所示。

（7）Tools 菜单如图 2.1.8 所示。

（8）Reports 菜单如图 2.1.9 所示。

（9）Options 菜单如图 2.1.10 所示。

（10）Window 菜单如图 2.1.11 所示。

（11）Help 菜单如图 2.1.12 所示。

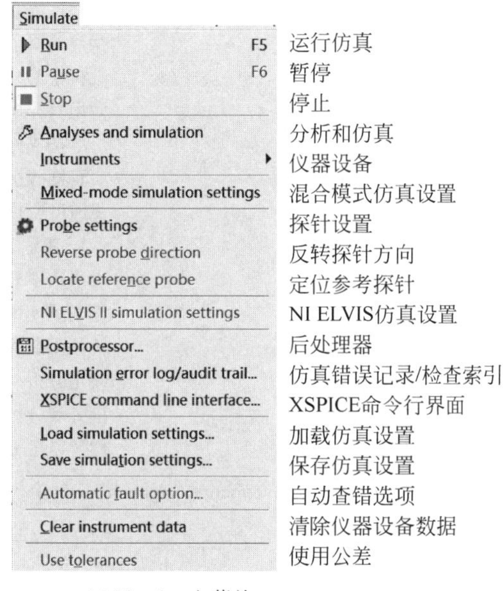

(a) Simulate主菜单

(b) Instruments子菜单

图 2.1.6　Simulate 菜单

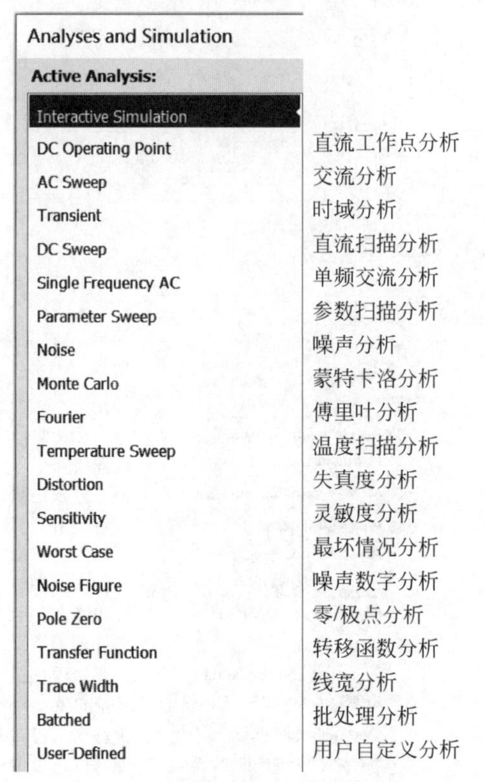

(c) Interactive Simulation子菜单

图 2.1.6 （续）

Transfer
Transfer to Ultiboard 传递到Ultiboard
Forward annotate to Ultiboard 注释到Ultiboard
Backward annotate from file... 由Ultiboard反向注释到Multisim
Export to other PCB layout file... 导出到其他PCB布局文件
Export SPICE netlist... 导出SPICE网表
Highlight selection in Ultiboard 加亮显示Ultiboard中的所选区域

图 2.1.7 Transfer 菜单

图 2.1.8 Tools 菜单

图 2.1.9　Reports 菜单

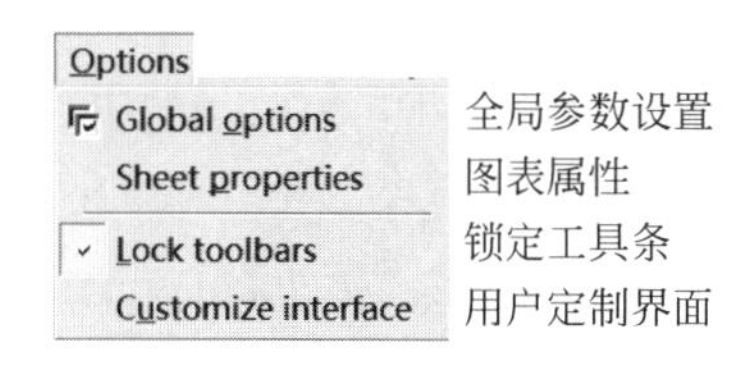

图 2.1.10　Options 菜单

图 2.1.11　Window 菜单

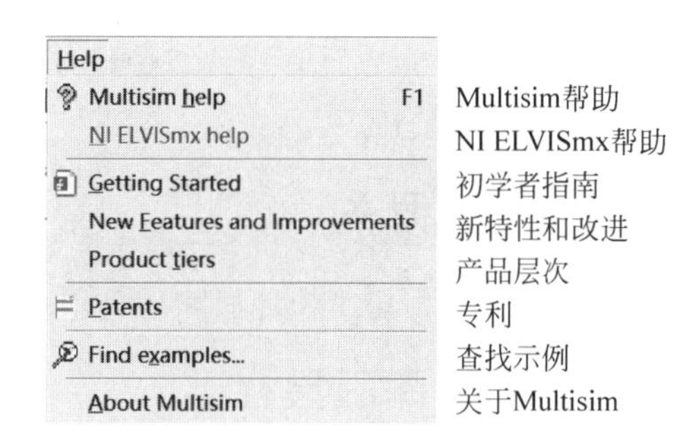

图 2.1.12　Help 菜单

2.1.2　系统工具栏

系统工具栏如图 2.1.13 所示，包括 Windows 常用的快捷工具按钮，如新建、打开、保存、打印、打印预览、剪切、复制和粘贴等。

图 2.1.13　系统工具栏

2.1.3　查看工具栏

查看工具栏如图 2.1.14 所示，包括全屏显示、缩放显示、区域放大显示、整页显示等工具按钮。

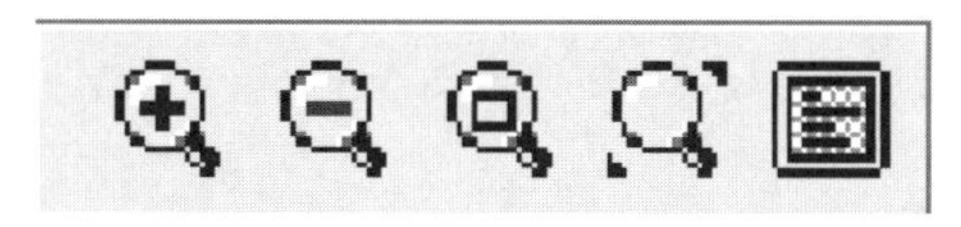

图 2.1.14　查看工具栏

2.1.4　设计工具栏

设计工具栏如图 2.1.15 所示，包括电路设计中常用的工具按钮和使用元件列表，及“教育网”按钮和“帮助”按钮。

图 2.1.15　设计工具栏

(1) “设计工具箱显示或隐藏”按钮，用于设计工具箱的开启和关闭。

(2) “电子表格查看窗口显示或隐藏”按钮。

(3) SPICE 网表查看器。

(4) 图表查看器。

(5) “后分析”按钮，可打开“后分析”对话框，用以对仿真结果进行进一步的分析操作。

(6) 元件向导。

(7) “数据库”按钮，可开启“数据库管理”对话框，对元件进行编辑。

(8) “电气规则检查”按钮，可打开“电气规则检查”对话框，对创建的电路进行检查。

(9) 转移到 Ultiboard 或 Ultiboard 文件。

(10) 由 PCB 设计程序返回的“注释”按钮。

(11) 针对 PCB 设计程序的“注释”按钮。

(12) “帮助”按钮。

2.1.5 仿真开关

仿真开关 ，用于快速启动、暂停和停止电路仿真。

2.1.6 元件库工具栏

元件库工具栏如图 2.1.16 所示，主要包括开启各种元件的快捷按钮。

图 2.1.16 元件库工具栏

(1) 信号源库按钮。

(2) 基本元件库。

(3) 二极管库。

(4) 晶体三极管库。

(5) 模拟元件库。

(6) TTL 元件库。

(7) CMOS 元件库。

(8) MultiMCU 元件库。

(9) 高级外围元件库。

(10) 其他数字元件。

(11) 模拟混合元件库。

(12) 指示元件库。

(13) 杂项元件库。

(14) 射频元件库。

(15) 电机元件库。

(16) 放置层次块按钮。

(17) 放置总线。

(18) 放置 NI 元件。

(19) 放置连接器。

(20) 放置电源组件。

2.1.7 虚拟元件工具栏

虚拟元件工具栏如图 2.1.17 所示,使用虚拟元件进行原理分析或验证更具普遍性。虚拟元件的参数通常是理想的,也可以根据需要对某些参数加以调整。

图 2.1.17 虚拟元件工具栏

2.1.8 仪表工具栏

仪表工具栏如图 2.1.18 所示,纵向排列在整个工作界面的最右侧,主要包括仿真分析常用的 16 种虚拟仪器,使用方法同真实仪器基本一致。另外,还包括 1 组 LabVIEW 仪器和 1 个测量探针。

图 2.1.18 仪表工具栏

2.1.9 设计工具栏

设计工具栏窗口是工作界面的附属窗口,需要时可通过单击 View 中的 Design Toolbox 命令打开该窗口。

整个工作界面的最下边为状态栏,显示鼠标左指条目的信息或仿真工作的进程。

除此之外,还有许多隐藏的工具栏,可以通过菜单 View 中 Toolbars 的对应命令让其显示出来。

2.2 创建电路原理图的基本操作

本节介绍如何建立一个电路原理图,包括放置元件、调整元件和元件连线等,如何对电路进行仿真分析,包括调用仪器、仿真和分析等。本节将通过一个简单的电路实例仿真展开介绍。

2.2.1 定制用户界面

在创建电路之前,建议根据电路的具体要求和用户习惯,定制一个默认的用户界面。定制用户界面的操作主要通过启动 Options 菜单中的 Global Options 命令和 Sheet Properties 命令打开对应对话框,选择各种功能选项。

2.2.1.1 总体参数设置

执行菜单栏 Options→Global Options 命令,打开 Global Options 对话框,如图 2.2.1 所示,用户可根据需要选择各项参数。

1. Paths 选项卡

Paths 选项卡主要是关于路径的介绍,如图 2.2.1 所示。

(1) General(一般设置),其中各选项介绍如下。

Design default path:设计默认路径。

Templates default path:模板默认路径。

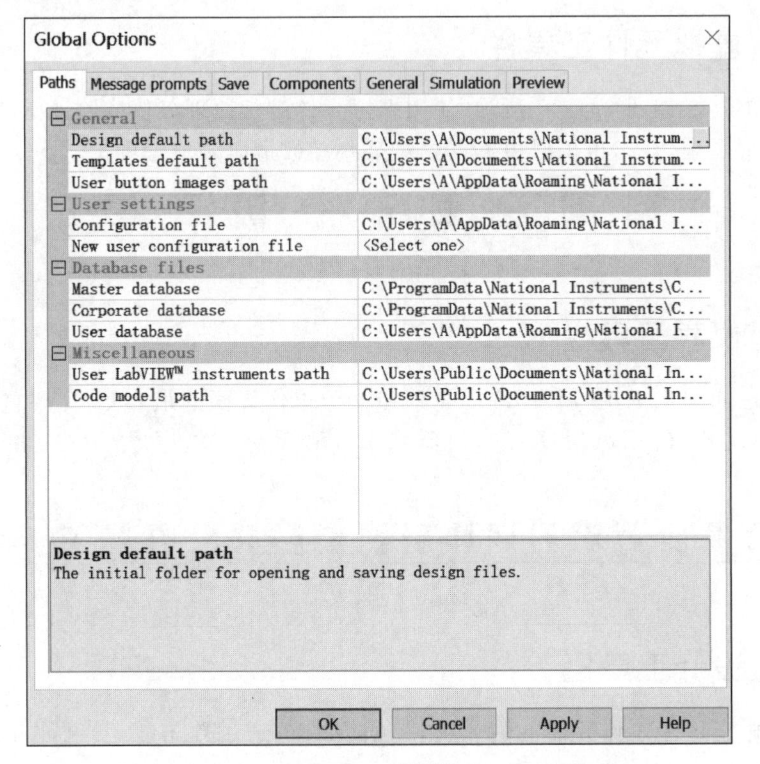

图 2.2.1　Global Options 对话框——Paths 选项卡

User button images path：用户按钮图像路径。

（2）User settings（用户设置），可通过模板建立用户设置文件或调用已有的用户设置文件。

Configuration file：配置文件。

New user configuration file：新建用户配置文件。

（3）Database files（数据库文件），包括 Master database、Corporate database 和 User database 的数据库文件。

（4）Miscellaneous，其中各选项介绍如下。

User LabVIEW™ instruments path：LabVIEW 仪器路径。

Code models path：代码模型路径。

2. Save 选项卡

Save 选项卡用来设置备份功能，如图 2.2.2 所示。

（1）Create a "security copy"：创建一个安全备份。

（2）Auto-backup：自动存盘时间间隔设定。

（3）Save simulation data with instruments：仿真数据最大保存量设定。

3. Components 选项卡

Components 选项卡可实现元件库中元件符号标准和工作窗口中元件放置方式的设置，如图 2.2.3 所示。3 个区域如下。

（1）Place component mode：选择放置元件的方式。其中，Return to Component Browser after placement 表示放置元件后返回元件浏览器；Place single component 表示选取一次元件只能放置一次；Continuous placement for multi-section component only（ESC to quit）表示复合封装在一起的元件，可以连续放置，直到全部放完，按 Esc 键可以退出放置；Continuous

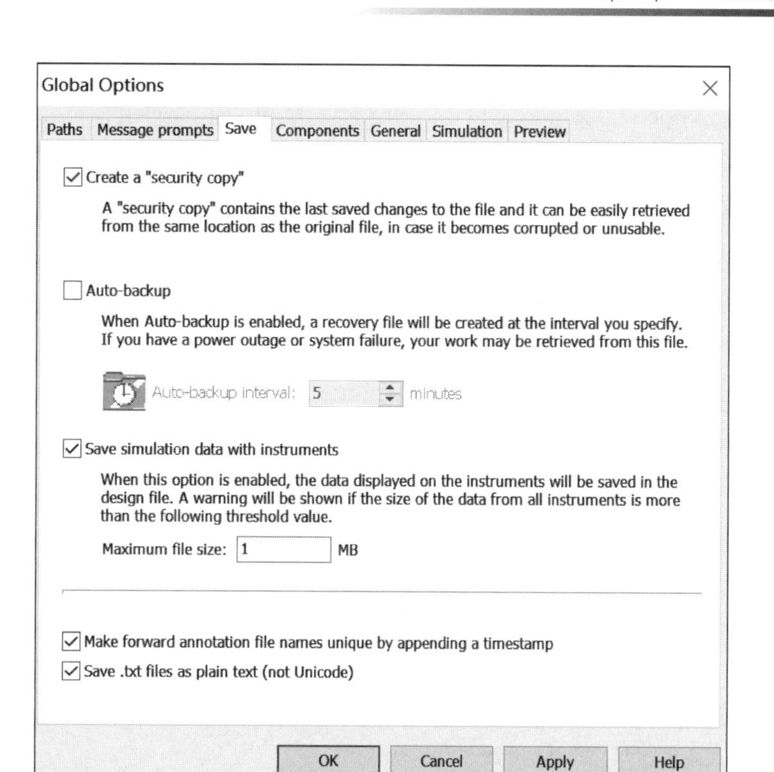

图 2.2.2 Global Options 对话框——Save 选项卡

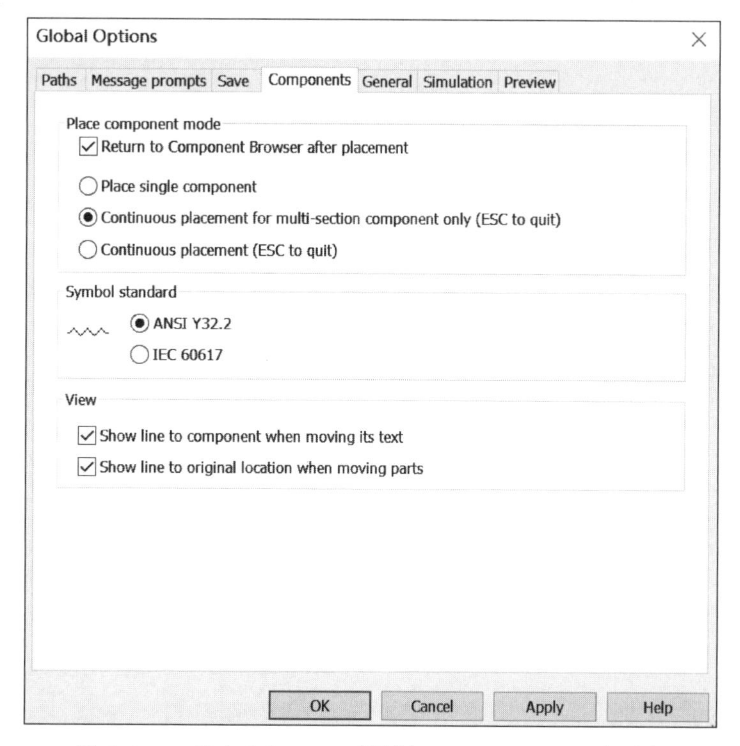

图 2.2.3 Global Options 对话框——Components 选项卡

placement(ESC to quit)表示选取一次元件可以连续放置多次，按 Esc 键可以退出放置。

(2) Symbol standard：选取采用的元件符号标准，其中，ANSI 为美国标准，IEC 为国际电工委员会标准。

(3) View：其中各选项介绍如下。

Show line to component when moving its text：移动文本时向组件显示行。

Show line to original location when moving parts：移动贴片时将线显示到原始位置。

4. General 选项卡

General 选项卡设置界面如图 2.2.4 所示，各选项介绍如下。

Selection rectangle：选择矩形。

Mouse wheel behavior：鼠标滚轮作用。

Wiring：自动接线方式。

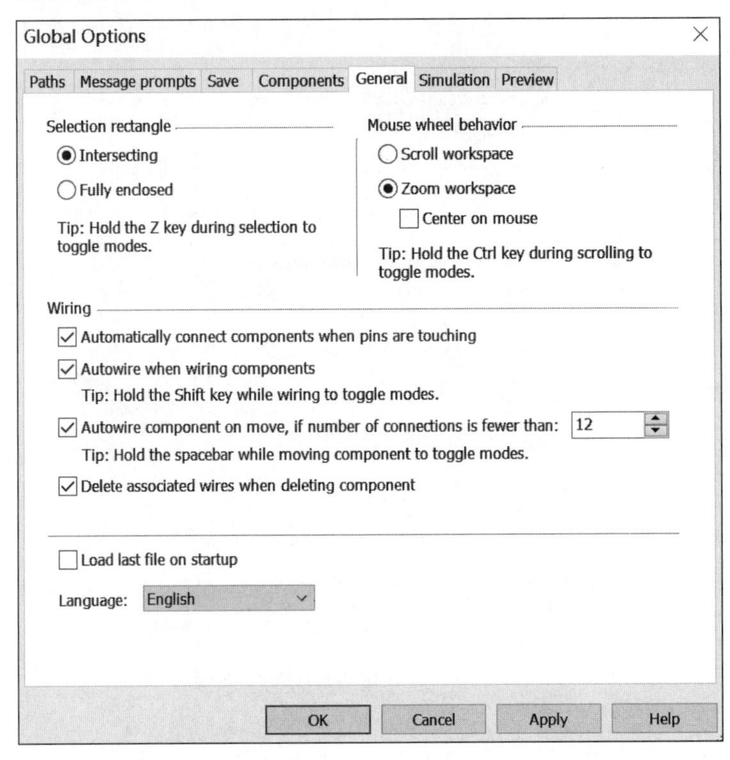

图 2.2.4 Global Options 对话框——General 选项卡

2.2.1.2 电路图属性设置

执行菜单栏 Options→Sheet Properties 命令，或者 Edit→Properties 命令，打开 Sheet Properties 对话框，该对话框有 7 个选项卡，用户可根据个人习惯对各种参数进行设置。

1. Sheet visibility 选项卡

Sheet visibility 选项卡包括 Component、Net names、Connectors 和 Bus entry 4 个选项区，如图 2.2.5 所示，Component 选项区设置元件和连线上要显示的文字项目等，如 Labels 显示元件的标识，RefDes 显示元件的序号，Values 显示元件的参数值，Attributes 显示元件属性等。

2. Workspace 选项卡

Workspace 选项卡是对电路工作窗口显示图样的设置，如图 2.2.6 所示，包括 Show 选项区和 Sheet size 选项区。Show 选项区包括图纸的 Show grid(显示栅格)、Show page bounds (显示纸张边界)、Show border(显示边框)；Sheet size 选项区设置图纸的规格及方向。

3. Wiring 选项卡

Wiring 选项卡设置电路中导线的宽度及连接方式，如图 2.2.7 所示。

图 2.2.5 Sheet Properties 对话框——Sheet visibility 选项卡

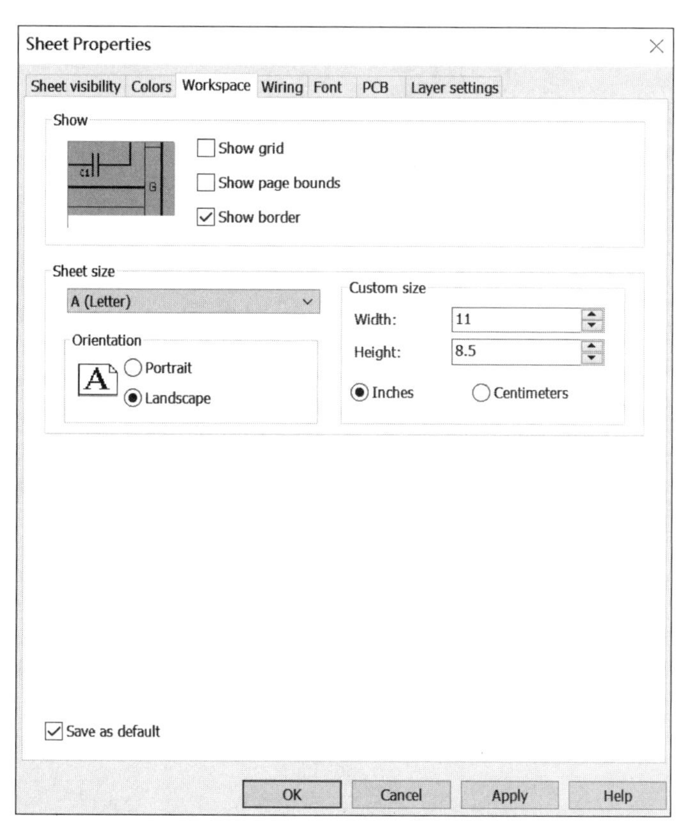

图 2.2.6 Sheet Properties 对话框——Workspace 选项卡

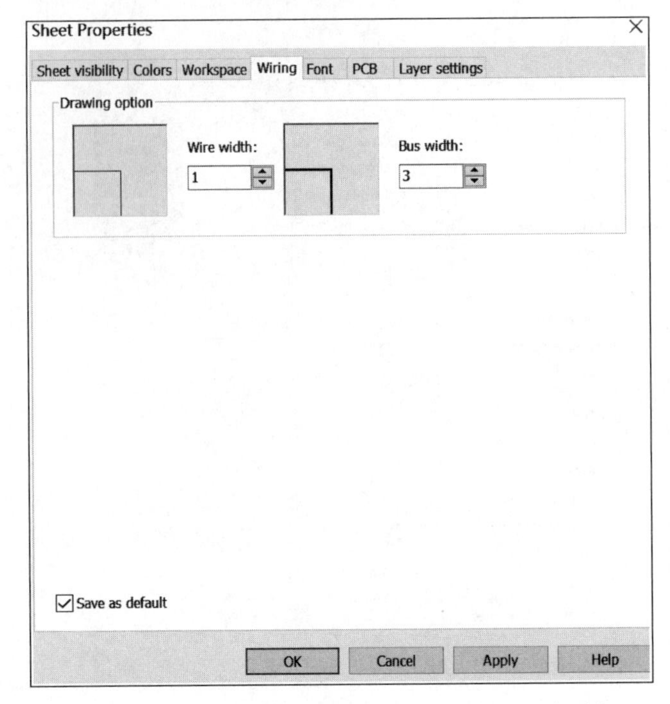

图 2.2.7 Sheet Properties 对话框——Wiring 选项卡

4. Font 选项卡

Font 选项卡设置元件的标识和参数、元件属性、节点或引脚的名称、原理图文本等，如图 2.2.8 所示，设置方法与一般文本处理程序相同，此处不再赘述。

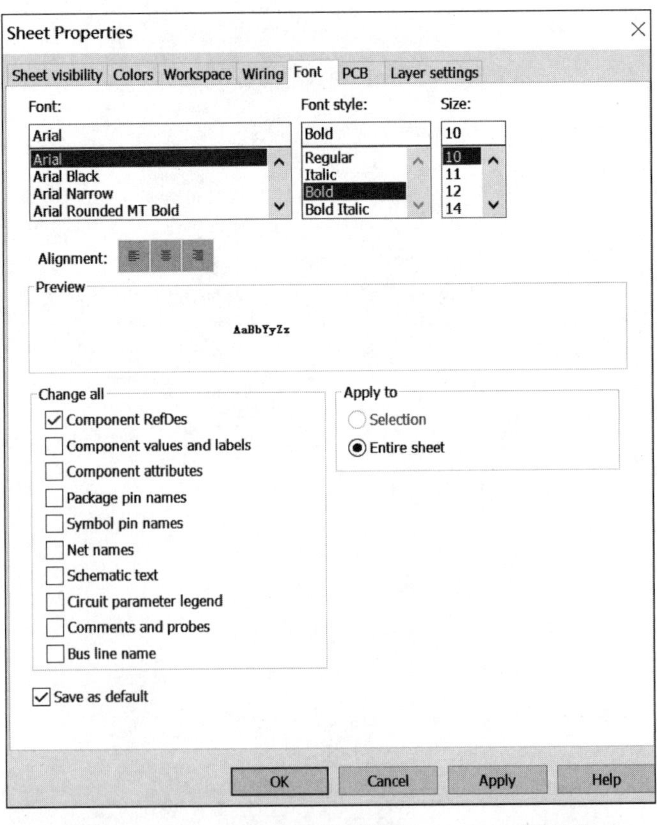

图 2.2.8 Sheet Properties 对话框——Font 选项卡

5. PCB 选项卡

PCB 选项卡选择 PCB 的接地方式,如图 2.2.9 所示。

Sheet Properties
Sheet visibility | Colors | Workspace | Wiring | Font | PCB | Layer settings
Ground option
Connect digital ground to analog ground
Unit settings
Units: mil
Copper layers
Layer pairs: 1
Single layer stack-ups:
Top: 0
Bottom: 0
Inner layers: 0
Copper Top
Copper Bottom
PCB settings
Pin swap: Yes
Gate swap: Internal gates only
Save as default
OK Cancel Apply Help

图 2.2.9 Sheet Properties 对话框——PCB 选项卡

6. Colors 选项卡

Colors 选项卡设置编辑窗口内的元件、引线及背景的颜色,如图 2.2.10 所示。

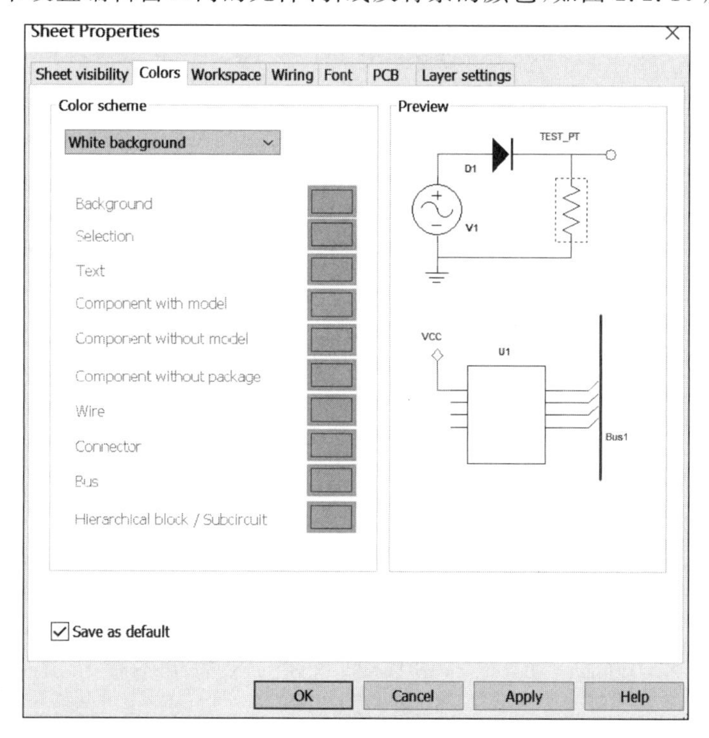

图 2.2.10 Sheet Properties 对话框——Colors 选项卡

7. Layer settings 选项卡

Layer settings 选项卡设置标签和值，标记引脚名称、网络名称、封装引脚名称等，如图 2.2.11 所示。

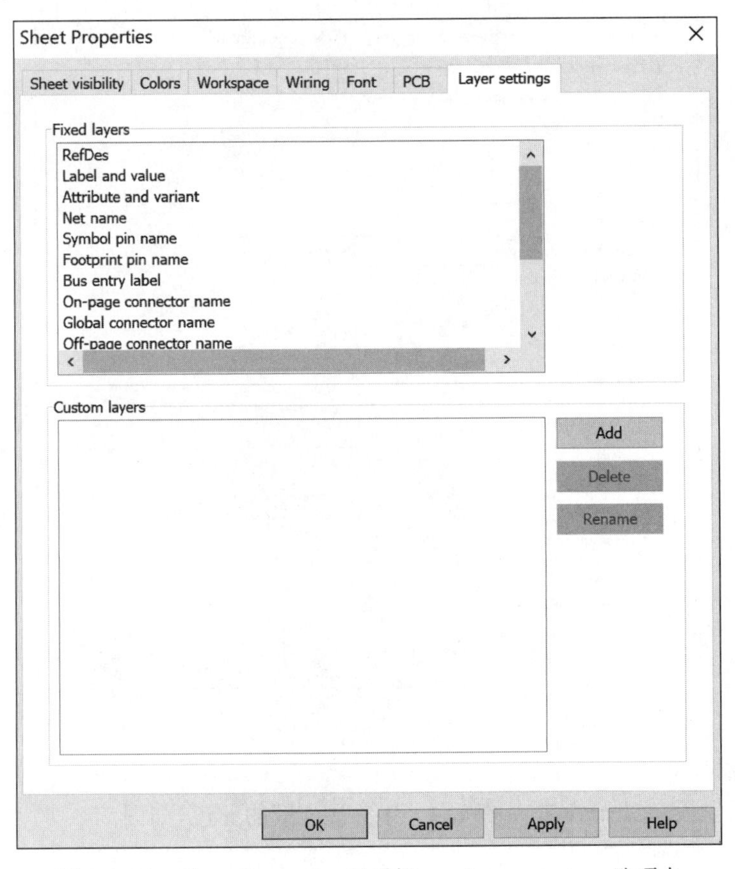

图 2.2.11 Sheet Properties 对话框——Layer settings 选项卡

2.2.2 元件的操作

Multisim 14 中元件种类繁多，有现实元件，也有虚拟元件。虚拟元件又有 3D 元件、定值元件和任意值元件之分。开发新产品必须使用现实元件，设计验证新电路原理采用虚拟元件较好，不同类型的元件存放于不同的元件库中，提取的路径也不同，但操作方法相同。下面以现实元件创建电路图为例，说明元件的操作。

2.2.2.1 元件的选用和调入

以 NPN 晶体三极管 2N2712 为例，说明元件的选用和调入。

(1) 将鼠标移至含有晶体三极管元件的分类元件库图标 上，该图标变成上凸，并在图标右下方出现该图标英文名称。单击该图标，图标下凹，松开鼠标按键，晶体三极管元件库被打开。

(2) 在 Database 区选择 Master Database，可供选择的数据库还有 Corporate Database 和 User Database。

(3) 在 Group 区，选择 Transistors 晶体管，可供选择的组还有 Sources、Basic 等其他元件库。

(4) 在 Family 区，单击 BJT_NPN，如果选择其他元件，找到对应型号单击以选择。

（5）在 Component 区选择 2N2712，如图 2.2.12 所示，然后单击 OK 按钮。晶体三极管库自动关闭，鼠标指针下出现一个黑色的晶体三极管图标，并跟随鼠标移动。当移动至合适位置后，单击将晶体管放置于此，图标变为蓝色，并带有元件型号和编号。晶体三极管放置前后的变化如图 2.2.13 所示。晶体管元件库再次打开，若还要添加元件，可继续；否则将其关闭。

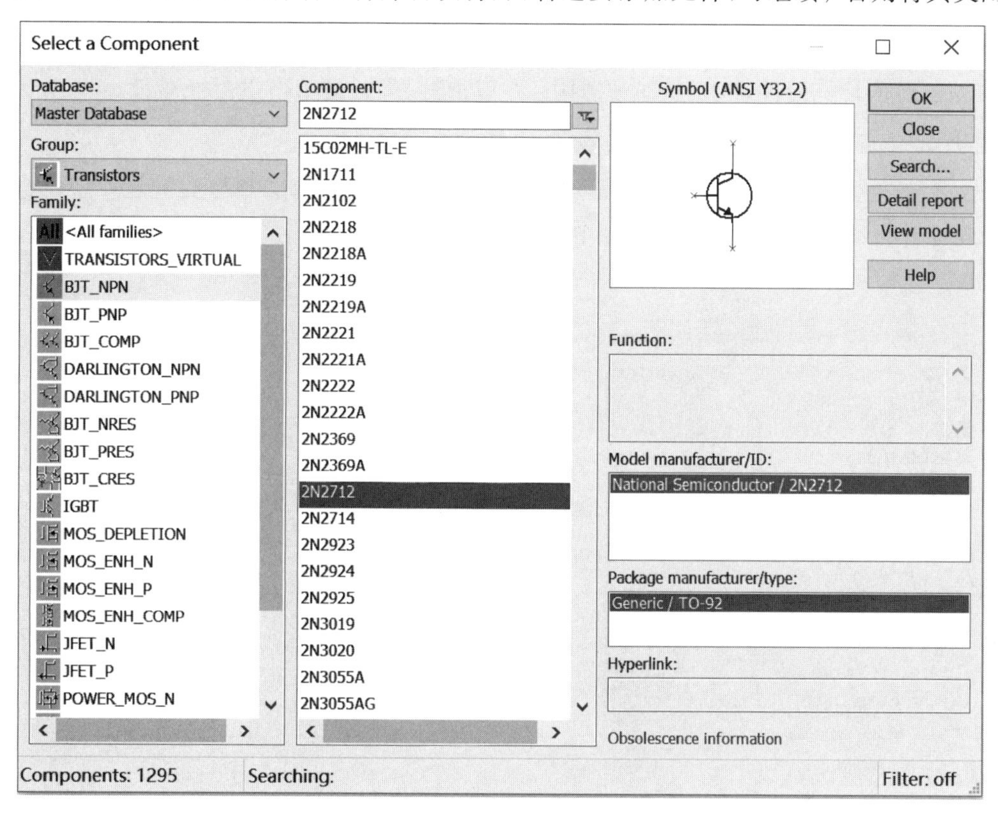

图 2.2.12　选定 2N2712 后的图示界面

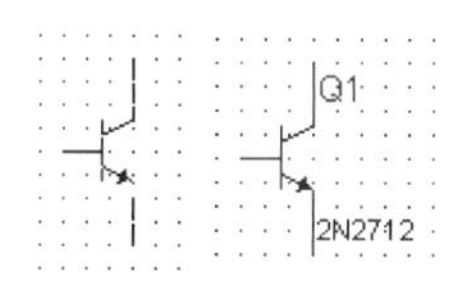

图 2.2.13　晶体管放置前后的变化

对于同一封装内包含多个相同基本单元的集成电路，单击元件库的 OK 按钮后，出现如图 2.2.14(a)所示的集成电路选择框，通常按顺序选用，当单击 A 按钮后，选择框如图 2.2.14(b)所示。如若继续放置，可单击 B、C 等按钮，否则单击 Cancel 按钮停止，也可按键盘上的 Esc 键停止放置。

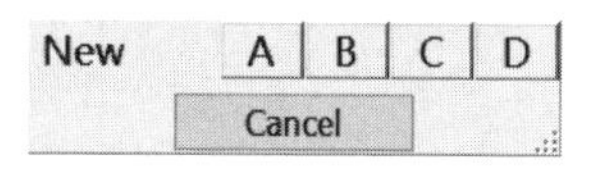

(a) 第一次出现的集成电路选择框

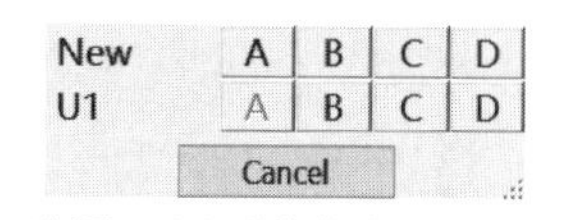

(b) 选择A后出现的集成电路选择框

图 2.2.14　集成电路选择框

2.2.2.2　元件的移动

由于每个电路都由许多元件组成，通常先将组建电路所需的元件一次性取出，其初始位置大多随意放置，并不是其在电路中的合适位置，需要通过移动元件重新布局。

元件移动的方法是将鼠标移至需要移动的元件上，单击拖动该元件随鼠标在工作区内移动，到达理想位置后，释放鼠标左键，该元件即放置于此。

2.2.2.3 元件的选中

在电路连接或改动时，有时需要对某些元件进行剪切、粘贴、复制、删除、旋转和翻转等操作，就要选中该元件。

方法：单击目标元件，该元件即被选中；要取消选择，只需单击空白处即可。

2.2.2.4 元件的剪切、粘贴、复制和删除

(1) 右击处置元件，打开"处置"对话框，如图2.2.15所示，再选用相关命令。

(2) 选中元件，在电路空白区右击，打开如图2.2.16所示对话框，再选用相关命令。

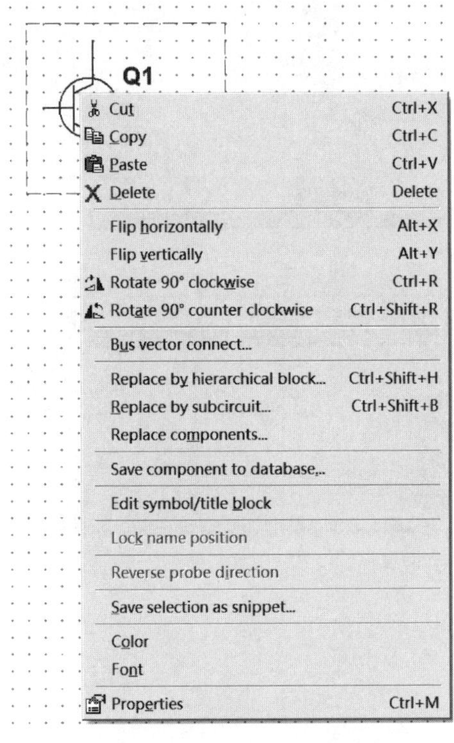

图2.2.15 "处置"对话框

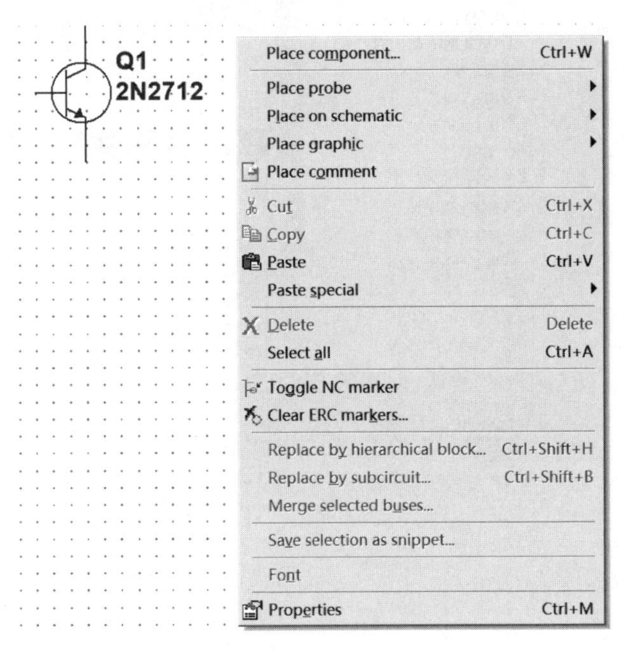

图2.2.16 选中元件电路空白区右击打开的对话框

(3) 选中元件，执行Edit命令，打开Edit菜单，再选用相关命令。

(4) 选中元件，使用系统工具栏中相关按钮，该方法不能实现删除功能。

(5) 选中元件，直接使用快捷键，如Ctrl+X(剪切)、Ctrl+C(复制)、Ctrl+V(粘贴)。

2.2.2.5 元件的旋转与翻转

元件旋转与翻转的操作方法也有多种，具体操作方法如下：

(1) 右击处置元件，打开"处置"对话框，如图2.2.15所示，再选用相关命令。

(2) 选中元件，执行Edit→Orientation命令，打开Orientation下拉菜单，如图2.2.17所示，再选用相关命令。

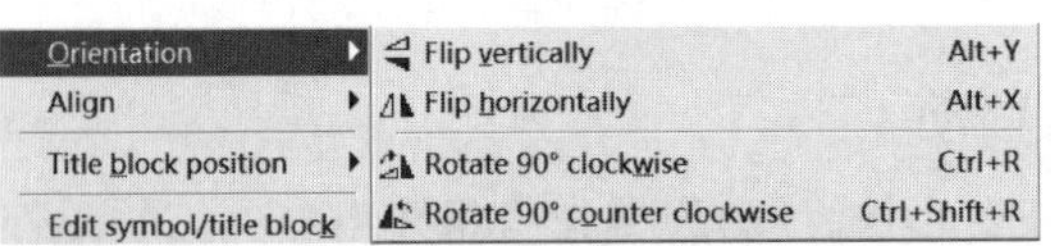

图2.2.17 Orientation命令及下拉子菜单

(3) 选中元件,直接使用快捷键,如 Alt+X(水平翻转)、Alt+Y(垂直翻转)、Ctrl+R(顺时针旋转 90°)、Ctrl+Shift+R(逆时针旋转 90°)。

2.2.3 电路的连接

2.2.3.1 元件的连接

所有元件引脚都可以引出一条连接导线,也一定能连接到另一个元件的引脚或者另一条导线上。如果某元件的一个引脚靠近一条导线或另一个元件的引脚,连接会自动生成,操作步骤如下。

(1) 拖动元件靠近待连接的元件引脚或待连接的导线。

(2) 当两个元件引脚相接处或者引脚与导线相接处出现红色小圆点时,释放左键,小红点消失。

(3) 单击选中元件,并将元件拖离至适当位置,连接导线自动出现,即实现了元件引脚间或元件引脚与导线间的连接。

也可以执行如下步骤实现元件引脚间或元件引脚与导线间的连接:

将鼠标指向某元件的接线端,鼠标标识消失,在引出点出现带十字花的黑色小圆点。单击并拖动鼠标,沿网格绘出一条黑色的虚直线或折线,将鼠标拉向另一元件的接线端,并使其出现红色小圆点。单击使虚线变成红色,实现两个元件间的有效连接。

2.2.3.2 元件间连线的删除与改动

1. 元件间连线的删除步骤

(1) 右击待删除的连线以选中待删除导线,在连接点及拐点处出现蓝色的小方点,并打开"连线设置"对话框,如图 2.2.18 所示。

(2) 单击 Delete 命令,对话框和连线消失。

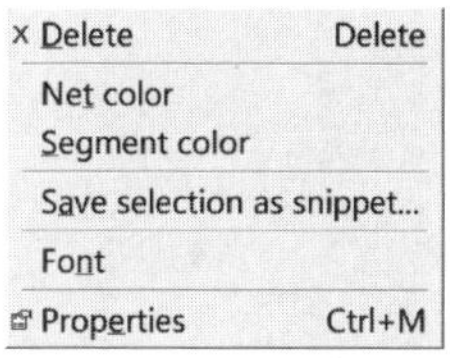

2. 改动元件连线

删除原来连线后,重新进行绘制。

Delete   Delete
Net color
Segment color
Save selection as snippet...
Font
Properties   Ctrl+M

图 2.2.18 "连线设置"对话框

2.2.4 总线的操作

2.2.4.1 总线的放置

总线可以在一张电路图中使用,也可以通过连接器连接多张电路图。一张电路图中,可以有一条或多条总线。不同的总线,只要名字相同,它们就是相通的,即使相距很远,也不必实际相连。

总线放置的具体步骤如下。

(1) 单击元件工具栏中的 (放置总线) 按钮(或执行菜单命令 Edit→Place Bus),鼠标标识消失,出现一个带十字花的黑色小圆点。

(2) 拖动黑色小圆点到总线起始位置,单击该位置,出现一个黑色方点。

(3) 拖动鼠标,引出一条黑色的虚线到总线的第 2 个位置;再单击,出现一个小方点,直至画完整条总线。

(4) 双击结束画线,细的虚线变成一条粗黑线。

(5) 总线可以水平和垂直放置,也可以 45°角倾斜放置。它可以是一条直线,也可以是有多个拐点的折线。

2.2.4.2 元件与总线连接

元件的接线端都可以与总线连接,连接步骤如下。

(1) 将鼠标移动至元件的接线端,鼠标箭头变成一个带十字花的黑色小圆点时,按下左键。

(2) 拖动鼠标,向总线靠近。当靠近总线且出现折弯时,单击,释放鼠标。

(3) 打开如图 2.2.19 所示的 Bus Entry Connection 对话框,若有必要,可在 Bus line 框修改引线编号,然后单击 OK 按钮确认修改。

(4) 引线与总线元件连接处的折弯可有两个方向,既可以向上,也可以向下。

(5) 将所有的相关接线端逐一与总线连接,注意根据需要修改引线编号。

2.2.4.3 总线合并

在大型数字电路图中,为使图样整洁、连线方便,常将多条总线合并使用。具体操作步骤如下。

(1) 双击需要更名的总线,打开 Bus Properties(总线属性)对话框,如图 2.2.20 所示。

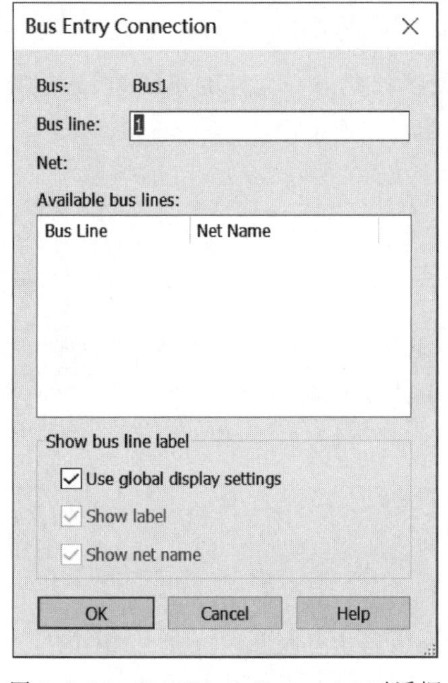

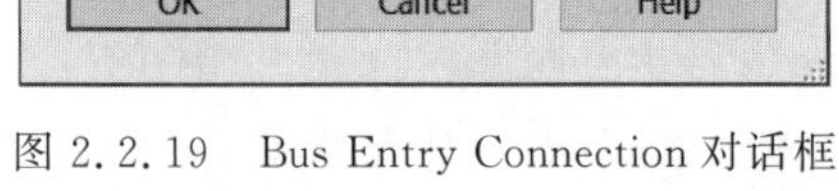

图 2.2.19 Bus Entry Connection 对话框

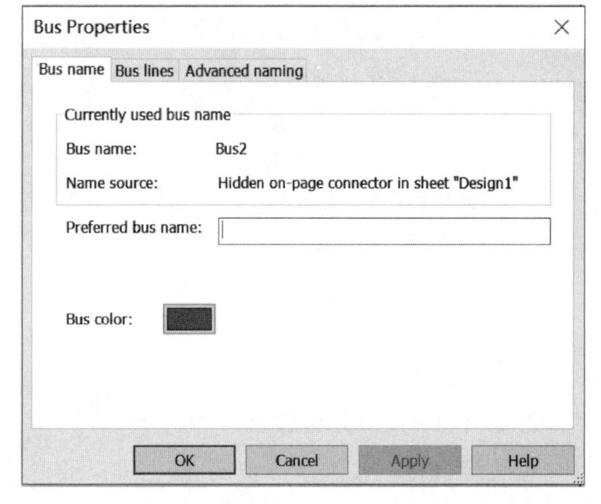

图 2.2.20 Bus Properties 对话框

(2) 修改总线名称,单击 OK 按钮确认。

(3) 单击选中要合并的总线,右击打开 Merge Buses 对话框,如图 2.2.21 所示。

(4) 单击 OK 按钮,打开 Resolve Bus Name Conflict 对话框,将 Bus2 总线和 Bus1 总线合为一条,重新命名为 Bus1,然后单击 OK 按钮,如图 2.2.22 所示。

(5) 根据需要将待合并的总线逐一合并。

2.2.5 创建电路原理图

创建电路的过程:在桌面上双击 Multisim 应用程序图标,打开应用程序窗口。选择 File→New 命令,打开 New Design 对话框,选择 Blank and recent→Blank 选项,单击 Create 按钮,如图 2.2.23 所示。

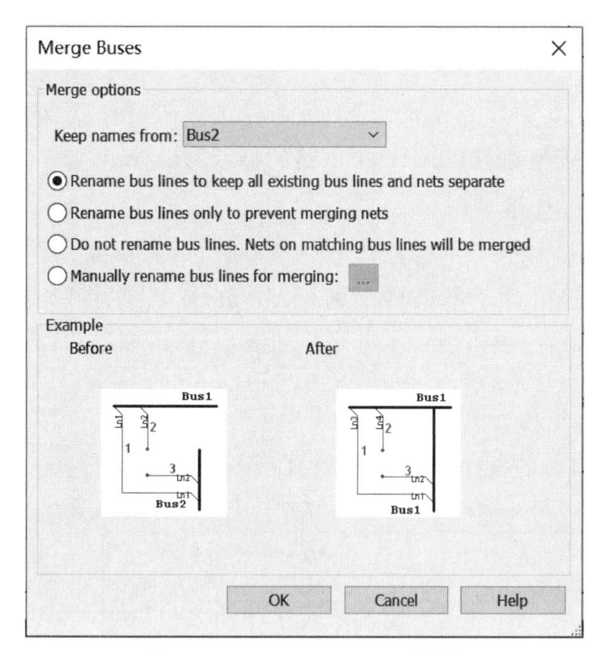

图 2.2.21 Merge Buses 对话框

图 2.2.22 Resolve Bus Name Conflict 对话框

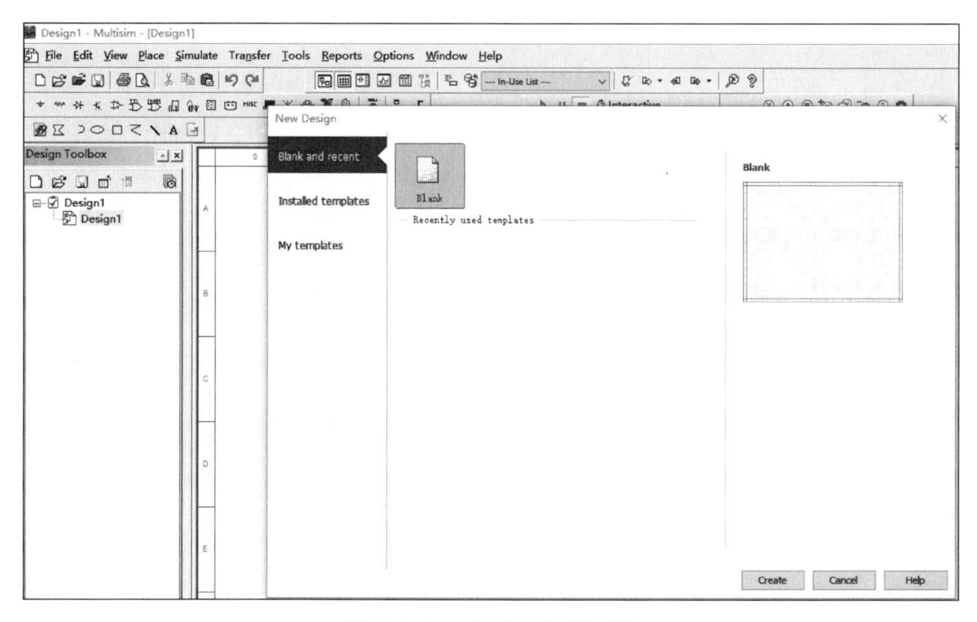

图 2.2.23 创建电路原理图

2.2.6 子电路和多页层次设计

在电路设计过程中，遇到较大的电路或某块电路重复使用时，需要把整个电路的某部分或某块重复的电路设计成子电路，以利于整个电路的显示和设计。

2.2.6.1 创建子电路

创建子电路的过程如下。

(1) 与创建电路过程相同，操作步骤参见2.2.5节，或直接打开原有电路。

(2) 为了便于电路的连接，需要对子电路添加输入/输出端口，具体方法如下所示：

① 利用快捷键Ctrl+I或执行菜单命令Place→Connectors；

② 添加不同类型的连接器。

添加输入/输出端口后的电路图如图2.2.24所示[①]。

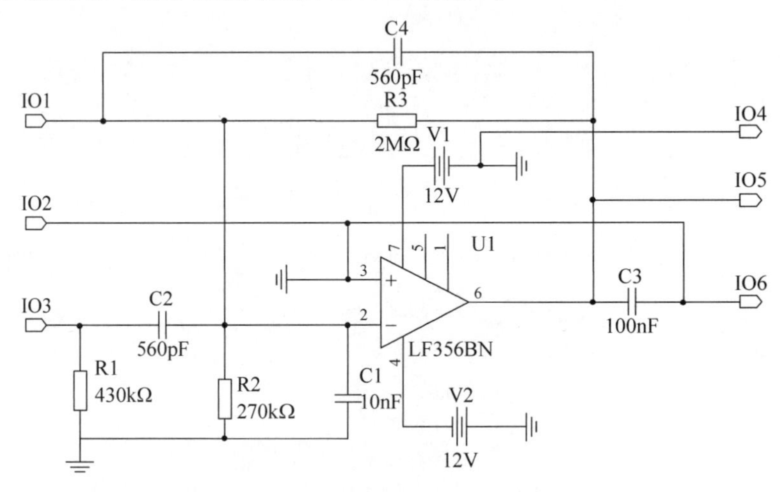

图2.2.24 添加输入/输出端口后的电路

(3) 拖动鼠标形成一方块区域，并将设定为子电路的电路图圈起，然后右击电路空白处，打开"元件处置"对话框，选择Replace by Subcircuit，打开Subcircuit Name对话框，如图2.2.25所示，输入子电路名称，单击OK按钮确认，创建的子电路将显示在工作区，如图2.2.26所示。

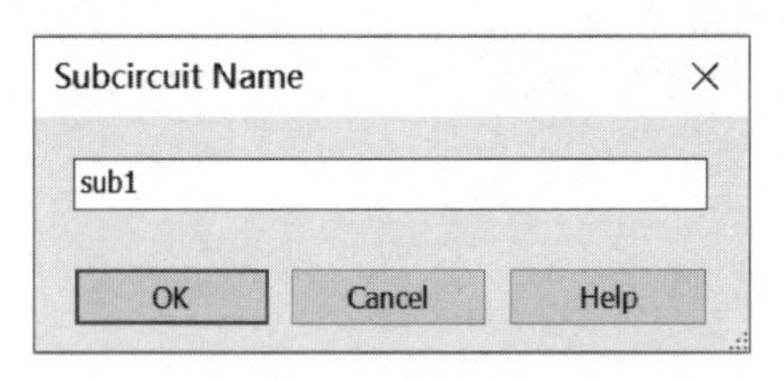

图2.2.25 Subcircuit Name对话框

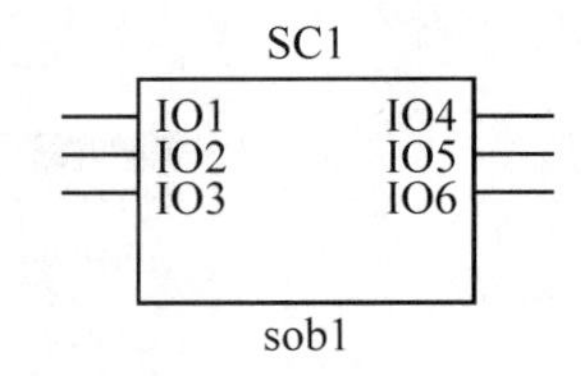

图2.2.26 创建的子电路

2.2.6.2 子电路的复制和修改

打开应用子电路的新窗口，右击空白处，在出现的对话框中选择Paste special，单击Paste as Subcircuit命令，在打开的对话框中输入子电路的名称，于是子电路就以一个元件的形式显示在新电路窗口中，等待与其他电路连接。

如对子电路属性进行修改，可双击其图标，出现如图2.2.27所示的Hierarchical Block/

① 本书电路图由软件直接生成，不修改图中变量的正斜体与下标格式。

Subcircuit 对话框。单击 Open subsheet 按钮，可打开如图 2.2.24 所示电路，对电路参数进行修改。

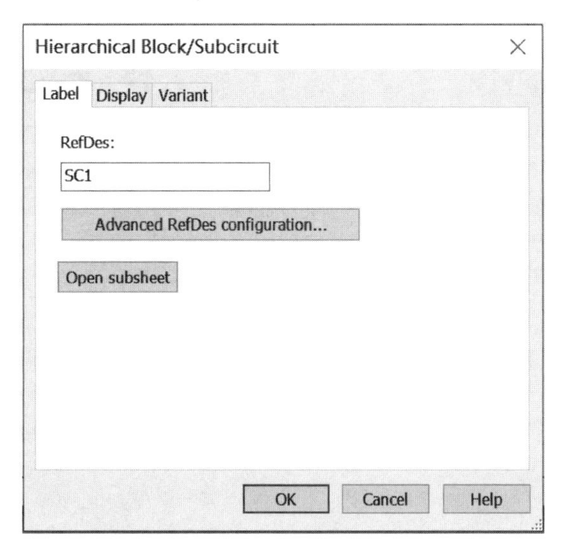

图 2.2.27　Hierarchical Block/Subcircuit 对话框

2.2.7　添加文本说明

在电路设计中，往往需要添加标题栏，或写一些文字说明。

2.2.7.1　添加标题栏

添加标题栏的步骤如下。

(1) 执行菜单命令 Place→Title Block，打开标题样本文件夹，如图 2.2.28 所示。

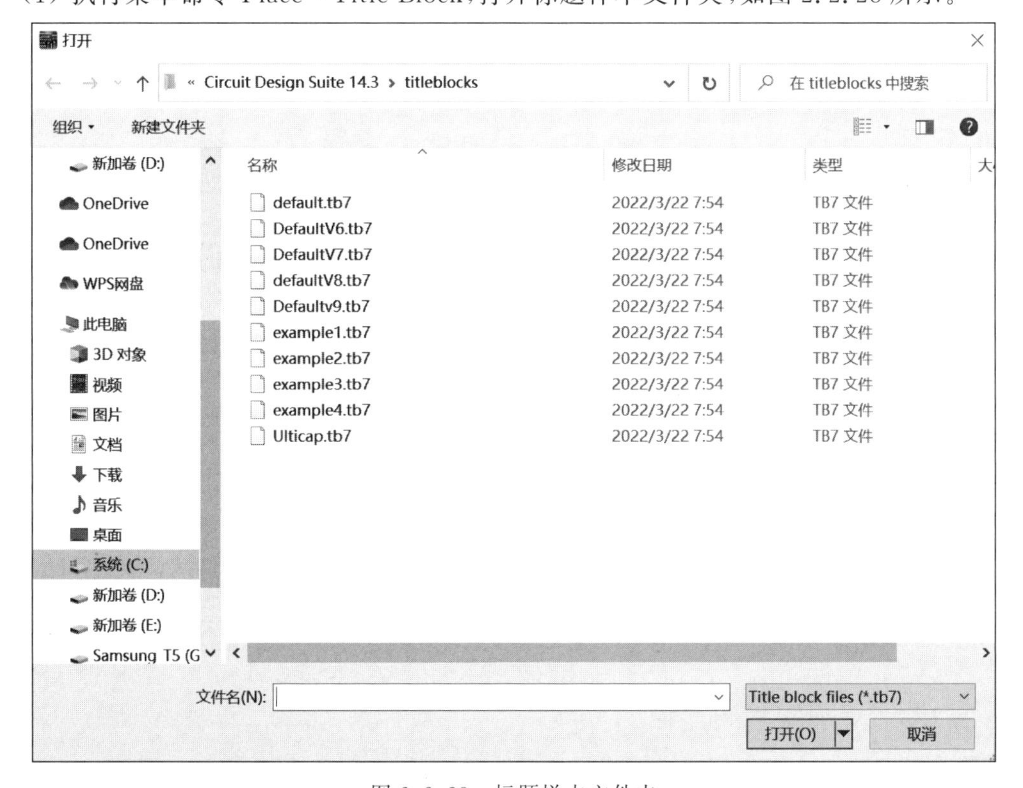

图 2.2.28　标题样本文件夹

(2) 从所列模式中任选其一打开，所选标题栏即随鼠标移动，通常置于工作区的四角之一，单击释放鼠标，得到默认的标题栏如图 2.2.29 所示。

National Instruments
801-111 Peter Street
Toronto, ON M5V 2H1
(416) 977-5550
NATIONAL INSTRUMENTS

Title: Design1	Desc.: Design1	
Designed by:	Document No:	Revision:
Checked by:	Date: 2022/11/25	Size: A
Approved by:	Sheet 1 of 1	

图 2.2.29 默认的标题栏

(3) 若要添加或修改标题信息，可右击标题栏，单击 Properties 命令，打开 Title Block 对话框，如图 2.2.30 所示。

Title Block

Title:	&s				
Description:	&j				
Designed by:		Document No:		Revision:	
Checked by:		Date:	&d	Size:	A
Approved by:		Sheet:	&p of &P		
Custom field 1:					
Custom field 2:					
Custom field 3:					
Custom field 4:					
Custom field 5:					

OK Cancel Help

图 2.2.30 Title Block 对话框

(4) 在 Title Block 对话框中，输入工程名称、电路名称、设计、时间、编号、批准、审核等信息，单击 OK 按钮确认。

(5) 若要对标题信息进行加工，首先右击标题栏，单击 Edit Title Block 命令打开 Title Block Editor 窗口，如图 2.2.31 所示。

(6) 在 Title Block Editor 窗口中，可以对标题栏的基本信息字体、字型、颜色和字号等进行设定。

2.2.7.2 添加文本

添加文本具体步骤如下。

(1) 执行菜单命令 Place→Text，然后单击要放置文本的位置，出现 Text 放置块，如图 2.2.32 所示。在 Text 放置块中输入文字后，单击空白区域即完成输入。

(2) 拖动文本，可将其移动并放置到任意位置。

2.2.7.3 添加文本阐述栏

当需要对电路的功能或使用方法作详尽说明时，可添加文本阐述栏。

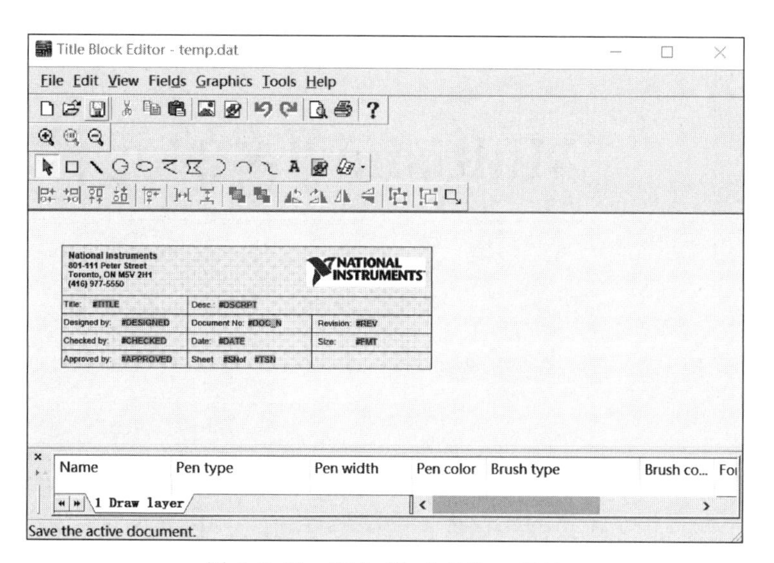

图 2.2.31 Title Block Editor 窗口

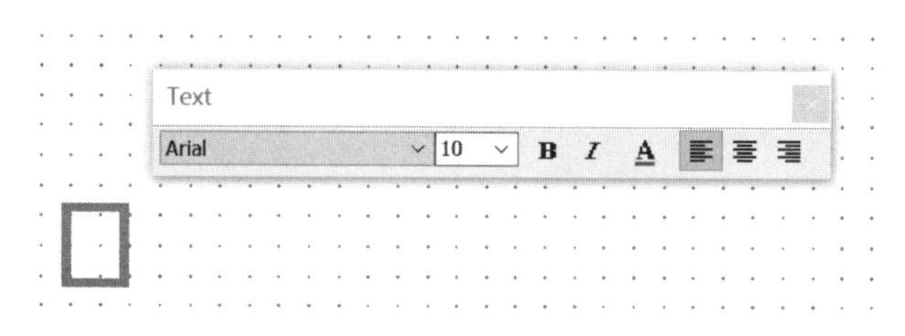

图 2.2.32 Text 放置块

文本阐述栏的操作简单，执行菜单命令 Tools→Description Box Editor，即可打开“电路阐述编辑”窗口，如图 2.2.33 所示。文本输入完毕，关闭该窗口即可。

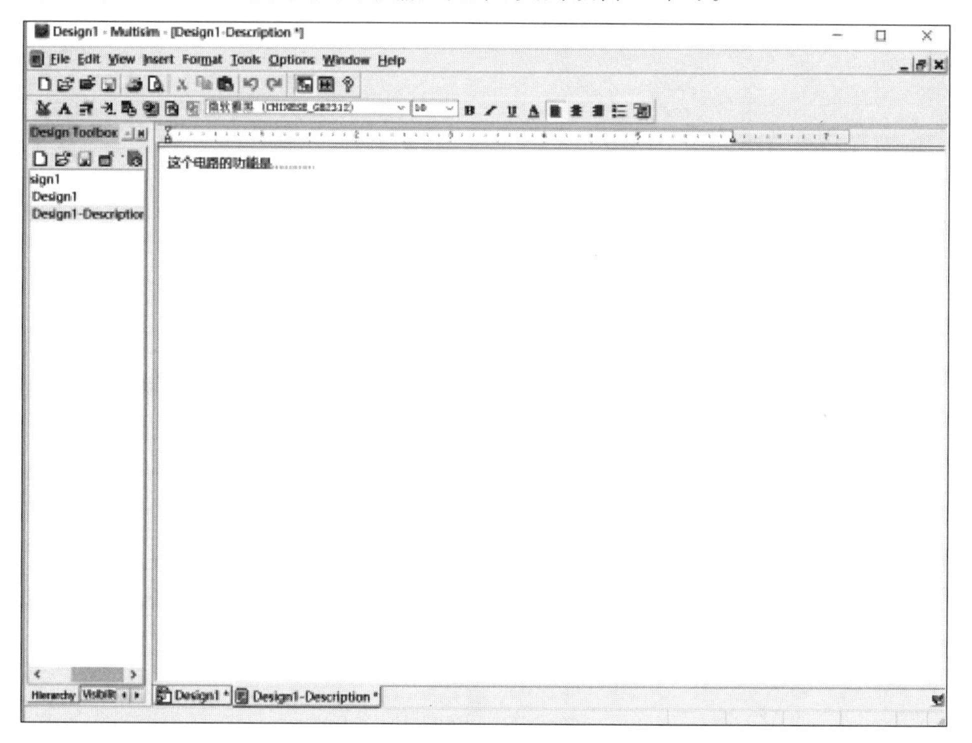

图 2.2.33 “电路阐述编辑”窗口

第3章 Multisim 14 的元件库

CHAPTER 3

Multisim 14 元件库是一款实用的电子元件库，包含各种类型的电子元件，为电子工程师搭建数字和模拟电路提供了丰富的元件选择，可用于各种不同电路的设计和仿真。

3.1 Multisim 14 的元件库及其使用

3.1.1 电源库

电源库如图 3.1.1 所示，共有 7 类电源，其中有为电路提供电能的虚拟电源和作为输入信号的虚拟信号源。虚拟电源库如图 3.1.2 所示，虚拟信号源库如图 3.1.3 所示，元件库中元件的参数可由用户定义。

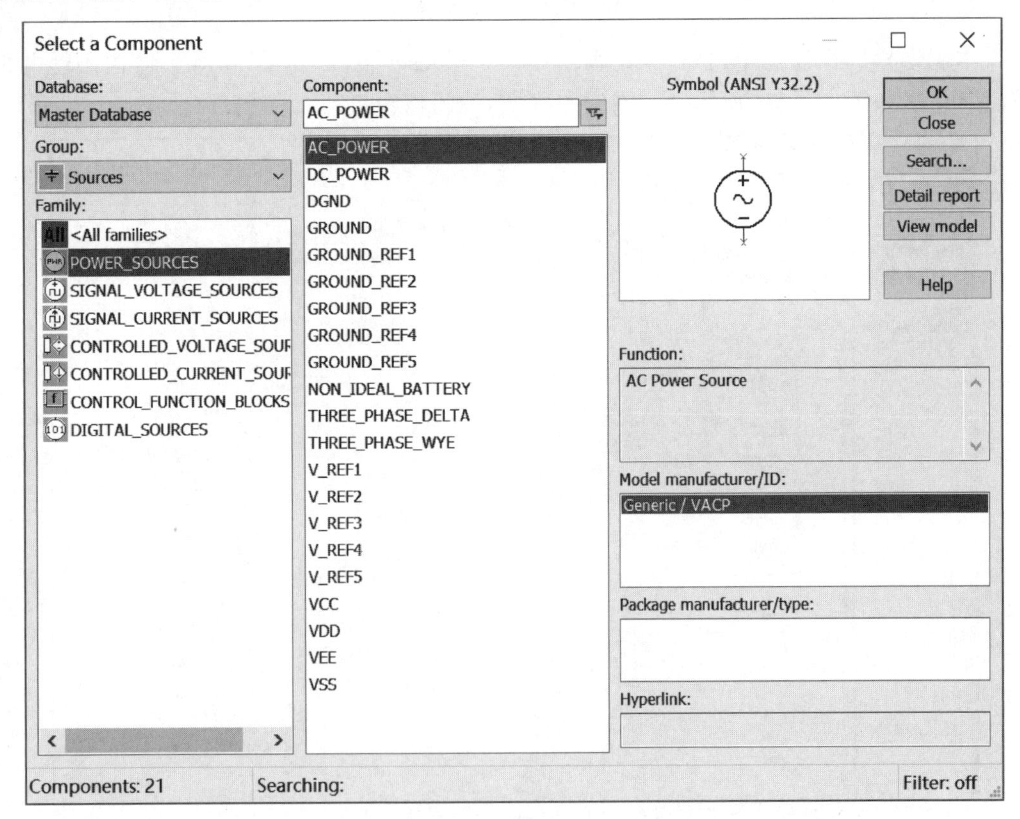

图 3.1.1 电源库

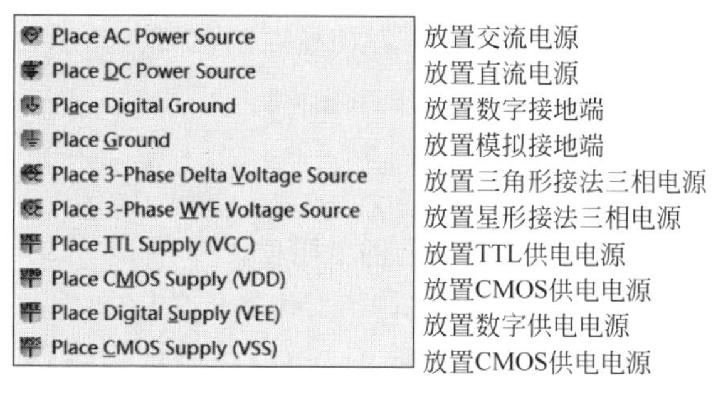

图 3.1.2 虚拟电源库

图 3.1.3 虚拟信号源库

3.1.2 基本元件库

基本元件库如图 3.1.4 所示，包括实际元件箱 19 个、虚拟元件箱 2 个。实际元件箱中的电阻、电容、电感等元件是非常精确的，考虑了误差和温度特性。

图 3.1.4 基本元件库

可变电阻、可变电容和可变电感等元件参数，按控制键(默认为 A 键，可修改)，数值增大；按“Shift+控制键”，数值减小。

电位器为可调电阻，元件符号旁边显示的数值，如“100k_LIN，Key=A，70%”的含义如下。

(1) 100k 表示电位器左右两固定端点间的电阻值为 100kΩ。

(2) 70%表示滑动端与左侧固定端的电阻占总电阻的 70%。

(3) 电位器滑动端的移动(仅是百分数的改变)是通过按键盘上的某个按键实现的。Key=A 表征按键 A 默认作为控制键，按控制键，数值增大；按“Shift+控制键”，数值减小。控制键可通过双击电位器图标在其属性对话框中修改，也可以修改每次按键的增减率。

3.1.3 晶体二极管库

晶体二极管库(简称二极管库)中包含 14 个实际元件箱和 1 个虚拟元件箱，如图 3.1.5 所示。因为发光晶体二极管元件箱中存放的都是交互式元件，所以其处理方式基本等同于虚拟元件。

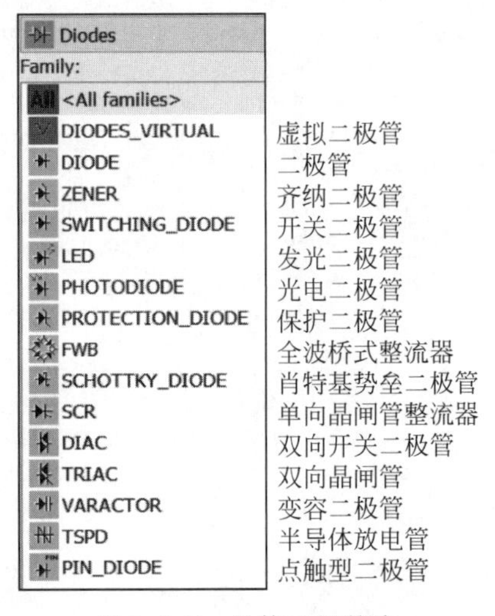

图 3.1.5 晶体二极管库

3.1.4 晶体三极管库

晶体三极管库有 21 个元件箱，包括 20 个实际元件箱和 1 个虚拟元件箱，如图 3.1.6 所示。

3.1.5 模拟元件库

模拟元件库如图 3.1.7 所示，其中，运算放大器简称运放。

3.1.6 TTL 元件库

TTL(Transistor-Transistor Logic)元件库含有 74 系列的 TTL 数字集成逻辑元件，如图 3.1.8 所示，使用时需要注意以下几点。

(1) 74STD 是标准型，74LS 是低功耗肖特基型，应根据具体要求选择。

(2) 某些元件是复合型结构，如 7400N，其在同一个封装里有 4 个相互独立的二输入端与非门(A、B、C、D)，功能一样，可以任选一个。

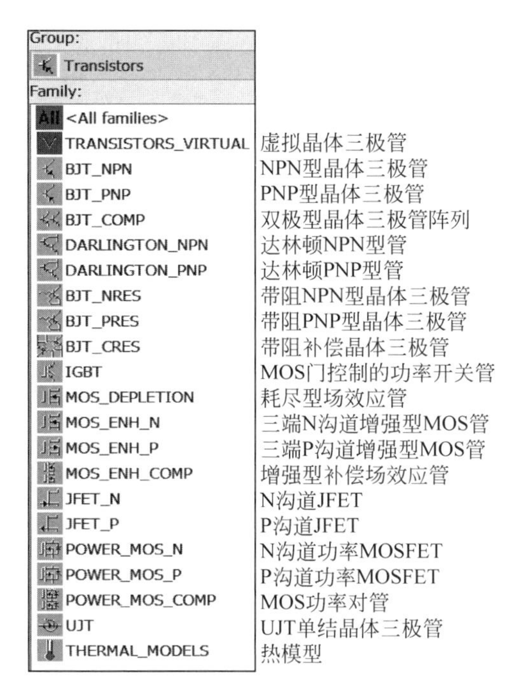

图 3.1.6 晶体三极管库

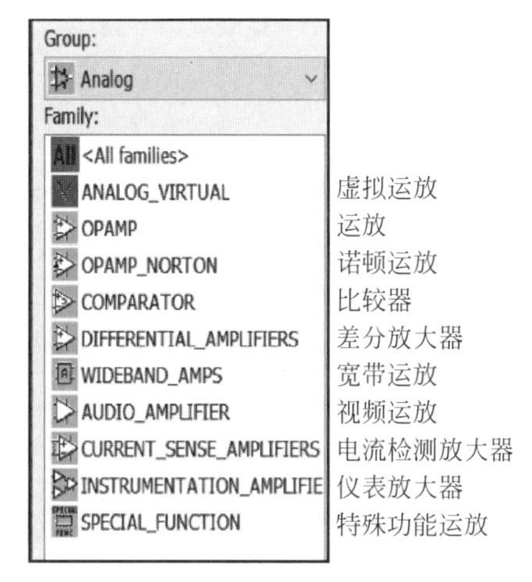

图 3.1.7 模拟元件库

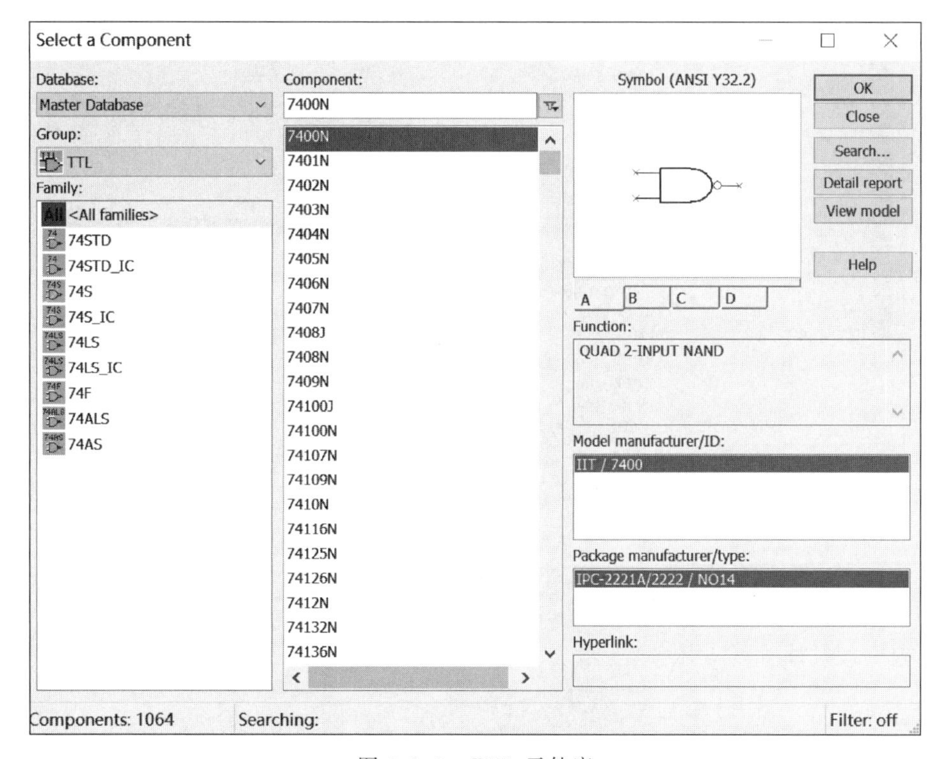

图 3.1.8 TTL 元件库

(3) 同一个元件有多种封装形式，如 74LS138D 和 74LS138N，当仅用于仿真分析时，可以任意选取；当要把仿真的结果传送给 Ultiboard 等软件进行印制电路板版图设计时，一定要区分选用。

(4) 含有 TTL 数字元件的电路进行 Real 仿真时，电路窗口中要有数字电源符号和相应的数字接地端，通常 VCC=5V。

(5) 元件库中元件的逻辑关系可以参阅元件手册，也可以打开 Multisim 14 的 Help 菜单获得帮助。

(6) 元件的某些电气参数，如上升延迟时间和下降延迟时间等，可以通过双击元件，在 Value 中单击 Edit Model 按钮进行修改。

3.1.7 CMOS 元件库

CMOS 元件库含有 74 系列和 4xxx 系列 CMOS 元件，如图 3.1.9 所示，使用时应注意以下几点：

(1) 电路中有 CMOS 数字 IC 时，若要得到精确的结果，必须在电路窗口中放置一个 VDD 电源符号，其参数根据 CMOS 要求确定，同时还要放置一个数字地符号，使电路中的 IC 获得电源。

(2) 当某元件为复合封装或同一模型有多个型号时，处理方法与 TTL 电路一样。

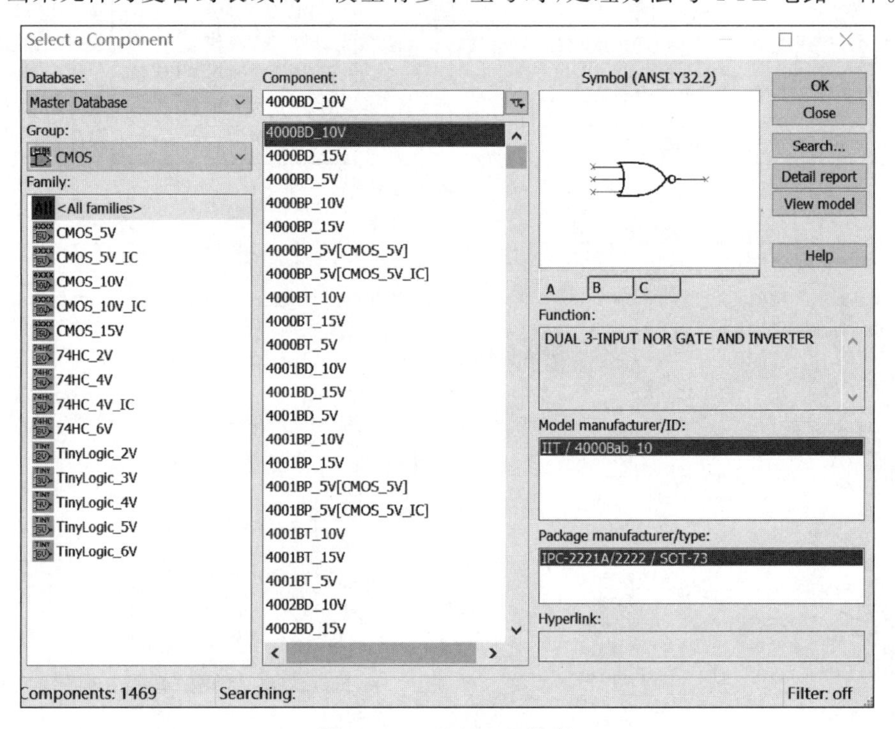

图 3.1.9 CMOS 元件库

3.1.8 混合数字元件库

混合数字元件库如图 3.1.10 所示。

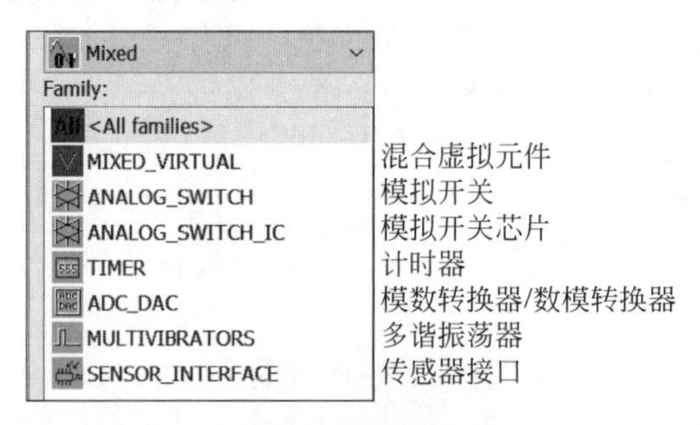

图 3.1.10 混合数字元件库

3.1.9 混合项元件库

混合项元件库如图 3.1.11 所示。

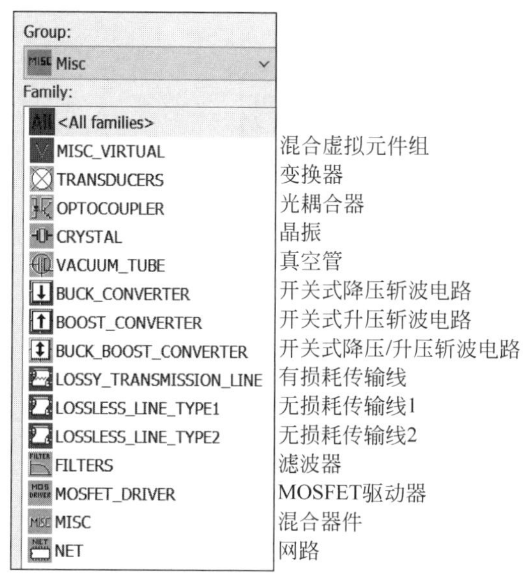

图 3.1.11 混合项元件库

3.1.10 指示元件库

指示元件库中包含 8 种显示电路仿真结果的交互式元件(Interactive Component)。

1. PROBE——电平探测器

电平探测器相当于发光晶体二极管,但却只有一个端子,将其接入电路中某点,当该点为高电平时,探测器发光。

2. VIRTUAL_LAMP——虚拟灯泡

虚拟灯泡的电压和功率可以通过对话框设定,烧坏后,若供电电压恢复正常,它会自动恢复。

3. HEX_DISPLAY——十六进制数码管显示器

数码管显示器分类如下:

(1) 带译码的七段数码管显示器:其引脚 1~4 分别对应数字信号的低位到高位。

(2) 不带译码的七段数码管显示器(SEVEN. SEG. DISPLAY):共阳数码管。

(3) 不带译码的七段数码管显示器(SEVEN. SEG. COM. K):共阴数码管。

4. BRAGRAPH-条形光柱

单击 Indicators,打开指示元件库,如图 3.1.12 所示,其中,“条形光柱”元件分类如下。

(1) BCD_BARGRAPH(带译码的条形光柱):相当于 10 个 LED 串联,但只有 1 个阳极和 1 个阴极。当电压超过某一数值时,相应 LED 中的数个发光管点亮。

(2) LVL_BARGRAPH:通过电压比较器检测输入电压的高低,并把比较结果送给光柱中某个 LED 以显示电压高低,其余类似 BCD_ BARGRAPH。

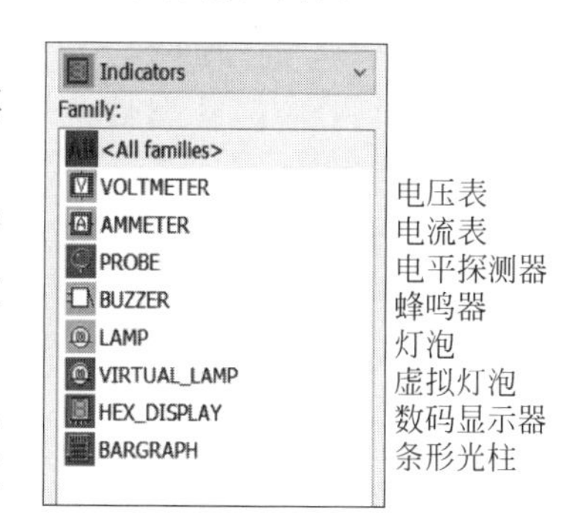

图 3.1.12 指示元件库

(3) UNDCD_BARGRAPH(不带译码的条形光柱)：相当于 10 个 LED 并列，分别独立，正向压降为 2V。

3.1.11 射频元件库

射频元件库如图 3.1.13 所示。

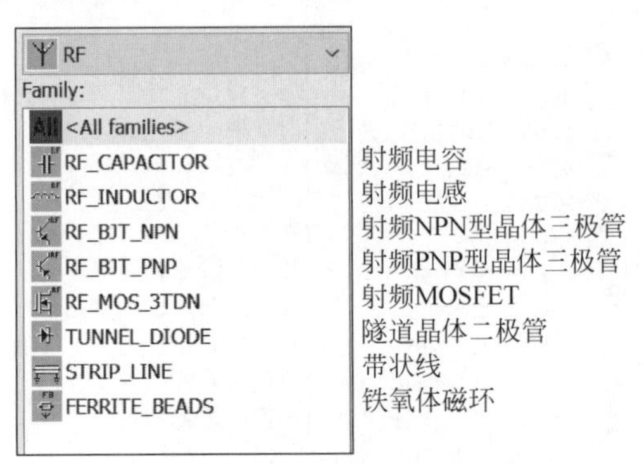

图 3.1.13 射频元件库

3.1.12 机电类元件库

机电类元件库如图 3.1.14 所示。

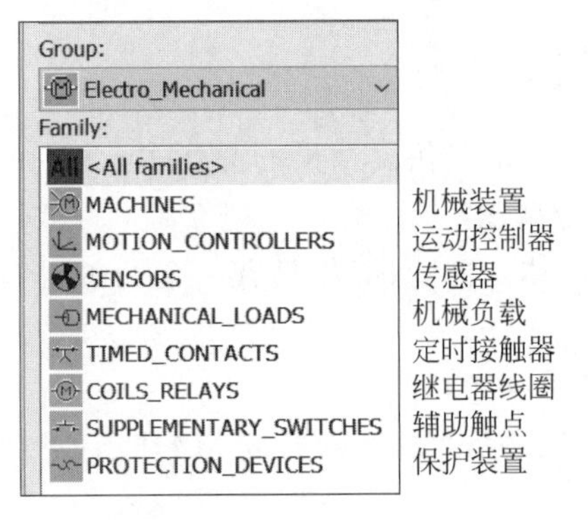

图 3.1.14 机电类元件库

3.2 编辑元件

3.2.1 创建新的元件

下面以创建一个简单元件——晶体二极管为例，说明如何创建新元件。

第一步：单击设计工具栏中 按钮或执行菜单命令 Tools→Component Wizard，打开 Component Wizard 对话框，如图 3.2.1 所示。

在图 3.2.1 中 Component name 文本框输入要编辑的元件名称，在 Author name 文本框中输入厂家，在 Component type 下拉列表中选择元件类型，在 Function 文本框中输入要编辑元件的功能。元件用途有 4 个选项：

(1) 选择 Simulation and layout，表明要编辑的元件既用于仿真，也用于制作 PCB 等；

(2) 选择 Simulation only，表明要编辑的元件仅用于仿真；

(3) 选择 Layout only，表明要编辑的元件仅用于制板；

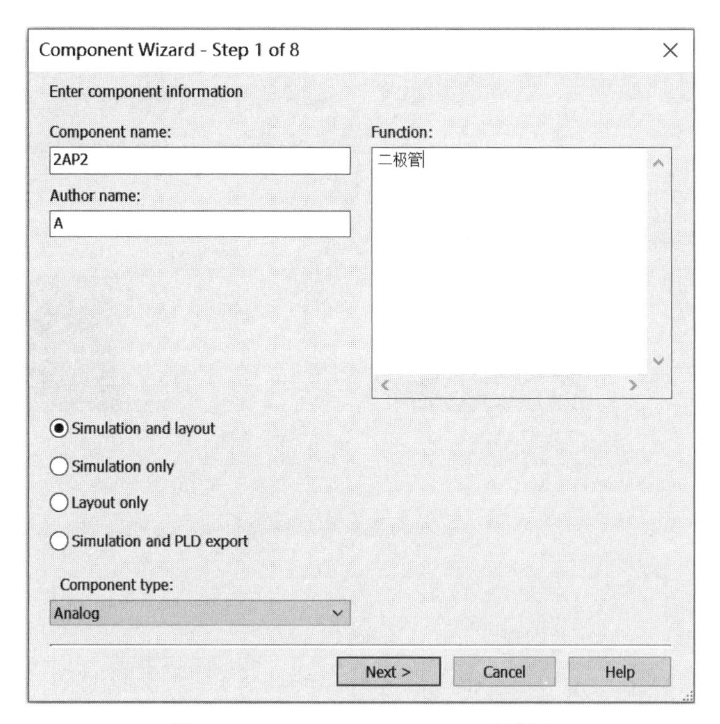

图 3.2.1 Component Wizard 对话框

(4) 选择 Simulation and PLD export，表明要编辑的元件既用于仿真，也用于 PLD 导出。

第二步：单击 Next 按钮，进入"元件封装信息编辑"对话框，如图 3.2.2 所示，在 Package manufacturer 文本框中输入元件厂商，在 Package type 文本框中输入引脚类型，然后单击 Select a package 按钮，打开"元件封装选择"对话框，如图 3.2.3 所示，图中有三个数据库即 Master Database、Corporate Database 和 User Database。一般在 Master Database（主数据库）中查找，选中后单击 Select 按钮，打开"元件封装信息设置"对话框，如图 3.2.4 所示。在图 3.2.2 中，若选择 Multi-section component，则打开如图 3.2.5 所示"组合元件封装信息编辑"对话框，此时编辑的元件是一个组合元件，里面有多个单元，在 Number of sections 文本框中输入单元数，在 Total number of pins 文本框中输入每个单元的引脚数等。

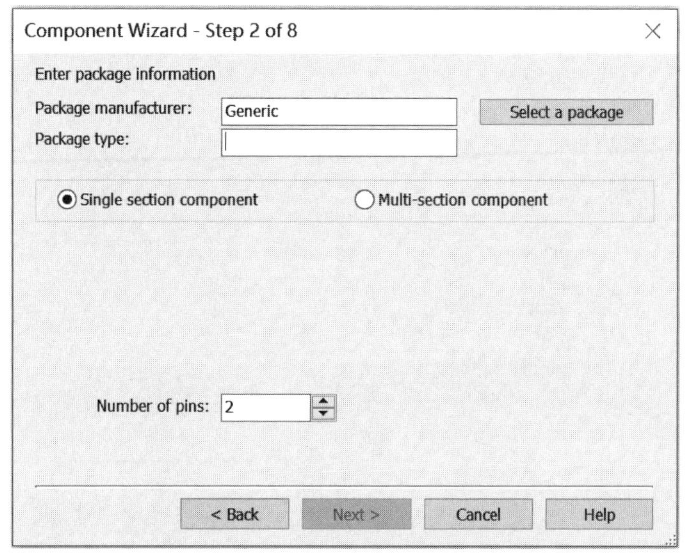

图 3.2.2 "元件封装信息编辑"对话框

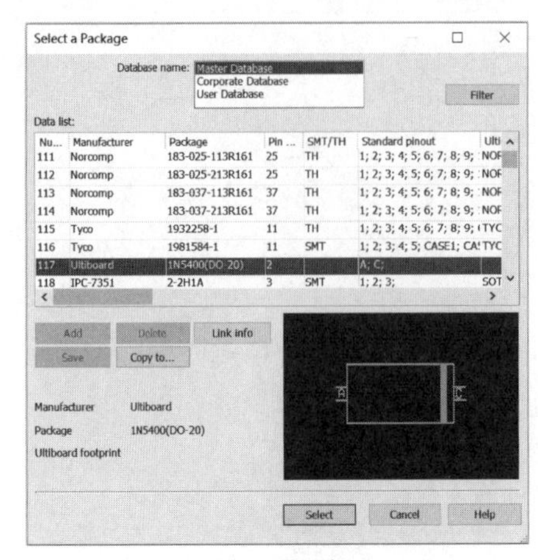

(a) Master Database

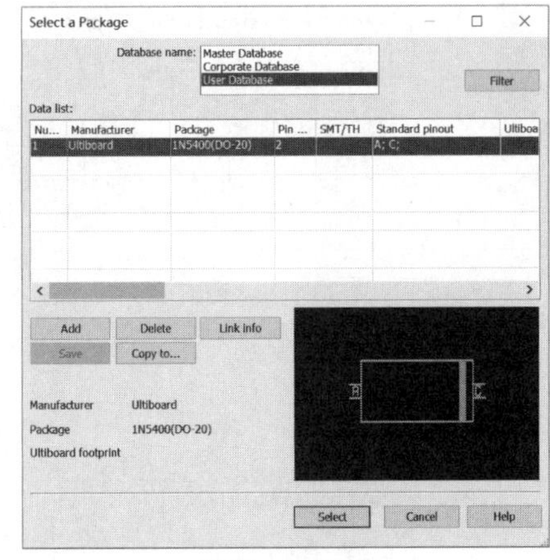

(b) User Database

图 3.2.3 “元件封装选择”对话框

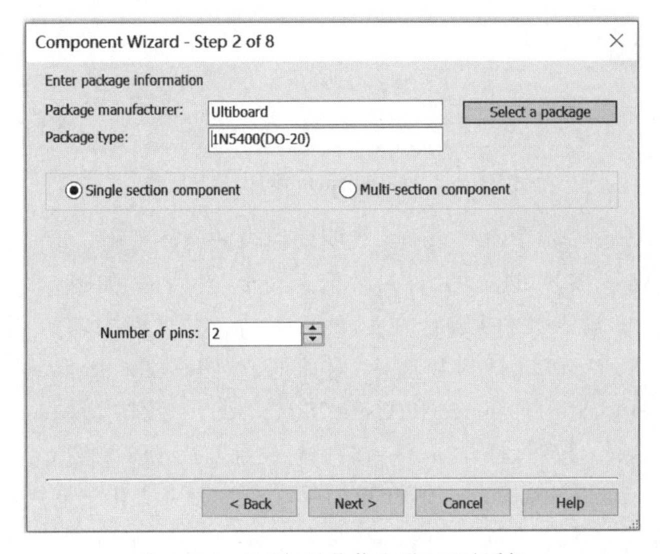

图 3.2.4 “元件封装信息设置”对话框

Component Wizard - Step 2 of 8
Enter package information
Package manufacturer: Ultiboard
Select a package
Package type: 1N5400(DO-20)
Single section component
Multi-section component
Number of sections: 2
Total number of pins: 4
Section details:
A
B
Name: A
Number of pins: 2
< Back
Next >
Cancel
Help

图 3.2.5 “组合元件封装信息编辑”对话框

第三步：单击 Next 按钮，进入“元件符号信息编辑”对话框，如图 3.2.6 所示，在 Symbol Set 中选择所编辑的元件符号是美式(ANSI Y32.2)或欧式(IEC 60617)。Copy from DB 表示从数据库复制，单击该按钮，打开如图 3.2.7“元件符号选择”对话框，从主数据库中查找相同符号的元件，单击 OK 按钮返回如图 3.2.6 所示的界面，再单击 Edit 按钮，打开如图 3.2.8 所示“元件符号编辑”对话框。

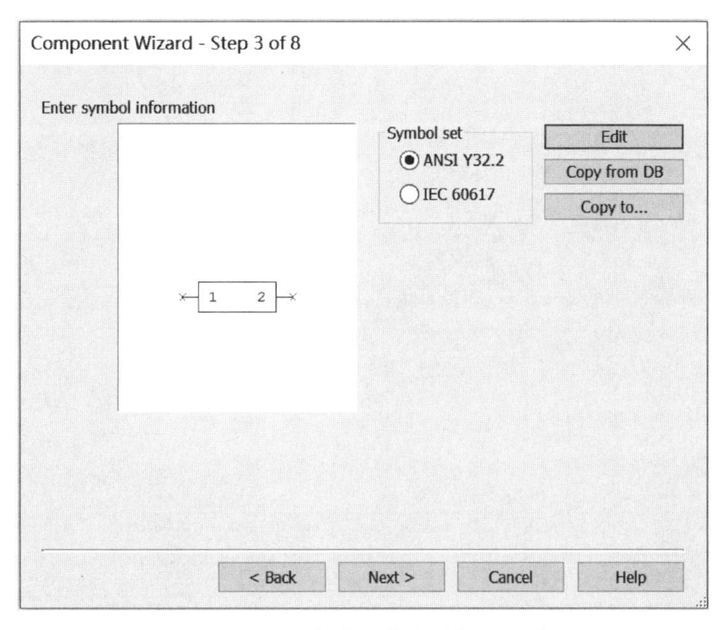

图 3.2.6 “元件符号信息编辑”对话框

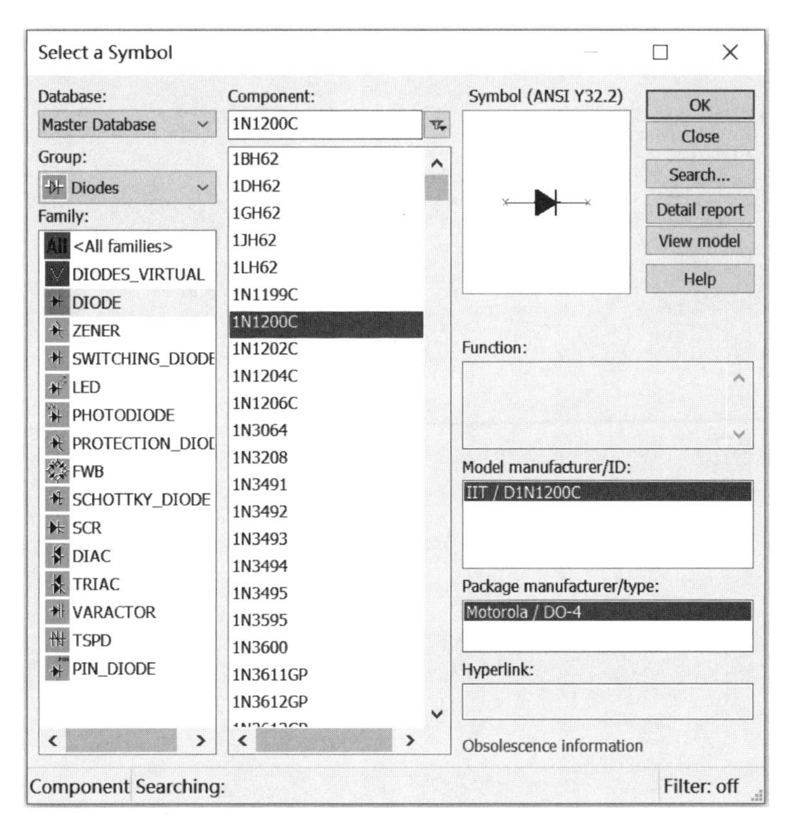

图 3.2.7 “元件符号选择”对话框

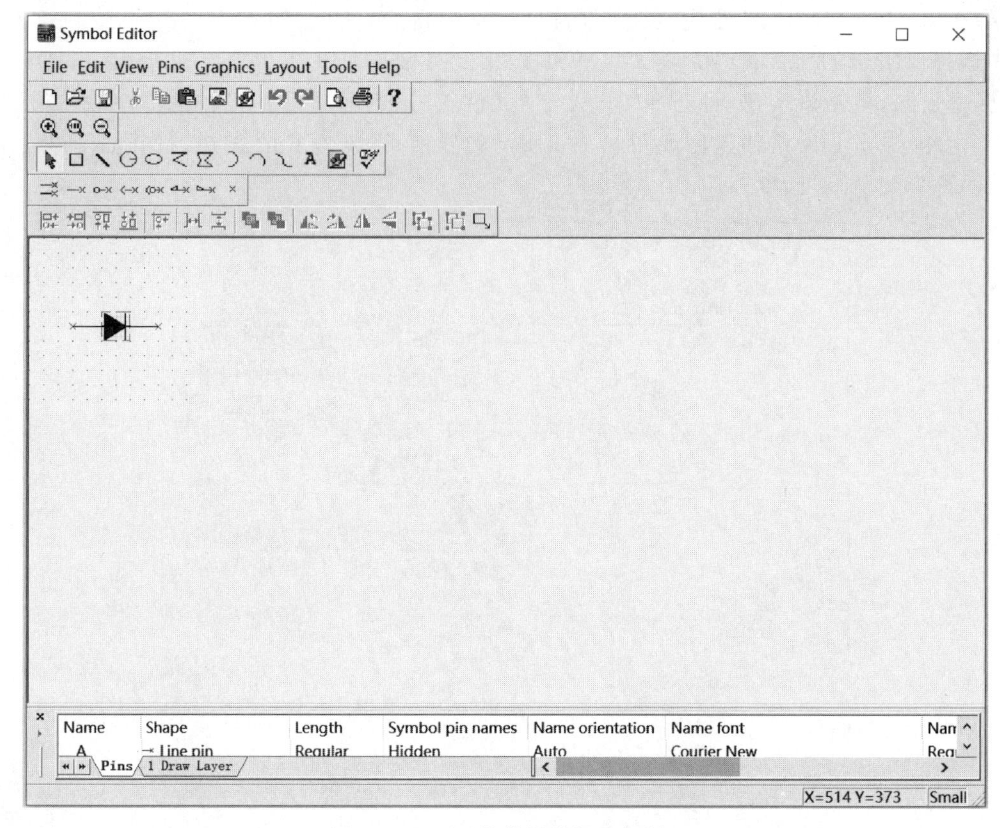

图 3.2.8 “元件符号编辑”对话框

第四步：单击 Edit 按钮(在图 3.2.8 上)，打开如图 3.2.9 所示“元件符号引脚参数设置”对话框。

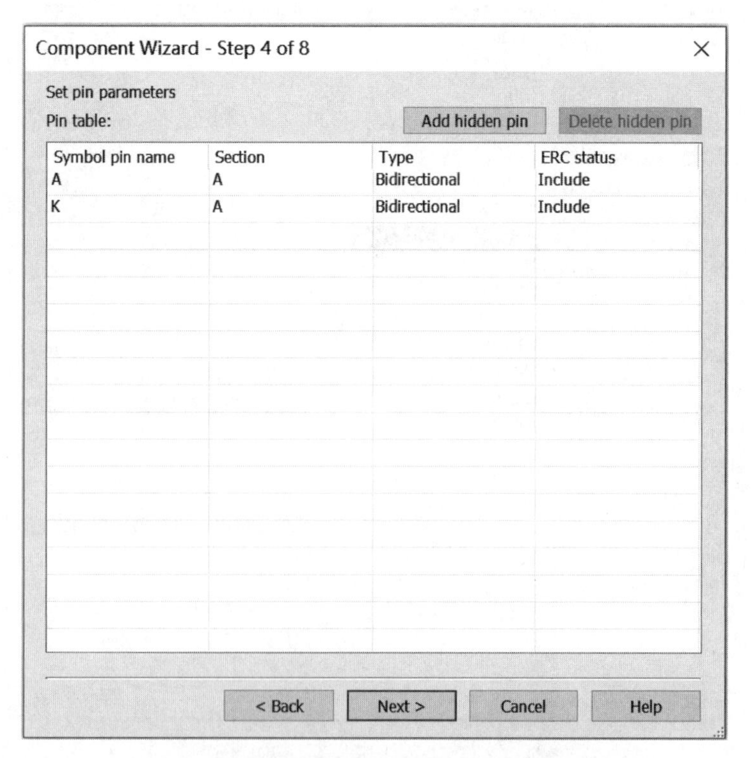

图 3.2.9 “元件符号引脚参数设置”对话框

第五步：单击 Next 按钮(在图 3.2.9 上)，打开如图 3.2.10 所示"元件符号与引脚封装映射关系设置"对话框，进入下一步设置。

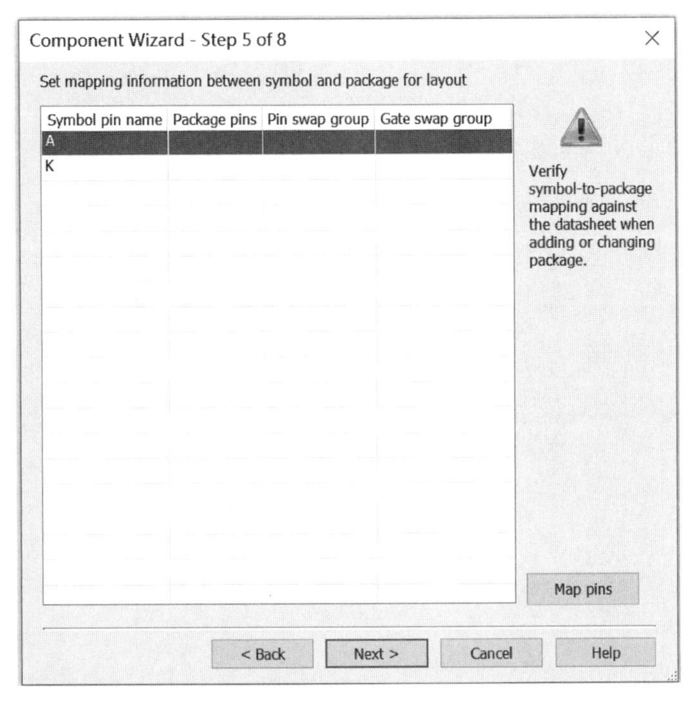

图 3.2.10　"元件符号与引脚封装映射关系设置"对话框

在图 3.2.10 中，设置元件符号引脚与实体引脚的一一映射，是元件用于 PCB 布线制图的前提。单击 Next 按钮，打开如图 3.2.11 所示"元件仿真模型编辑"对话框，单击 Next 按钮，进入下一步设置。

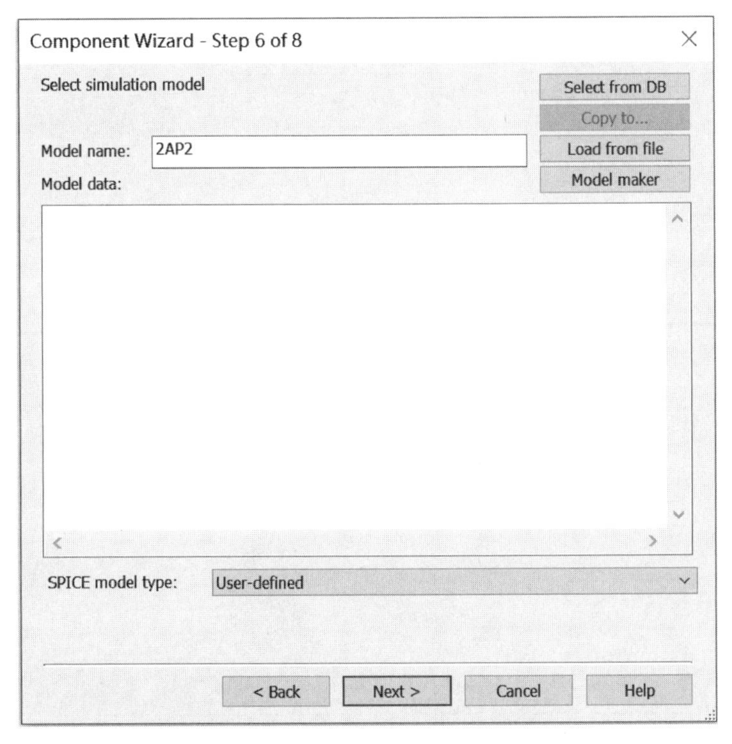

图 3.2.11　"元件仿真模型编辑"对话框

第六步：在图 3.2.11 中可选择仿真模型。单击 Select from DB 按钮，从数据库中选择；单击 Model maker 按钮，从主数据库中选择；单击 Load form file 按钮，从自制的模型中选择。模型选择灵活，可以是 SPICE 模型，也可以是 VHDL 模型或 Verilog. HDL 等其他模型。单击 Select from DB 按钮打开的对话框与图 3.2.7 相同，选中相近参数的元件后，单击 OK 按钮，打开如图 3.2.12 所示“元件仿真模型选择”对话框，单击 Next 按钮，打开如图 3.2.13 所示“元件符号与仿真模型引脚映射设置”对话框，进入下一步设置。

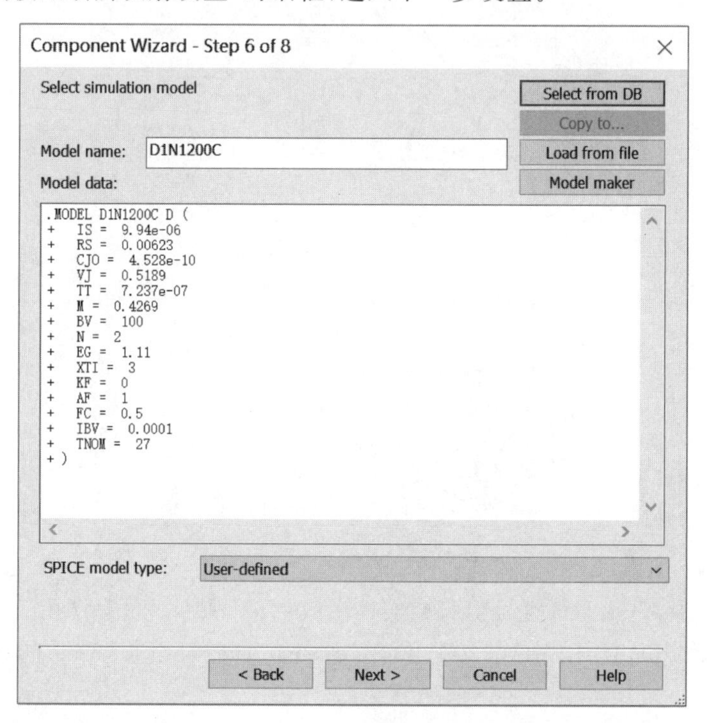

图 3.2.12 “元件仿真模型选择”对话框

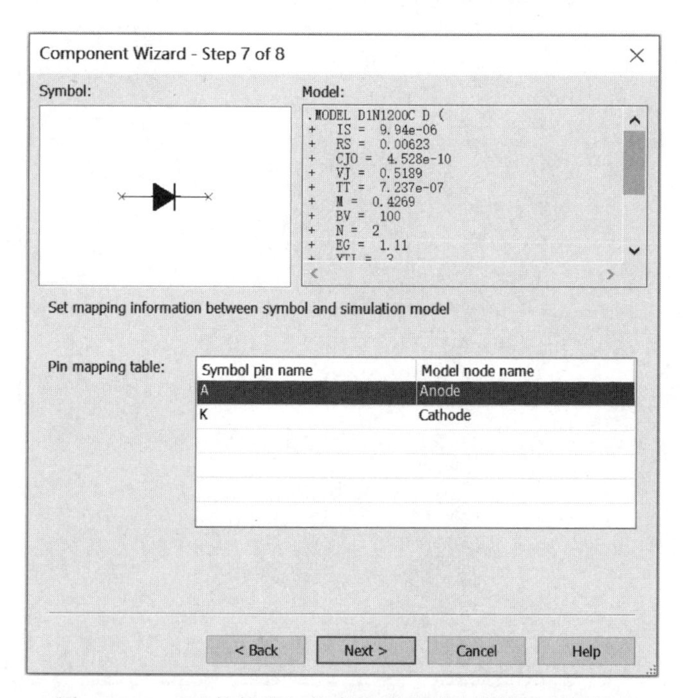

图 3.2.13 “元件符号与仿真模型引脚映射设置”对话框

第七步：在图 3.2.13 中，将元件符号与元件仿真模型引脚进行映射，便于仿真实现特定的电路功能以及制作 PCB。单击 Next 按钮，打开如图 3.2.14 所示“元件编入用户库的‘族’”对话框，将编辑的元件添加到数据库中的某一元件组，此处存放于 User Database 的 Diodes 组，在 Family 选项组中选择以欧式或美式存放，此处选择 ANSI Y32.2，单击 Add family 按钮，打开如图 3.2.15 所示“元件组名称输入”对话框，进入下一步设置。

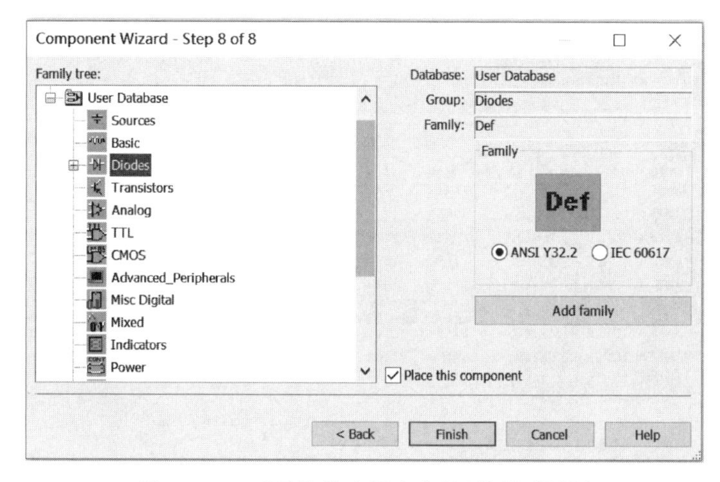

图 3.2.14 “元件编入用户库的‘族’”对话框

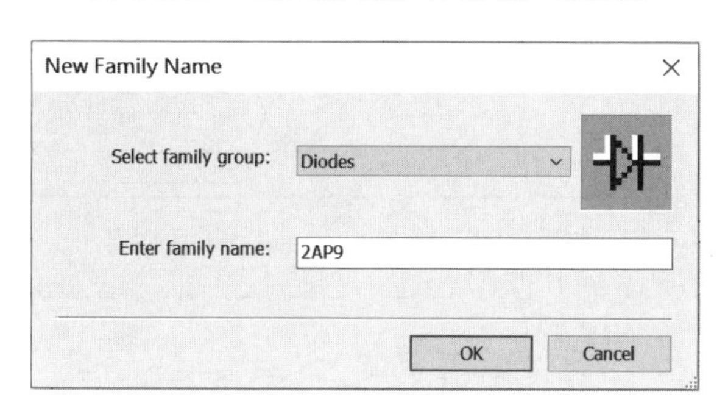

图 3.2.15 “元件组名称输入”对话框

第八步：在图 3.2.15 中，将编辑的元件添加到某一族（组），输入组名为 2AP9，单击 OK 按钮，打开如图 3.2.16 所示“编辑完成确定”对话框，单击 Finish 按钮即完成编辑操作。

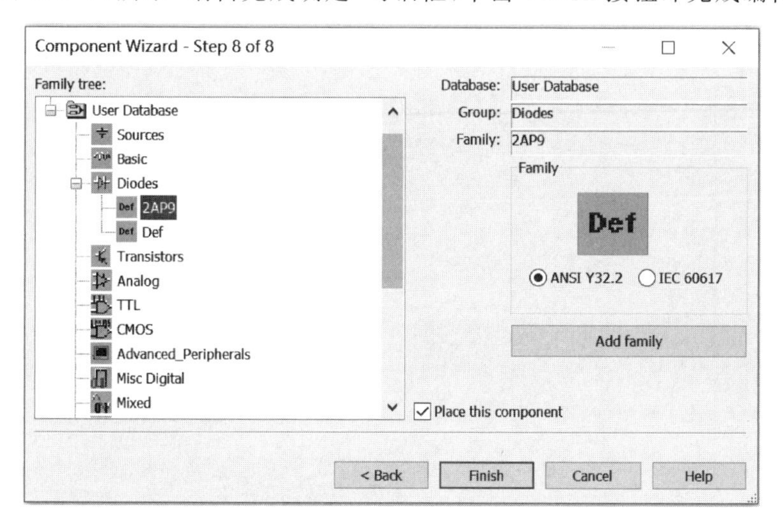

图 3.2.16 “编辑完成确定”对话框

3.2.2 编辑元件

执行菜单命令 Tools→Database→Database Manager 对元件库中的元件进行编辑，打开 Database Manager 对话框，如图 3.2.17 所示，选定元件，单击 Edit 按钮，打开 Component Properties 对话框，如图 3.2.18 所示，对选定元件进行编辑。

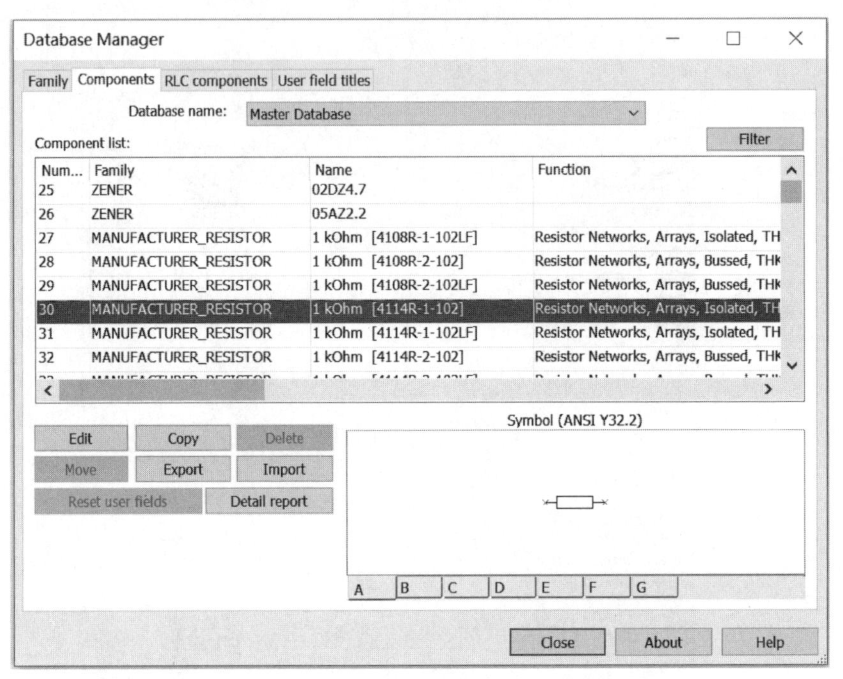

图 3.2.17 Database Manager 对话框

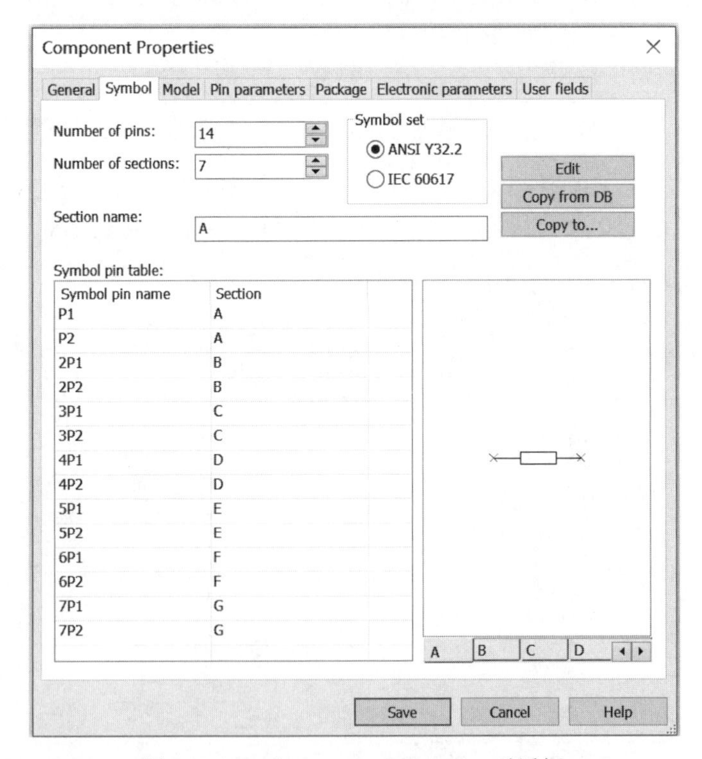

图 3.2.18 Component Properties 对话框

3.2.3　元件符号编辑器

选择 Component Properties 对话框中的 Symbol 选项卡，打开 Symbol Editor 对话框，对元件符号进行编辑，如图 3.2.19 所示。

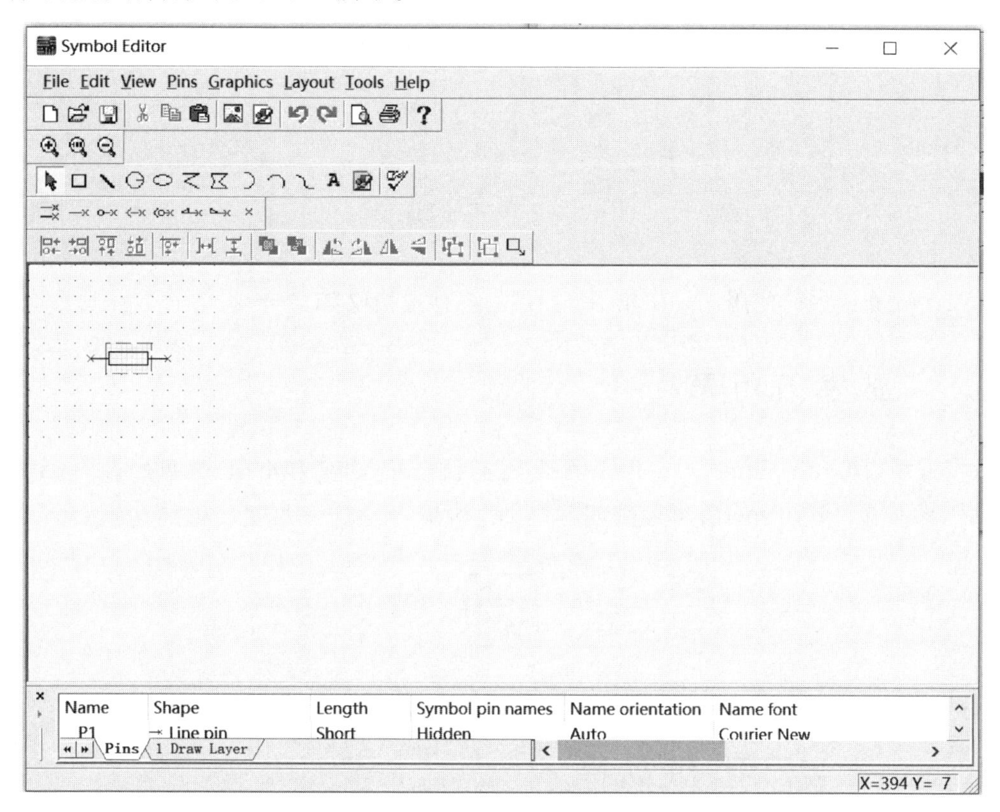

图 3.2.19　Symbol Editor 对话框

第 4 章 Multisim 14 的仪器

CHAPTER 4

本章主要介绍如何使用 Multisim 14 提供的各种虚拟仪器。

4.1 数字万用表

数字万用表(Multimeter)可以用来测量交/直流电压、电流和电阻,也可用分贝(dB)形式显示电压或电流。Multimeter 的图标如图 4.1.1 所示。

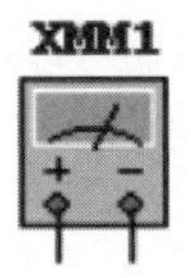

图 4.1.1 Multimeter 图标

4.1.1 数字万用表的选择

双击数字万用表图标,打开 Multimeter 控制面板,如图 4.1.2 所示。可见,数字万用表可以测电压 V、电流 A、电阻 Ω 和分贝值 dB。当需要测量某个参数时,只需单击数字万用表面板相应测量挡位即可。被选中挡位与其他挡位颜色不同,如图 4.1.2 所示选中的是电压挡。

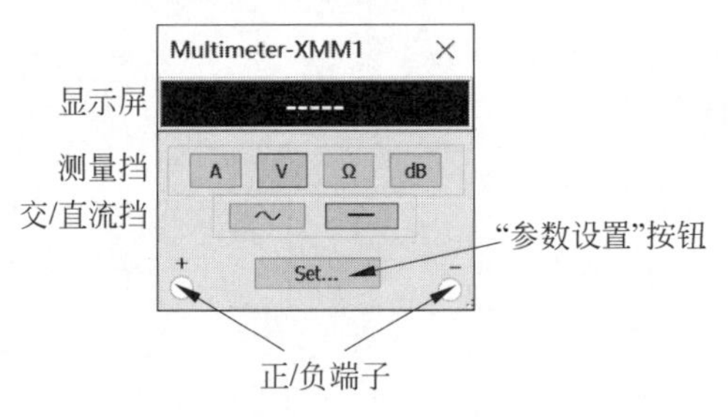

图 4.1.2 Multimeter 控制面板

4.1.2 数字万用表的使用

虚拟电压表和电流表的使用与实际电压表和电流表的使用方法相同,电压表并联在被测元件两端,电流表串联在被测支路中。当数字万用表作为电压表使用时,表的内阻非常大;当其作为电流表使用时,表的内阻非常小。

欧姆表也并联在被测网络的两端,为了使测量结果更准确,当被测网络为无源网络时,务必将所测网络接地。

4.1.3　数字万用表的设置

理想数字万用表在对电路进行测量时，对电路不会产生不良影响，即电压表不会分流，电流表也不会分压，但在实际测量中总会有测量误差，达不到理想数值。虚拟仪器为了仿真实际存在的误差，引入了内部设置。单击数字万用表面板上的 Settings（图 4.1.2 中的 Set...，参数设置）按钮，打开 Multimeter Settings 数字万用表参数设置对话框，如图 4.1.3 所示，可以对数字万用表内部参数进行设置。

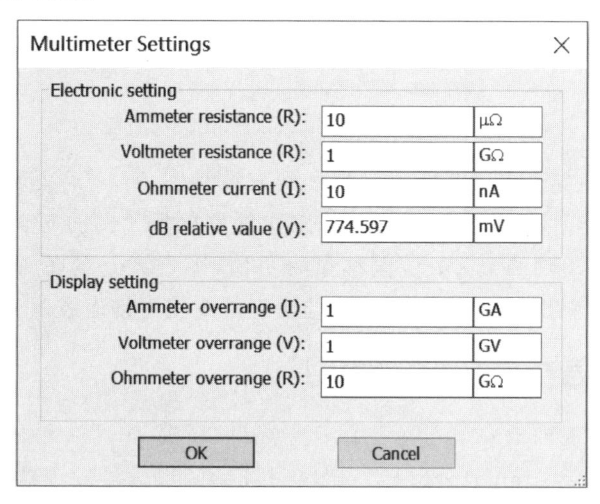

图 4.1.3　Multimeter Settings 对话框

数字万用表内部参数定义如下。

(1) Ammeter resistance：用于设置与电流表串联的内阻，其大小影响电流的测量精度。

(2) Voltmeter resistance：用于设置与电压表并联的内阻，其大小影响电压的测量精度。

(3) Ohmmeter current：指用欧姆表测量时，流过欧姆表的电流。

(4) dB relative value：用于设置分贝相对数值，预先设置为 774.597mV。

4.2　函数信号发生器

函数信号发生器（Function generator）用来产生正弦波、方波、三角波信号，其图标如图 4.2.1 所示。

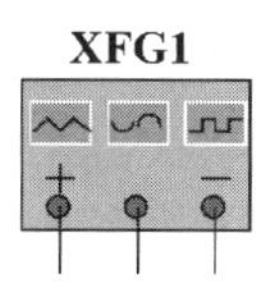

图 4.2.1　Function generator 图标

4.2.1　函数信号发生器的选择

双击函数信号发生器图标，打开 Function generator 控制面板，如图 4.2.2 所示。有三个功能可供选择，分别是正弦波信号输出、三角波信号输出和方波信号输出。

控制面板可设置的参数有输出信号的频率、占空比、幅度和偏移量。输出信号的幅度指“＋”端或“－”端对 Common（公共）端输出的振幅，若“＋”端对“－”端输出，则输出的振幅为

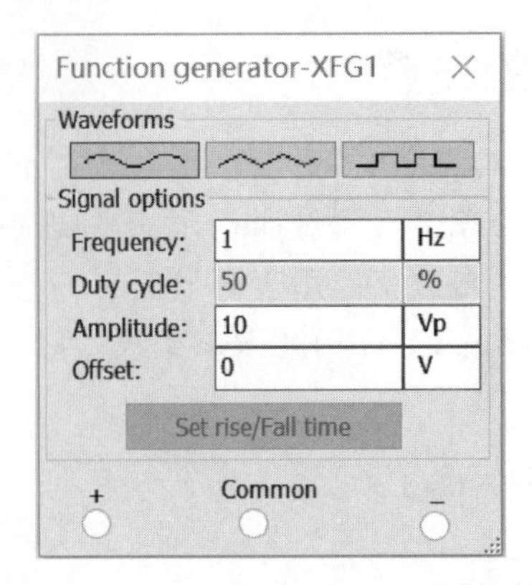

图 4.2.2 Function generator 控制面板

设置振幅的 2 倍。这种方法在示波器上可观察到方波和三角波，无法观察到正弦波。输出信号的偏移量指交流信号中直流电平的偏移，若偏移量为 0，则直流分量与 X 轴重合；若偏移量为正值，则直流分量在 X 轴的上方；若偏移量为负值，则直流分量在 X 轴的下方。调整输出信号的占空比，即调整输出信号的脉冲宽度，可使三角波变为锯齿波。

4.2.2 函数信号发生器的使用

函数信号发生器控制面板的下方有三个接线端："＋"端、"－"端和 Common 端，如图 4.2.2 所示。当 Common 端与 Ground(公共地)符号连接时，函数信号发生器"＋"端与 Common 端之间输出的信号为正极性信号，"－"端与 Common 端之间输出的信号为负极性信号，两个信号大小相等、极性相反。使用函数信号发生器时，可以由"＋"端与 Common 端之间、"－"端与 Common 端之间或"＋"端和"－"端之间输出。

在仿真过程中，若要改变输出波形类型、大小、占空比或偏置电压，必须关闭工作面板上的仿真电源开关，上述参数更改完成后，再打开仿真电源开关，函数信号发生器按新参数输出信号。

4.2.3 函数信号发生器的设置

函数信号发生器输出信号参数的设置范围如下。

(1) Frequency(频率)：1Hz～999MHz。

(2) Duty cycle(占空比)：1%～99%。

(3) Amplitude(幅度)：0～999kV(不含 0)。

(4) Offset(偏移量)：0.999～999kV。

4.3 电度表

电度表(Wattmeter)用来测量功率和功率因数，其图标如图 4.3.1 所示。电度表需同时测量电压和电流两个电气量。测量某元件功率的方法如下。

(1) 将电压表的两个端子并联在元件两端。

(2) 将电流表串联在元件所在的支路中。

(3) 双击电度表图标，窗口出现如图 4.3.2 所示的 Wattmeter 控制面板，元件的功率将显示在屏幕上方文本框中。Power factor 文本框用来显示功率因数。

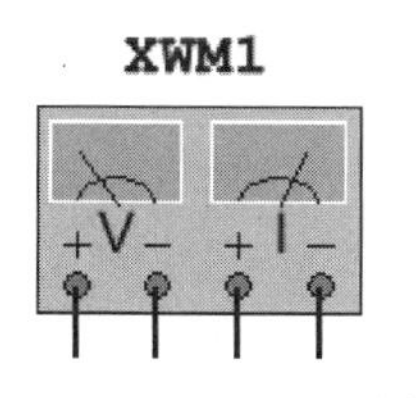

图 4.3.1 Wattmeter 图标

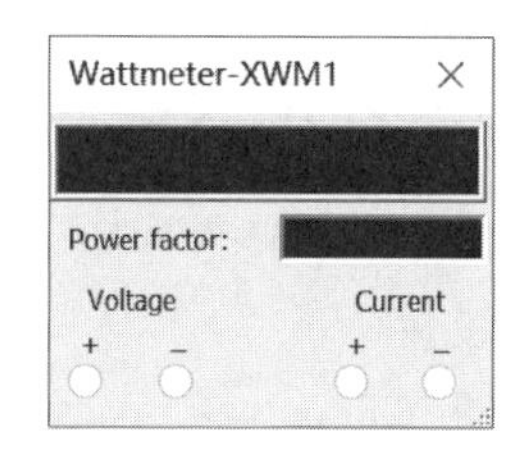

图 4.3.2 Wattmeter 控制面板

4.4 示波器

示波器(Oscilloscope)用来观察信号波形,并可测量信号幅度、频率、周期等参数。与实际示波器一样,可以输入两路信号,观测两路信号的波形。其图标如图 4.4.1 所示。图标上有 3 个接线端子,分别是 A 通道输入端、B 通道输入端和外触发端。每个端口有两条引出线,分别为信号输入端和接地端。

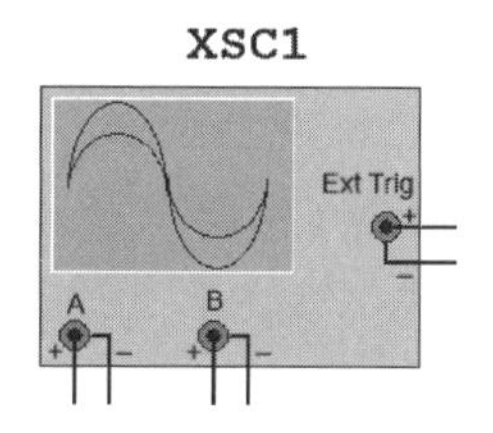

图 4.4.1 Oscilloscope 图标

4.4.1 示波器交互界面

双击示波器图标,打开如图 4.4.2 所示示波器交互界面,该界面由两部分构成:上半部分为示波器输出信号的观察窗口;下半部分为示波器输入设置控制面板。该控制面板由 Timebase(时间基准设置)、Trigger(触发方式设置)、Channel A(通道 A 设置)和 Channel B(通道 B 设置)四部分组成。

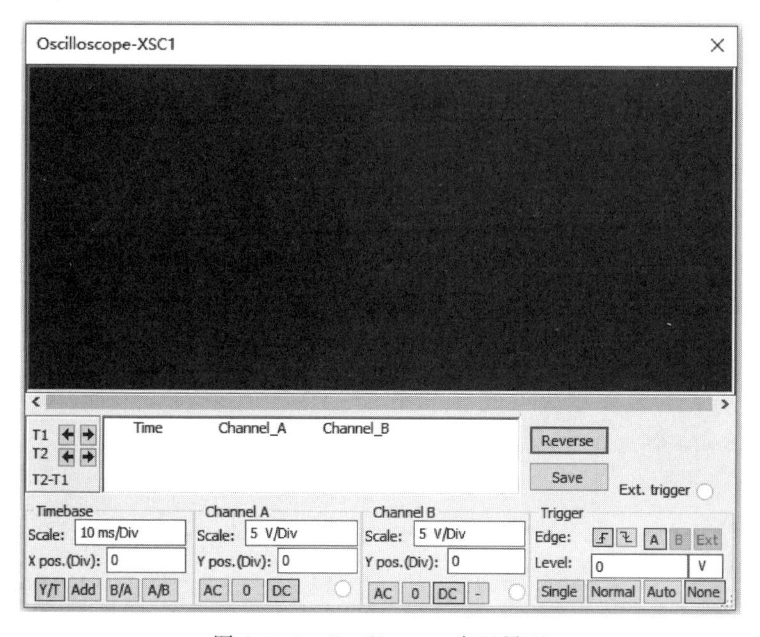

图 4.4.2 Oscilloscope 交互界面

4.4.2 示波器的设置

单击示波器交互界面上的各种功能键可以设置示波器的各项参数。

1. 时间基准设置

"时间基准设置"(Timebase)对话框如图 4.4.3 所示。Scale 文本框中"××s/Div"(或"××ms/Div"、"××μs/Div")表示 X 轴方向每个刻度代表的时间。输入信号变化缓慢时，时间基准设置要大一些；反之，时间基准要小一些。

X pos. 表示 X 轴方向时间基线的起始位置，改变其位置，可使时间基线左右移动。

Y/T 表示 Y 轴方向显示 A、B 通道的输入信号；X 轴方向表示时间基线，按设置的时间进行扫描。

Add 表示 A、B 通道输入信号的叠加。

B/A 表示 A 通道信号作为 X 轴扫描信号，将 B 通道信号施加在 Y 轴上；A/B 与前者意思相反。

当显示随时间变化的信号波形(如正弦波、方波、三角波等)时，采用 Y/T 方式。

当显示放大器(或网络)的传输特性时，采用 B/A 方式(V_i 接至 A 通道，V_o 接至 B 通道)或 A/B 方式(V_i 接至 B 通道，V_o 接至 A 通道)。

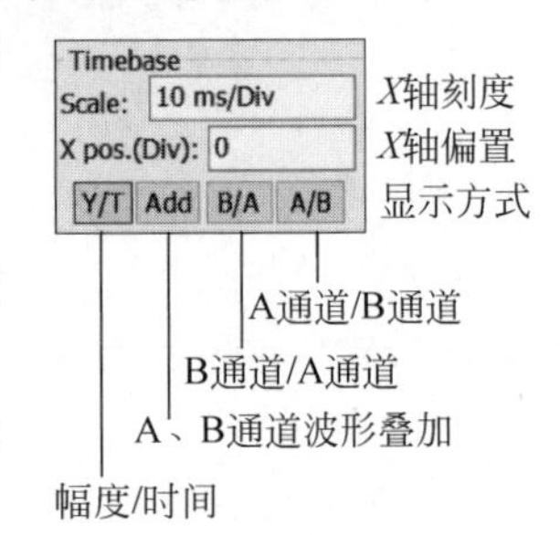

图 4.4.3 "时间基准设置"对话框

2. 触发方式设置

"触发方式设置"(Trigger)对话框如图 4.4.4 所示，Edge 表示将输入信号的上升沿或下降沿作为触发信号，Level 用于设置触发电平。

3. 输入通道设置

该示波器具有两个完全相同的输入通道 Channel A 和 Channel B，方便同时观测两路不同输入信号。"输入通道设置"对话框如图 4.4.5 所示，其中，"××V/Div"(或"××mV/Div""××μV/Div")为放大量或衰减量，表示 Y 轴方向每格对应的电压值。输入信号较小时，示波器显示的信号波形幅度也较小，一般采用"××V/Div"挡，并设置合适的数值，使显示的信号波形幅度适中，方便观测。Y pos. 表示时间基线在显示屏幕的上下位置，当其值大于零时，时间基线在屏幕中线上方；反之在屏幕中线下方。当显示两个信号时，可分别设置 Y pos. 值，使信号波形分别显示在屏幕的上半部分和下半部分。

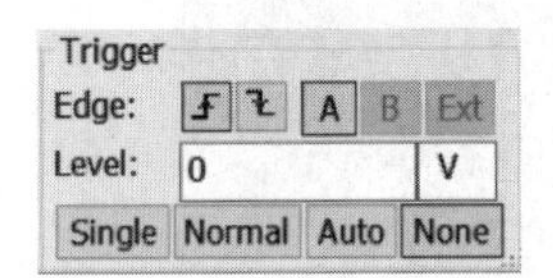

图 4.4.4 "触发方式设置"对话框

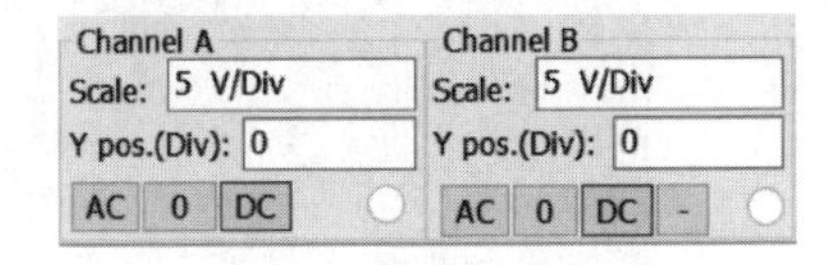

图 4.4.5 "输入通道设置"对话框

示波器输入通道的触发耦合方式有三种，即 AC(交流耦合)、0(地)和 DC(直流耦合)。AC 表示屏幕显示输入信号的交流分量；0 表示将输入信号对地短路；DC 表示屏幕显示输入信号的直流分量。

4. 参数设置

示波器参数设置的取值范围如表 4.4.1 所示。

表 4.4.1 示波器参数设置的取值范围

参 数	取 值 范 围
Timebase (时间基准)	0.10ns/Div~1s/Div
X Position(X 轴位置)	-5.00~5.00
显示方式	Y/T、B/A、A/B
Trigger Level(触发电平)	0.30~3.00
Trigger Signal(触发信号)	Auto、A、B、Exit
Volts per Division(每格电压)	0.01mV/Div~5kV/Div
Y Position(Y 轴位置)	0.30~3.00
Input Coupling(输入耦合)	AC、0、DC

4.4.3 示波器的使用

1. 示波器的连接

使用示波器的准备工作如下。

(1) 拖动示波器图标到电路工作窗口。

(2) 鼠标放在示波器图标某一通道的"+"接线端,该接线端变"黑色圆点"后单击拖动鼠标,建立"+"接线端与电路中某测量点间的连接。

(3) 当某测量点变"黑色圆点"后,松开鼠标左键。

(4) 从电源工具栏中拖动一接地符号到电路工作窗口,连接至该通道的"-"接线端。

2. 信号波形显示颜色的设置

设置了 A、B 通道连接导线的颜色后,示波器两通道显示波形的颜色便与连接导线的颜色相同。颜色设置方法如下。

(1) 单击连接导线。

(2) 右击后选择 Segment color 命令,在弹出的对话框中,对导线的颜色进行设置。

3. 改变屏幕背景颜色

单击图 4.4.2 示波器交互界面的 Reverse 按钮,即可改变屏幕背景的颜色。如想恢复屏幕背景颜色为原色,再次单击 Reverse 按钮即可。

4. 波形读数的存储

单击图 4.4.2 示波器交互界面右侧的 Save 按钮,即可用 ASCII 码格式进行保存。

4 通道示波器的使用方法与之相同,在此不再赘述。

4.5 波特图仪

波特图仪(Bode Plotter)用来测量和显示电路、系统或放大器的幅频特性 $A(f)$ 以及相频特性 $\Phi(f)$,相当于实验室的频率特性测试仪(或扫描仪),图 4.5.1 为 Bode Plotter 图标。

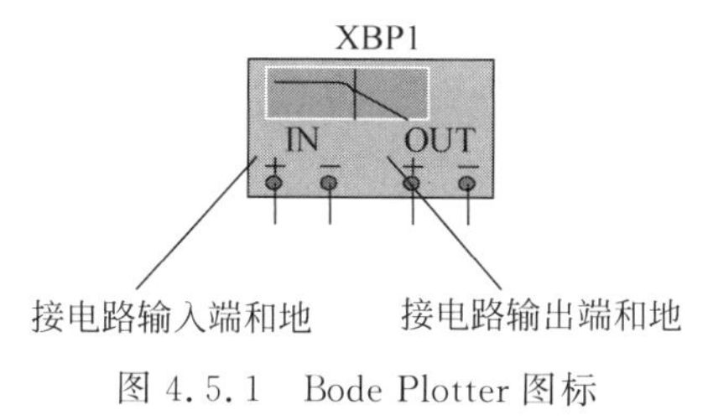

图 4.5.1 Bode Plotter 图标

4.5.1 波特图仪交互界面

双击 Bode Plotter 图标，打开如图 4.5.2 所示 Bode Plotter 交互界面，该界面由两部分构成：左侧为 Bode Plotter 的观察窗口；右侧为 Bode Plotter 参数设置控制面板。

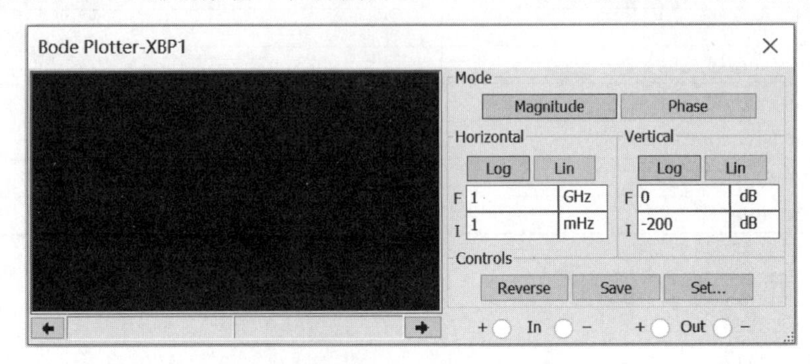

图 4.5.2 Bode Plotter 交互界面

4.5.2 波特图仪的参数设置

1. 幅频特性和相频特性的选择

幅频特性 $A(f)=V_o(f)/V_i(f)$，以曲线形式显示在波特图仪的观察窗口。单击 Magnitude（幅值）按钮，即可显示电路的幅频特性。

相频特性 $\Phi(f)=\Phi_o(f)-\Phi_i(f)$，也以曲线形式显示在波特图仪的观察窗口。单击 Phase（相位）按钮，即可显示电路的相频特性。

2. Horizontal（横轴）设置和 Vertical（纵轴）设置

Horizontal（横轴）表示测量信号的频率，也叫频率轴。可以选择 Log（对数）刻度，也可以选择 Lin（线性）刻度。当测量信号的频率范围较宽时，一般采用 Log 刻度，否则用 Lin 刻度。横轴刻度的取值范围为 0.001Hz～10.0GHz。I、F 分别是 Initial（初始值）和 Final（最终值）的缩写。

Vertical（纵轴）表示测量信号的幅值或相位。当测量幅频特性时，单击 Log 按钮，纵轴输出 $20\text{Log}A(f)$，单位为 dB（分贝）；单击 Lin 按钮，纵轴以线性刻度输出。当测量相频特性时，纵轴表示相位，为线性刻度，单位为度。

需要注意的是，若被测电路为无源网络（振荡电路除外），由于 $A(f)$最大值为 1，则纵轴的最终值为 0，其初始值设置为负值为宜。若被测电路含有放大环节，由于 $A(f)$可大于 1，则纵轴的最终值设置为正值为宜。另外，为了清楚显示某一频率范围的频率特性，可将横轴频率范围设置得小一些。

4.5.3 波特图仪的使用

波特图仪本身没有信号源，在使用波特图仪时，必须在电路的输入端接入交流信号源或函数信号发生器。

1. 波特图仪的连接

拖动波特图仪图标到电路工作窗口，如图 4.5.1 所示。其中 IN（输入）端接电路输入端和地，OUT（输出）端接电路输出端和地。

2. 波特图仪参数的设置

根据测试需要，设置波特图仪的参数。

3. 读数

移动读数指针可读出不同频率值所对应的幅度增益或相位移。单击波特图仪交互界面下方的"读数指针移动"按钮,读数指针向左右移动,箭头右方的读数显示窗口有两个条框,其中上方条框显示幅度增益和相位移;下方条框显示频率。

4.6 字信号发生器

字信号发生器(Word Generator)能产生16路(位)同步逻辑信号,又称数字逻辑信号源,可用于对数字逻辑电路的测试,图标如图4.6.1所示。图标设有16路逻辑信号的接线端,右下方T是外触发信号输入端;左下方R是数据准备好输出端。

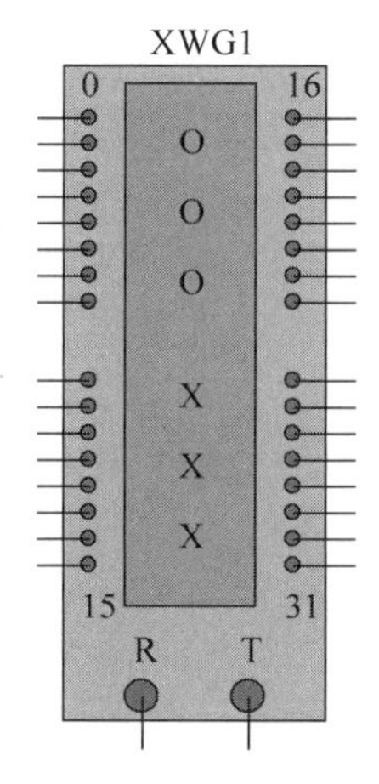

图4.6.1 Word Generator图标

4.6.1 字信号发生器控制面板

双击字信号发生器图标,打开字信号发生器控制面板,如图4.6.2所示。该控制面板由两部分组成,右侧是字信号发生器的16路字信号编辑窗口,左侧由Trigger(字触发)、Frequency(频率)、Controls(控制方式)、Display(进制选择)四部分组成。

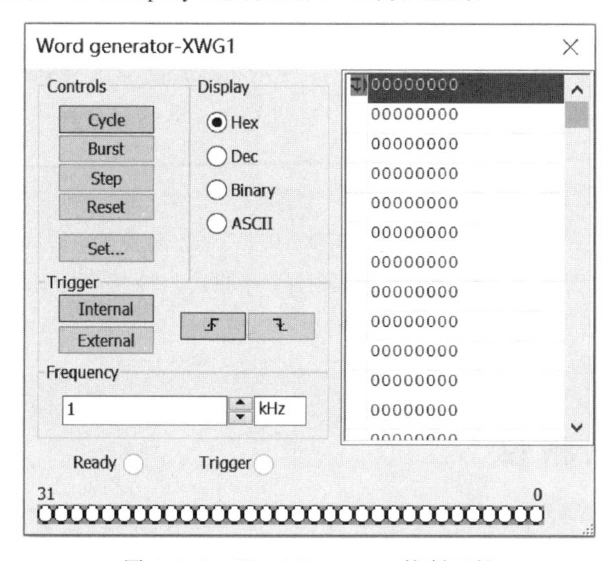

图4.6.2 Word Generator控制面板

4.6.2 字信号发生器参数设置

1. 字信号的写入

字信号发生器控制面板右侧是16路字信号编辑窗口，如图4.6.2所示，16路字信号以4位十六进制数的形式进行编辑和存放。编辑窗口的地址范围为0000H～03FFH，共计1024条字信号。用鼠标移动滚动条，即可查看编辑窗口内的字信号。

字信号的写入(或改写)方法有两种：

(1) 单击某一条字信号，在编辑窗口内直接输入字信号；

(2) 在二进制字信号输入区输入相应的二进制数。

2. Controls(控制方式)栏

Controls栏中有五个选项，其中四个介绍如下。

(1) Cycle(循环)：表示字信号在设置的初始地址到最终地址间周而复始地以设定的频率输出。

(2) Burst(单循环)：表示字信号只循环一次，即从设置的初始地址开始输出，到最终地址自动停止。

(3) Step(单步)：表示鼠标每单击一次，输出一条字信号。

(4) Settings(图中显示为Set...，设置)：单击选项，出现如图4.6.3所示对话框，可以进行Preset patterns(预置模式)、Initial pattern(初始模式)、Display type(显示类型)、Buffer size(缓冲区大小)、Output voltage level(输出电压电平)设置。

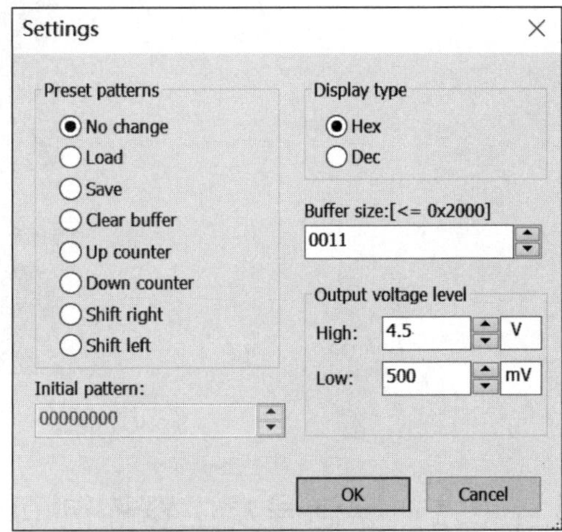

图4.6.3 Settings对话框

3. Trigger(触发)栏

触发栏可以设置触发信号为Internal(内部)或External(外部)触发。

(1) 当选择Internal方式时，字信号的输出直接受输出方式Cycle、Burst和Step的控制。

(2) 当选择External方式时，必须接入外部触发脉冲信号，而且要设置是“上升沿触发”或是“下降沿触发”，然后选择Controls选项，只有当外部触发脉冲信号到来时才启动信号输出。

字信号发生器图标左下方的Ready(数据准备好)输出端用于输出与字信号同步的时钟脉冲。

4. Frequency(频率)栏

该栏用于设置输出字信号的频率，此频率应与整个电路及检测输出结果的仪表相匹配。字信号发生器的频率设置范围很宽，频率设置单位为Hz、kHz或MHz，根据需要确定。

5. 二进制字信号输入区

在二进制字信号输入区可直接输入ASCII码或十六进制字信号。

4.7 逻辑分析仪

逻辑分析仪(Logic Analyzer)的作用类似于示波器，可以同时记录和显示16位的逻辑信号，并可对其进行时域分析。Logic Analyzer图标如图4.7.1所示，其接线端有外接时钟输入端C、时钟控制输入端Q、触发控制输入端T和16路信号输入端。

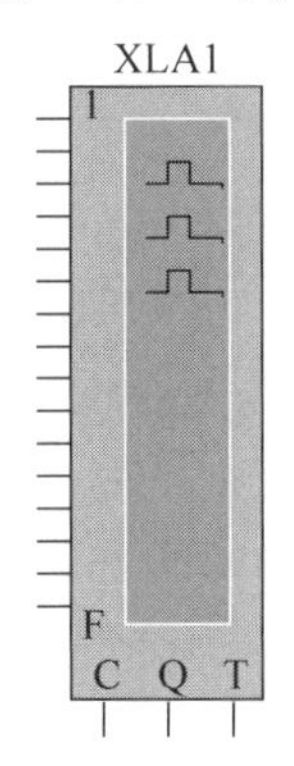

图4.7.1 Logic Analyzer图标

4.7.1 逻辑分析仪交互界面

双击Logic Analyzer图标，打开Logic Analyzer交互界面，如图4.7.2所示。该界面的上半部分为被测信号的显示窗口，左侧16个圆圈代表16个输入端，圆圈内以0或1符号实时显示各路输入逻辑信号的当前值；下半部分为Logic Analyzer的控制面板，包括Stop(停止)按钮、Reset(复位)按钮、Reverse(反转)按钮、Clock(时钟)栏和Trigger(触发)栏，以及时间读数和逻辑读数两个小窗口。

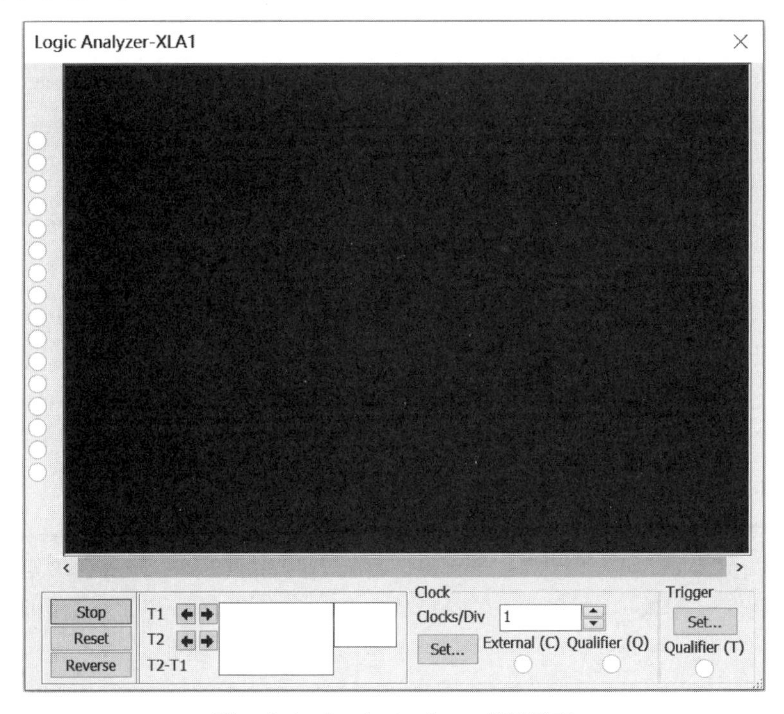

图4.7.2 Logic Analyzer交互界面

4.7.2 逻辑分析仪参数设置

(1) Stop按钮：在逻辑分析仪被触发前，单击Stop按钮可显示触发前波形，触发后Stop按钮不起作用。

(2) Reset按钮：单击Reset按钮，可清除显示窗口中的波形。

(3) Reverse按钮：单击Reverse按钮，可将显示窗口变为白色；再次单击，窗口变为黑色。

(4) Clock(时钟)栏：单击时钟设置栏的Set(设置)按钮，打开Clock Setup(时钟设置)对话框，如图4.7.3所示，具体设置说明如下。

① Clock source(时钟源)：可选择内部(Internal)或外部(External)时钟。

② Clock rate(时钟频率)：范围为1Hz～999MHz。

③ Clock qualifier(时钟确认)：设置为1、0或x。实现外部时钟模式下的功能使能。当Clock qualifier设置为1时，表示时钟控制输入为1时开放时钟，逻辑分析仪进行波形采集；当Clock qualifier设置为0时，表示时钟控制输入为0时开放时钟；当Clock qualifier设置为x时，表示时钟控制输入总是开放的，波形采集不受时钟控制输入的限制。

④ Sampling setting(采样设置)：可设置Pre-trigger samples(触发前采样点数)、Post-trigger samples(触发后采样点数)和Threshold volt.(阈值电压)。

(5) Trigger(触发)栏：单击触发栏内的Set(设置)按钮，打开Trigger Settings(触发设置)对话框，如图4.7.4所示。

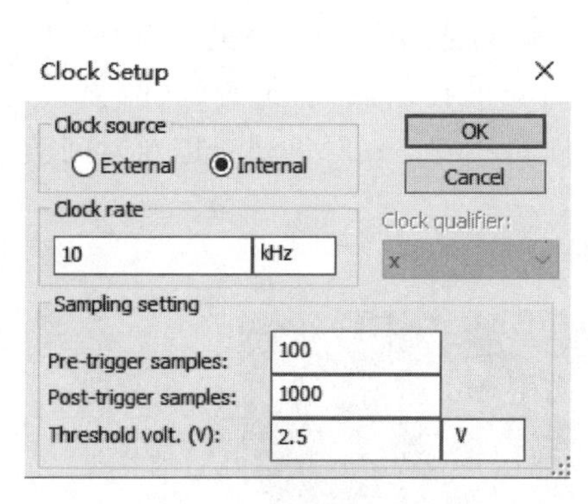

图4.7.3 Clock Setup对话框

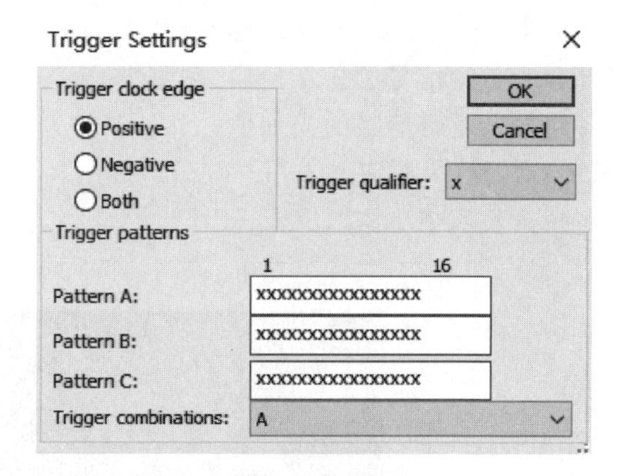

图4.7.4 Trigger Settings对话框

具备参数定义如下。

① Trigger clock edge(触发时钟边沿)：可选择时钟的上升沿(Positive)、下降沿(Negative)、上和下边沿(Both)采样。

② Trigger patterns(触发模式)：设置触发模式对话框中的Pattern A、Pattern B、Pattern C三个触发字以及它们的触发组合Trigger Combinations，逻辑分析仪的触发组合有21种。若输入逻辑信号满足三个触发字的组合，逻辑分析仪就触发；否则就不触发。若三个触发字均为任意(xxxxxxxxxxxxxxxx)时，则只要输入逻辑信号一致就触发。

③ Trigger qualifier(触发确认)：对触发字起控制作用，触发由触发字决定。1(或0)表示只有图标上的触发控制输入端输入1(或0)信号时，触发才起作用；否则，即使Pattern A、Pattern B、Pattern C三个触发字的组合条件满足，也不能引起触发。

4.7.3 逻辑分析仪的使用

逻辑分析仪图标左侧自上而下的16个输入信号端子，在使用时连接至电路的测量点。外接时钟输入端必须接一外部时钟，否则逻辑分析仪不能正常工作。时钟控制输入端的功能是控制外部时钟，当需要对外部时钟进行控制时，该端子必须外接控制信号。触发控制输入端的功能是控制触发字，其端子上接控制信号是实现控制的前提。

4.8　逻辑转换仪

Multisim 14 借助计算机仿真技术，为用户提供了实际并不存在的虚拟逻辑转换仪(Logic Converter)，该仪器可实现逻辑门电路、真值表和逻辑关系表达式三者之间的相互转换。Logic converter 图标如图 4.8.1 所示，包括 8 个信号输入端和 1 个信号输出端。

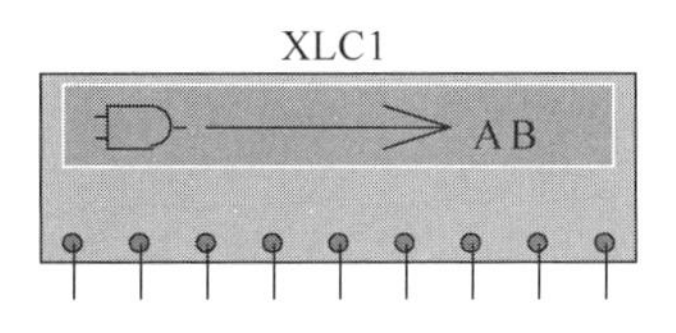

图 4.8.1　Logic converter 图标

4.8.1　逻辑转换仪交互界面

双击 Logic converter 图标，打开 Logic converter 交互界面，如图 4.8.2 所示。其中，左侧是真值表显示窗口；右侧是功能转换选择栏；下方条状部分是逻辑关系表达式窗口。

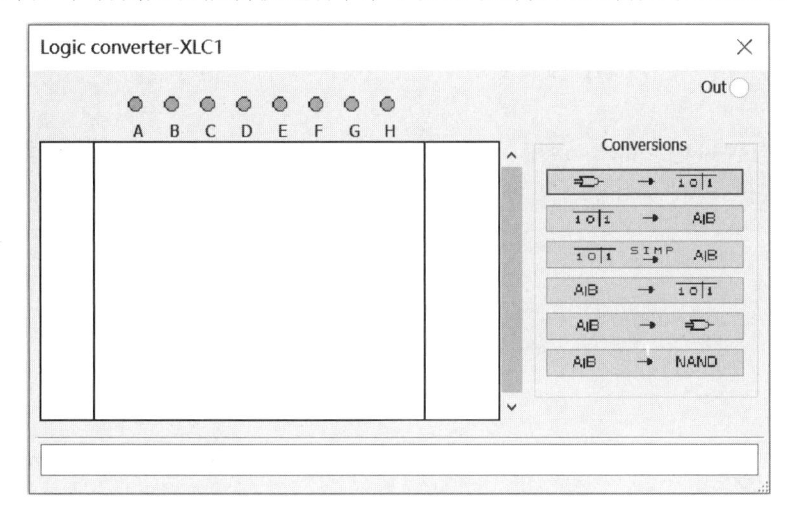

图 4.8.2　Logic converter 交互界面

4.8.2　逻辑转换仪参数设置

如图 4.8.2 所示，逻辑转换仪提供了 6 种逻辑功能的转换选项，如下所示。

(1) 逻辑门电路转换为真值表。

(2) 真值表转换为逻辑关系表达式。

(3) 真值表转换为最简逻辑关系表达式。

(4) 逻辑关系表达式转换为真值表。

(5) 逻辑关系表达式转换为逻辑门电路。

(6) 逻辑关系表达式转换为“与非”门逻辑电路。

4.8.3　逻辑转换仪的使用

1. 逻辑门电路转换为真值表的步骤

(1) 将电路的输入端与逻辑转换仪的输入端相连。

(2) 将电路的输出端与逻辑转换仪的输出端相连。

(3) 按下"逻辑门电路转换为真值表"按钮,该电路的真值表就输出在显示窗口。

2. 真值表转换为逻辑关系表达式的步骤

(1) 单击逻辑转换仪交互界面顶部代表输入的小圆圈(A～H),选择输入变量个数。此时,真值表显示窗口自动出现输入变量的所有组合,且右侧输出列的初始值全部为0。

(2) 根据设定的逻辑关系修改真值表的输出值(0、1或x)。

(3) 单击"真值表转换为逻辑关系表达式"按钮,逻辑关系表达式输出在显示窗口。

(4) 若继续简化逻辑关系表达式或直接由真值表得到最简逻辑关系表达式,需单击"真值表转换为最简逻辑关系表达式"按钮。

3. 逻辑关系表达式转换为逻辑门电路的步骤

(1) 在逻辑转换仪交互界面底部逻辑关系表达式窗口写入逻辑关系表达式。

(2) 单击"逻辑关系表达式转换为真值表"按钮,得到真值表。

(3) 单击"逻辑关系表达式转换为逻辑门电路"按钮,得到相应的逻辑门电路。

(4) 单击"逻辑关系表达式转换为'与非'门逻辑电路"按钮,得到由"与非"门构成的逻辑电路。

4.9 IV特性分析仪

IV特性分析仪(IV Analyzer)用于测试半导体元件的特性曲线,功能等同于实际的晶体管特性曲线测试仪,其图标如图4.9.1所示。

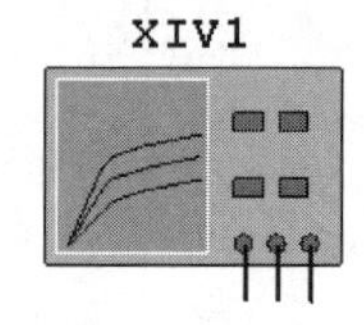

图4.9.1 IV analyzer图标

4.9.1 接线

IV特性分析仪有3个接线端子,选择元件类型后,IV特性分析仪交互界面显示连接提示,据此接线即可。

4.9.2 IV特性分析仪交互界面

IV analyzer交互界面如图4.9.2所示,其中,左侧为输出显示区域,其正下方有3个测试读数窗口,两侧箭头用于调整读数指针位置。

IV特性分析仪交互界面右侧功能如下。

(1) Components栏:选择测试元件的类型,如Diode、BJT PNP、BJT NPN、PMOS和NMOS。

(2) Current range(A)区:设定电流范围。其中Log为对数坐标;Lin为线性坐标。I为初始值;F为最终值。

(3) Voltage range(V)区:设定电压范围,其他同电流。

(4) Reverse按钮:反转屏幕背景颜色。

(5) Simulate param.按钮:用于设定模拟参数,单击该按钮,打开参数设置对话框,如

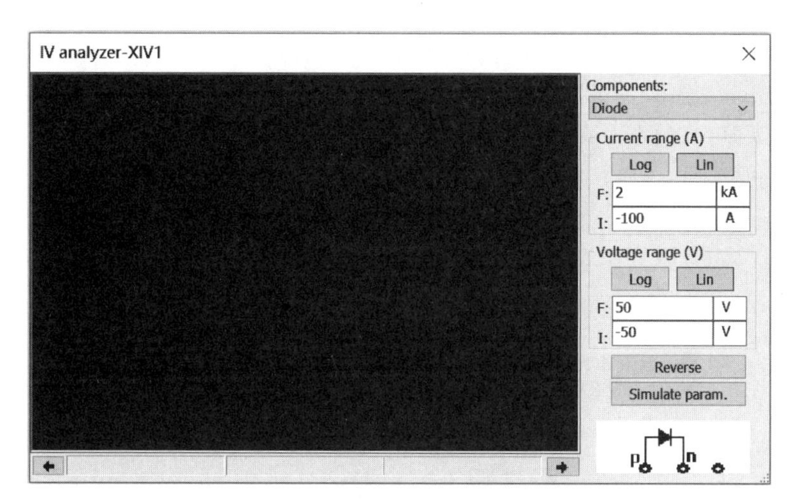

图 4.9.2 IV analyzer 交互界面

图 4.9.3 所示。在 Simulate Parameters 设置对话框中，Source name V_pn 中参数定义如下。

① Start：起始值。

② Stop：终止值。

③ Increment：增量。

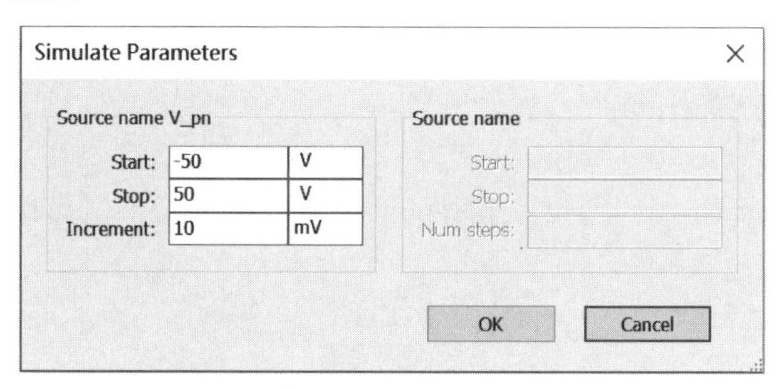

图 4.9.3 Simulate Parameters 设置对话框

4.10 频率计

频率计(Frequency Counter)用来测量信号频率，也可测量多种脉冲参数，Frequency counter 图标如图 4.10.1 所示。

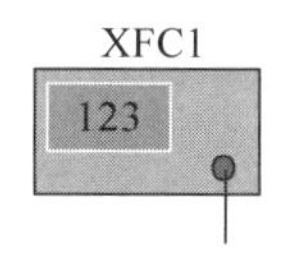

图 4.10.1 Frequency counter 图标

4.10.1 接线

频率计仅有一个输入端子，与被测节点连接即可。

4.10.2 频率计交互界面

Frequency counter 交互界面如图 4.10.2 所示，其上方为数据显示区，下方为参数设置区，具体参数设置依据如下：

(1) Measurement 区：单击 Freq 按钮，显示被测信号频率；单击 Period 按钮，显示被测信号周期；单击 Pulse 按钮，左侧显示正脉冲时间；单击 Rise/Fall 按钮，显示区左侧显示上升沿时间，右侧显示下降沿时间。

(2) Coupling 区：单击 AC 按钮，仅测量交流分量；单击 DC 按钮，测量交、直流分量的叠加。

(3) Sensitivity(RMS)区：设定灵敏度(均方根值)数值和单位。

(4) Trigger Level 区：设定触发电平值和单位。

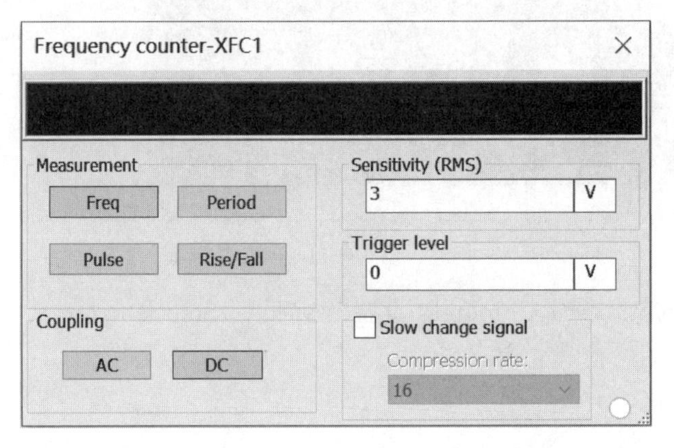

图 4.10.2 Frequency counter 交互界面

4.11 失真分析仪

失真分析仪(Distortion Analyzer)用于测试电路总谐波失真与信噪比，其图标如图 4.11.1 所示。

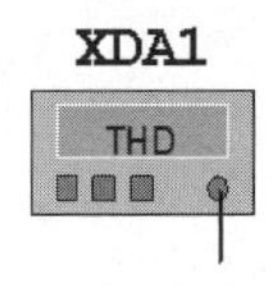

图 4.11.1 Distortion analyzer 图标

4.11.1 接线

Distortion analyzer 仅有一个接线端子，使用时与电路输出端相连即可。

4.11.2 显示与设置

Distortion analyzer 交互界面如图 4.11.2 所示，具体参数设置依据如下。

(1) Total harmonic distortion(THD)区：用于显示总谐波失真测量值，可用百分比表示，也可用分贝值表示。

(2) Display 区：选择总谐波失真的表示方式，%代表百分比方式，dB 代表分贝值方式。

(3) Start：按下 Start 按钮开始测试。

(4) Stop：按下 Stop 按钮停止测试。

(5) Fundamental freq. 栏：用于设置基频。

(6) Resolution freq. 栏：用于设置频率分辨率。

(7) Controls 区：单击 THD 按钮，测量总谐波失真；单击 SINAD 按钮，打开 Signal noise distortion 测量面板如图 4.11.3 所示，测量信号的信噪比；单击 Set... 按钮，打开 Settings 对

话框，设置测试参数，如图 4.11.4 所示。

在 Settings 对话框中，THD definition 用于选择总谐波失真的定义方式，可选项有 IEEE 和 ANSI/IEC；Harmonic num. 栏用于输入谐波次数；FFT points 栏用于选择快速傅里叶变换点。

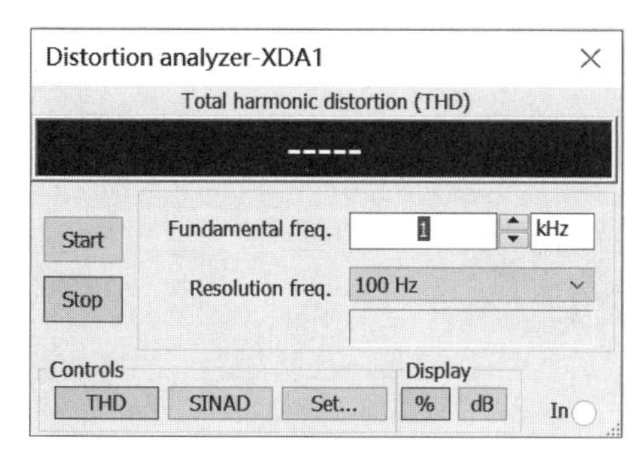

图 4.11.2　Distortion analyzer 交互界面

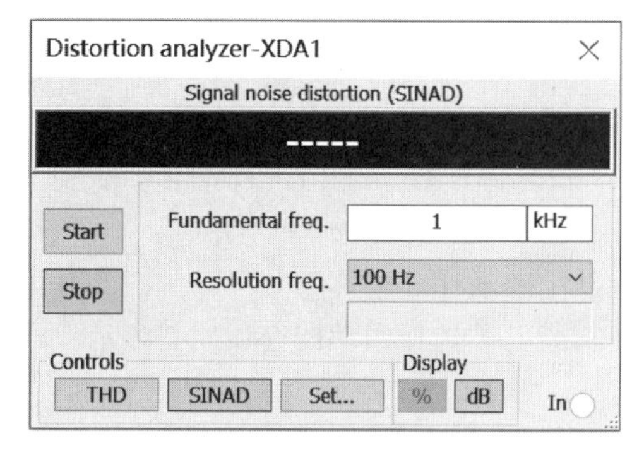

图 4.11.3　Signal noise distortion 测量面板

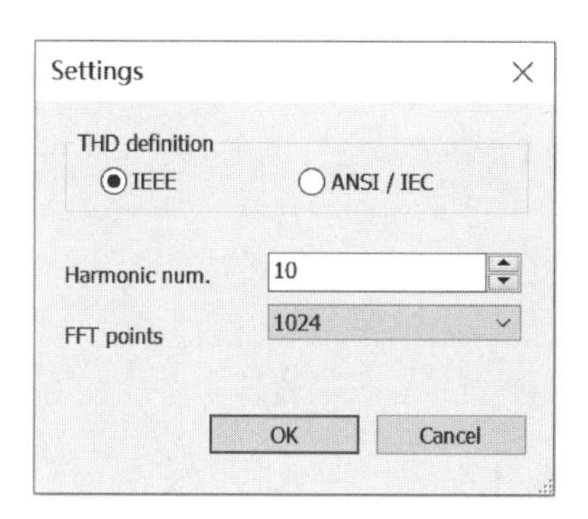

图 4.11.4　Settings 对话框

4.12　Tektronix TDS 2024 型数字示波器

Tektronix TDS 2024 型数字示波器带宽为 200MHz，采样速率为 2.0GS/s，是 4 通道的彩色存储示波器，每个通道具有 2500 点记录长度，能自动设置菜单。其光标带有读数，可实现 11 种自动测量，并可作波形平均和峰值检测，该型号数字示波器（以下简称示波器）图标如图 4.12.1 所示；3D 面板如图 4.12.2 所示。

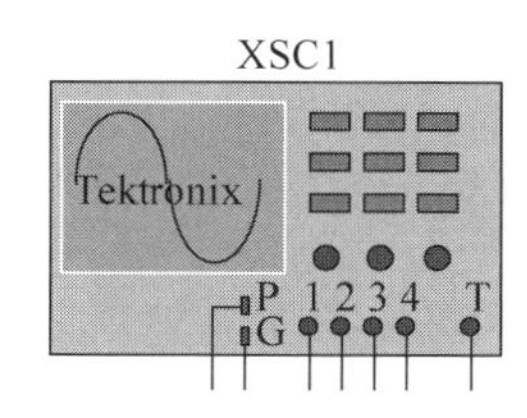

图 4.12.1　Tektronix TDS 2024 型数字示波器图标

4.12.1　菜单系统

按下图 4.12.2 中面板的功能按钮，将在示波器显示屏的右侧显示相应的菜单。该菜单可选择显示，单击显示屏右侧未标记的选项按钮选择可用的选项。示波器使用下列四种方法显示菜单选项。

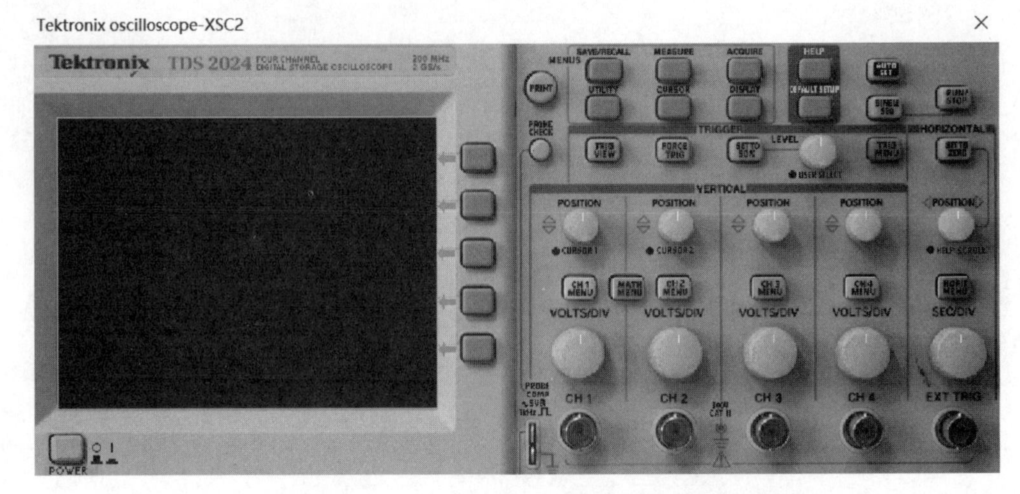

图 4.12.2　Tektronix TDS 2024 型数字示波器 3D 面板

(1) 实体示波器页(子菜单)选择：对于某些功能菜单,可使用顶端的选项按钮选择两个或三个子菜单。每次按下顶端按钮时,选项都会随之改变。例如单击 ,在出现的菜单中单击 按钮,level(电平触发)和 Holdoff(用户控制)交替变换。

(2) 循环列表：每次按下选项按钮时,示波器都会将参数设定为不同的值。例如,单击 按钮,然后单击顶端的选项按钮 ,会在 DC、AC 和 Ground 选项间切换。

(3) 动作：单击“动作选项”按钮,示波器显示发生的动作类型。

(4) 单选钮：示波器每个功能对应不同的按钮,当前被选择的功能选项加亮显示。

4.12.2　控制系统

控制系统的功能介绍如下。

(1) “保存/调出”按钮：显示“设置和波形的保存/调出”菜单。

(2) “测量”按钮：显示“自动测量”菜单。

(3) “采集”按钮：显示“采集”菜单。

(4) “显示”按钮：显示“显示”菜单。

(5) “光标”按钮：显示“光标”菜单。当显示“光标”菜单,且光标被激活时,CH1、CH2、“垂直位置”控制按钮的指示灯亮,该旋钮可用于调整光标的位置。

(6) “辅助功能”按钮：显示“辅助功能”菜单。

(7) “帮助”按钮：显示“帮助”菜单。

(8) “默认设置”按钮：恢复出厂设置。

(9) “自动”按钮：自动设置示波器控制状态,以产生适用于输出信号的显示图形。

(10) “单次序列”按钮：采集单个波形,然后停止。

(11) “运行/停止”按钮：连续采集波形或停止采集。

(12) “打印”按钮：开始打印操作。要求有适用于 Centronics、RS. 232 或 GPIB 端口的扩充模块。

(13) “探头检查”按钮：单击该按钮,可快速检验虚拟示波器探头是否工作正常。具体操作流程如下：

① 将校准信号源与探头连接。

② 单击“探头检查”按钮,如果连接和补偿正确,且示波器“垂直”菜单中的“探头”条目设

置与所用探头相匹配，示波器显示屏底部显示“合格”；否则，在示波器显示屏显示问题处理提示，指导使用者纠正该类问题。

4.12.3 数学计算按钮

用于打开和关闭数学波形，实现通道信号的“+”、“.”、快速傅里叶变换(FFT)计算。

(1) 单击“+”按钮，实现 CH1+CH2 或 CH3+CH4 的幅度相加运算。

(2) 单击“.”按钮，可选择 CH1. CH2、CH2. CH1、CH3. CH4 或 CH4. CH3 的幅度相减运算。

(3) 单击 FFT 按钮，可以使用该模式将时域(YT)信号转换为它的频率分量(频谱)。

4.13 Agilent 33120A 型函数信号发生器

Agilent 33120A 型函数信号发生器是安捷伦公司生产的一种宽频带、多用途、高性能的函数信号发生器，它不仅能产生正弦波、方波、三角波、锯齿波、噪声源和直流电压六种标准波形，还能产生按指数下降的波形、按指数上升的波形、负斜波函数、Sa(x)及 Cardiac(心律波)五种系统存储的特殊波形和由 8～256 个点描述的任意波形。其图标如图 4.13.1 所示；3D 面板如图 4.13.2 所示。

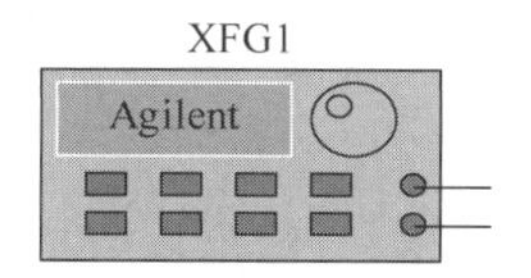

图 4.13.1　Agilent 33120A 型函数信号发生器图标

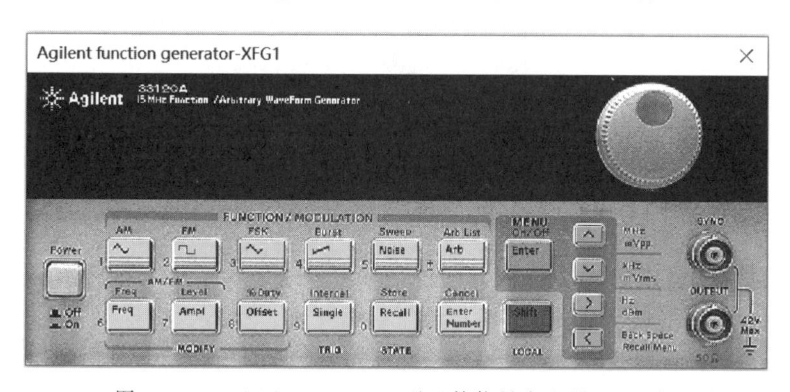

图 4.13.2　Agilent 33120A 型函数信号发生器 3D 面板

4.13.1 面板按钮功能

(1) Power 按钮：单击 Power 按钮，接通仪表电源，仪表开始工作。

(2) FUNCTION/MODULATION 区：该区共有 6 个输出信号类型选择按钮，单击按钮选择正弦波，单击按钮选择方波，单击按钮选择三角波，单击按钮选择锯齿波，单击按钮选择噪声源，单击按钮选择由 8～256 个点描述的任意波形。

(3) Enter Number 按钮：单击按钮，再分别单击 FUNCTION/MODULATION 区的 6 个输出信号类型选择按钮，则分别输入数字 1、2、3、4、5 和±极性。

(4) Shift 功能按钮：单击按钮，面板显示窗口显示 Shift，此时面板上按钮的上方功能起作用，如单击按钮，面板显示窗口显示 FM；若取消设置好的 FM 信号，则需重复一次设置过程，即先单击按钮，再单击按钮。

单击 Shift 按钮，再单击 Enter Number 按钮，则取消前一次操作。若要在此基础上修改为 AM 信号，则先单击按钮，再单击按钮。

单击 Shift 按钮，再依次单击 FUNCTION/MODULATION 区的 6 个输出信号类型选择按钮，则分别选择 AM 信号、FM 信号、FSK 信号、Burst 信号、Sweep 信号及 Arb List 信号。

(5) Freq 和 Ampl 按钮：AM/FM 线框下的这两个按钮分别用于 AM 和 FM 信号参数的调整。单击按钮，调整信号的频率；单击按钮，调整信号的幅度。

若单击 Shift 按钮，再分别单击 Freq 和 Ampl 按钮，则分别调整 AM 和 FM 信号的调制频率和调制幅度。

(6) 菜单操作功能：单击 Shift 按钮，再单击按钮，可实现对相应菜单的操作。单击按钮，则返回上一级菜单；单击按钮，则进入下一级菜单；单击按钮，则在同一级菜单右移；单击按钮，则在同一级菜单左移。若改变测量单位，单击按钮，测量单位递减（如 MHz、kHz、Hz），单击按钮，测量单位递增（如 Hz、kHz、MHz）。

(7) 信号源偏置设置按钮：单击该按钮，可调整信号源的偏置。若单击 Shift 按钮后，再单击 Offset 按钮，则可改变信号源的占空比。

(8) 触发模式选择按钮：单击该按钮，选择单次触发。

(9) 状态选择按钮：单击该按钮，选择上一次的存储状态；若单击 Shift 按钮，再单击 Recall 按钮，则选择存储状态。

(10) 图 4.13.2 右上角的大旋钮为输入/输出值调整旋钮。

(11) 信号输出端口：图 4.13.2 右下方的两个输出端口（OUTPUT）由上至下分别为同步输出端口（SYNC）和 50Ω 匹配输出端口，应用时只需将该端口与电路的输入端连接即可，其公共端默认连接。

4.13.2 标准波形的生成

该型号函数信号发生器可产生正弦波、方波、三角波、锯齿波、噪声源和直流电压等标准波形。

1. 产生正弦波的基本操作

(1) 设定信号类型：单击按钮，选择输出信号为正弦波。

(2) 设定频率：单击按钮，再单击按钮后，输入频率的数字，然后单击按钮确定；或单击、按钮增减频率数值（仅适用于微调）。

另外，可调整图 4.13.2 所示仪器右上角的大旋钮输入频率数值，或单击大旋钮后，通过键盘上的←、↑、→、↓键改变频率数值。

(3) 幅度调整：单击按钮，再单击按钮后，输入幅度的数值，再单击按钮确定；或单击、按钮增减幅度值。

(4) 信号偏置的调整：单击按钮，通过输入旋钮给定偏置大小；或直接单击按钮，输入偏置量，再单击按钮确定；或单击、按钮增减偏置量。

另外，先单击按钮，然后单击按钮，可实现将有效值转换为峰—峰值；相反，先单击按钮，再单击按钮，可实现将峰—峰值转换为有效值。先单击按钮，然后单击按钮，可实现峰—峰值转换为分贝值。

2. 产生方波、三角波和锯齿波的基本操作

产生方波、三角波和锯齿波的基本操作与正弦波大致相同，可单击按钮、按钮或按钮。以方波为例，单击按钮后，再单击按钮，通过输入旋钮（面板右上角大旋钮）改变方波的占空比。

3. 噪声源

单击按钮，该型号函数信号发生器输出模拟噪声，其幅度可以通过单击按钮，然后调节输入旋钮改变大小。

4. 直流电压源

该型号函数信号发生器能产生直流电压，范围是－5～＋5V。单击 Offset 按钮不放，持续时间超过 2s，显示屏先显示 DCV 后变成＋0.000VDC。通过输入旋钮可以改变输入电压的大小；如果采用单击按钮输入数字的方法，输入大于 5 的数值均被定为 5V。

5. AM 信号

单击按钮后，再单击按钮选择 AM 信号输出，单击按钮，通过输入旋钮可以调整载波的频率，单击按钮，通过输入旋钮可以调整载波的幅度；单击按钮，再单击按钮，通过输入旋钮可以调整调制信号的频率，再单击按钮后，单击按钮，通过输入旋钮可以调整调制信号的幅度。

6. FM 信号

单击按钮，再单击，可输出 FM 信号。其参数设置、调节方法与 AM 信号一致。

4.13.3 非标准波形的生成

1. FSK 调制信号生成步骤

FSK 调制信号生成步骤如下。

（1）单击按钮后，再单击按钮，选择 FSK 调制方式。

（2）单击按钮，输入载波频率。

（3）单击按钮，再单击按钮进行菜单操作，显示屏显示 Menus 后立即显示“A：MOD Menu”。

（4）单击按钮，显示屏显示 COMMANDS 后立即显示“1：AM SHAPE”。

（5）单击按钮选择 6：FSK FREQ。

（6）单击按钮，显示屏显示 PAMAMETER 后立即显示“^100.00000Hz”，符号“^”闪动，单击输入跳跃频率。改变设置后，单击按钮保存。

（7）再次单击按钮后，单击按钮进行菜单操作，显示屏显示 Menus 后立即显示“A：MOD Menu”，单击按钮，显示屏显示 COMMANDS 后立即显示“1：AM SHAPE”，单击按钮选择 7：FSK RATE，单击按钮，显示屏显示 PAMAMETER 后立即显示^1.000kHz，符号“^”闪动，输入转换频率，设置完成。

（8）单击按钮保存设置。

（9）设置完毕，单击仿真开关，即可观察到 FSK 调制信号的波形。

2. Burst（突发）调制信号生成步骤

Burst 调制信号的特点是输出信号按指定速率输出规定周期数目的信号。

（1）单击按钮后，再单击按钮，选择突发调制方式（可接着设置信号波形）。

（2）单击按钮，设置输出波形的频率。

(3) 单击按钮,设置输出波形的幅度。

(4) 单击按钮,再单击按钮,显示屏先显示 Menus,随后显示 MOD Menu。

(5) 单击按钮,显示屏先显示 COMMANDS,随后显示 AM SHAPE。

(6) 单击按钮,选择“3: BURST CNT”。

(7) 单击按钮,显示屏先显示 PAMAMETER,随后显示“^00001 CYC”。符号“^”闪动,单击按钮,输入显示周期,单击按钮保存设置。

(8) 再次单击按钮,然后单击按钮进行菜单操作,显示屏显示 Menus 后立即显示 MOD Menu,单击按钮,显示屏显示 COMMANDS 后立即显示 AM SHAPE,单击按钮选择“4: BURST RATE”,单击按钮,显示屏显示 PAMAMETER 后立即显示“^1.000kHz”,符号“^”闪动,输入转换频率,设置完成,单击按钮保存设置。

(9) 然后再次单击按钮,单击按钮进行菜单操作,显示屏显示 Menus 后立即显示 MOD Menu,单击按钮,显示屏显示 COMMANDS 后立即显示 AM SHAPE,单击按钮选择“5: BURST PHAS”,单击按钮,显示屏显示 PAMAMETER 后立即显示“^0.00000DEG,”符号“^”闪动,输入角度,设置完成,单击按钮保存设置。

(10) 单击仿真开关,通过示波器可以观察 Burst 调制波形。

3. 特殊函数波形生成

该函数信号发生器能产生 5 种内置的特殊函数波形,即 sinc 函数、负斜波函数、按指数上升的函数、按指数下降的函数及 Cardiac(心律波)函数。

(1) sinc 函数生成步骤。

sinc 函数是一种常用的 Sa 函数,其数学表达式为 $\operatorname{sinc} x=\frac{\sin x}{x}$。

产生 sinc 函数的步骤如下。

① 单击按钮后,再单击按钮,显示屏显示 SINC~。

② 再次单击按钮后,显示屏显示 SINC Arb。

③ 单击按钮,通过输入旋钮将输出波形的频率设置为 100kHz;单击按钮,通过输入旋钮将输出波形的幅度设置为 $1V_{PP}$。

④ 设置完毕,单击仿真开关,通过示波器观察波形。

(2) 负斜波函数生成步骤。

① 单击按钮后,再单击按钮,显示屏显示 SINC~。

② 单击按钮,选择 NEG_RAMP~,单击按钮保存设置的函数类型。

③ 再次单击按钮后,单击按钮,显示屏显示 NEG_RAMP~,再单击按钮,显示屏显示 NEG_RAMP Arb,即选择负斜波函数。

④ 单击按钮,设置输出波形的频率。

⑤ 单击按钮,设置输出波形的幅度。

⑥ 单击按钮,设置波形的偏置。

⑦ 设置完毕,单击仿真开关,通过示波器观察波形。

(3) 按指数上升函数生成步骤。

① 单击按钮后,再单击按钮,显示屏显示 SINC~。

② 单击按钮,选择 EXP_RISE~,单击按钮保存设置的函数类型。

③ 单击按钮后,再单击按钮,显示屏显示 EXP_RISE~,再单击按钮,显示屏

显示 EXP RISE Arb,即选择按指数上升函数。

④ 单击按钮,通过输入旋钮将输出波形的频率设置为12kHz;单击按钮,通过输入旋钮将输出波形的幅度设置为$3V_{PP}$;单击按钮,通过输入旋钮设置输出波形的偏置。

⑤ 设置完毕,单击仿真开关,通过示波器观察波形。

(4) 按指数下降函数生成步骤。

产生按指数下降函数波形的步骤与产生按指数上升函数波形的步骤基本相同,仅需将函数类型设置改为 EXP_FALL,即可得到按指数下降函数的波形。

(5) Cardiac(心律波)函数。

① 单击按钮后,再单击按钮,显示屏显示 SINC～。

② 单击按钮,选择 CARDIAC～,单击按钮确定所选 CARDIAC 函数类型。

③ 单击按钮后,单击按钮,显示屏显示 CARDIAC～,再单击按钮,显示屏显示 CARDIAC Arb,选择 Cardiac 函数。

④ 单击按钮,通过输入旋钮将输出波形的频率设置为12kHz;单击按钮,通过输入旋钮将输出波形的幅度设置为$3V_{PP}$;单击按钮,通过输入旋钮设置波形的偏置。

⑤ 设置完毕,单击仿真开关,通过示波器观察 Cardiac 波形。

4.13.4 任意波形的生成

该函数信号发生器能够产生由8～256个点描述的任意波形。

(1) 编辑菜单的设置是产生任意波形的关键步骤,决定输出波形的形状。设置步骤如下。

① 单击按钮,再单击按钮,显示屏先显示 Menus,随后立即显示 MOD Menu。

② 单击按钮选择 C: EDIT MENU。

③ 单击按钮,显示屏先显示 COMMANDS,随后立即显示 NEW ARB。

④ 单击按钮,显示屏先显示 PAMAMETER,随后显示 CLEAR MEM。

⑤ 单击按钮,计算机发出蜂鸣声,显示屏显示 SAVED,设置被保存。

⑥ 再次单击按钮后,单击按钮选择“2: POINTS”,单击按钮,显示屏显示 PAMAMETER,随后立即显示“^008 PNTS”;单击按钮后,数字0闪动,输入要编辑的点数,单击按钮保存设置。

⑦ 然后再次单击按钮后,单击按钮,显示屏显示“2: POINTS”;单击按钮,选择3: LINE EDIT;单击按钮,显示屏先显示 PAMAMETER,随后立即显示“000: ^0.0000”,每个数据的取值范围为−1～+1;通过单击、按钮改变数据的极性;单击按钮右移一位后,输入数值;单击按钮保存,显示屏显示 SAVED 后立即显示下一个点,并等待编辑,编辑方法与前面的数据点相同。当编辑完最后一个点时,单击按钮返回“3: LINE EDIT”状态;连续单击按钮3次,选择“6: SAVED AS”,单击按钮,显示屏先显示 PAMAMETER,随后立即显示 ARB1 * NEW *,最后单击按钮,显示屏显示 SAVED,保存设置。

(2) 输出任意波形。

① 单击按钮后,再单击按钮,显示屏显示 SINC ～,单击按钮,选择 ARB1～,单击按钮保存选定的函数类型。

② 单击按钮后,再单击按钮,显示屏显示 ARB1～,再单击按钮,显示屏显示

ARB1 Arb,选择 ARB1 函数。

③ 单击按钮,选方波信号。

④ 单击按钮,通过输入旋钮将输出方波的频率设置为 5kHz；单击按钮,通过输入旋钮将输出方波的幅度设置为 500mV；单击按钮,通过输入旋钮设置波形偏置。

⑤ 设置完毕,单击仿真开关,通过示波器观察生成的波形。

4.14 Agilent 34401A 型数字万用表

4.14.1 基本设置

Agilent 34401A 型数字万用表是一种 $6\frac{1}{2}$位高性能的万用表,能测量交/直流电压、交/直流电流、信号频率、周期和电阻值。该表具有数字运算、dB、dBm、界限测试以及最大、最小、平均等功能。该数字万用表图标如图 4.14.1 所示；3D 面板如图 4.14.2 所示。

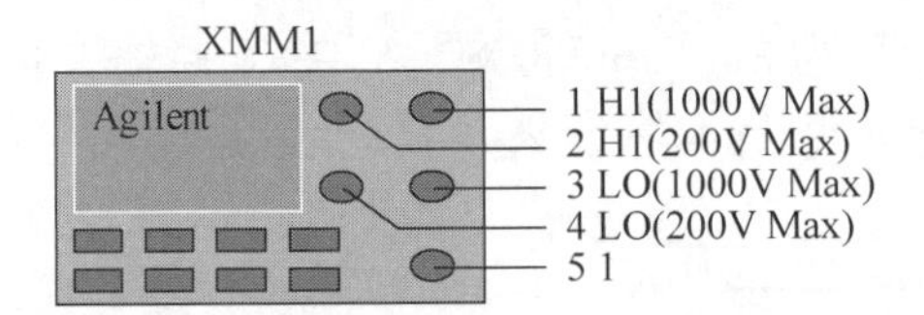

图 4.14.1 Agilent 34401A 型数字万用表图标

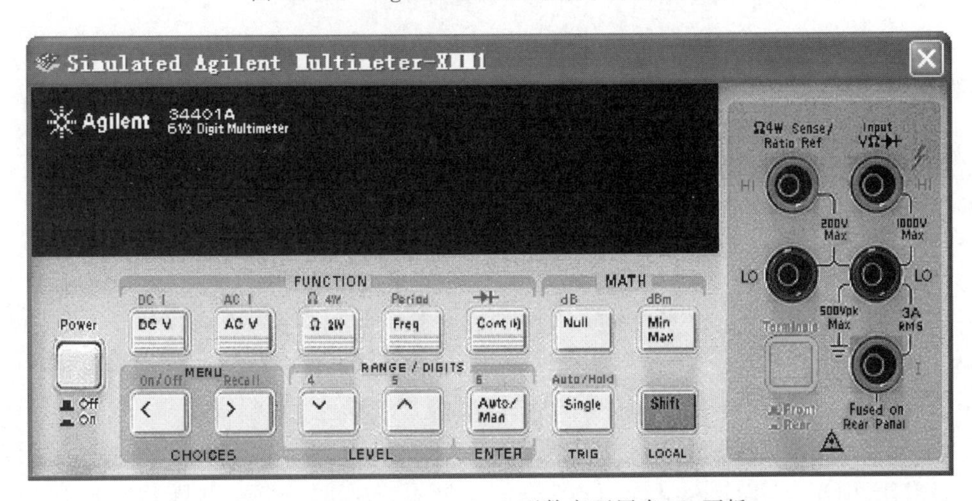

图 4.14.2 Agilent 34401A 型数字万用表 3D 面板

在图 4.14.2 中,单击面板上的电源 Power 按钮,显示屏点亮,即进入测试准备状态；Shift 按钮为换挡按钮,单击 Shift 按钮后,再单击其他功能按钮,将执行面板按钮上方的标识功能；Single 按钮触发方式有自动触发和单次触发两种。

4.14.2 常用的参数测量

一般来说,基本的参数测量是指电压、电流、电阻的测量。进一步细分,有直流电压、交流电压、直流电流、交流电流；也有一些派生的测量,如测量晶体二极管、晶体三极管的好坏,电感的通断等,属于电阻系列测量；该万用表也能测量信号的频率、周期和 dB 值等。

1. 电压的测量

测量电压时,万用表与被测试电路的测量点并联。单击面板上的按钮,可以测量直流

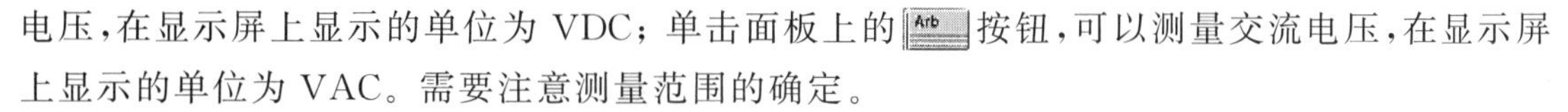

电压，在显示屏上显示的单位为 VDC；单击面板上的按钮，可以测量交流电压，在显示屏上显示的单位为 VAC。需要注意测量范围的确定。

2. 电流的测量

测量电流时，将万用表的 I、LO 端串联至被测支路中。单击按钮，则显示屏上显示 Shift，再单击按钮，显示屏显示的单位为 ADC，即测量直流电流；单击按钮，显示屏上显示的单位为 AAC，即测量交流电流。需要注意测量范围的确定。

3. 电阻的测量

该万用表测量电阻时，将图 4.14.1 中万用表的 1 端和 3 端分别接在被测电阻的两端，测量时，单击面板上的按钮，即可测量电阻阻值的大小。

另外，该万用表还提供了一种四线测量电阻的方法，该方法可更准确地测量小电阻，提高测量精度。其方法是将 1、2 端并接及 3、4 端并接后再测电阻。测量时，先单击面板上的按钮，显示屏上显示 Shift；再单击面板上的按钮，选择四线测量模式，此时显示屏显示的单位为 ohm^{4w}。

4. 频率或周期的测量

该万用表可以测量电路的频率或周期，具体方法如下。

（1）将 1 端和 3 端分别接在被测电路上。

（2）测量时，单击面板上的按钮，可测量频率的大小；单击面板上的按钮，显示屏上显示 Shift 后，再单击按钮，则可测量周期的大小。

5. 二极管极性的判断

测量时，先单击面板上的按钮，显示屏上显示 Shift 后，再单击按钮，可测试二极管极性。若该万用表 1 端接二极管的正极，3 端接其负极时，显示屏上显示二极管的正向导通压降；反之，则显示为 0。若二极管断路时，显示屏显示 OPEN 字样，表明二极管有断路故障。

6. 直流电压比率的测量

该万用表可以测量两个直流电压的比率。通常选择一个直流参考电压作为基准，然后自动求出被测电压与该直流参考电压的比率。

测量时，需将该万用表的 1 端接在被测信号的正端，3 端接在被测信号的负端；万用表的 2 端接在直流参考源的正端，4 端接在直流参考源的负端。3 端和 4 端必须接在公共端，且二者的电压相差不大于±2V。参考电压一般为直流电压源，且最大不超过±12V。

由于面板上无此功能按钮，该测量功能需通过测量菜单操作完成。具体测量步骤如下。

（1）首先单击面板上的按钮，显示屏上显示 Shift 后，单击按钮，测量菜单展开，显示“A：MEAS MENU”。

（2）单击按钮，先显示 COMMAND，随后显示“1：CONTINUITY”，单击按钮，显示“2：RATIO FUNC”。

（3）单击按钮，先显示 PARAMETER，随后显示“DCV：OFF”，单击或按钮，使其显示“DCV：ON”。

（4）单击按钮，关闭测量菜单，此时在显示屏上显示 Ratio，即进入比率测量状态。

4.14.3 运算功能的实现

1. 相对测量

该万用表的相对测量(NULL)是指其能够对前后测量的数值进行比较，显示二者的差值。

相对测量是把前一次测试结果作为初始值存储，计算公式如式(4-14-1)所示。该功能适用于测量交/直流电压、交/直流电流、频率、周期和电阻阻值，但不适用于连续信号测量、晶体二极管检测和比率测量。

$$\text{显示结果} = \text{本次测量数值} - \text{初始值} \tag{4-14-1}$$

2. 存储显示最大值和最小值

该万用表可以存储测量得到的最大值、最小值、平均值和测量次数等参数。该功能适用同上。

3. 测量电压的 dB 或 dBm 格式显示

利用该万用表测量电压，单位可以是伏特(V)，也可以是分贝(dB 或 dBm)。测量电压分贝值等于被测量电压的分贝值减去参考电压的分贝值。被测量 dBm 值的计算如式(4-14-2)所示。

$$\text{被测量 dBm} = 10\lg\left(\frac{\text{被测电压}}{\text{每毫瓦设定电阻值对应的电压值}}\right) \tag{4-14-2}$$

4. 限幅测试

进行限幅测试(Limit Testing)时，若被测参数在指定范围内，则显示 OK；若被测参数高于指定范围，则显示 HI；若被测参数低于指定范围，则显示 LO。限幅测试不适用于连续信号测量，也不适用于晶体二极管的检测。限幅测试在面板上没有专用的功能按钮，可通过测量菜单完成。

4.15 Agilent 54622D 型数字示波器

Agilent 54622D 型数字示波器有 2 个模拟通道和 16 个逻辑通道，带宽为 100MHz，其图标如图 4.15.1 所示，图标下方有 2 个模拟通道(通道 1 和通道 2)、16 个数字逻辑通道(D0～D15)，面板右侧有触发端、数字地和校准信号输出端。

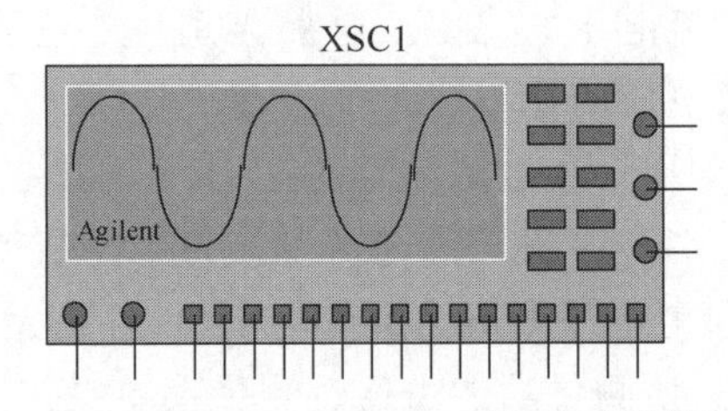

图 4.15.1 Agilent 54622D 型数字示波器图标

双击该图标，弹出 3D 面板如图 4.15.2 所示，其中，POWER 是电源开关；INTENSITY 是灰度调节按钮；在电源开关和 INTENSITY 之间是软驱；软驱上方是参数设置按钮；Horizontal 为时基调整区；Run Control 为运行控制区；Measure 为测量控制区；Waveform 为波形调整区；Trigger 为触发区；Digital 为数字通道操作区；Analog 为模拟通道操作区。

4.15.1 校准

1. 模拟通道的校正

示波器使用之前都需要进行校准，如图 4.15.2 所示，将校准信号输出端与模拟通道 1 连接(通道 2 或 1、2 同时连接)；单击 POWER 按钮，再单击面板上的 1 按钮选择模拟通道 1，然后单击面板上的 Save Recall 按钮，将示波器设置为默认状态，最后单击面板上的 Auto-Scale 按钮，完成校正。

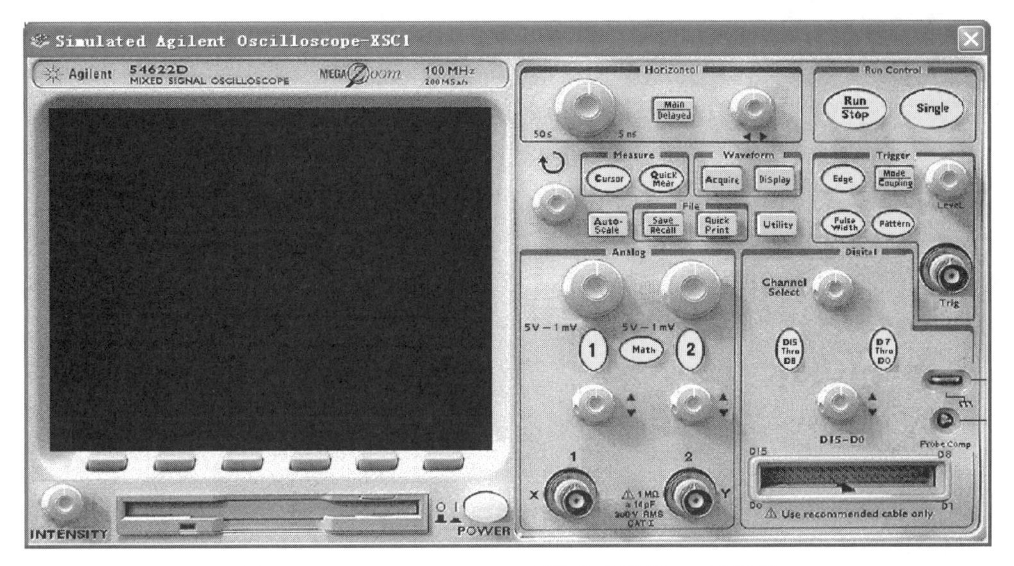

图 4.15.2　Agilent 54622D 型数字示波器 3D 面板图

2. 数字通道的校正

单击、按钮选择数字通道，其他操作参照模拟通道的校准即可。

4.15.2　基本操作

1. 模拟通道操作区（Analog）

（1）通道选择按钮：耦合方式通过软按钮（Coupling）选择，包括 DC（直接耦合）、AC（交流耦合）和 GND（地）三种方式。

（2）垂直移位旋钮：单击旋钮，在波形移位的同时，示波器屏幕左上角的基线电平也随之改变，且屏幕左端的参考接地电平符号也随该旋钮的旋转而移动。单击 Vernier 软按钮，可微调波形的位置。单击 Invert 软按钮，可使波形相反。

（3）幅度衰减旋钮：用于改变垂直灵敏度，衰减旋钮设置的范围为 1mV/div～5V/div。单击 Vernier 软按钮，可以以较小的增量改变波形的幅度。

（4）按钮：用于数学运算选择。

2. 数字通道操作区（Digital）

（1）、按钮用于数字通道 D7 和 D15～D8 的选择，当以上按钮被点亮时，显示数字通道。

（2）通道选择按钮，用于选择要分析的数字通道，并在所选的通道号右侧显示“>”。

（3）位置调整按钮，其可将所选通道移位到显示屏便于分析的位置，也可以用该方法重新组织位矢量中“位”的排列顺序。

3. 时基调整区（Horizontal）

（1）旋钮：用于时基调整，时基范围为 5ns/div～50s/div。选择适当的扫描速度，使测试波形完整、清晰地显示在显示屏上。

（2）旋钮：用于水平移位。

（3）按钮：用于主扫描/延迟扫描测试功能选择。

4. 连续运行与单次采集控制区(Run Control)

(1) 按钮：为运行/停止控制按钮，单击后该按钮为绿色时，示波器处于连续运行模式，显示屏显示的波形是对同一信号连续触发的结果。当运行/停止按钮为红色时，水平位移旋钮和垂直位移旋钮可以对保存的波形进行平移和缩放。

(2) 按钮：为单次触发按钮，单击变为绿色，示波器处于单次运行模式，显示屏显示的波形是对信号的单次触发。利用Single运行控制按钮观察单次事件，显示波形不会被后续的波形覆盖。平移和缩放需要较大的存储器深度，使用该模式可获得最大采样率。变为红色(停止仿真)时，每单击一次按钮，触发一次事件，显示一屏波形。

5. 触发区(Trigger)

(1) 为外触发信号输入端口。

(2) 为模式/耦合选择按钮。单击该按钮，显示屏下方显示Mode和Holdoff按钮，通过设置软按钮，可改变触发模式和设置释义。触发模式影响示波器搜索触发的方法。

6. 测量控制区(Measure)

(1) 为指针测试控制按钮。

(2) 为快速测量功能按钮。

7. 文件处理区(File)

(1) 单击按钮，再单击示波器下方的软按钮，可以存储波形文件。

(2) 单击按钮，再单击示波器屏幕下方的软按钮，可以打印波形文件。

8. 采样设置

单击按钮，再单击示波器屏幕下方的软按钮，可以显示采样信息。

9. 示波器的设置

单击按钮，可将示波器设置为自动测量状态。

4.15.3 数学函数运算

该示波器具有对模拟通道上采集的信号进行相减、相乘、积分、微分和快速傅里叶变换等数学运算的功能，单击按钮，即可实现对应的运算功能。

第 5 章 Multisim 14 的基本分析方法

CHAPTER 5

Multisim 14 以 SPICE(Simulation Program With Circuit Emphasis)程序为基础,可以对模拟电路、数字电路和混合电路进行仿真和分析。Multisim 对电路进行仿真的过程分为 4 步。

(1) 创建电路图:从 Multisim 14 库中选择所需元件,将其拖放到电路图中,设定元件参数,连接元件。

(2) 设定仿真器:选择合适的仿真器,如 DC Sweep(直流扫描)、AC Sweep(交流扫描)或 Transient Analysis(瞬态分析)等,并根据需要设置仿真参数。

(3) 运行仿真:单击"仿真"按钮,开始进行电路仿真。

(4) 输出仿真结果:运算结果以数据、波形、曲线等形式输出。

Multisim 14 对电路进行仿真分析的方法共 19 种,本章主要介绍其中 7 种基本分析方法:

(1) 直流工作点分析(DC Operating Point Analysis);

(2) 交流扫描分析(AC Sweep Analysis);

(3) 瞬态分析(Transient Analysis);

(4) 傅里叶分析(Fourier Analysis);

(5) 噪声分析(Noise Analysis);

(6) 失真分析(Distortion Analysis);

(7) 直流扫描分析(DC Sweep Analysis)。

利用 Multisim 14 提供的这些基本分析方法,可以了解电路的基本状况、测量和分析电路的各种响应,其分析精度和测量范围比用实际仪器测量的精度高、范围宽。本章将详细介绍这些基本分析方法的作用、建立分析过程的方法、分析工具中对话框的使用以及测试结果的分析等方面的内容。

5.1 Multisim 14 的结果分析菜单

Multisim 14 的结果分析菜单是在每种分析方法的参数设置(参数设置在每种分析中详细介绍)完毕后,单击"仿真"按钮进行仿真后出现的菜单,如图 5.1.1 所示。

另外,工具栏还有一些特殊的按钮,其功能如图 5.1.2 所示。

(1) 单击菜单栏中 Edit 下的 Page Properties 显示页面属性对话框,设置页面属性,如图 5.1.3 所示。

Name:页名。

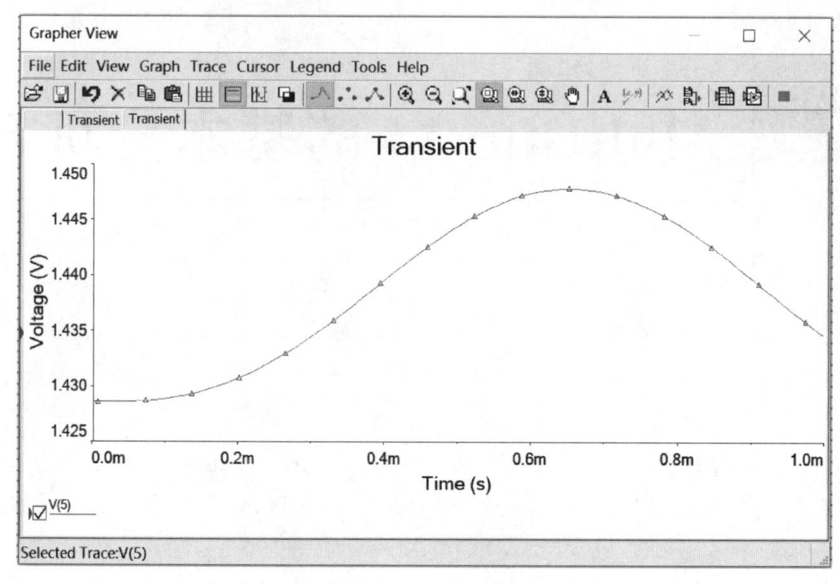

图 5.1.1　仿真结果图

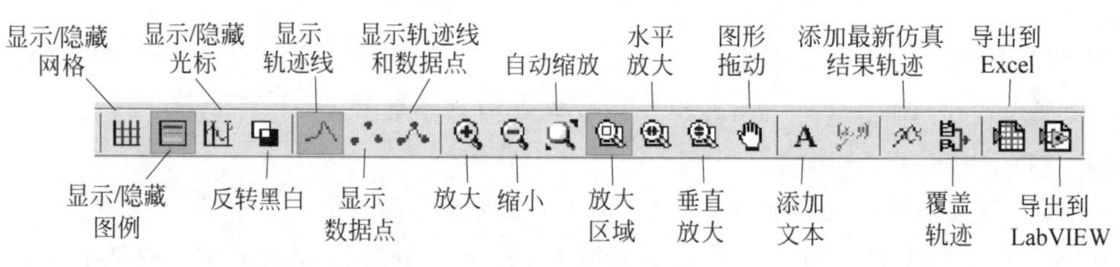

图 5.1.2　分析菜单中的工具栏

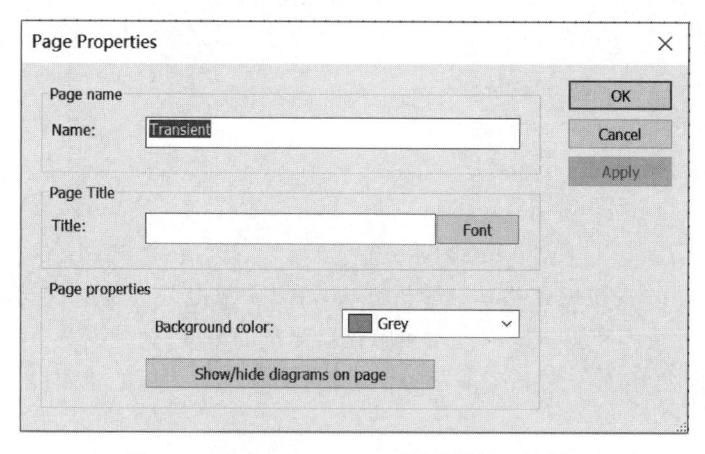

图 5.1.3　Page Properties(页面属性)对话框

Title：页面标题。

Page Properties：页面属性。

Background color：背景颜色。

Show/hide diagrams on page：在页面显示/隐藏图或曲线图。

(2) 单击菜单栏中 Graph 下的 Graph Properties 显示图表属性对话框，设置图表属性。**General** 选项卡的设置如图 5.1.4 所示，该页为常规设置页。

Title：图表标题。

Grid：网格区。

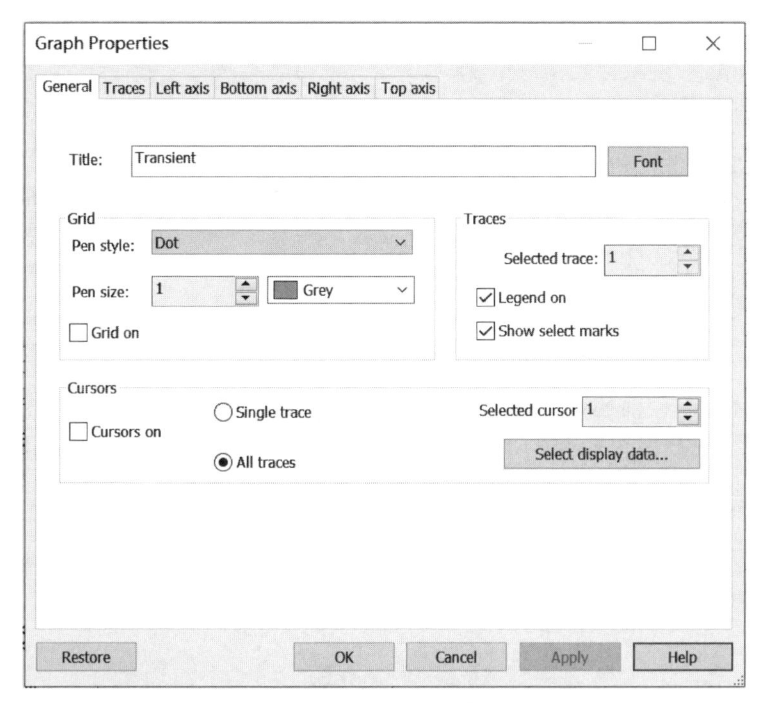

图 5.1.4　Graph Properties(图表属性)对话框

其中,Pen size 为曲线的粗细设置,Grid On 为显示/隐藏网格。

Traces：曲线设置。其中,Legend on 为是否显示图例,Show select marks 为显示/隐藏选择标记。

Cursors：读数指针的设置。其中,Cursors on 为是否使用读数指针,Single trace 为单个曲线,All traces 为全部曲线。

Traces 选项卡的设置如图 5.1.5 所示,该页为曲线设置页。

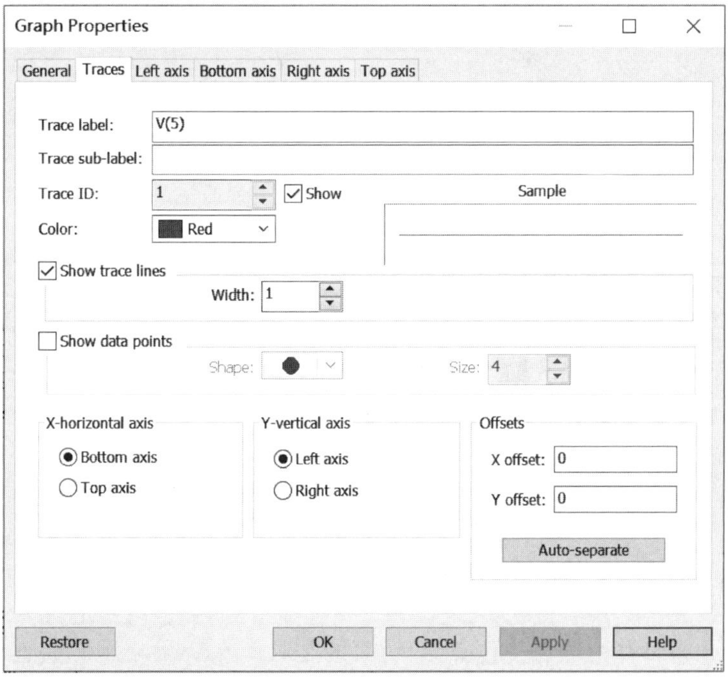

图 5.1.5　Traces 设置对话框

Trace label：该条曲线的标签。

Trace sub-label：该条曲线的子标签。

Trace ID：曲线的编号。

Show trace lines：曲线的粗细设置。

Sample：显示该曲线经设置后的样式，若同时有多条曲线显示在同一坐标上，需分别进行设置。

Color：曲线的颜色设置。

X-horizontal axis：选择横坐标的放置位置(顶部或底部)。

Y-vertical axis：选择纵坐标的放置位置(左侧或右侧)。

Offsets：设置 X、Y 轴的偏移；若单击 Auto-separate 按钮，则由程序自动设定。

Left axis 选项卡的设置如图 5.1.6 所示，该页用于对曲线左边的纵坐标进行设置。

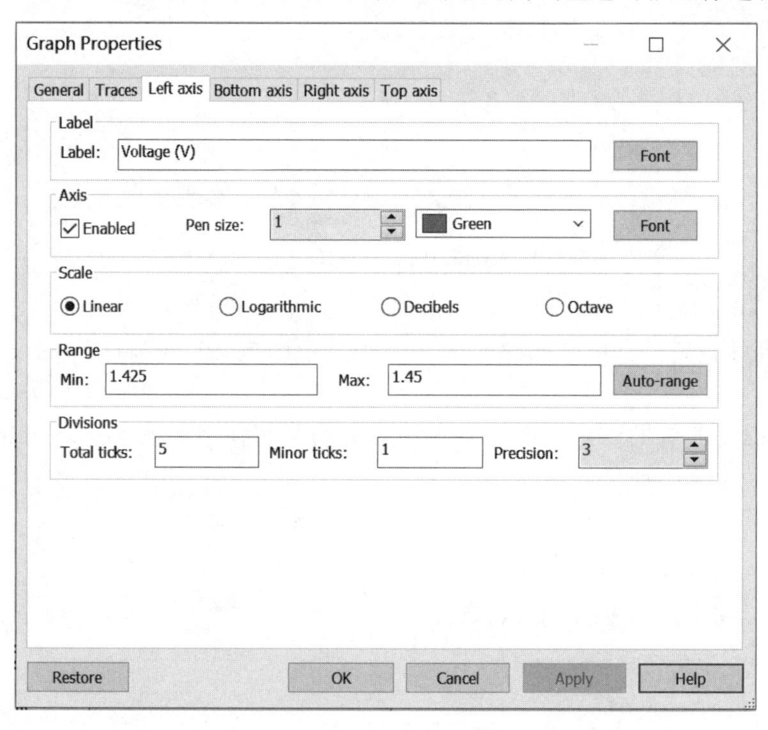

图 5.1.6 Left axis 设置对话框

Label：设置纵坐标的名称。

Axis：选择是否显示轴线以及轴线的颜色。

Scale：设置纵坐标轴的刻度。

Range：设置刻度范围(Min 输入最低刻度，Max 输入最高刻度)。

Divisions：确定的刻度范围分成多少格，以及最小标注。

关于下边(Bottom axis)、右边(Right axis)、上边(Top axis)选项卡的设置与左边(Left axis)设置类似。

5.2 直流工作点分析

直流工作点分析又称为静态工作点分析，目的是求解在直流电压源或直流电流源作用下电路中的电压和电流。例如，在分析晶体三极管放大电路时，首先要确定电路的静态工作点，以便使放大电路能够正常工作。在进行直流工作点分析时，电路中的交流信号源自动被置零，即交流电压源短路、交流电流源开路；电感短路、电容开路；数字元件被视为高阻接地。

5.2.1 直流工作点分析步骤

直流工作点分析按以下步骤进行。

(1) 在电路工作窗口创建需进行分析的电路。

(2) 单击菜单栏中 Edit 菜单下 Properties 命令，在 Sheet visibility 选项卡下，如图 5.2.1 所示选定 Net names 中的 Show all，把电路中的节点标志显示到电路图上。

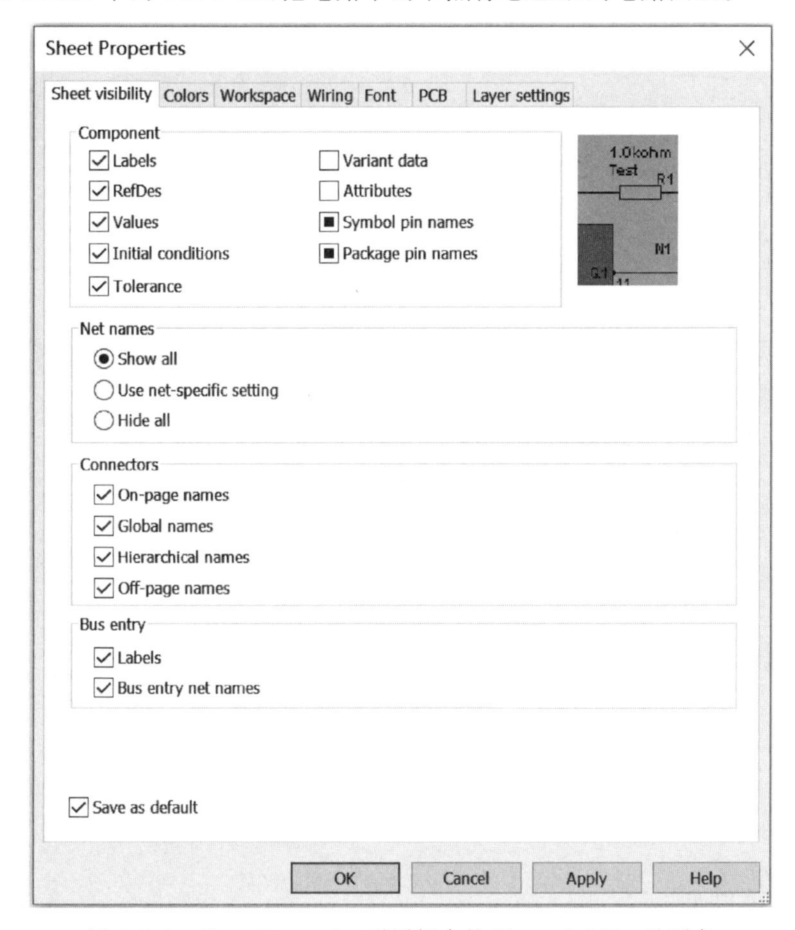

图 5.2.1 Sheet Properties 对话框中的 Sheet visibility 选项卡

(3) 单击 Simulate/Analyses and Simulation/DC Operating Point 命令，在 Output/Variables in circuit 下显示电路中所有节点标志和电源支路的标志，选定所要分析的量加入到右边的 Selected variables for analysis 栏下，然后单击此分页下的 Run 按钮进行仿真。Multisim 14 会把电路中所有节点的电压数值和电源支路的电流数值，自动显示在 Grapher View(分析结果图)中。

5.2.2 直流工作点分析举例

【例 5.1】 试求图 5.2.2 所示的电路的直流工作点。

分析步骤：

(1) 新建电路原理图，操作步骤参见 2.2.5 节，按图 5.2.2 创建电路。

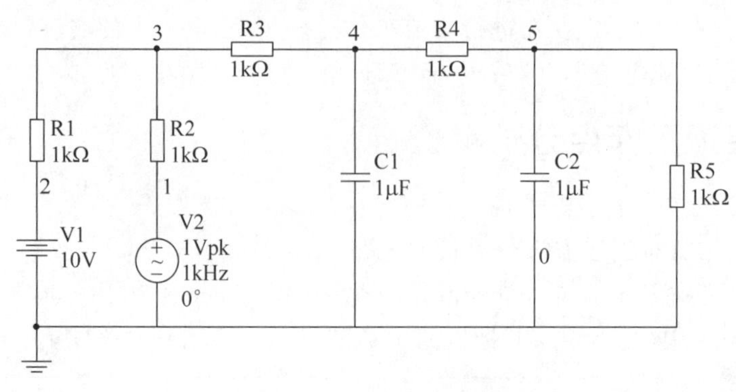

图 5.2.2 待分析电路

(2) 单击菜单栏中 Edit 菜单下 Properties 命令，在 Sheet Visibility 选项卡下，选定 Net names 中的 Show all 的设置，得到电路如图 5.2.2 所示，节点全部显示在电路原理图中。

(3) 单击 Simulate/Analyses and Simulation/DC Operating Point 命令，在 Output/Variables in circuit 下显示电路中所有节点标志和电源支路的标志如图 5.2.3 所示。

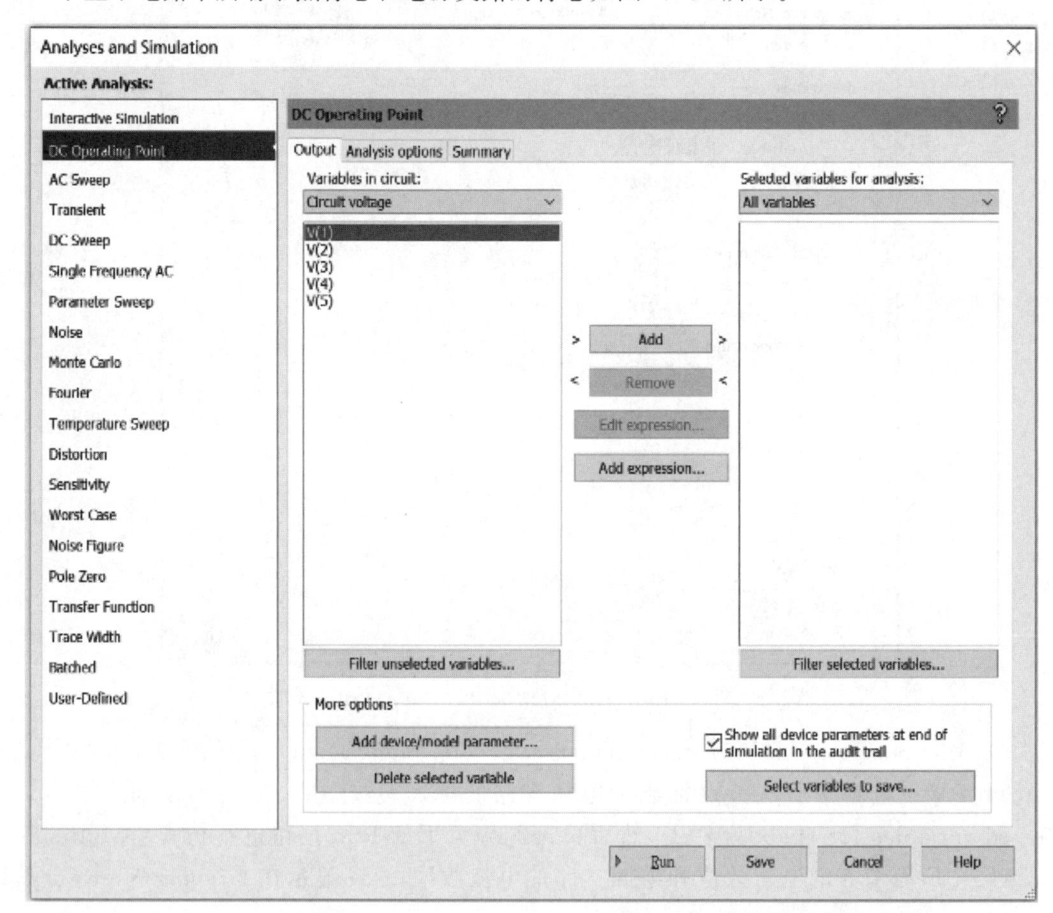

图 5.2.3 DC Operating Point 对话框 Output 选项卡

选定所要分析的量加入到右边的 Selected variables for analysis 栏下，然后单击此页面下的 Run 按钮进行仿真，Multisim 14 会把电路中所有选中节点的电压数值和电源支路的电流数值，自动显示在 Grapher View(分析结果图)中，结果如图 5.2.4 所示。

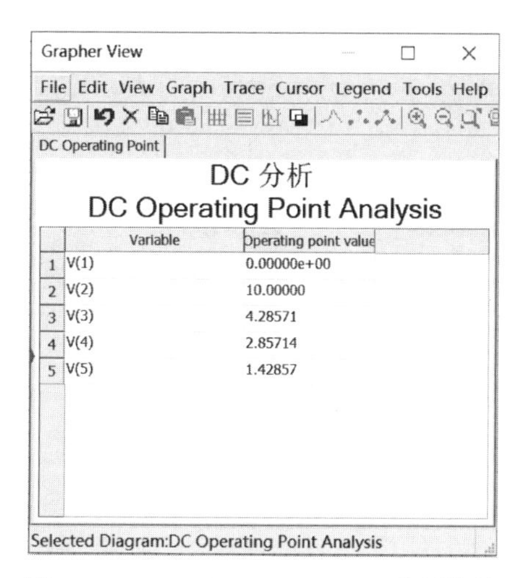

图 5.2.4　DC Operating Point 分析结果

5.3　交流扫描分析

交流扫描分析用于分析电路的幅频特性和相频特性。需先选定被分析的电路节点，在分析时电路中的直流源将自动置零，交流信号源、电容、电感等均处在交流模式，输入信号设定为正弦波形式。若把函数信号发生器的其他信号作为输入激励信号，在进行交流频率分析时，会自动把它作为正弦波输入，因此输出响应也是该电路交流频率的函数。如果对电路中某节点进行计算，结果会产生该节点电压幅值随频率变化的曲线（即幅频特性曲线）以及该节点电压相位随频率变化的曲线（即相频特性曲线），其结果与波特图仪分析结果相同。

5.3.1　交流扫描分析步骤

交流扫描分析按以下步骤进行。

（1）在电路工作窗口创建需进行分析的电路，并设定输入信号的幅值和相位。

（2）单击菜单栏中 Edit 菜单下 Properties 命令，在 Sheet Visibility 选项卡下，选定 Net names 中的 Show all，把电路中的节点标志显示到电路图上。

（3）单击 Simulate/Analyses and Simulation/AC Sweep 命令，打开相应的对话框如图 5.3.1 所示，在 Frequency parameters 选项卡中，设置仿真参数。

Start frequency(FSTART)：扫描起始频率。默认设置为 1Hz。

Stop frequency(FSTOP)：扫描终点频率。默认设置为 1GHz。

Sweep type：扫描类型。横坐标刻度形式有十倍频(Decade)、线性(Linear)和八倍频程(Octave)三种。默认设置为 Decade。

Number of points per decade：显示点数。默认设置为 10。

Vertical scale：纵坐标刻度。纵坐标刻度有对数(Logarithmic)、线性(Linear)、八倍频程(Octave)和分贝(Decibel)四种形式。默认设置为 Logarithmic。

在 Output 选项卡中，设置待分析的物理量。

（4）单击 Run 按钮，即可在 Grapher View 上获得被分析物理量的频率特性。Magnitude 为幅频特性，Phase 为相频特性。

（5）单击 Cancel 按钮，停止仿真。

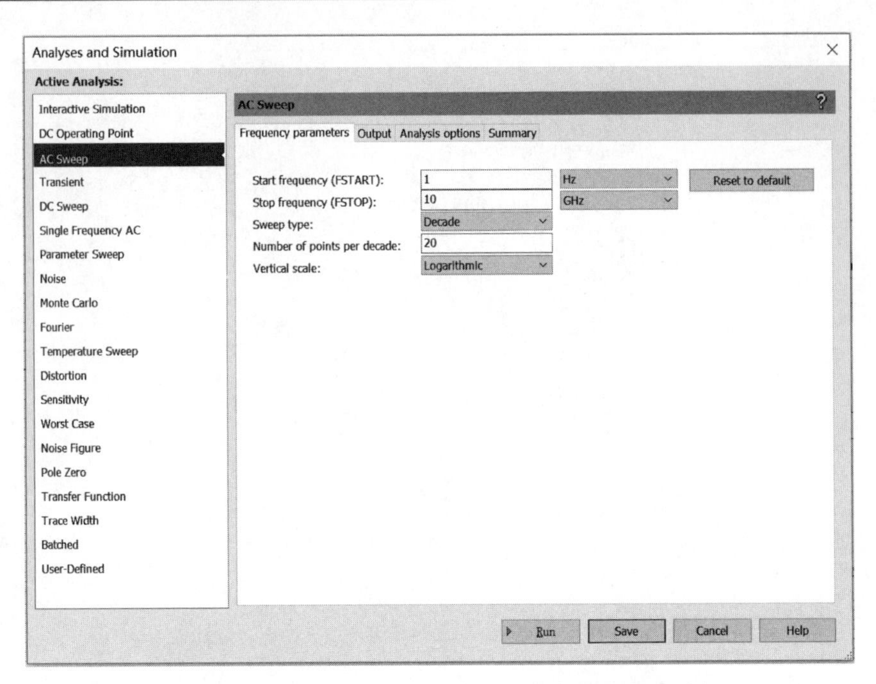

图 5.3.1　AC Sweep 对话框中的频率参数设置选项卡

5.3.2　交流扫描分析举例

【例 5.2】　在例 5.1 基础上，对电路中的节点 5 进行交流扫描分析。

解：单击 Simulate/Analyses and Simulation/AC Sweep 命令，在 Frequency parameters 选项卡中，设置仿真参数。

Start frequency(FSTART)：1Hz。

Stop frequency(FSTOP)：10MHz。

Sweep type：Decade。

Number of points per decade：10。

Vertical scale：Logarithmic。

在 Output 选项卡中，设置待分析的节点 5。

单击 Run 按钮，分析结果如图 5.3.2 所示。

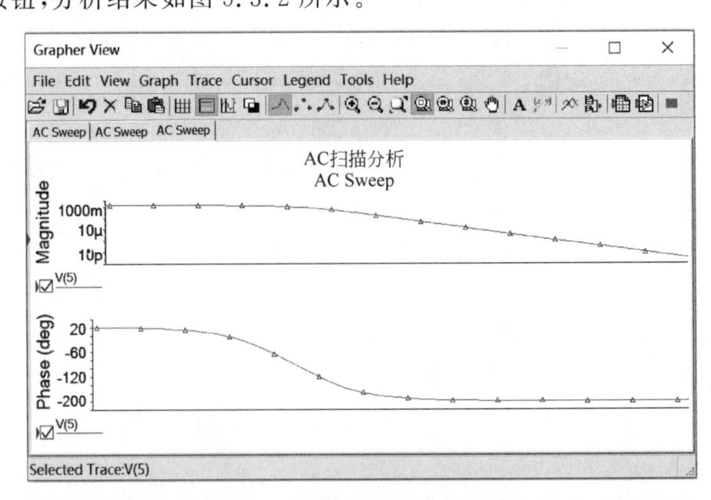

图 5.3.2　交流扫描分析结果

5.4　瞬态分析

瞬态分析是指所选定的电路节点的时域响应，即观察该节点在整个显示周期中每一时刻的电压波形。在瞬态分析时，直流电源保持常数；交流信号源随时间改变，是时间的函数；电容和电感都是能量存储模式元件。

5.4.1　瞬态分析步骤

瞬态分析按以下步骤进行。

(1) 在电路工作窗口创建需进行分析的电路。

(2) 单击 Simulate/Analyses and Simulation/Transient 命令，打开相应的对话框如图 5.4.1 所示，在 Analysis parameters 选项卡中设置仿真参数。

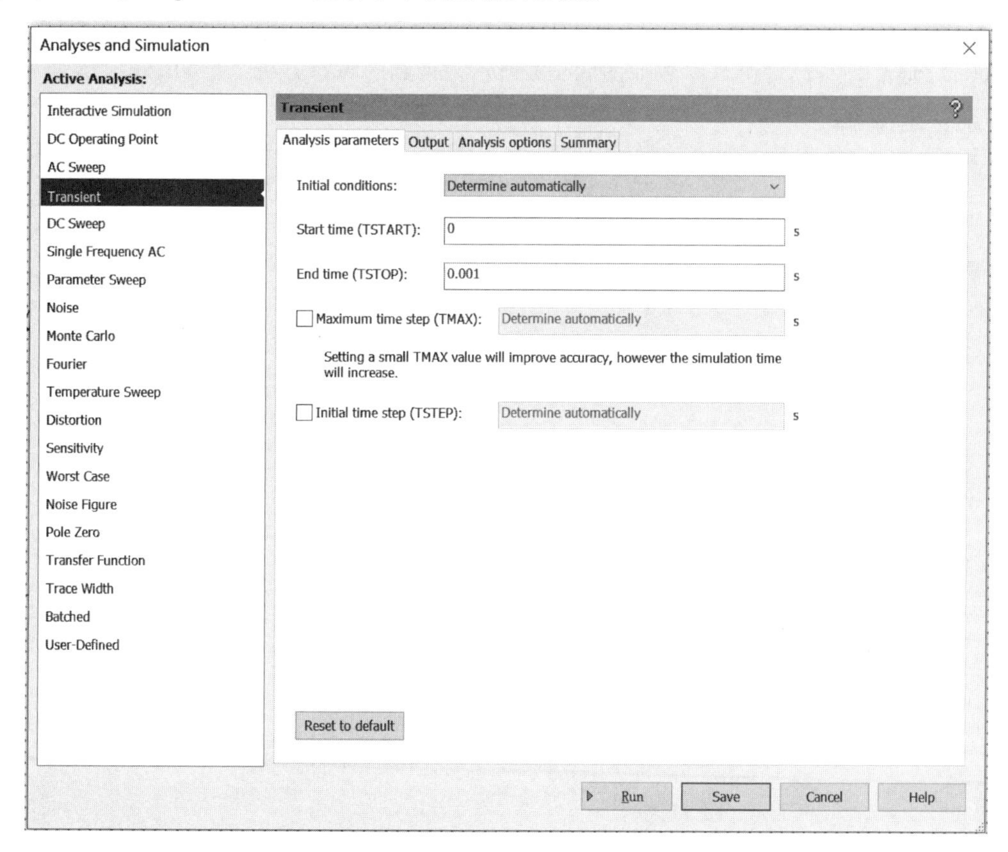

图 5.4.1　瞬态分析对话框中 Analysis parameters 选项卡

Initial conditions 下的选项有以下几种。

① Set to Zero：零初始条件。默认设置为不选。如果从零初始状态开始分析则选择此项。

② User-defined：自定义初始条件。默认设置为不选。如果从用户定义的初始条件开始进行分析则选择此项。

③ Calculate DC operating point：计算直流工作点。默认设置为不选。如果将直流工作点分析结果作为初始条件开始分析则选择此项。

④ Determine automatically：自动决定初始条件。默认设置为选用。仿真时先将直流工

作点分析结果作为初始条件开始分析，如果仿真失败则由用户自定义初始条件。

Start time：起始时间。要求暂态分析的起始时间必须大于或等于零，且小于终止时间。默认设置为 0s。

End time：终止时间。要求暂态分析的终止时间必须大于起始时间。默认设置为 0.001s。

Maximum time step(TMAX)：仿真时能达到的最大时间步长。默认设置为 0.00001s。

Initial time step(TSTEP)：仿真初始时间步长设置。默认设置为 0.00001s。

(3) 在 Output 选项卡中，设置待分析的节点。单击 Run 按钮，得到分析结果。

瞬态分析的结果即电路中该节点的电压波形图。也可以用示波器把它连至需观察的节点上，打开电源开关得到相同的结果。

5.4.2 瞬态分析举例

【例 5.3】 在例 5.1 基础上，对电路中的节点 5 进行瞬态分析。

解：单击 Simulate/Analyses and Simulation/Transient 命令，打开相应的对话框，在 Analysis parameters 选项卡中，设置仿真参数如图 5.4.2 所示。得到的瞬态分析结果如图 5.4.3 所示。

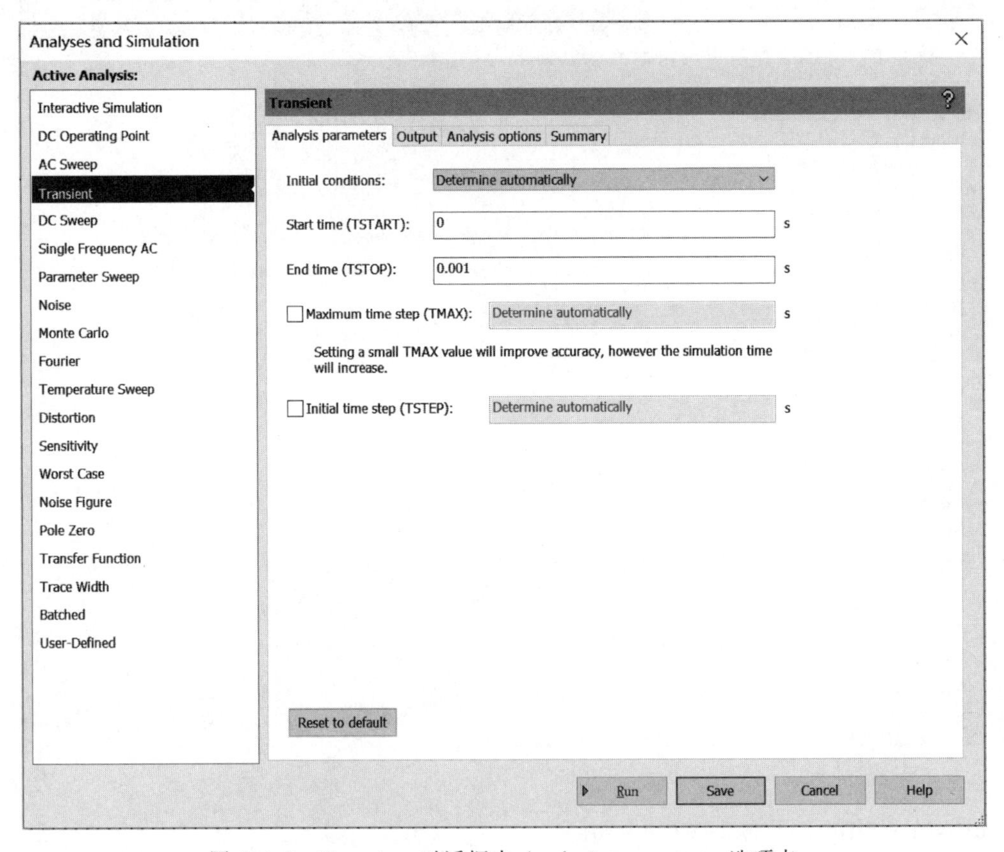

图 5.4.2 Transient 对话框中 Analysis parameters 选项卡

【例 5.4】 试用瞬态分析绘出如图 5.4.4 所示的晶体二极管整流滤波电路的输出电压波形。

解：新建电路原理图，操作步骤参见 2.2.5 节，按图 5.4.4 创建电路。

单击 Simulate/Analyses and Simulation/Transient 命令，打开 Transient 对话框，在 Analysis parameters 选项卡中，设置仿真参数如下：

Set to Zero：选用。

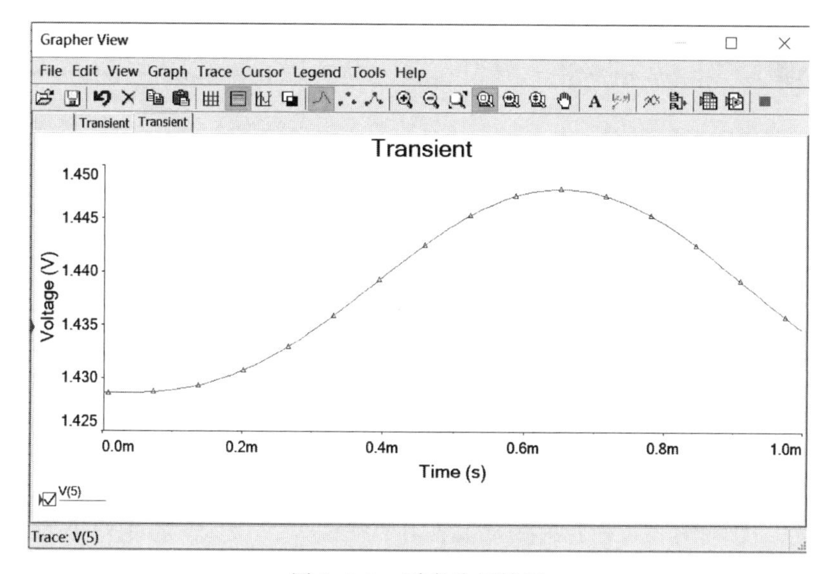

图 5.4.3 瞬态分析结果

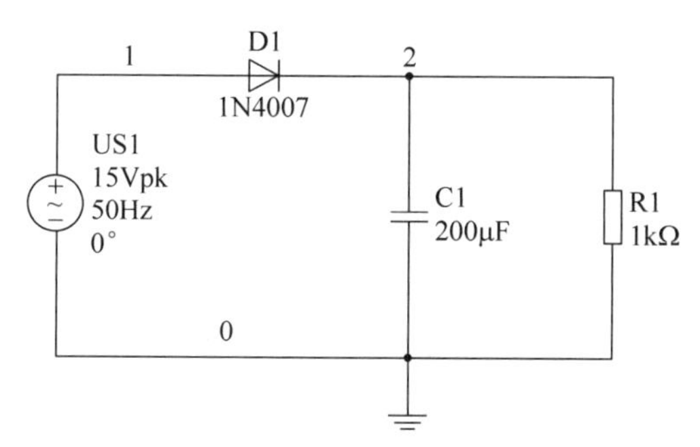

图 5.4.4 晶体二极管整流滤波电路

Start time：0s。

End time：0.1s。

单击 Run 按钮，分析结果如图 5.4.5 所示。

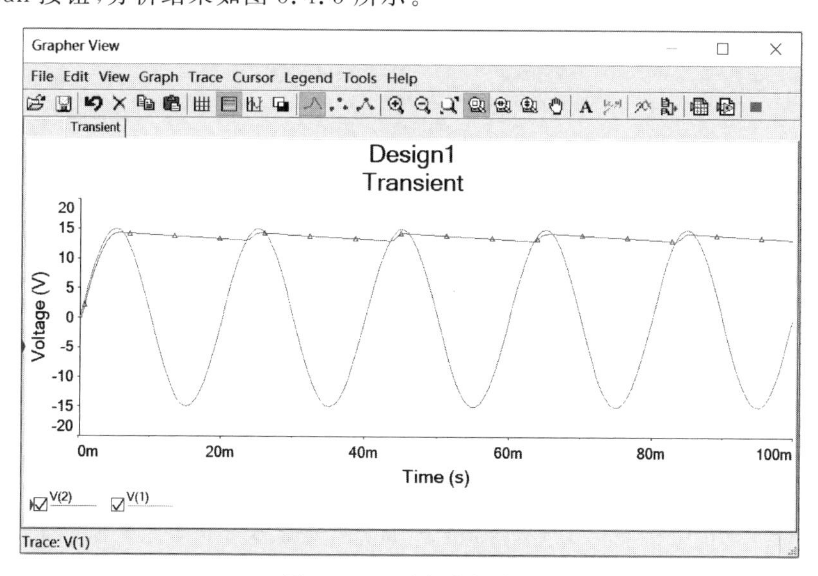

图 5.4.5 瞬态分析结果

5.5 傅里叶分析

傅里叶分析方法用于分析一个时域信号的直流分量、基频分量和谐波分量，即把被测节点处的时域变化信号做离散傅里叶变换，求出它的频域变化规律。在进行傅里叶分析时，必须首先选择被分析的节点，一般将电路中的交流激励源的频率设定为基频，若在电路中有几个交流源时，可以将基频设定在这些频率的最小公因数上。例如有一个10.5kHz和一个710.5kHz的交流激励源信号，则基频可取0.5kHz。

5.5.1 傅里叶分析步骤

傅里叶分析按以下步骤进行。

(1) 在电路工作窗口创建需进行分析的电路，单击菜单栏中Edit菜单下Properties命令，在Sheet Visibility选项卡下，选定Net Names中的Show All的设置，把电路中的节点标志显示到电路图上。

(2) 单击Simulate/Analyses and Simulation/Fourier命令，打开Fourier对话框如图5.5.1所示，在Analysis parameters选项卡中设置仿真参数。

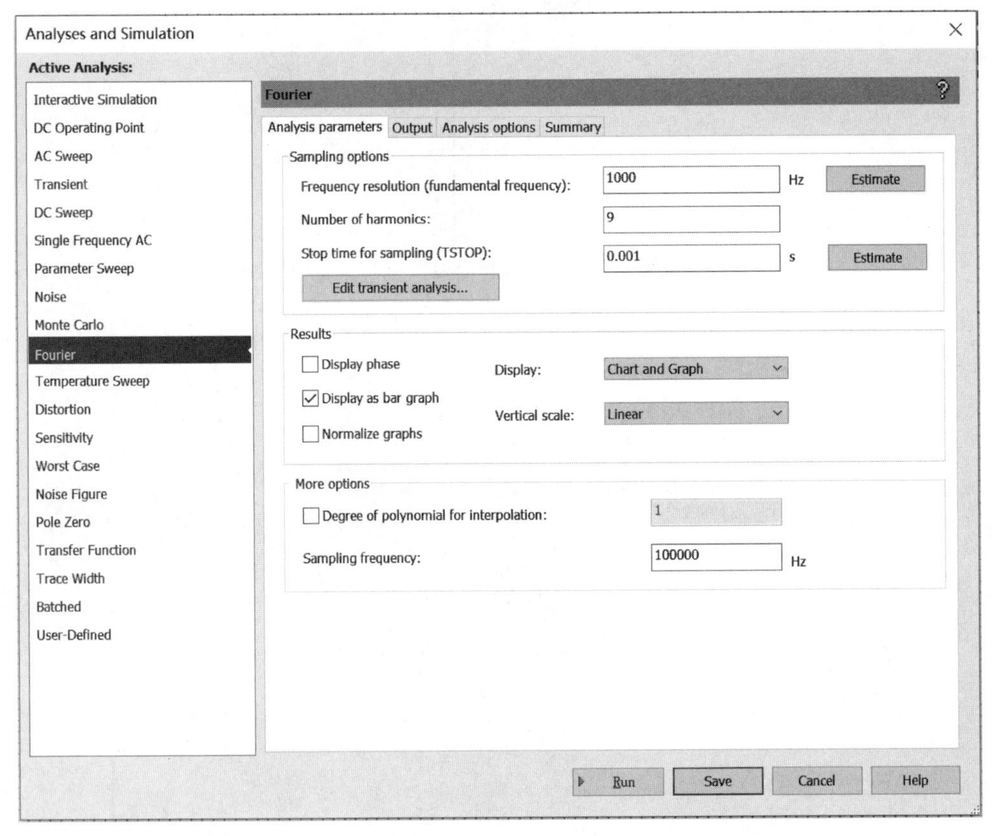

图5.5.1 Fourier对话框中的Analysis parameters选项卡

Sampling options 区参数介绍如下。

Frequency resolution：设置基频。电路中有多个交流源时取信号频率的最小公因数。或单击右边的Estimate按钮让程序自动设置。默认设置为1000Hz。

Number of harmonics：谐波次数。默认设置为9。

Stop time for sampling：设置停止采样时间。单击右边的 Estimate 按钮可让程序自动设置。

Edit transient analysis：设置瞬态分析参数。

Results 区参数介绍如下。

Display phase：显示幅度频谱及相位频谱。

Display as bar graph：显示以线条绘制的频谱。

Normalize graphs：显示归一化频谱图。

Display：设置显示项目。包括 Chart(图表)、Graph(图示)、Chart and Graph(图表及图示)。

Vertical scale：设置频谱的纵轴刻度，包括对数(Logarithmic)、线性(Linear)、八倍频程(Octave)和分贝(Decibel)四种形式。

More options 区参数介绍如下。

Degree of polynomial for interpolation：设置多项式的维数。

Sampling frequency：设置采样频率。默认值为 100000Hz。

(3) 在 Output 选项卡中，设置待分析的节点。单击 Run 按钮，得到分析结果。

5.5.2　傅里叶分析举例

【例 5.5】 电路如图 5.5.2 所示，对输出节点 10 的电压进行傅里叶分析。

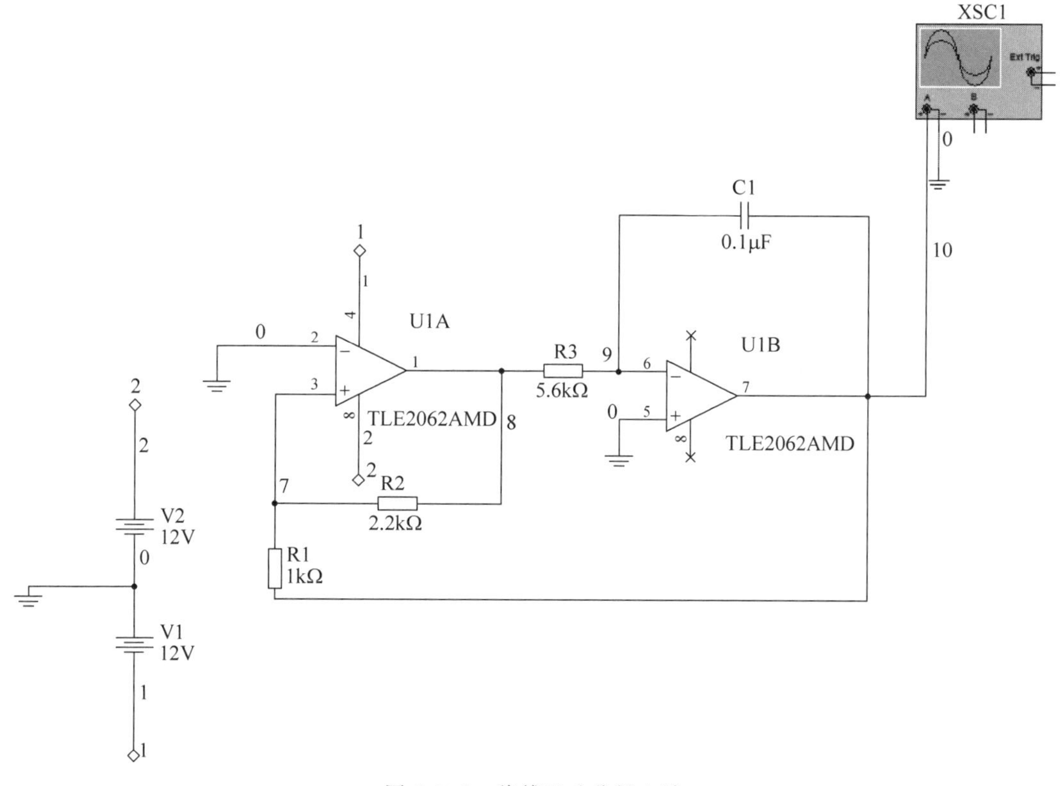

图 5.5.2　待傅里叶分析电路

解：(1) 新建电路原理图，操作步骤参见 2.2.5 节，按图 5.5.2 创建电路。单击菜单栏中 Edit 菜单下 Properties 命令，在 Sheet Visibility 选项卡下，选定 Net Names 中的 Show All 的设置，把电路中的节点标志显示到电路图上。

(2) 单击 Simulate/Analyses and Simulation/Fourier 命令，打开 Fourier 对话框如图 5.5.3 所示，在 Analysis parameters 选项卡中设置仿真参数。

单击 Edit transient analysis 按钮，在 Transient Analysis 对话框中设置瞬态分析的参数如下：

Initial conditions：Set to zero。

Start time：0s。

End time：0.01s。

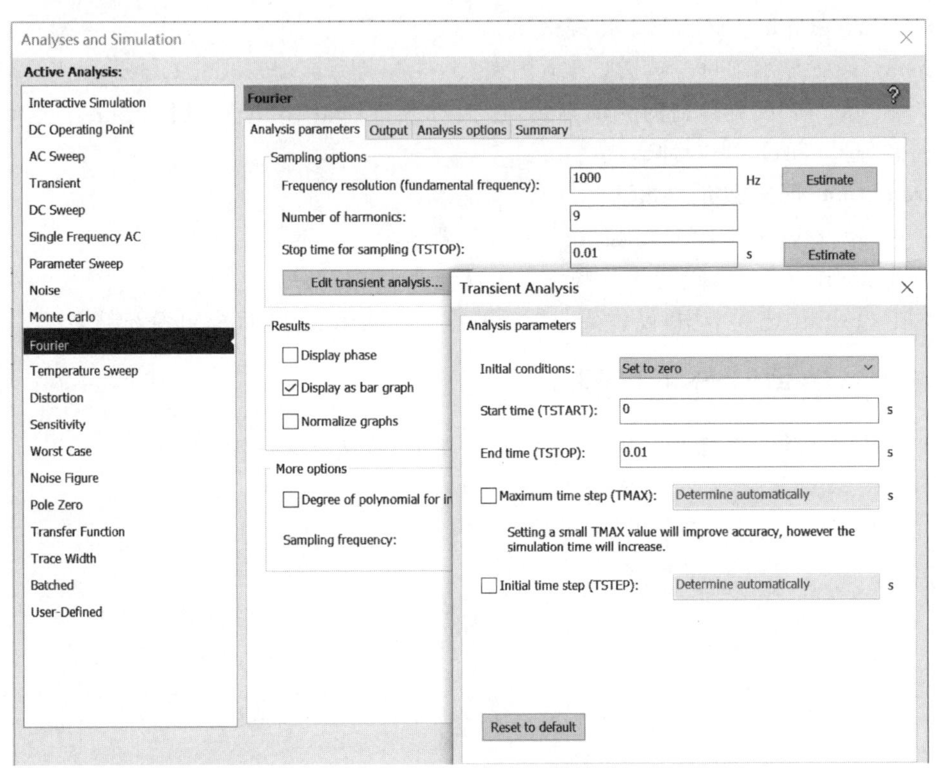

图 5.5.3　设置 Analysis parameters 选项卡的参数

设置完毕后单击 OK 按钮，然后单击 Output 选项卡，选择要分析的节点 10。单击 Run 按钮，得到仿真结果如图 5.5.4 所示。

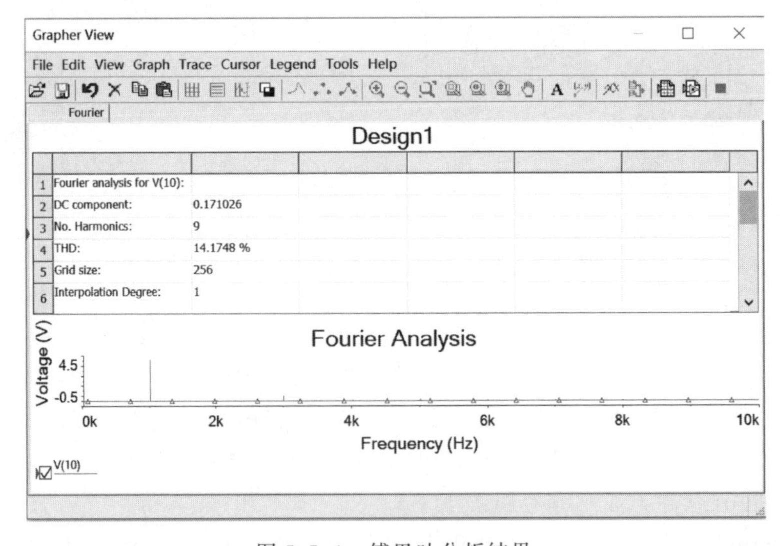

图 5.5.4　傅里叶分析结果

5.6 噪声分析

噪声分析用于检测电子线路输出信号的噪声功率幅度，用于计算、分析电阻或晶体管的噪声对电路的影响。在分析时，假定电路中各噪声源是互不相关的，因此它们的数值可以分开各自计算，总的噪声是各噪声在该节点的和(用有效值表示)。举例来说，在噪声分析对话框中，把 V1 作为输入源，把 N1 作为输出节点，则电路中各噪声源在 N1 处形成的输出噪声，等于把该值除以 V1 至 N1 的增益获得的等效输入噪声，再把它作为信号输入一个设定没有噪声的电路，即获得在 N1 点处的输出噪声。

5.6.1 噪声分析步骤

噪声分析按以下步骤进行。

(1) 在电路工作窗口创建需进行分析的电路，单击菜单栏中 Edit 菜单下 Properties 命令，在 Sheet Visibility 选项卡下，选定 Net names 中的 Show all 的设置，把电路中的节点标志显示到电路图上。

(2) 单击 Simulate/Analyses and Simulation/Noise 命令，打开 Noise 对话框，如图 5.6.1 所示，在 Analysis parameters 选项卡中设置分析参数。

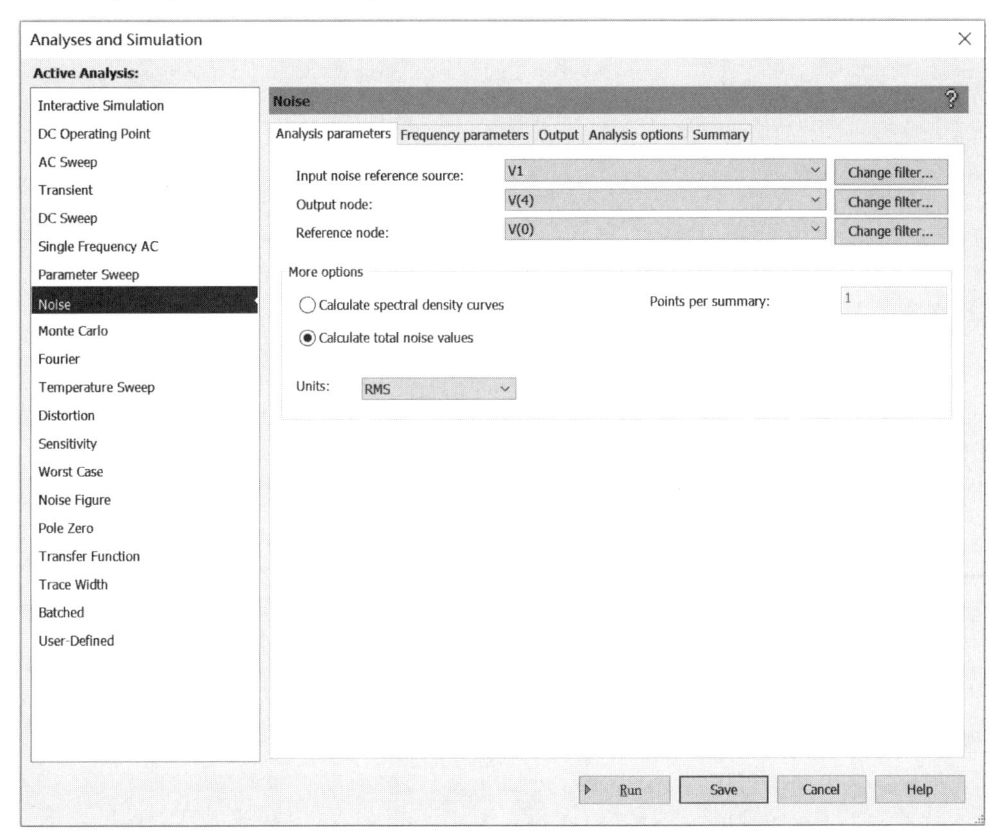

图 5.6.1 Noise 对话框中的 Analysis parameters 选项卡

Input noise reference source：输入噪声参考源。

Output node：输出节点。作噪声分析的节点。

Reference node：参考节点。默认设置为 V0(接地点)。

Points per summary：设置每次求和点数。当该项被选中后，显示被选元件噪声作用时的曲线。用求和的点数除以频率间隔数，会降低输出显示图的分辨率。默认设置为1。

如图5.6.2所示，在Frequency parameters选项卡中，设置频率参数。

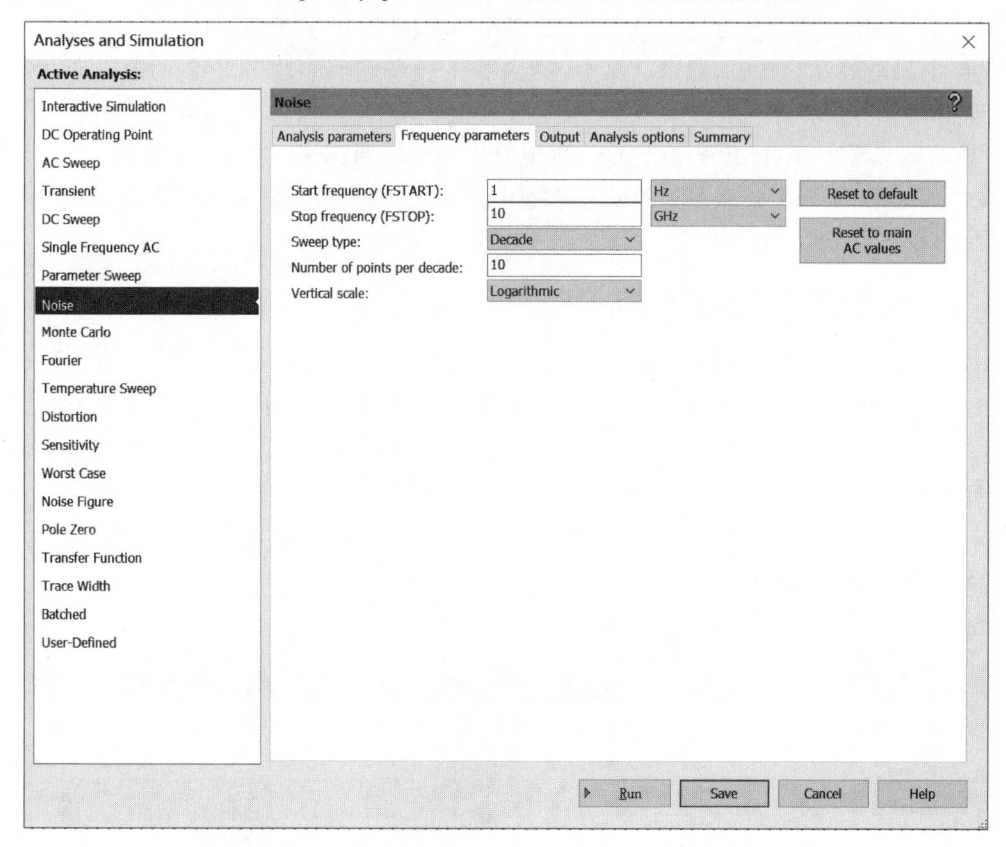

图5.6.2 Noise对话框中的Frequency parameters选项卡

Start frequency(FSTART)：扫描起始频率。默认设置为1Hz。

Stop frequency(FSTOP)：扫描终止频率。默认设置为10GHz。

Sweep type：扫描类型。有十倍频(Decade)、线性(Linear)和八倍频程(Octave)三种。默认设置为Decade。

Number of points per decade：表示从起始频率到终点频率的点数。默认设置为10。

Vertical scale：纵坐标刻度。纵坐标刻度有对数(Logarithmic)、线性(Linear)、八倍频程(Octave)和分贝(Decibel)四种形式。默认设置为Logarithmic。

(3) 在Output选项卡中，设置待分析的元件。单击Run按钮，得到分析结果。

5.6.2 噪声分析举例

【例5.6】 电路如图5.6.3所示，对R1和R2进行噪声分析。

解：(1) 新建电路原理图，操作步骤参见2.2.5节，按图5.6.3创建电路。

(2) 单击Simulate/Analyses and Simulation/Noise，在Noise对话框的Analysis parameters选项卡中，设置分析参数如下。

Input noise reference：vv1。

Output node：5。

Reference node：0。

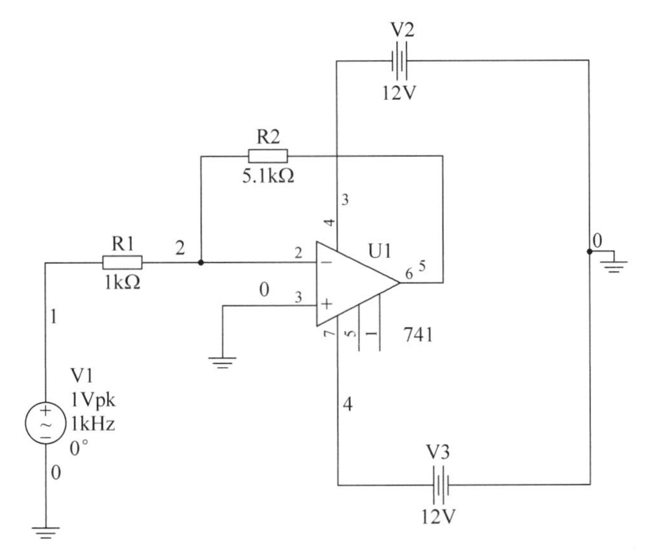

图 5.6.3　噪声分析电路

(3) 在 Frequency parameters 选项卡中，设置频率参数如下。

Start frequency(FSTART)：1Hz。

Stop frequency(FSTOP)：10GHz。

Sweep type：Decade。

Number of point per：5。

Vertical scale：Logarithmic。

(4) 在 Output 选项卡中，选择分析对象：inoise_total_rr1 和 inoise_total_rr2。

(5) 单击 Run 按钮，得到分析结果如图 5.6.4 所示，所得的结果与理论值相似。

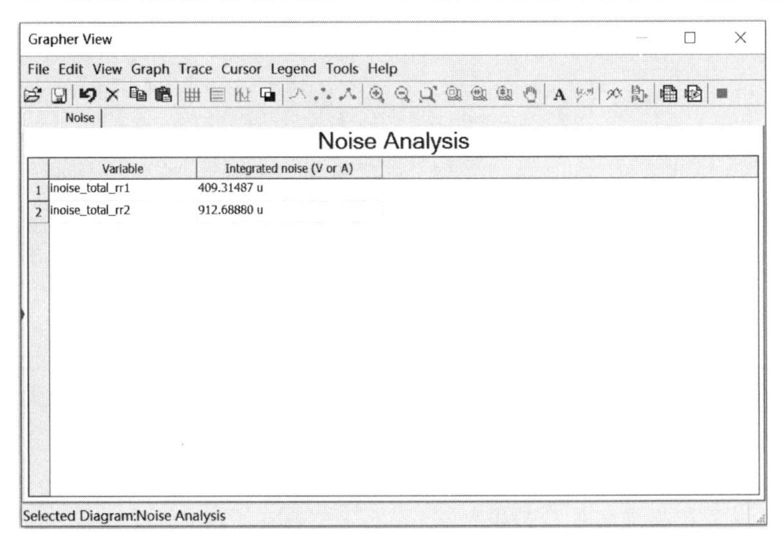

图 5.6.4　噪声分析结果 1

显示轨迹需重新分析如下。

(1) 单击 Simulate/Analyses and Simulation/Noise。

(2) 在 Noise 对话框的 Analysis parameters 选项卡中，在上面分析的基础上再加上参数 Set points per summary：5。

(3) 在 Output 选项卡中，选择分析对象：onoise_total_rr1 和 onoise_total_rr2。

(4) 单击 Run 按钮,得到分析结果如图 5.6.5 所示。

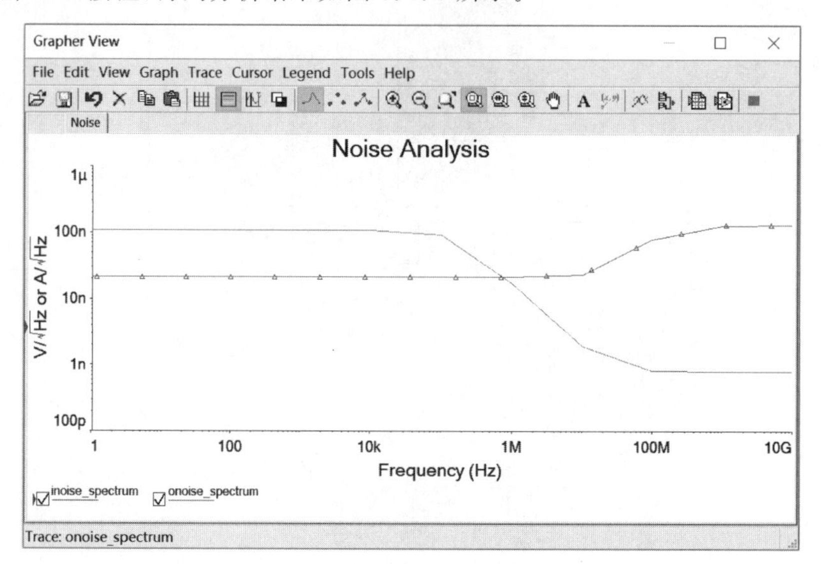

图 5.6.5 噪声分析结果 2

噪声分析结果表明噪声电压在低频是恒定的,而在高频显然是衰减的。

5.7 失真分析

失真分析用于分析电子电路中的谐波失真和内部调制失真。电路输出信号的失真通常是由电路增益的非线性或相位不一致造成的,增益的非线性造成谐波失真;相位不一致造成交互调变失真。失真分析对于分析小的失真是非常有效的,而在瞬态分析中小的失真一般是分辨不出来的。假设电路中有一个交流信号源,则失真分析将检测并计算电路中每一点的二次谐波和三次谐波的复数值。假设电路中有两个交流信号源频率分别为 f1 和 f2,则失真分析将在三个特定频率中寻找电路变量的复数值,这三个频率点是:f1 与 f2 的和 f1+f2;f1 与 f2 的差 f1−f2;f1 和 f2 中频率较高的交流信号源的二次谐波频率减去频率较低的交流信号源的二次谐波频率的差。

5.7.1 失真分析步骤

失真分析按以下步骤进行。

(1) 在电路工作窗口创建需进行分析的电路,单击菜单栏中 Edit 菜单下 Properties 命令,在弹出对话框的 Sheet Visibility 选项卡中,选定 Net names 中的 Show all 的设置,把电路中的节点标志显示到电路图上。

(2) 设置失真分析信号源的参数。

双击信号源:在 Value 下选择 Distortion Frequency 1 magnitude 或 Distortion Frequency 1 Phase,并且设置输入的幅值和相位;在 Value 下选择 Distortion Frequency 2 magnitude 或 Distortion Frequency 2 Phase,并且设置输入的幅值和相位。此设置仅用在测电路内部互调失真分析中。

(3) 单击 Simulate/Analyses and Simulation/Distortion 命令,打开 Distortion 对话框如图 5.7.1 所示,在 Analysis parameters 选项卡中设置分析参数。

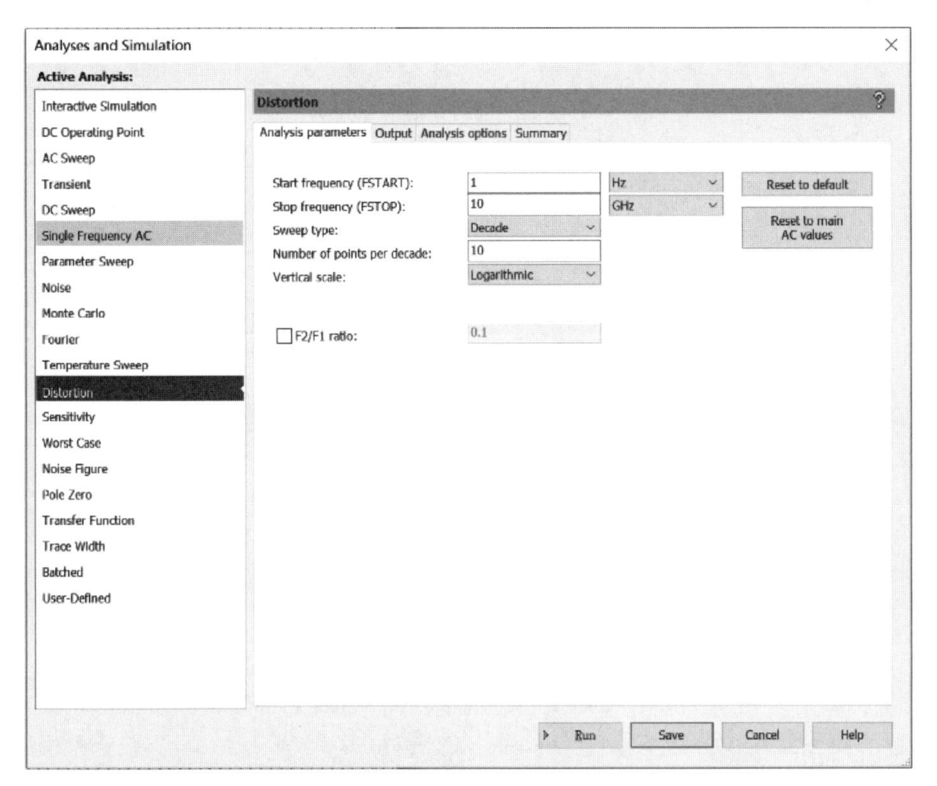

图 5.7.1 Distortion 对话框中 Analysis parameters 选项卡

Star frequency：起始频率。默认设置为 1Hz。

Stop frequency：终止频率。默认设置为 10GHz。

Sweep type：扫描类型。有十倍频(Decade)、线性(Linear)和八倍频程(Octave)三种。默认设置为 Decade。

Number of points per decade：表示从起始频率到终点频率的点数。默认设置为 10。

Vertical scale：纵坐标刻度。纵坐标刻度有对数(Logarithmic)、线性(Linear)、八倍频程(Octave)和分贝(Decibel)四种形式。默认设置为 Logarithmic。

F2/F1 ratio：当电路中有两个频率的信号源时，如果选中该项，在 f1 扫描范围，f2 被设定为对话框内“F2/F1 ration”的设置值(如 0.9)与 f1 起始频率的设置值的乘积，要求“F2/F1 ration”必须大于 0 且小于 1。

(4) 在 Output 选项卡中，设置待分析的节点。单击 Run 按钮，得到分析结果。

5.7.2 失真分析举例

【例 5.7】 分析共发射极放大电路如图 5.7.2 所示的失真情况，晶体管为 2N2222A，输入为两个不同频率的交流信号，观察输出节点 8 的失真情况，要求如下。

(1) 分析节点 8 的二次谐波和三次谐波的失真情况；

(2) 分析节点 8 处的电路内部调制频率：f1＋f2、f1－f2 和 2×f1－f2 相对于频率的互调失真。

解：(1) ① 新建电路原理图，操作步骤参见 2.2.5 节，按图 5.7.2 创建电路。单击菜单栏中 Edit 菜单下 Properties 命令，在弹出对话框的 Sheet Visibility 选项卡中，选定 Net names 中的 Show all 的设置，把电路中的节点标志显示到电路图上。

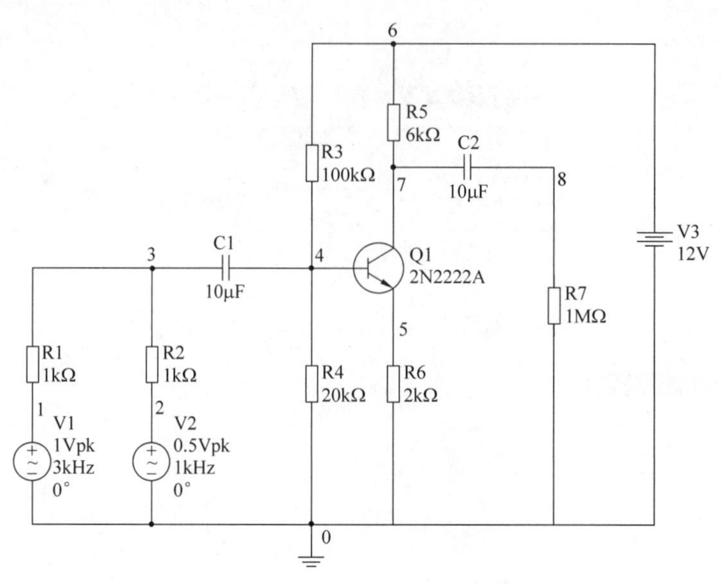

图 5.7.2　共发射极放大电路

② 设置失真分析信号源的参数。

双击信号源 V1，在 Value 下选择 Distortion Frequency 1 magnitude，输入幅值为 1V；

双击信号源 V2，在 Value 下选择 Distortion Frequency 1 magnitude，输入幅值为 0.5V。

③ 单击 Simulate/Analyses and Simulation/Distortion 命令，在 Distortion 对话框的 Analysis parameters 选项卡中，设置分析参数如下：

Star frequency：1Hz。

Stop frequency：10GHz。

Sweep type：Decade。

Number of points per：100。

Vertical scale：Logarithmic。

在选项卡 Output 中，设置待分析的节点为节点 8。

④ 单击 Run 按钮，得到节点 8 的二次谐波和三次谐波的失真情况，如图 5.7.3、图 5.7.4 所示。

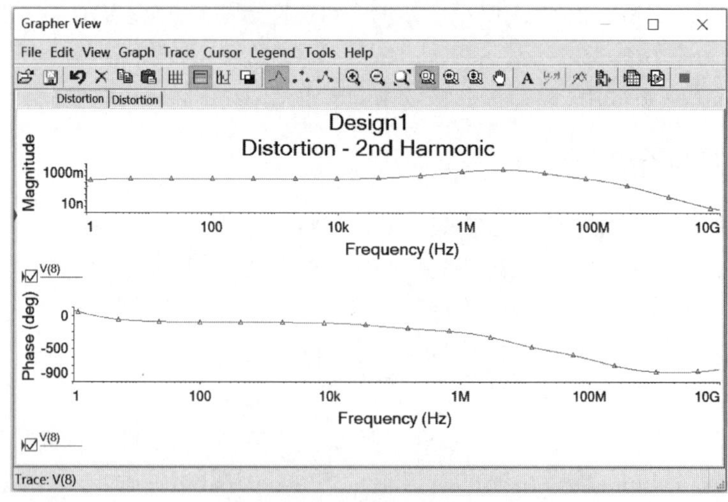

图 5.7.3　二次谐波失真情况

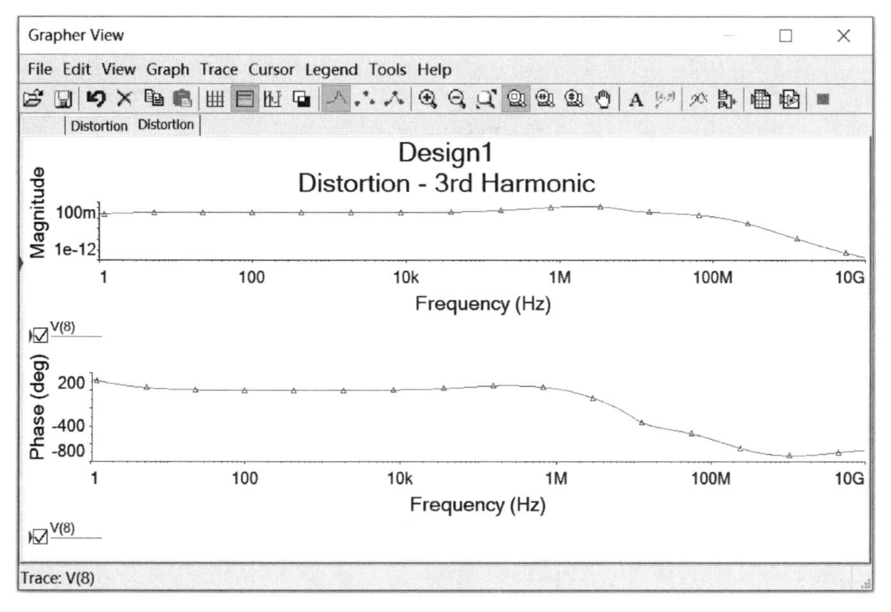

图 5.7.4 三次谐波失真情况

（2）在第 1 问设置参数的基础上，再增加以下设置。

① 分别双击信号源 V1 和 V2，在 Value 下选择 Distortion Frequency 2 magnitude，分别输入幅值为 1V 和 0.5V。

② 单击 Simulate/Analyses and Simulation/Distortion 命令，在 Distortion 对话框的 Analysis parameters 选项卡中，在第 1 问分析设置的基础上选中 F2/F1 ratio 项。

③ 单击 Run 按钮，得到节点 8 处的电路内部调制频率：f1＋f2、f1－f2 和 2×f1－f2 相对于频率的互调失真分析，如图 5.7.5 所示。

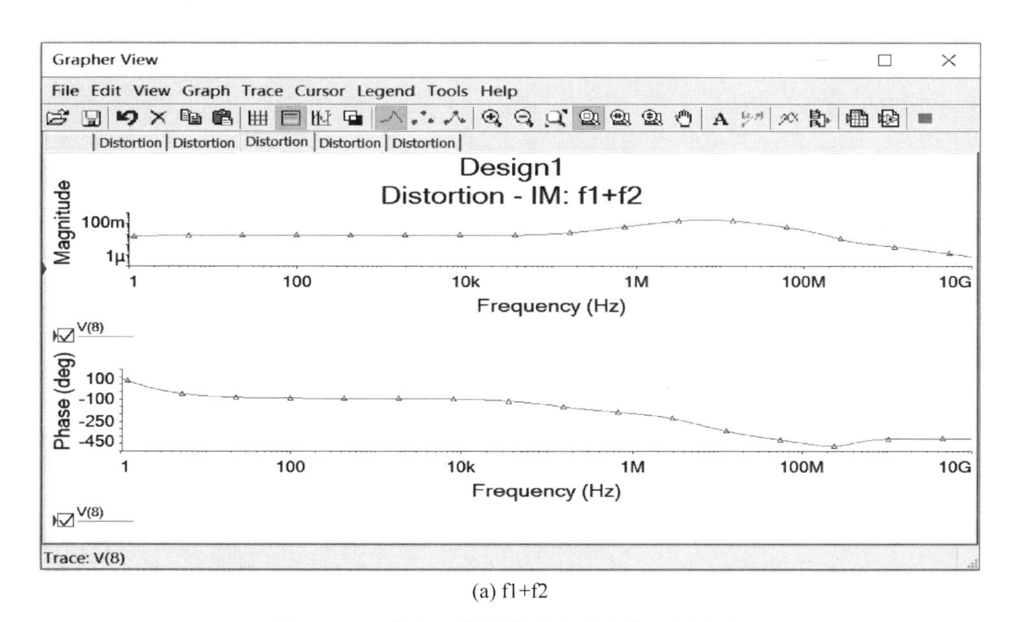

(a) f1+f2

图 5.7.5 节点 8 处测得的电路内部互调失真

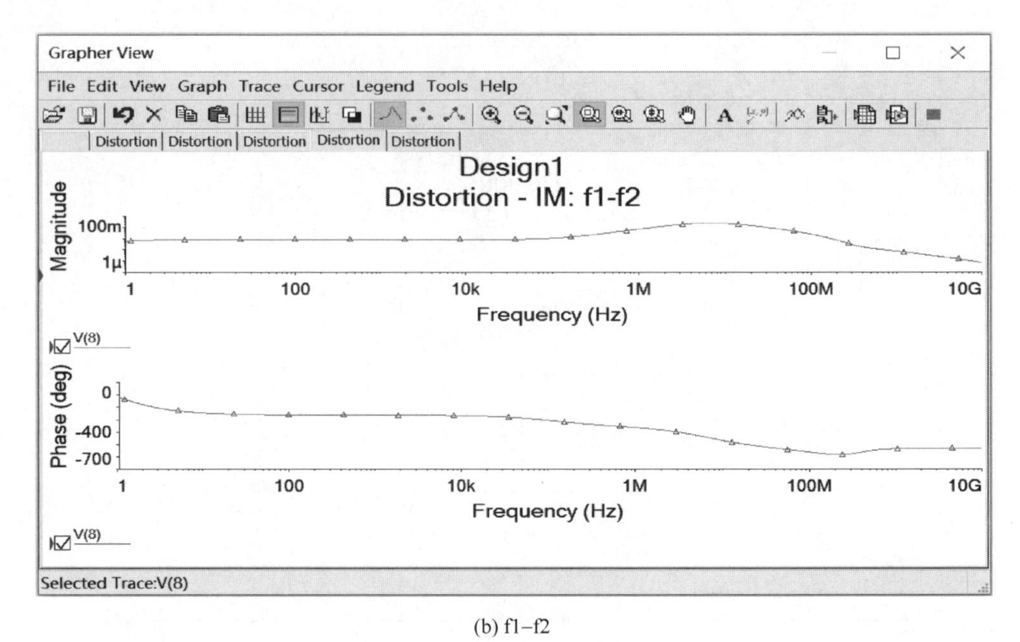

(b) f1−f2

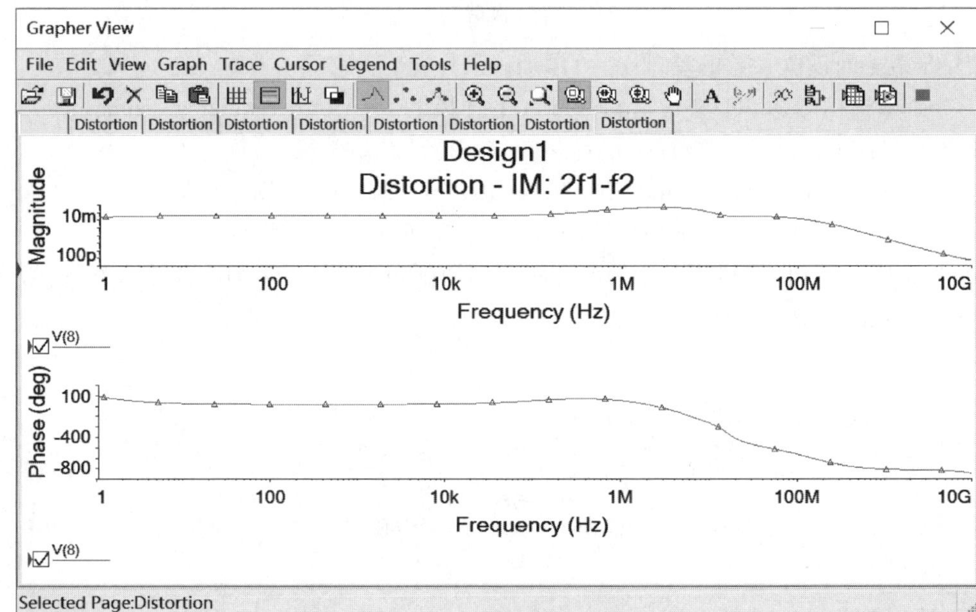

(c) 2×f1−f2

图 5.7.5 （续）

5.8 直流扫描分析

直流扫描分析是直流转移特性分析，允许设置两个扫描变量，通常第一个扫描变量（主独立源）所覆盖的区间是内循环，第二个扫描变量（次独立源）扫描区间为外循环。直流扫描分析的作用是计算电路在不同直流电源下的直流工作点。

5.8.1 直流扫描分析步骤

直流扫描分析按以下步骤进行。

（1）在电路工作窗口创建需进行分析的电路，单击菜单栏 Edit 菜单下的 Properties 命令，在弹出对话框的 Sheet visibility 选项卡下选定 Net names 中 Show all 的设置，把电路中的节点标志显示到电路图上。

（2）单击 Simulate→Analyses and Simulation→DC Sweep 命令，打开 DC Sweep 对话框如图 5.8.1 所示，在 Analysis parameters 选项卡中设置分析参数。

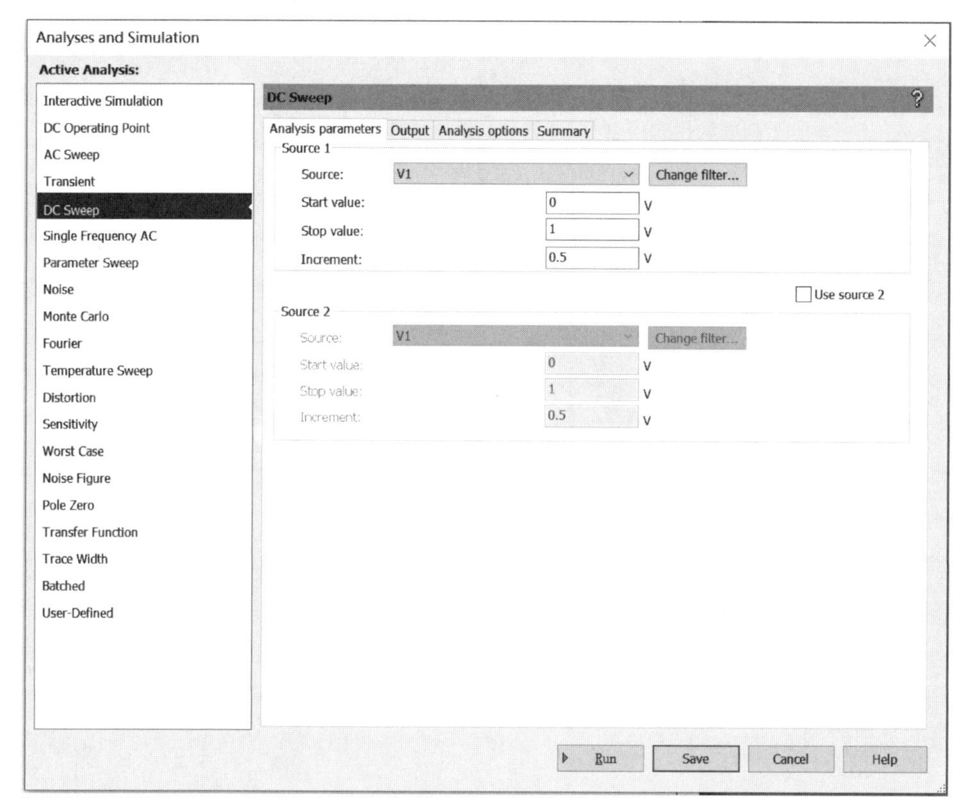

图 5.8.1　DC Sweep 对话框中 Analysis parameters 选项卡

Source 1 区参数介绍如下。

Source：设置所要扫描的直流电源。

Start value：设置开始扫描的数值。

Stop value：设置终止扫描的数值。

Increment：设置扫描的增量值。

如果有第二个电源需设置 Source 2 区的参数，设法与 Source 1 区的相同。

（3）打开 Output 选项卡，选定需分析的节点。单击 Run 按钮，得到分析结果。

5.8.2　直流扫描分析举例

【例 5.8】　分析图 5.8.2 所示共射放大电路中直流电源 V2 从 0V 变化到 20V 时，输出节点 4 的变化情况。图中三极管的 β 值为 50（修改 β 值的步骤：①双击 BJT 图标出现对话框；②单击 Edit model，出现含有 β 参数（显示 BF）的对话框；③修改 β 参数）。

解：（1）新建电路原理图，操作步骤参见 2.2.5 节，按图 5.8.2 创建电路。设置元件参数，显示节点标志。

（2）单击 Simulate/Analyses and Simulation/DC Sweep 命令，打开 DC Sweep 对话框如图 5.8.3 所示，在 Analysis parameters 选项卡中设置分析参数。

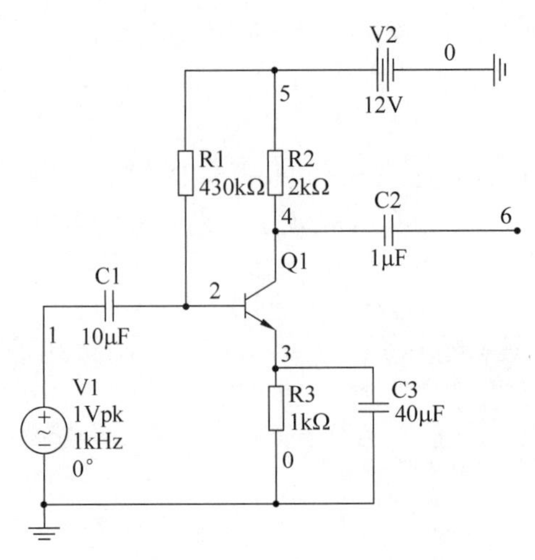

图 5.8.2 共射放大电路

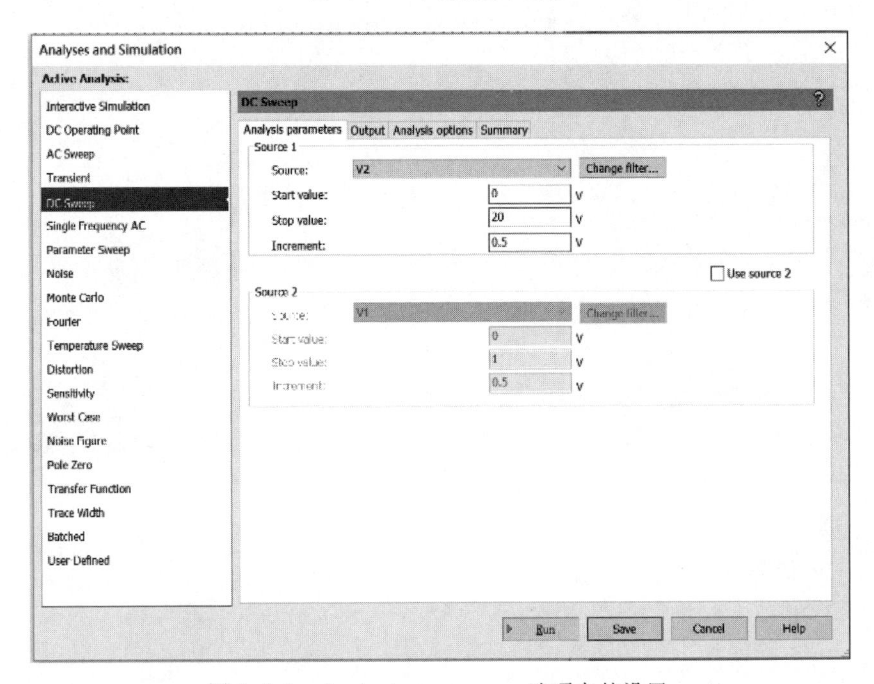

图 5.8.3 Analysis parameters 选项卡的设置

（3）打开 Output 选项卡，选定节点 4。单击 Run 按钮，得到分析结果。如图 5.8.4 所示。

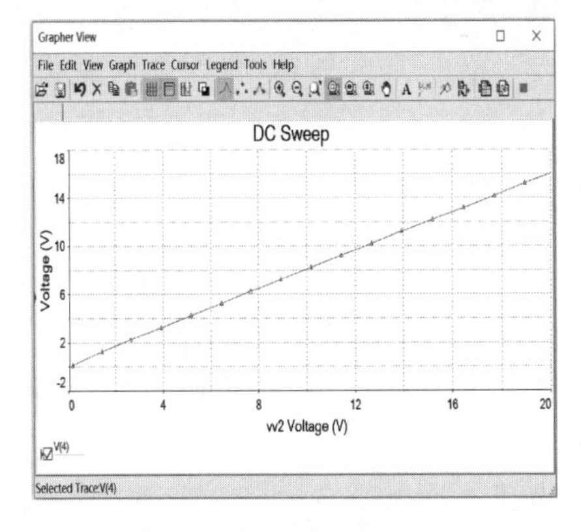

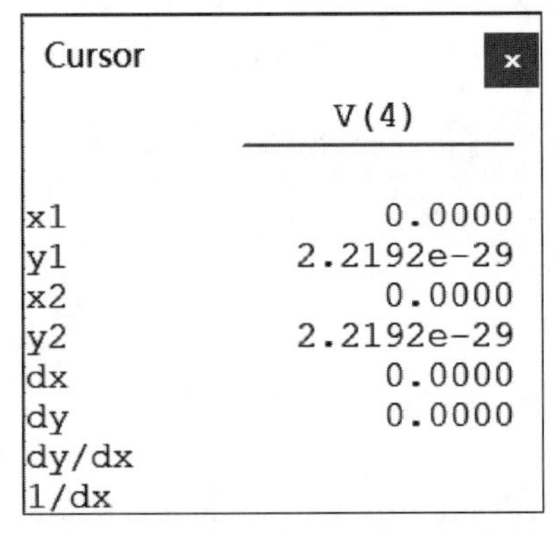

图 5.8.4 直流扫描分析结果

第6章 Multisim 14 的高级分析方法

CHAPTER 6

在电路设计过程中，除可对电路的电流、电压、频率特性等基本特征进行测试外，还需要对电路进行更为深入的分析，如分析电路各部分之间的内在性能（电路的零/极点分析和电路传输函数的分析等）、电路中元器件参数值变化时对电路特性的影响（温度变化的影响、参数变化的影响等）、参数统计变化对电路影响的两种统计分析等。

Multisim 14 提供了 11 种高级分析方法：

(1) 灵敏度分析（Sensitivity Analysis）；

(2) 参数扫描分析（Parameter Sweep Analysis）；

(3) 温度扫描分析（Temperature Sweep Analysis）；

(4) 零/极点分析（Pole. Zero Analysis）；

(5) 传递函数分析（Transfer Function Analysis）；

(6) 最坏情况分析（Worst Case Analysis）；

(7) 蒙特卡洛分析（Monte Carlo Analysis）；

(8) 线宽分析（Trace Width Analysis）；

(9) 批处理分析（Batched Analysis）；

(10) 用户自定义分析（User Defined Analysis）；

(11) 噪声系数分析（Noise Figure Analysis）。

这些分析方法可以准确、快捷地完成电路的分析需求。本章将详细介绍这些基本分析方法的作用、建立分析过程的方法、分析工具中对话框的使用以及测试结果的分析等内容。

6.1 灵敏度分析

灵敏度分析包括直流灵敏度（DC Sensitivity）和交流灵敏度（AC Sensitivity）分析。灵敏度分析是利用参数扰动法计算电路参数变化对输出电压或输出电流的影响的方法。直流灵敏度分析建立在直流工作点分析基础之上，通过直流灵敏度分析求得节点输出电压或输出电流对电路中所有元件参数变化的灵敏度。交流灵敏度分析是在交流小信号条件下进行分析的，目的是求得节点输出电压或输出电流对电路中某个元件参数变化的灵敏度。灵敏度分析可以使用户了解并预测生产加工过程中元件参数变化对电路性能的影响。

6.1.1 直流和交流灵敏度分析步骤

直流和交流灵敏度分析按以下步骤进行。

(1) 在电路工作窗口创建需进行分析的电路,单击菜单栏中 View 菜单下 Properties 命令,在 Sheet visibility 选项卡下,选定 Net names 中的 Show all,把电路中的节点标志显示到电路图上。

(2) 单击 Simulate/Analyses and Simulation/Sensitivity 命令,打开相应的对话框如图 6.1.1 所示,在 Analysis parameters 选项卡中,设置分析参数。

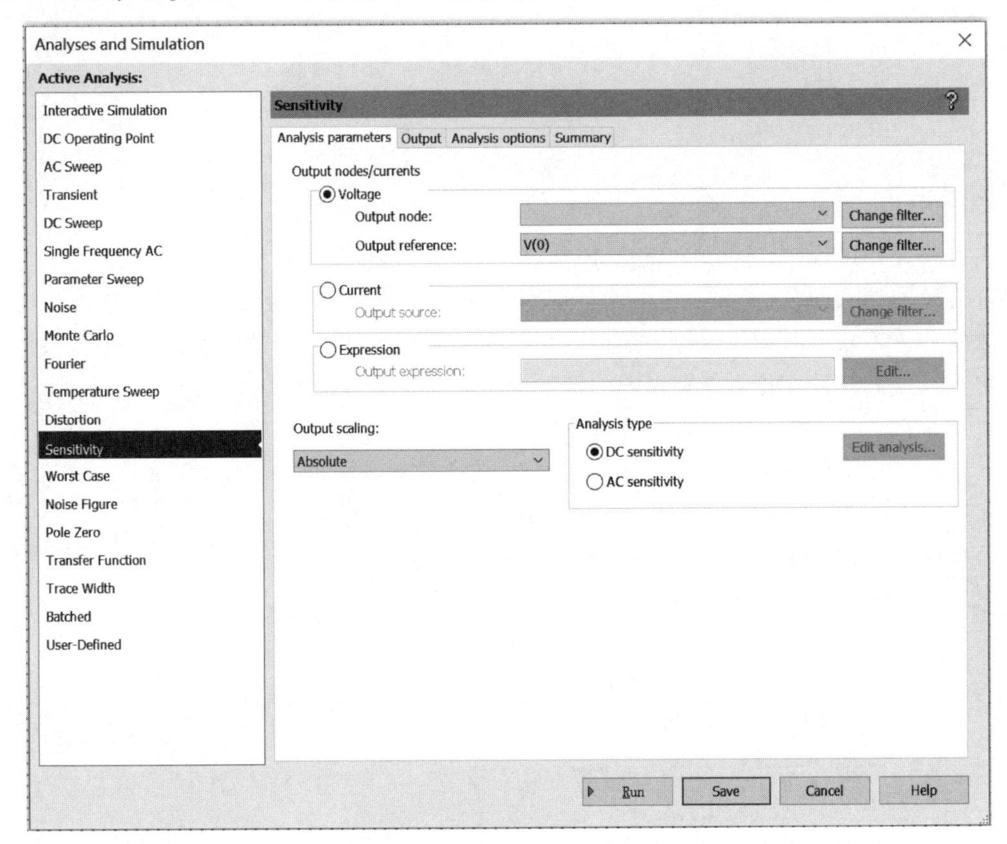

图 6.1.1 Sensitivity 对话框中 Analysis parameters 选项卡

Output nodes/currents 区的参数介绍如下。

Voltage:电压项。单击此项选择节点电压为输出的变量。

Output node:输出节点(待分析的输出节点的电压)。

Output reference:输出参考点(待分析节点电压的参考节点)。默认设置为 v(0)(接地)。

Current:电流项。单击此项选择电流为输出变量。

Output source:输出电源。必须为电路中的电流源。

Expression:编辑输出函数表达式。单击 Edit 按钮,打开 Analysis Expression 对话框,编辑输出函数表达式,并将其填入 Output expression 文本框内。

Output scaling 区:选择灵敏度输出格式。包括 Absolute(绝对灵敏度)和 Relative(相对灵敏度)两个选项。

Analysis Type 区:选择灵敏度分析类型,可选 DC sensitivity 或 AC sensitivity。如果选择 AC sensitivity 还可以单击 Edit analysis 按钮,在打开的对话框中,编辑 AC 频率分析的扫描方式、扫描点和纵轴方式。

(3) 打开 Output 选项卡,选定需分析的元件。单击 Run 按钮,得到分析结果。

6.1.2 直流和交流灵敏度分析举例

【例 6.1】 使用灵敏度分析功能分析图 6.1.2 所示电路中节点 2 的电压随电路中其他参数变化的情况。

解：(1) 新建电路原理图，操作步骤参见 2.2.5 节，按图 6.1.2 创建电路。单击 Options 菜单下 Sheet Properties 命令，在 Circuit 选项卡下，选定 Net Names 中的 Show All，把电路中的节点标志显示到电路图上。

(2) 单击 Simulate/Analyses and Simulation/Sensitivity 命令，打开相应的对话框，在选项卡 Analysis parameters 中，设置分析参数。

Voltage：Output node 选中 v(2)；Output reference 选中 v(0)。

Output scaling：选中 Absolute；Analysis Type：选中 DC Sensitivity。

(3) 打开 Output 选项卡，选 rr1、rr2、vv1 。单击 Run 按钮，得到分析结果如图 6.1.3 所示。

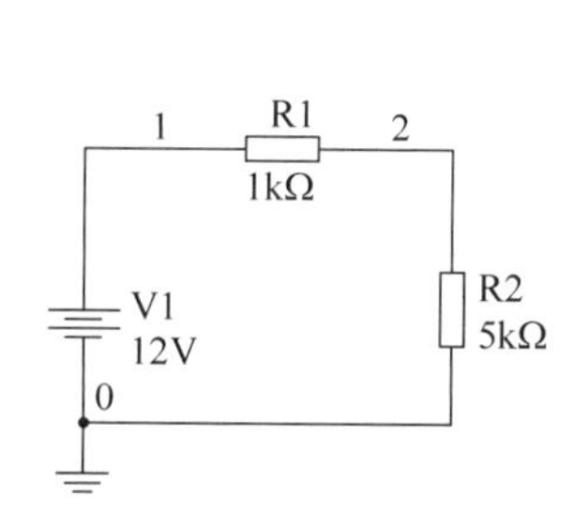

图 6.1.2 直流灵敏度分析电路

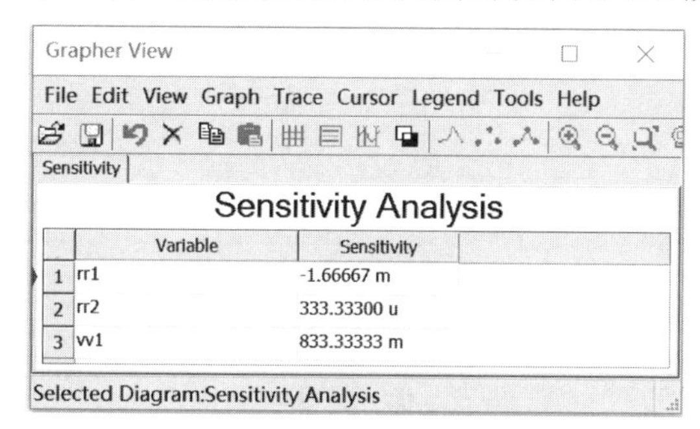

图 6.1.3 直流灵敏度分析结果

【例 6.2】 使用灵敏度分析功能分析图 6.1.4 所示电路中节点 2 的电压随电路中其他参数变化的情况。

解：(1) 新建电路原理图，操作步骤参见 2.2.5 节，按图 6.1.4 创建电路。单击 View 菜单下 Properties 命令，在 Sheet visibility 选项卡下，选定 Net Names 中的 Show All，把电路中的节点标志显示到电路图上。

(2) 单击 Simulate/Analyses and Simulation/Sensitivity 命令，打开相应的对话框，在选项卡 Analysis parameters 中，设置分析参数。

Voltage：Output node：v(2)；Output reference：v(0)。

Output scaling：选中 Absolute。

Analysis Type：选中 AC Sensitivity。

单击 Edit Analysis 按钮打开 Sensitivity AC Analysis 设置参数如图 6.1.5 所示。

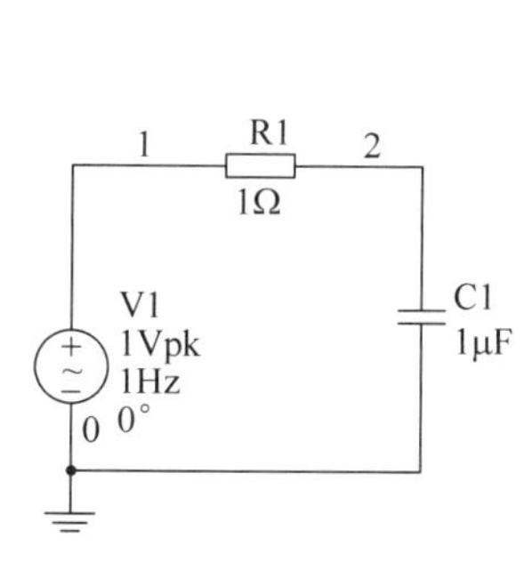

图 6.1.4 交流灵敏度分析电路

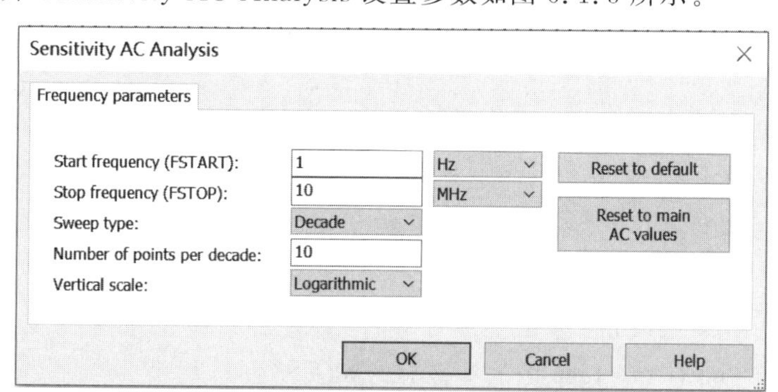

图 6.1.5 交流灵敏度分析的交流参数的设置

(3) 打开 Output 选项卡，选择 rr1。单击 Simulate(仿真)按钮，得到分析结果，如图 6.1.6 所示。

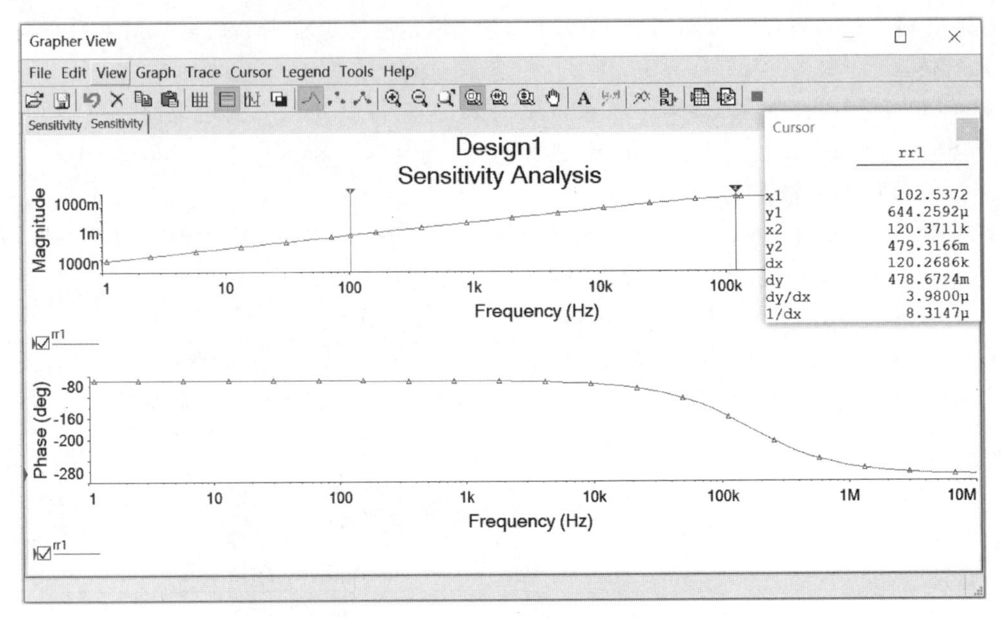

图 6.1.6 交流灵敏度分析的结果

6.2 参数扫描分析

参数扫描分析是将电路参数设置在一定范围内变化，以分析参数变化对电路性能的影响，这相当于对电路进行多次不同参数的仿真分析，可以快速检验电路性能。进行分析时，用户可以设置参数变化的开始值、结束值、增量值和扫描方式，从而控制参数的变化。参数扫描可以有 3 种分析，即直流工作点分析、瞬态分析和交流频率分析。

6.2.1 参数扫描分析步骤

参数扫描分析按以下步骤进行：

(1) 创建待分析电路，设置元件参数，显示节点标志。

(2) 单击 Simulate/Analyses and Simulation/Parameter Sweep 命令，打开相应的对话框如图 6.2.1 所示，在 Parameter Sweep 对话框中，设置分析参数。

Sweep parameters 区的参数介绍如下。

Sweep parameter：选择扫描参数。从下拉菜单中选择参数类型(Device parameter、Model parameter)。

Device type：选择扫描元件类型，可以是 BJT、Capacitor、Inductor 等。

Name：选择扫描元件的名称。

Parameter：选择扫描元件参数。

Present value：被选择扫描元件当前的参数值。

Description：显示参数的简单说明。

Points to sweep 区的参数介绍如下。

Sweep variation type：设置扫描类型。下拉列表中选择扫描类型 List 列表、Linear 线性、

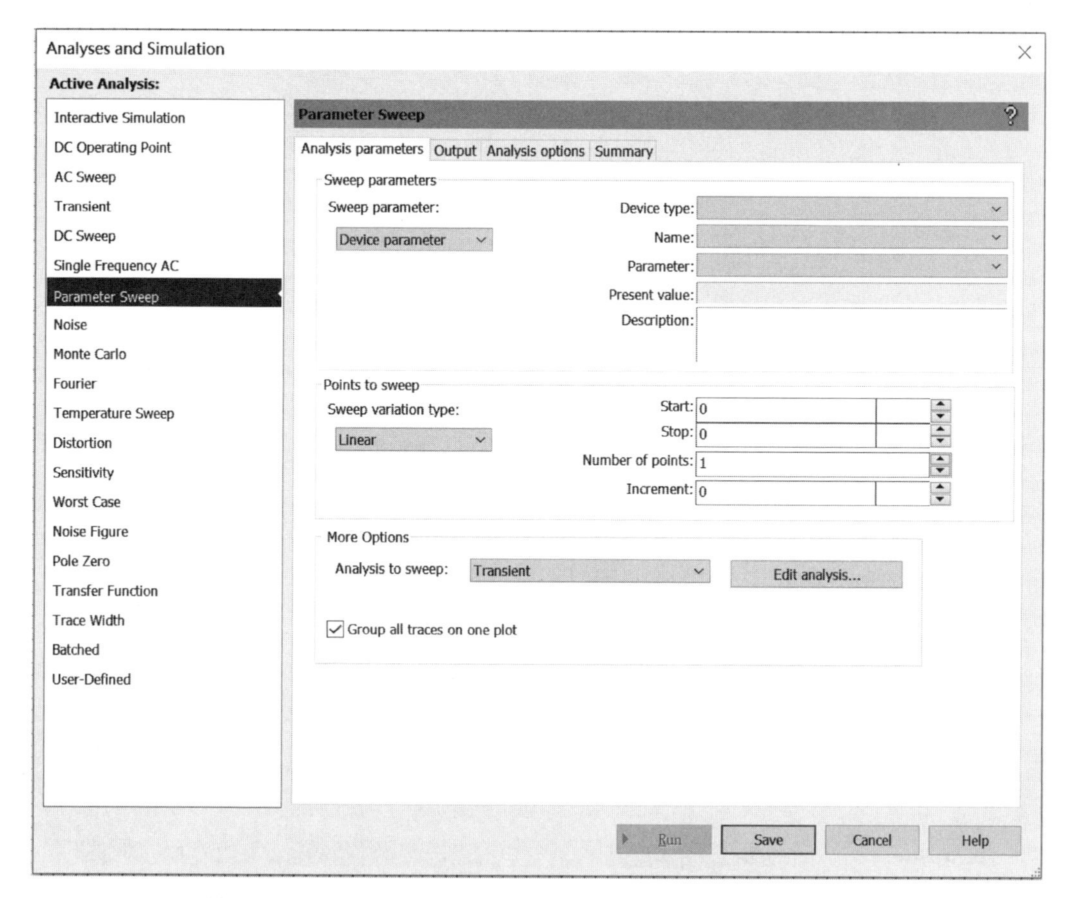

图 6.2.1 Parameter Sweep 对话框中 Analysis parameters 选项卡

Decinmal 十倍频、Octave 八倍频四种方式。然后，分别在 Start、Stop、Number of points、Increment 栏内填入扫描的起始值、终止值、点数和增量值。List 扫描类型除外。

Value List：只有 List 扫描方式才有的参数变化值列表。设置扫描的起始值、终止值等，这些值用空格、逗号或分号分隔。

More Options 区的参数介绍如下。

Analysis to sweep：扫描形式。有 DC Operating Point 直流工作点分析，Transient 暂态分析，single frequency AC 单频交流，AC Sweep 交流分析，Nested Sweep 嵌套扫描。

Edit analysis：设置扫描形式的初始条件(Initial conditions)、起始时间(Start time)、终止时间(End time)、增量步长(Increment step size)。

(3) 打开 Output 选项卡，选定需分析的节点。单击 Run 按钮，得到分析结果。

6.2.2 参数扫描分析举例

【例 6.3】 晶体管振荡电路如图 6.2.2 所示，分析电路中的电感 L1 变化时振荡频率变化过程。

解：(1) 新建电路原理图，操作步骤参见 2.2.5 节，按图 6.2.2 创建电路。设置元件参数，显示节点标志。

(2) 单击 Simulate/Analyses and Simulation/Parameter Sweep 命令，打开相应的对话框如图 6.2.3 所示，在 Parameter Sweep 对话框中，设置分析参数。

单击 Edit Analysis 按钮设置瞬态分析的参数如图 6.2.4 所示，设置完毕单击 OK 按钮。

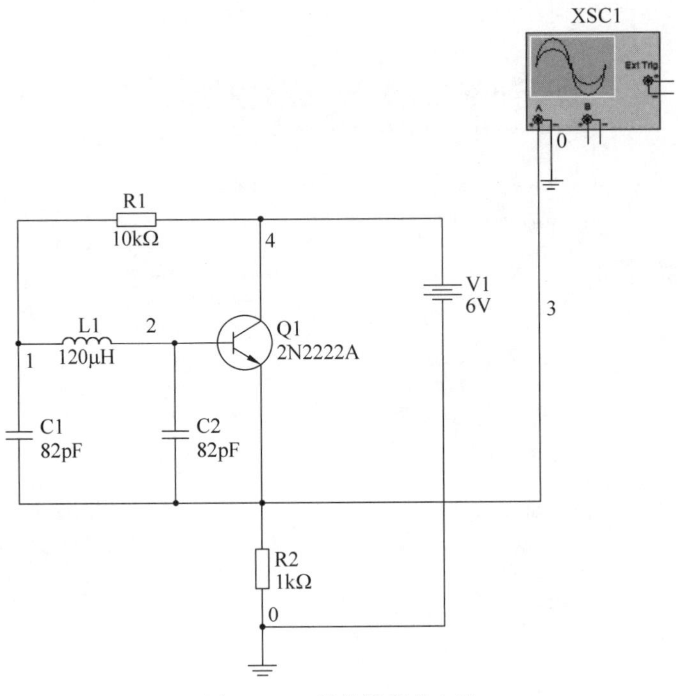

图 6.2.2　晶体管振荡电路

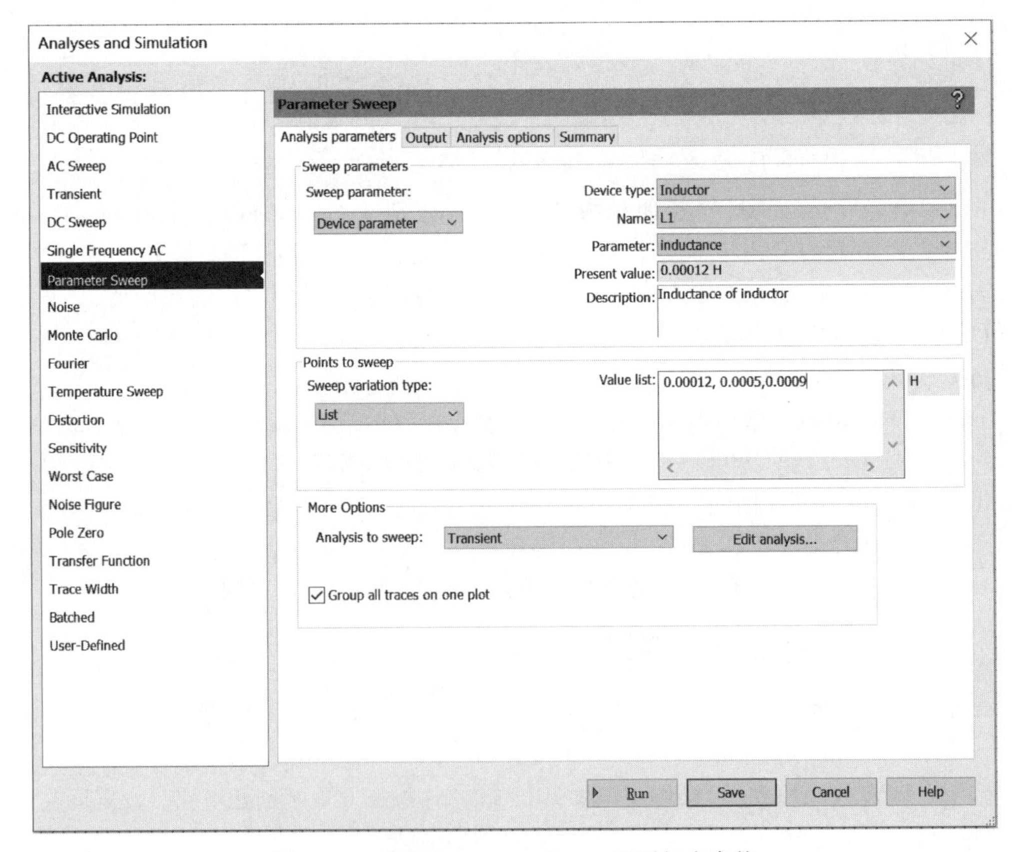

图 6.2.3　设置 Parameter Sweep 对话框中参数

(3) 打开 Output 选项卡，选定需分析的节点 3。单击 Simulate 按钮，得到分析结果如图 6.2.5 所示。

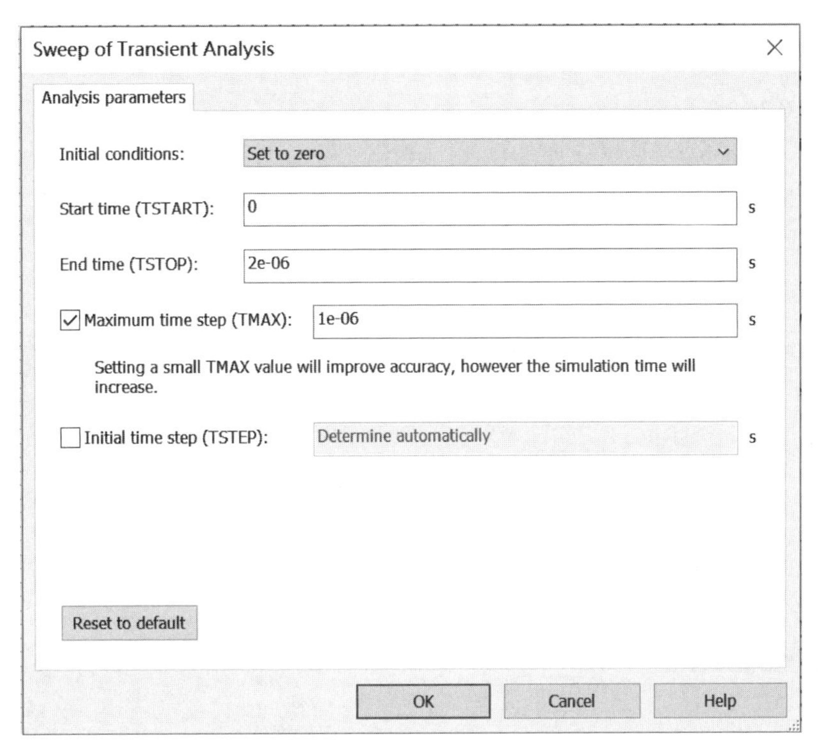

图 6.2.4 设置瞬态分析的参数

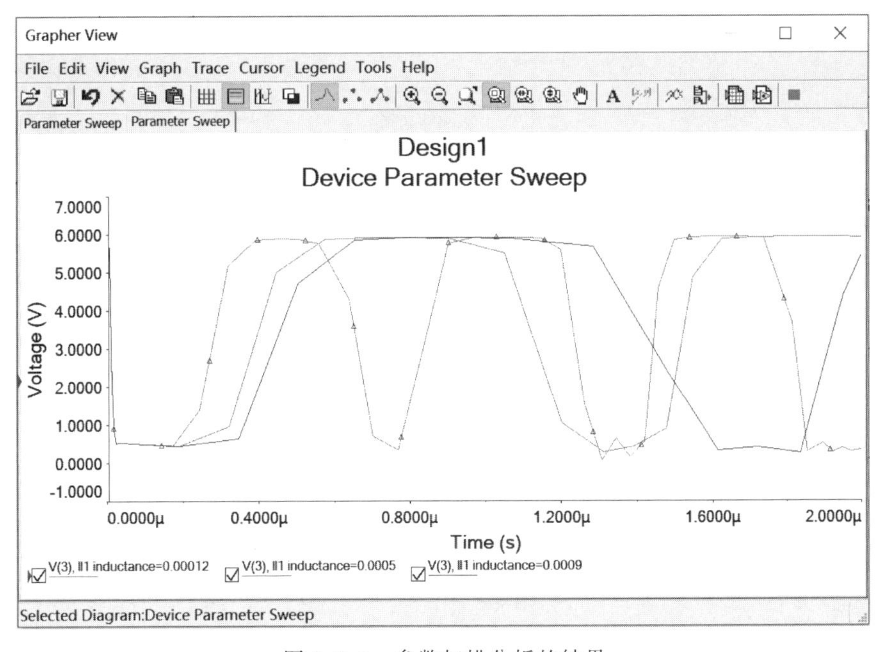

图 6.2.5 参数扫描分析的结果

6.3 温度扫描分析

电阻的阻值、晶体管的电流放大系数等许多元件的参数都是随温度变化的，元件参数改变电路性能随之改变，严重时会导致电路不能正常工作。温度扫描分析的目的是仿真电路的温度特性，以便对电路参数进行合理设计。

6.3.1 温度扫描分析步骤

温度扫描分析按以下步骤进行。

（1）创建待分析电路，设置元件参数，显示节点标志。

（2）单击 Simulate/Analyses and Simulation/Temperature Sweep 命令，打开相应的对话框如图 6.3.1 所示，在 Temperature Sweep 对话框中，设置分析参数。设置温度扫描分析参数方法类似于参数扫描分析。

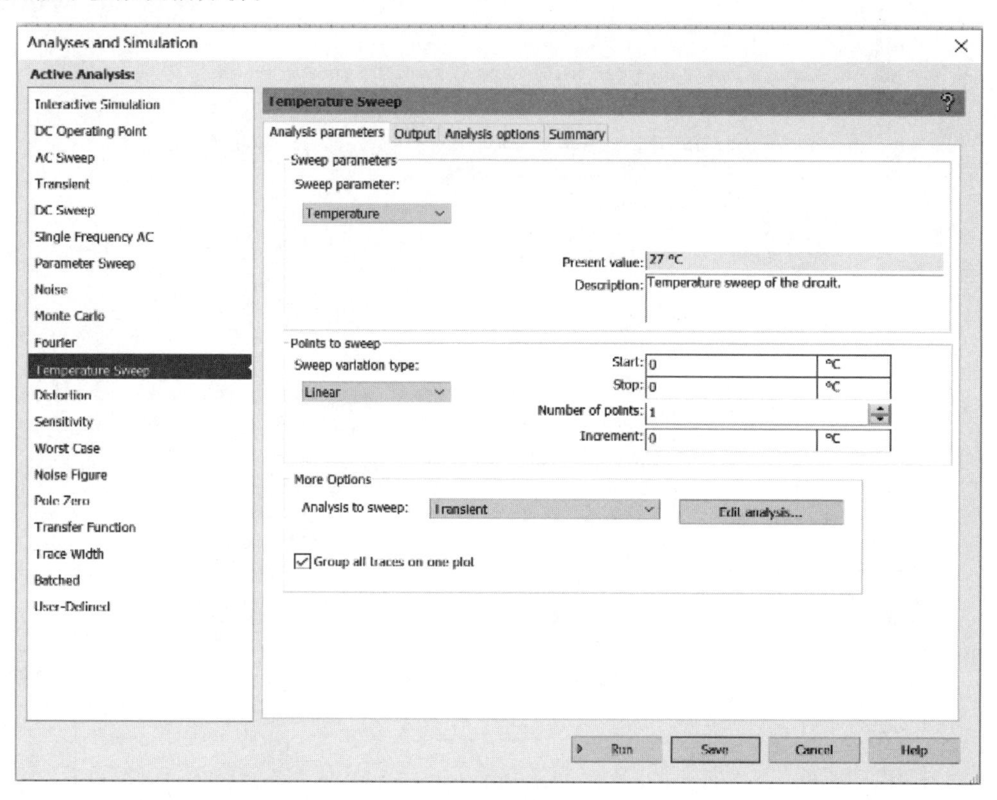

图 6.3.1 Temperature Sweep 对话框中的 Analysis parameters 选项卡

（3）打开 Output 选项卡，选定需分析的节点。单击 Run 按钮，得到分析结果。

6.3.2 温度扫描分析举例

【例 6.4】 试用温度扫描分析功能分析图 6.3.2 所示的二极管整流滤波电路在 100℃时的工作情况。

解：（1）新建电路原理图，操作步骤参见 2.2.5 节，按图 6.3.2 创建电路。设置元件参数，显示节点标志。

（2）单击 Simulate/Analyses and Simulation/Temperature Sweep 命令，打开相应的对话框，在 Temperature Sweep 对话框中，设置分析参数。设置温度扫描分析参数方法类似于参数扫描分析。

Sweep Variation Type：Linear。

Start：27℃。

Stop：100℃。

Increment：10℃。

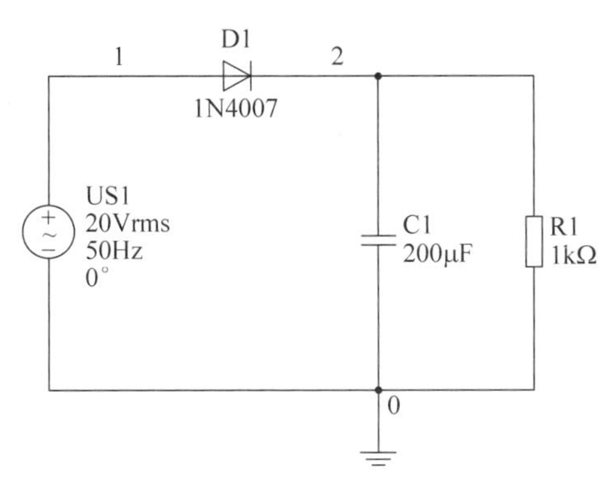

图 6.3.2 二极管整流滤波电路

Analysis to：Transient Analysis。

单击 Edit Analysis 按钮设置暂态分析的参数如下。

Initial Conditions：Set to Zero。

Start time：0s。

End time：0.1s。

(3) 打开 Output 选项卡，选择节点 v(2)。单击 Run 按钮，得到分析结果如图 6.3.3 所示。

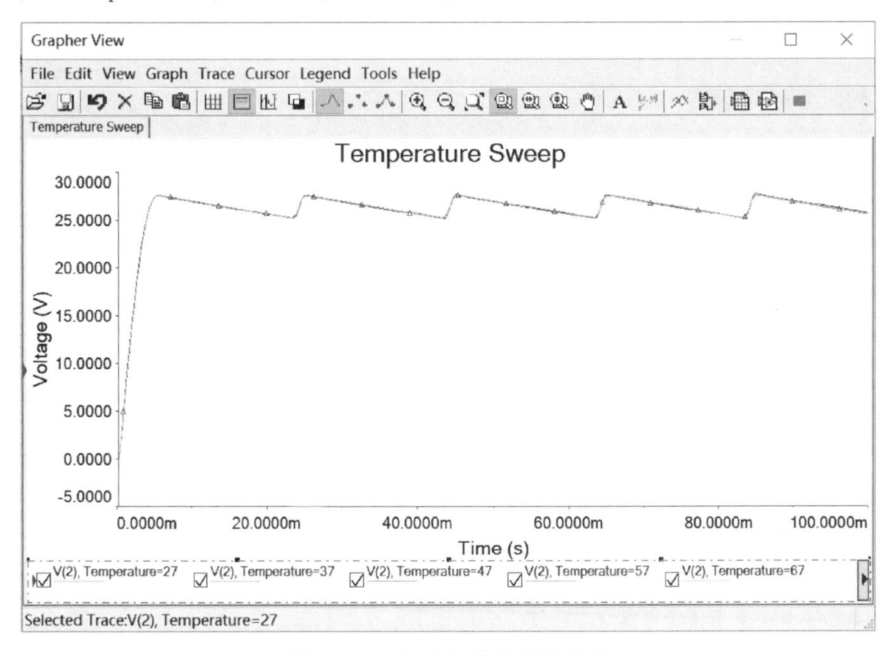

图 6.3.3 温度扫描分析的结果

6.4 零/极点分析

零/极点分析时求解交流小信号电路传递函数的零点和极点，以确定电路的稳定性。它广泛应用于负反馈放大电路和自动控制系统的稳定性分析。在进行分析时，首先计算电路的直流工作点，并求得所有非线性元件在交流小信号条件下的线性化模型，在此基础上再分析传输函数的零、极点。由于传递函数在输入及输出的选择上可以是电压，也可以是电流。因此，分析结果有电压增益、电流增益、跨导和转移阻抗之分。

6.4.1 零/极点分析步骤

零/极点分析按以下步骤进行：

(1) 创建待分析电路，设置元件参数，显示节点标志。

(2) 单击 Simulate/Analyses and Simulation/Pole Zero 命令，打开相应的对话框如图 6.4.1 所示，设置分析参数。

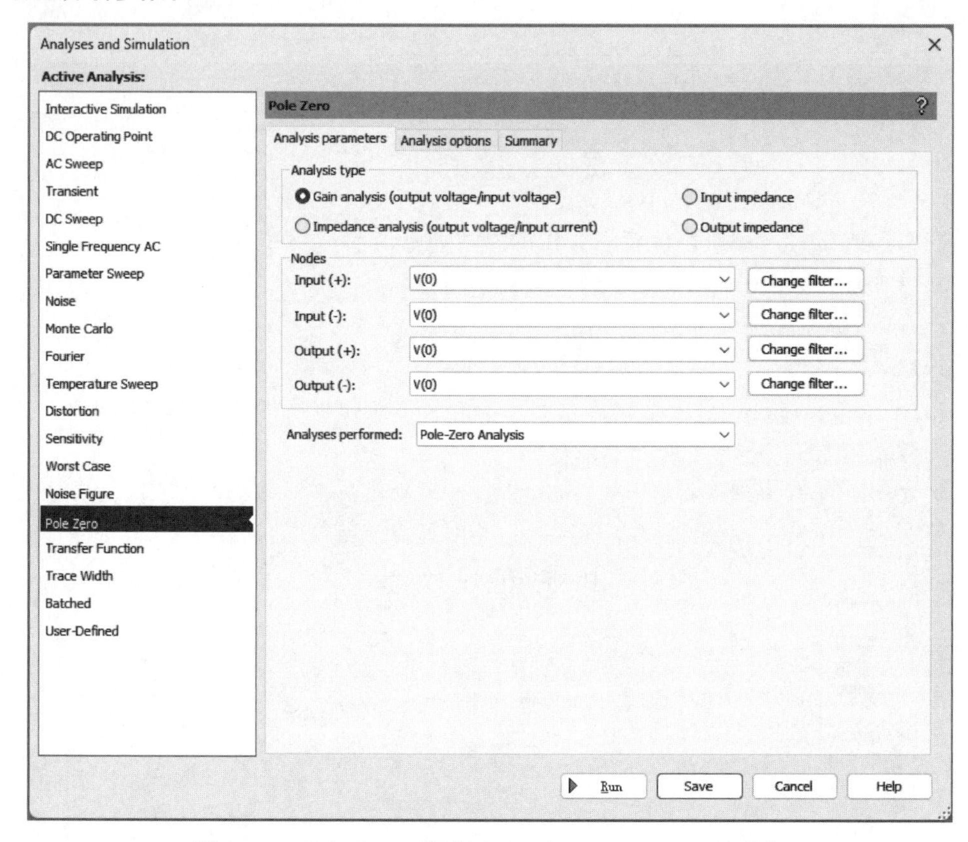

图 6.4.1 Pole-Zero 对话框中 Analysis parameters 选项卡

Analysis type：分析类型栏，选择分析类型。

Gain analysis(output voltage/input voltage)：电路增益(输出电压/输入电压)分析。

Impedance analysis(out voltage/input current)：电路互阻(输出电压/输入电流)分析。

Input impedance：电路输入阻抗分析。

Output impedance：电路输出阻抗分析。

Nodes：节点显示栏。选择输入、输出的正负端节点。

Input(+)：输入节点正端。

Input(－)：输入节点负端。

Output(+)：输出节点正端。

Output(－)：输出节点负端。

Analysis：分析栏。

Pole Analysis：极点分析。

Zero Analysis：零点分析。

(3) 单击 Run 按钮，得到分析结果。

6.4.2 零/极点分析举例

【例 6.5】 分析图 6.4.2 所示的 LC 电路的零极点分布的情况。

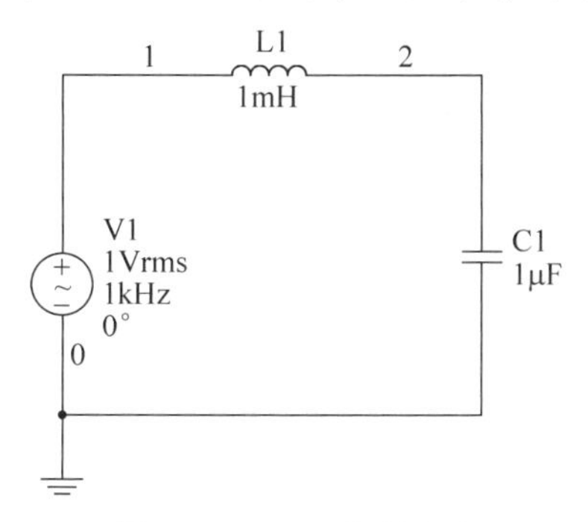

图 6.4.2 LC 串联电路

解：(1) 新建电路原理图，操作步骤参见 2.2.5 节，按图 6.4.2 创建电路。设置元件参数，显示节点标志。

(2) 单击 Simulate/Analyses and Simulation/Pole Zero 命令，打开相应的对话框如图 6.4.3 所示，在对话框 Pole Zero 中，设置分析参数。

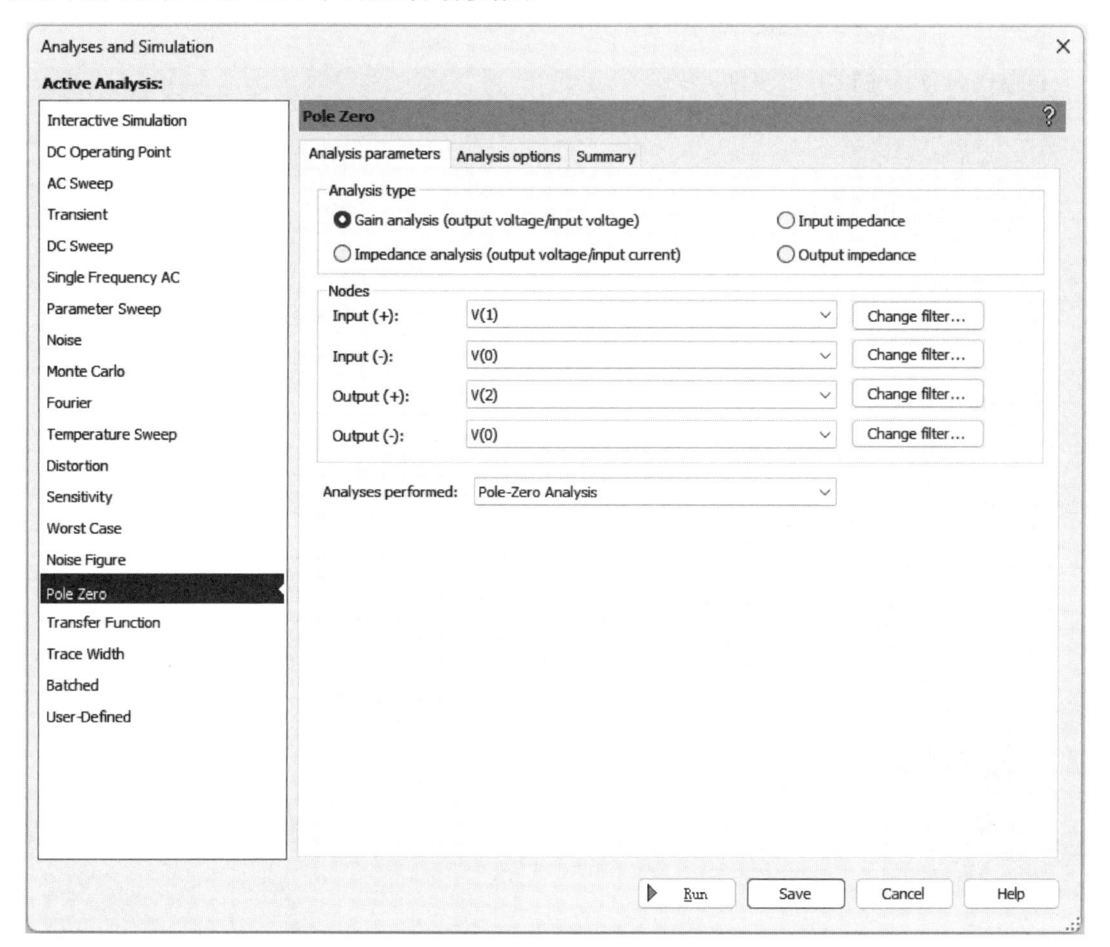

图 6.4.3 设置 Pole Zero 对话框中的参数

(3) 单击 Simulate 按钮，得到分析结果如图 6.4.4 所示。

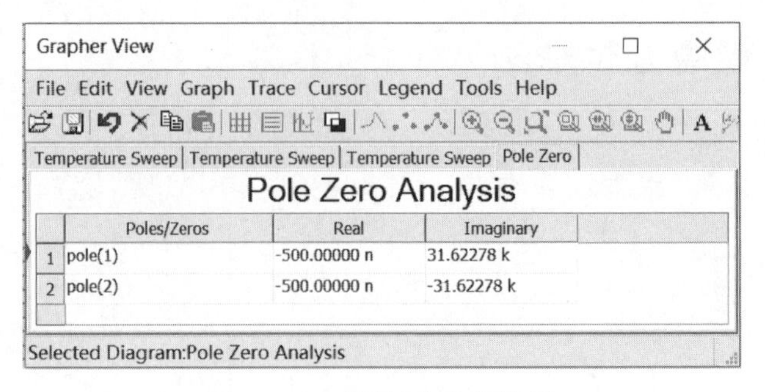

图 6.4.4　零/极点分析结果

6.5　传递函数分析

传递函数分析用于求解小信号交流状态下电路中指定的两个输出节点与输入电源之间的传递函数，也可以计算电路的输入阻抗和输出阻抗。传递函数分析的过程也是先计算电路的静态工作点，再求所有非线性元件在交流小信号条件下的线性化模型，然后求电路的传递函数。这里，输出变量可以是电路中的任何节点，而输入变量必须是电路中某处的独立电源。

6.5.1　传递函数分析步骤

传递函数分析按以下步骤进行。

(1) 创建待分析电路，设置元件参数，显示节点标志。

(2) 单击 Simulate/Analyses and Simulation/Transfer Function 命令，打开相应的对话框如图 6.5.1 所示，在 Analysis parameters 选项卡中，设置分析参数。

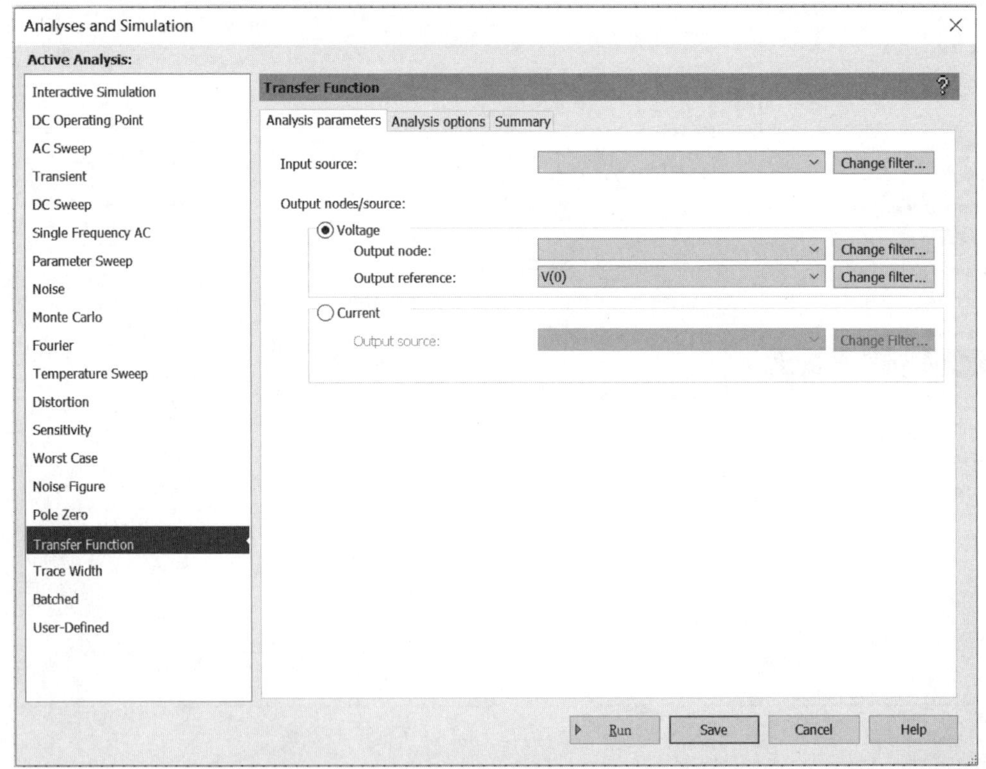

图 6.5.1　Transfer Function 对话框中 Analysis parameters 选项卡

Input source：选择要分析的输入电源。必须为电路中的独立电压源或电流源。

Output nodes/source：选择要分析的输出节点/电源。

Voltage：电压项。单击该项选择节点电压为输出变量。

Output node：输出节点(待分析的节点电压)。

Output reference：输出参考点(待分析节点电压的参考节点)。通常是接地端。

Current：电流项。单击该项选择电流为输出变量。

Output source：输出电源。必须为电路中的电流源。

(3) 单击 Run 按钮，得到分析结果。

6.5.2　传递函数分析举例

【例 6.6】　分析图 6.5.2 所示电路的传递函数、输入阻抗和输出阻抗。

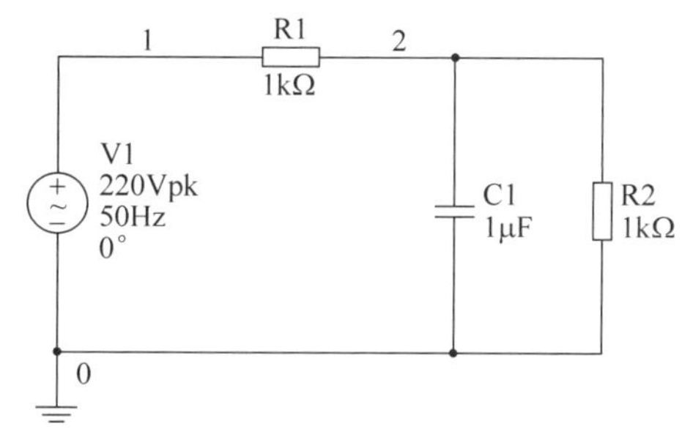

图 6.5.2　传递函数分析的电路

解：(1) 新建电路原理图，操作步骤参见 2.2.5 节，按图 6.5.2 创建电路。设置元件参数，显示节点标志。

(2) 单击 Simulate/Analyses and Simulation/Transfer Function 命令，打开相应的对话框，在 Analysis parameters 选项卡中，设置分析参数如下。

Input source：vv1。

Voltage：选中。

Output node：v(2)。

(3) 单击 Run 按钮，得到分析结果如图 6.5.3 所示。

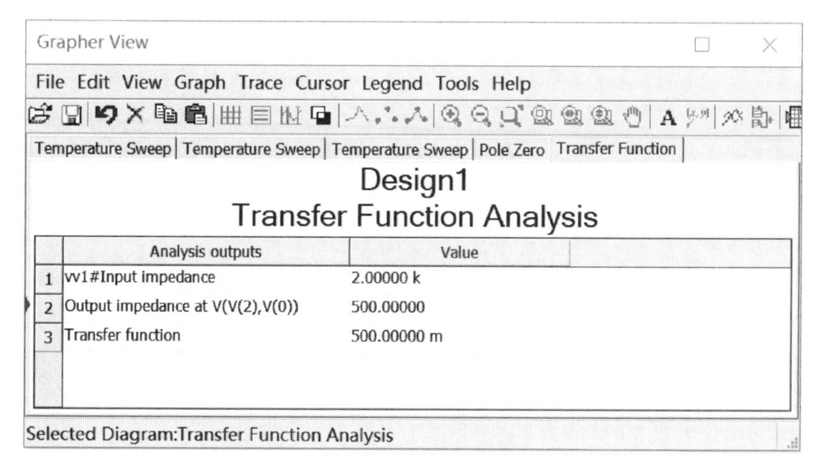

	Analysis outputs	Value
1	vv1#Input impedance	2.00000 k
2	Output impedance at V(V(2),V(0))	500.00000
3	Transfer function	500.00000 m

图 6.5.3　传递函数分析结果

6.6 最坏情况分析

最坏情况分析是一种统计分析，它有助于电路设计者了解元器件参数的变化对电路性能可能产生的最坏影响。最坏情况分析是在给定电路元件参数容差的情况下，估算出电路性能相对于标称值的最大偏差。

6.6.1 最坏情况分析步骤

最坏情况分析按以下步骤进行。

(1) 创建待分析电路，设置元件参数，显示节点标志。

(2) 单击 Simulate/Analyses and Simulation/Worst Case 命令，打开相应的对话框如图 6.6.1 所示，在对话框 Worst Case 中，设置分析参数。

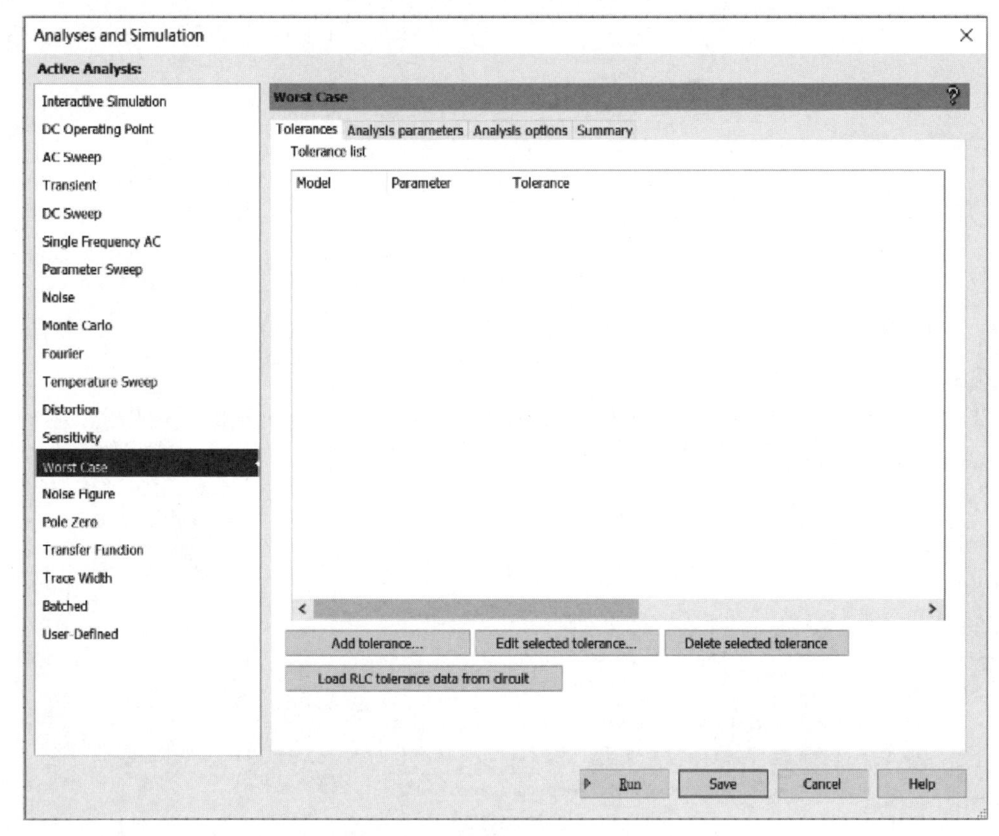

图 6.6.1 Worst Case 对话框

在 Tolerances 选项卡下设置最坏情况分析容差。

Tolerance list：列出目前的元件模型误差。单击下面三个按钮进行添加、编辑和删除元件模型误差设置。详见例题。

在 Analysis parameters 选项卡下设置最坏分析参数，如图 6.6.2 所示。

Analysis parameters 区的参数介绍如下。

Analysis：选择分析选项。

DC Operating Point：直流工作点分析，选中该项进行直流工作点的最坏情况分析。

AC Sweep：交流频率分析，选中该项进行交流频率最坏情况分析。但必须单击 Edit

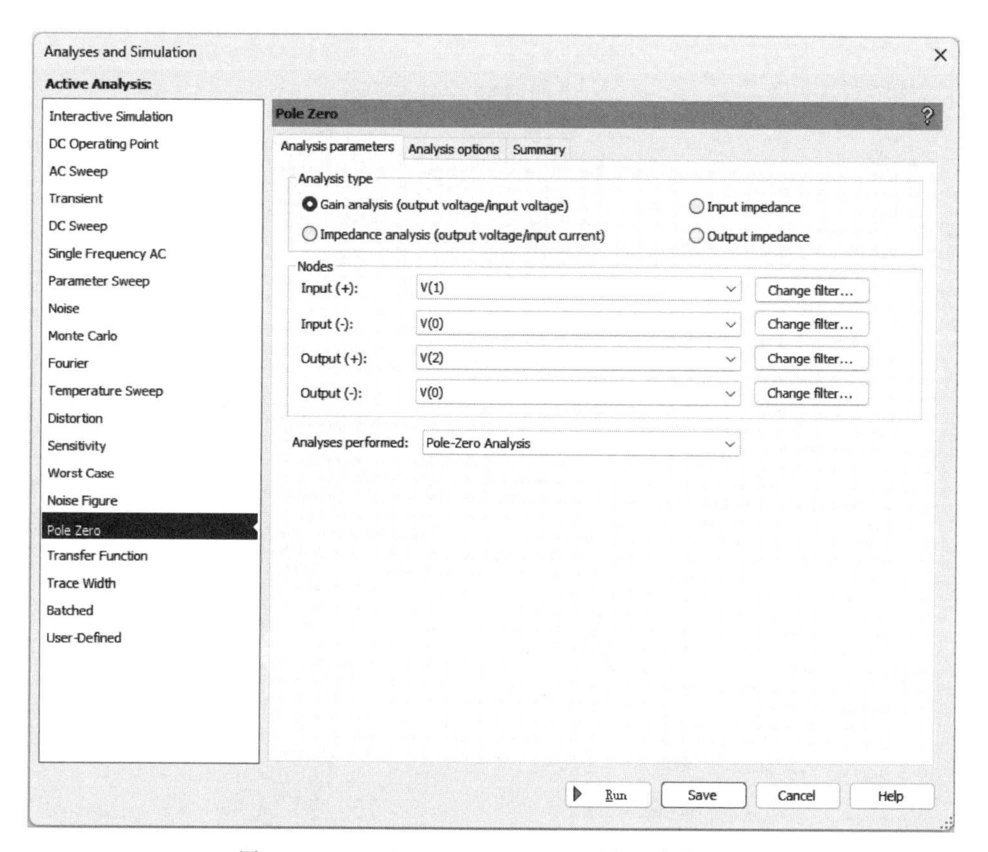

图 6.6.2　Analysis parameters 选项卡下参数设置

analysis 按钮，打开另一个对话框进行设置。

Output variable：选择输出变量。

Collating function：选择比较函数。共有 MAX（最大电压）、MIN（最小电压）、RISE_EDGE（上升沿频率）、FALL_EDGE（下降沿频率）、FREQUENCY（频率）五种选择。

Direction：选择容差变化方向。

Output Control 区：Group all traces on one，选中此项，可将所有分析结果在一个图中显示。

（3）单击 Run 按钮，得到分析结果。

6.6.2　最坏情况分析举例

【例 6.7】 试用最坏情况分析功能分析图 6.6.3 所示的固定偏置电路，在元件参数的允许误差为 10%的条件下，晶体管集电极电位的最大值。

解：（1）新建电路原理图，操作步骤参见 2.2.5 节，按图 6.6.3 创建电路。设置元件参数，显示节点标志。

（2）单击 Simulate/Analysis and Simulation/Worst Case 命令，打开相应的对话框，在对话框 Tolerance 中设置分析参数。

在 Tolerance list 下单击 Add tolerance 选项，打开 Tolerance 对话框如图 6.6.4 所示。

Parameter type：选择元件模型参数或器件参数，选中 Device parameter。

Parameter：参数。

Device type（器件类型）：在下拉菜单中选中 Resistor。

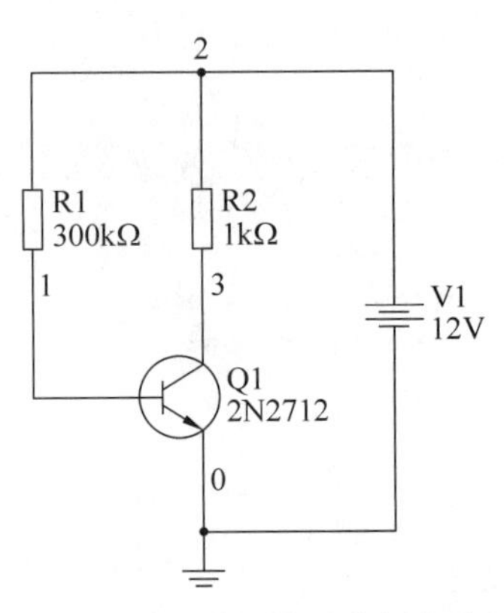

图 6.6.3　最坏情况分析电路

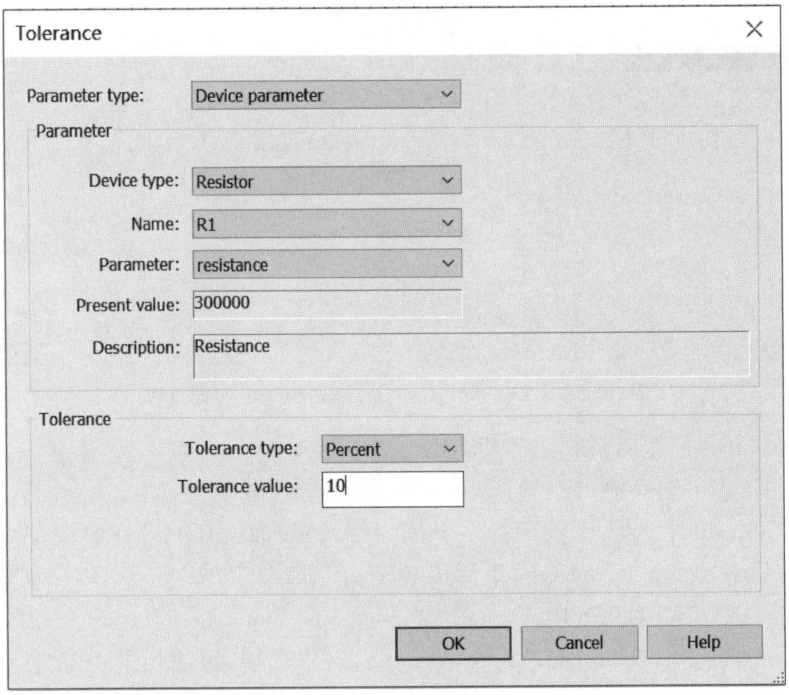

Tolerance

Parameter type: Device parameter

Parameter

Device type: Resistor

Name: R1

Parameter: resistance

Present value: 300000

Description: Resistance

Tolerance

Tolerance type: Percent

Tolerance value: 10

OK　Cancel　Help

图 6.6.4　误差设置对话框

Name(器件名称)：在下拉菜单中选中 R1。

Parameter(选定需设定的参数)：选中 resistance。

Present value：当前改变参数的设定值(不可更改)。

Description：为 Parameter 所选参数的说明。

Tolerance：设置容差。

Tolerance type(容差类型)：有 Percent(百分之)、Absolute(绝对值)两种类型。选中 Percent 类型。

Tolerance value(容差值)：根据所选容差类型设置容差值。此例中值为 10。

单击 OK 按钮，在 Tolerance list 框中显示在 Tolerance 框中设置的参数。再单击 Add tolerance 选项继续增加元件误差设置。此例中设置的元件误差参数如图 6.6.5 所示。

在 Analysis parameters 选项卡下设置最坏分析参数如图 6.6.6 所示。

(3) 单击 Run 按钮，得到最坏情况分析结果如图 6.6.7 所示。

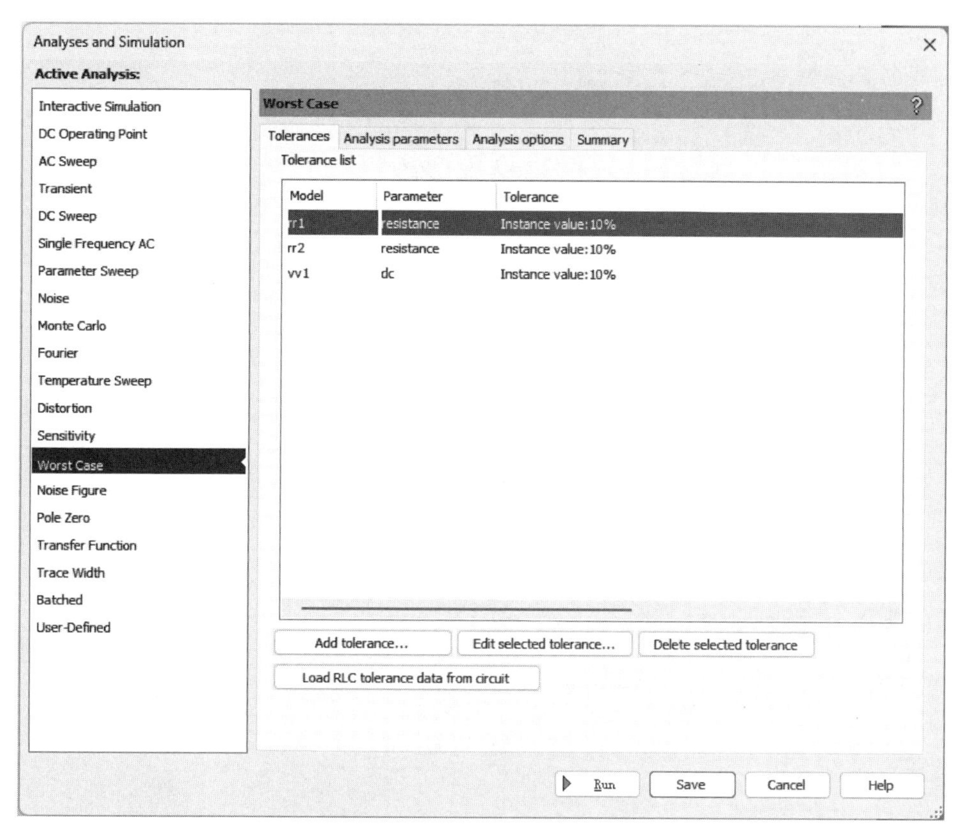

图 6.6.5　设置的元件误差参数

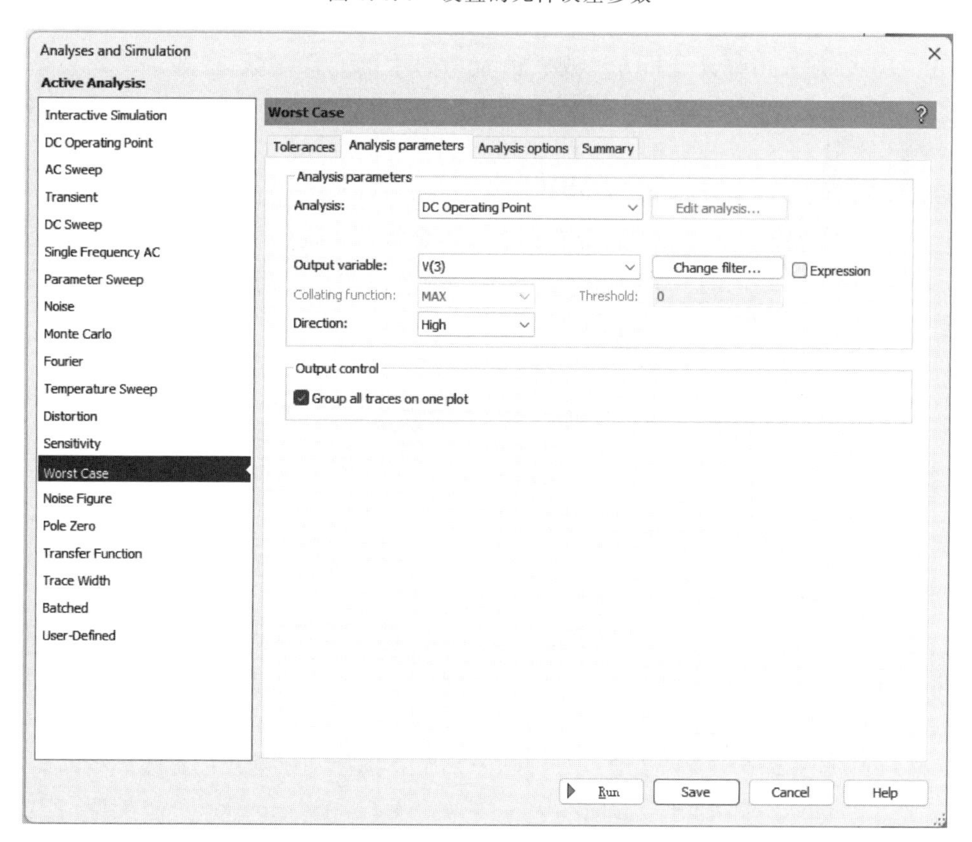

图 6.6.6　设置最坏分析参数

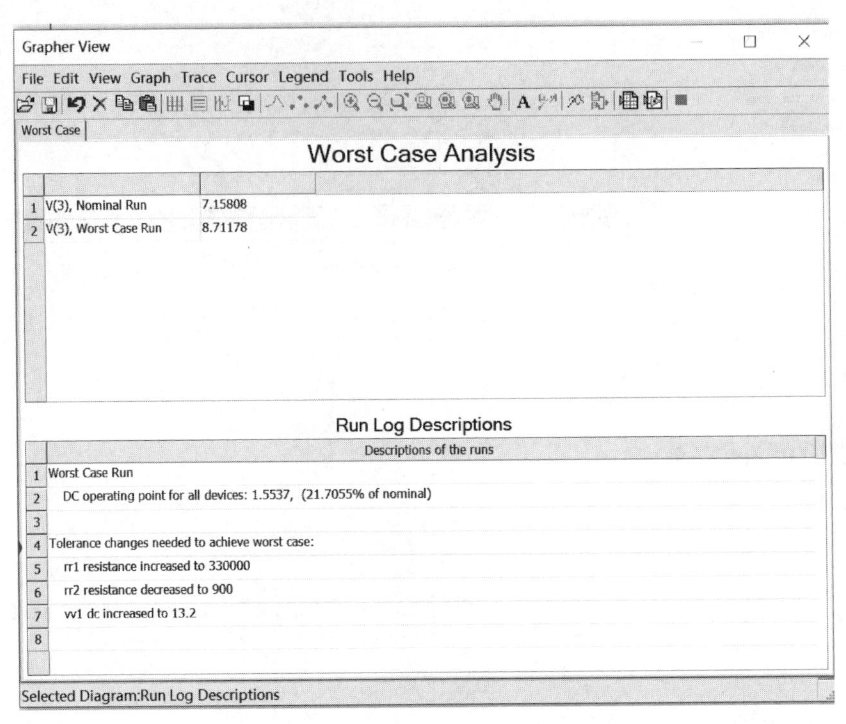

图 6.6.7　最坏情况分析结果

6.7　蒙特卡洛分析

Monte Carlo 是采用统计分析方法观察给定电路中的元件参数，按选定的误差分布类型在一定的范围内变化时，对电路特性的影响。用这些分析的结果，可以预测电路在批量生产时的成品率和生产成本。

在进行分析时，它首先进行电路的标称值分析，然后在该数值的基础上，加减一个 δ 值进行运行。该 δ 值取决于所选定的误差分布类型。本分析方法提供了以下两种分布类型。

(1) 均匀分布(Uniform)：元件值在其容值差的范围内以相等的概率出现。是一种线性的分布形式。

(2) 高斯分布(Gaussian)：分布概率为 $p(x)=\frac{1}{\sqrt{2\pi}\sigma}e^{\frac{-(\mu-x)^2}{2\delta^2}}$；$\mu$ 为标称参数值；x 为独立变量；σ 为标准偏差(SD)值，σ＝误差百分比・标称值/100。

6.7.1　蒙特卡洛分析步骤

(1) 创建待分析电路，设置元件参数，显示节点标志。

(2) 单击 Simulate/Analyses and Simulation/Monte Carlo 命令，在对话框 Tolerances 中设置分析参数。设置方法与最坏情况分析方法类似，此处不再重述。不同的地方在 Analysis parameters 选项卡中，不同之处为：参数比最坏情况分析增加了 Transient analysis 一项；Number of runs 设置运行次数，必须≥2；Text Output 选择文字输出的方式。

另外，在 Tolerance 对话框中，Tolerance 区多两个参数：Distribution 分布类型，有 Gaussian（高斯分布）和 Uniform（均匀分布）两种类型。

(3) 单击 Run 按钮,得到分析结果。

6.7.2　蒙特卡洛分析举例

【例 6.8】 图 6.7.1 所示为 RLC 电路,用蒙特卡洛分析观察元件电阻 R1 变化允许误差为 10%的条件下,对输出节点 4 的影响。

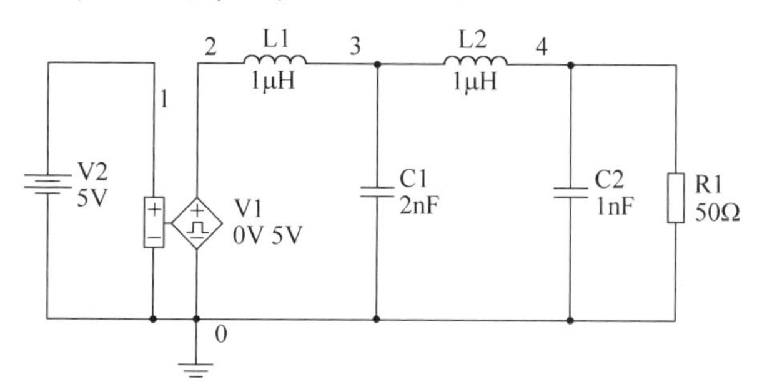

图 6.7.1　蒙特卡洛分析电路

解:(1) 新建电路原理图,操作步骤参见 2.2.5 节,按图 6.7.1 创建电路。设置元件参数,显示节点标志。

(2) 单击 Simulate/Analyses and Simulation/Monte Carlo 命令,在分析选项卡 Analysis parameters 中设置参数如图 6.7.2 所示。

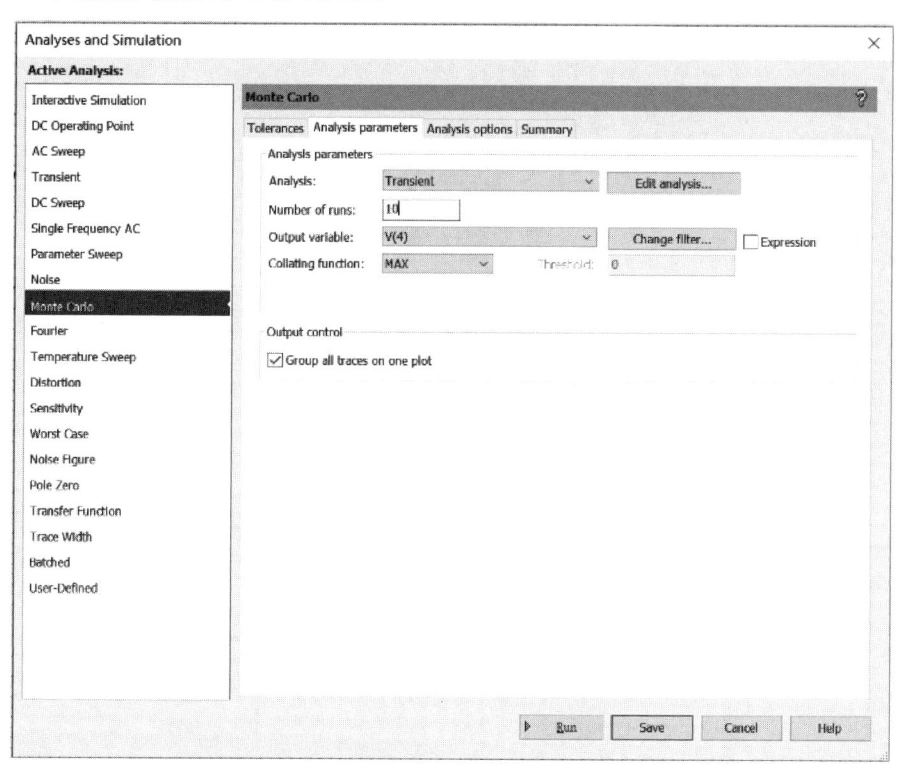

图 6.7.2　蒙特卡洛分析的分析参数设置

(3) 单击 Edit analysis 按钮设置瞬态分析参数如图 6.7.3 所示,设置完毕单击 OK 按钮。

(4) 单击 Add a new tolerance 设置 tolerance 对话框中的参数如图 6.7.4 所示。

(5) 设置完毕单击 Accept 按钮,元件模型容差参数显示在 Model tolerance list 分页。单击 Model tolerance list 分页中的 Simulate 按钮进行仿真。得到仿真结果如图 6.7.5 所示。

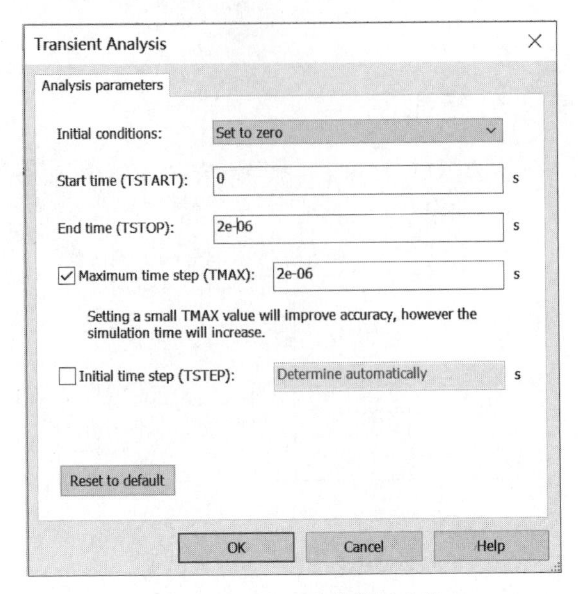

图 6.7.3 设置瞬态分析参数

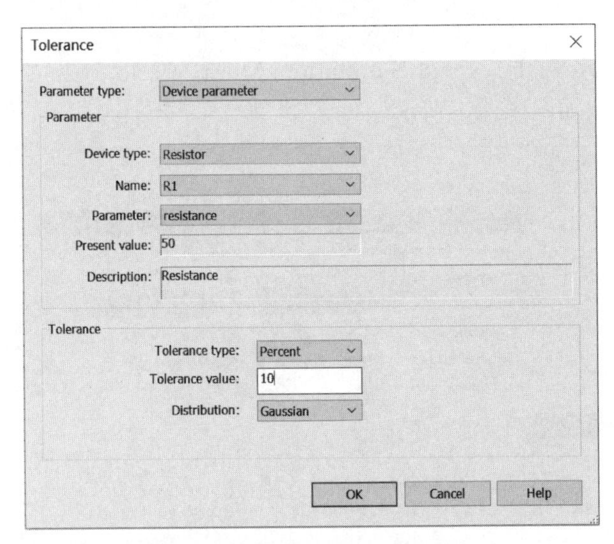

图 6.7.4 设置元件误差参数

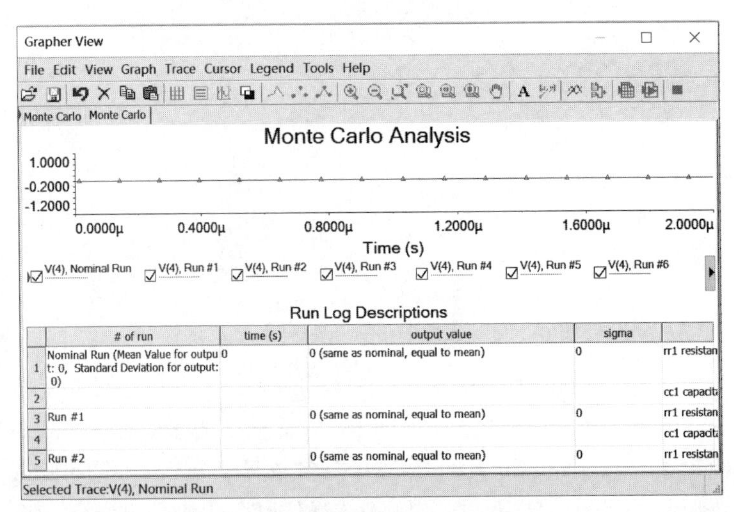

	# of run	time (s)	output value	sigma	
1	Nominal Run (Mean Value for output 0 t: 0, Standard Deviation for output: 0)		0 (same as nominal, equal to mean)	0	rr1 resistan
2					cc1 capacit
3	Run #1		0 (same as nominal, equal to mean)	0	rr1 resistan
4					cc1 capacit
5	Run #2		0 (same as nominal, equal to mean)	0	rr1 resistan

图 6.7.5 蒙特卡洛分析结果

6.8 布线宽度分析

布线宽度分析是根据流经电路中电流的有效值计算最小布线宽度，电流的有效值由仿真获得。布线的电流将引起布线温度的增加。根据公式 $P=I^2R$ 可知，功率不仅与电流有关，还与布线的电阻有关，而布线的电阻取决于它的横截面积（布线宽度和布线厚度的乘积）。因此，温度是电流、布线宽度和布线厚度的非线性函数。PCB 布局技术限制用于电线的铜层厚度。而决定布线热耗散能力的是它的表面面积或者宽度。

6.8.1 布线宽度分析步骤

布线宽度分析按以下步骤进行。

（1）创建待分析电路，设置元件参数，显示节点标志。

（2）单击 Simulate/Analyses and Simulation/Trace Width 命令，在 Trace width analysis 选项卡中设置分析参数，如图 6.8.1 所示。

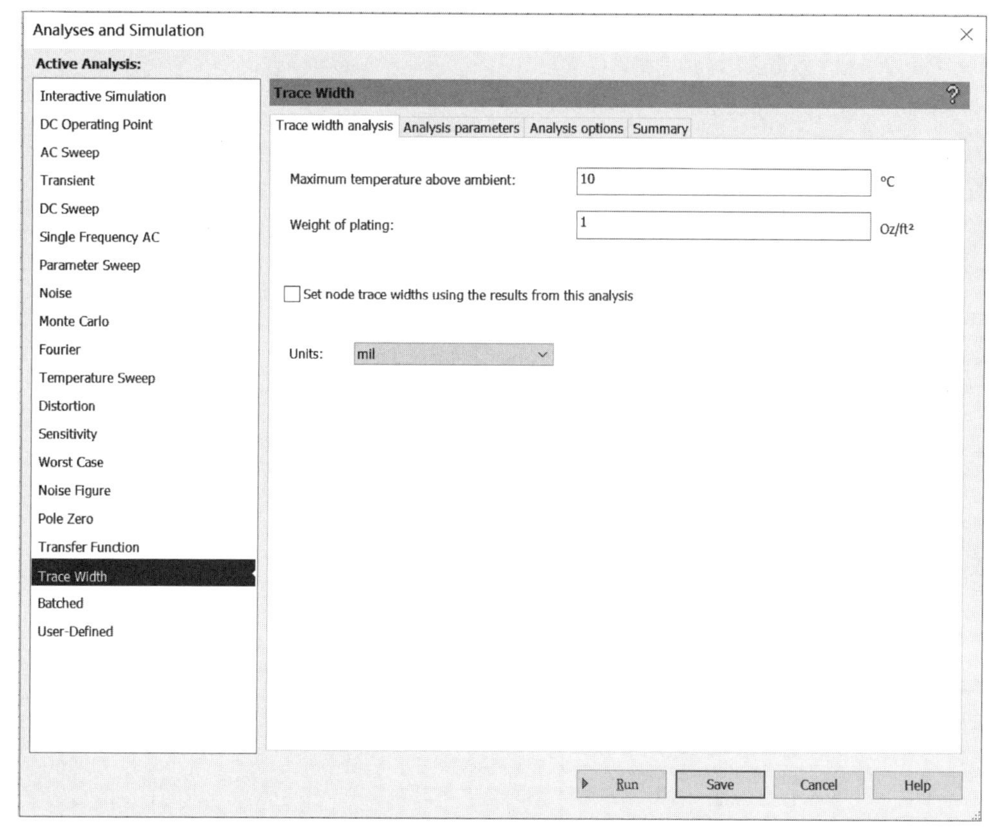

图 6.8.1 布线宽度分析参数的设置

Trace width analysis 的内容如下。

（1）Maximum temperature above ambient：高于环境温度的最大温度数值。

（2）Weight of plating：单位面积布线铜层的重量（盎司每平方英尺）。

单击 Analysis parameters 设置分析参数与其他分析参数设置方法相同。

单击 Run 按钮，得到分析结果。

6.8.2 布线宽度分析举例

【例 6.9】 电路如图 6.8.2 所示，对此电路进行布线宽度分析。

解：(1) 新建电路原理图，操作步骤参见 2.2.5 节，按图 6.8.2 创建电路。设置元件参数，显示节点标志。

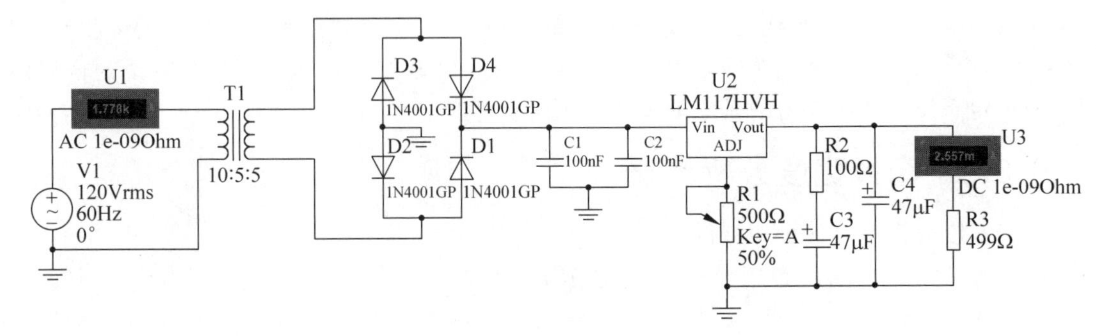

图 6.8.2 布线宽度分析

(2) 单击 Simulate/Analyses and Simulation/Trace width 命令，在选项卡 Trace width analysis 中设置分析参数如下。

Maximum temperature above ambient：10。

Weight of plating：1。

在选项卡 Analysis parameters 中设置分析参数如下：

Initial conditions：Set to zero。

Start time：0。

End time：0.001。

(3) 其他值设置为默认，单击 Run 按钮，得到分析结果，如图 6.8.3 所示。

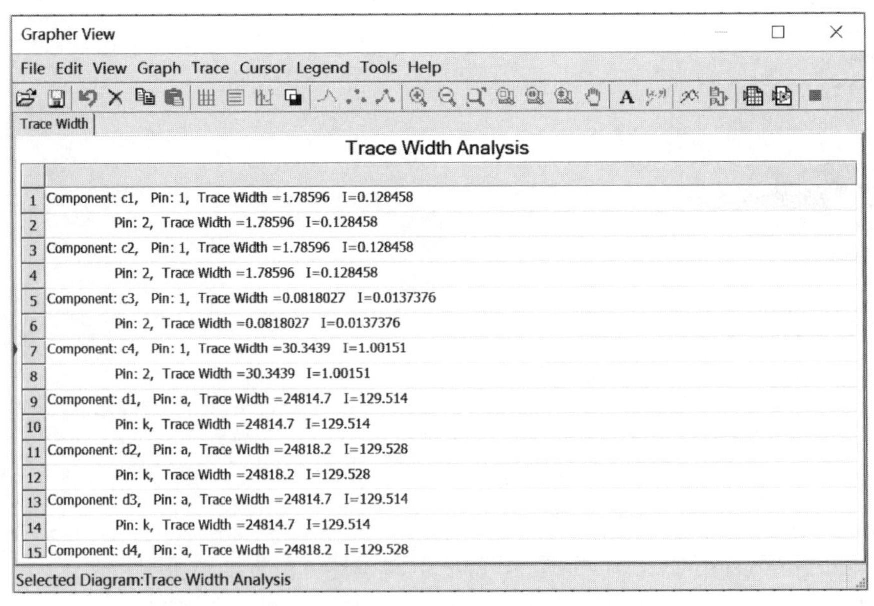
Grapher View

File Edit View Graph Trace Cursor Legend Tools Help

Trace Width

Trace Width Analysis

1	Component: c1, Pin: 1, Trace Width =1.78596 I=0.128458
2	Pin: 2, Trace Width =1.78596 I=0.128458
3	Component: c2, Pin: 1, Trace Width =1.78596 I=0.128458
4	Pin: 2, Trace Width =1.78596 I=0.128458
5	Component: c3, Pin: 1, Trace Width =0.0818027 I=0.0137376
6	Pin: 2, Trace Width =0.0818027 I=0.0137376
7	Component: c4, Pin: 1, Trace Width =30.3439 I=1.00151
8	Pin: 2, Trace Width =30.3439 I=1.00151
9	Component: d1, Pin: a, Trace Width =24814.7 I=129.514
10	Pin: k, Trace Width =24814.7 I=129.514
11	Component: d2, Pin: a, Trace Width =24818.2 I=129.528
12	Pin: k, Trace Width =24818.2 I=129.528
13	Component: d3, Pin: a, Trace Width =24814.7 I=129.514
14	Pin: k, Trace Width =24814.7 I=129.514
15	Component: d4, Pin: a, Trace Width =24818.2 I=129.528

Selected Diagram:Trace Width Analysis

图 6.8.3 布线宽度分析结果

6.9 批处理分析

批处理分析是指将不同类型的分析或同一种分析的多个实例组合到一起依次运行。在实际电路分析中,往往需要对同一个电路进行多次或多种分析。例如,为细致调整电路性能而重复进行同一种分析;为教学目的而验证电路原理;为建立电路分析的记录以及设置分析自动运行的顺序等。

批处理分析按以下步骤进行。

(1) 创建待分析电路,设置元件参数,显示节点标志。

(2) 单击 Simulate/Analyses and Simulation/Batched 命令,设置分析参数,如图 6.9.1 所示。

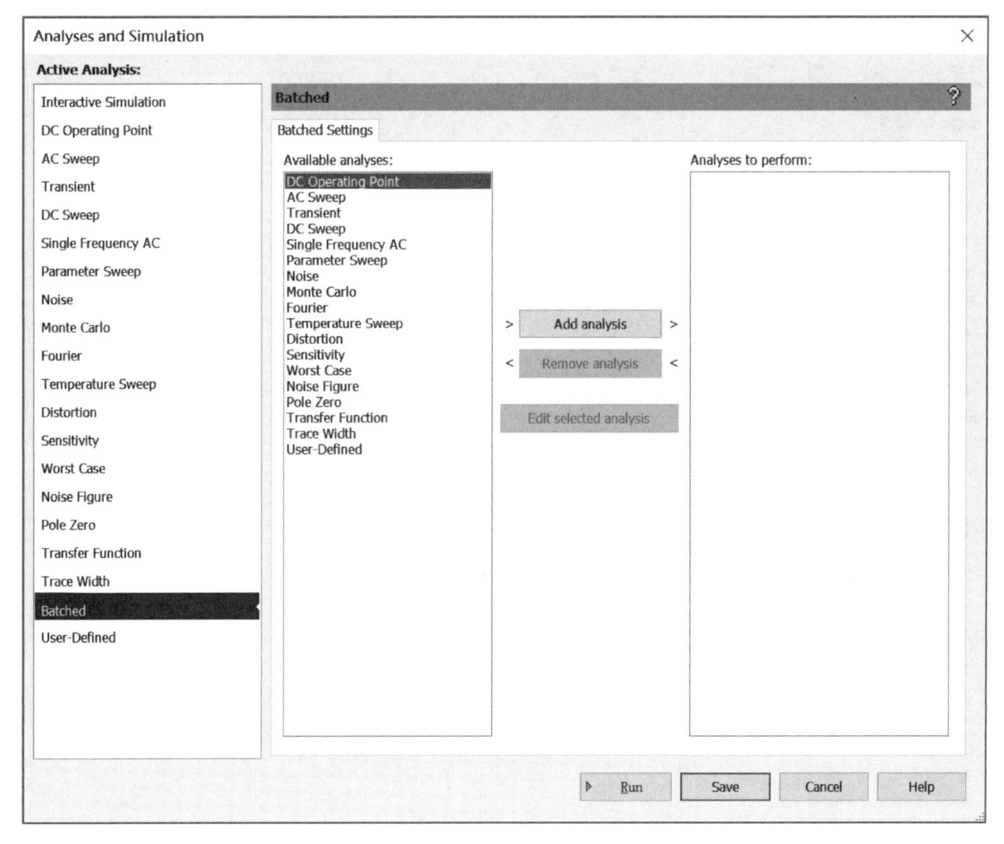

图 6.9.1 批处理分析的参数设置对话框

Available analyses 分析列表,在此表中选中需要执行的分析,再单击中间的 Add analysis 按钮,所选分析参数的设置对话框出现,可设置相应的参数。完成该分析的设置后,单击 Add to list 按钮,设置的分析就被加到右侧的 Analyses to perform 表中。单击分析项目左侧的"+"号,就会显示该分析的总结信息,继续添加需要的分析。但要注意,第一个实例设置将成为后续分析的默认设置。

其他按钮功能介绍如下:

Edit Selected analysis:对选中分析的参数进行编辑;

Remove analysis:删除批处理分析中的全部分析;

Save:保留所有分析;

Cancel:取消所有选择。

6.10 用户自定义分析

用户自定义分析允许用户通过下载或键入 SPICE 命令来定义或调整某些仿真分析。它给用户提供一个更加灵活自由的空间。当然，要使用这种分析必须要掌握 SPICE 语言。

选择 Simulate/Analyses and Simulation/User-Defined 命令，在对话框的 Commands 选项卡中，用户将可执行的 SPICE 命令输入文本框内，再单击 Run 按钮即可，如图 6.10.1 所示。

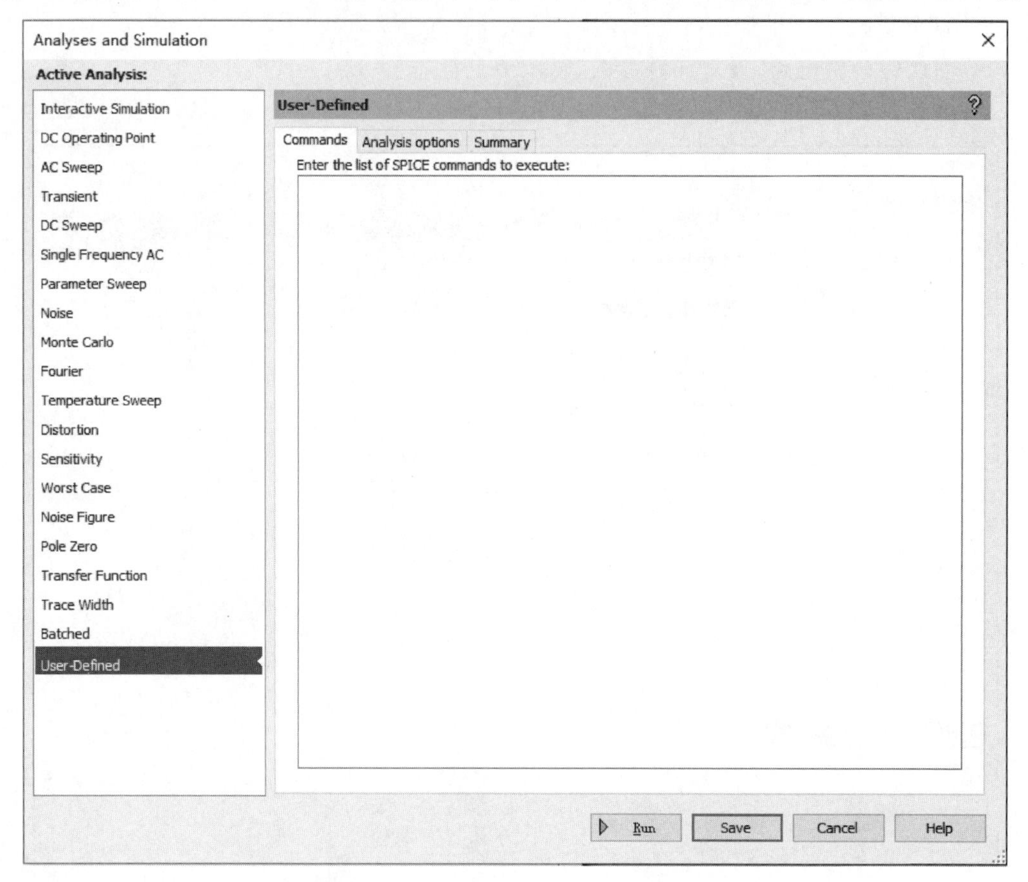

图 6.10.1 用户自定义分析的对话框

6.11 噪声系数分析

噪声系数是描述电子网络或系统的重要指标，其定义为输入端信噪比与输出端信噪比的比值。即

$$NF = 6\log_6^{SNRi/SNRo} \tag{6-1-1}$$

6.11.1 噪声系数分析步骤

噪声系数分析按以下步骤进行。

(1) 创建待分析电路，设置元件参数，显示节点标志。

(2) 单击 Simulate/Analyses and Simulation/Noise Figure 命令，在 Analysis parameters 选项卡下设置分析参数，如图 6.11.1 所示。

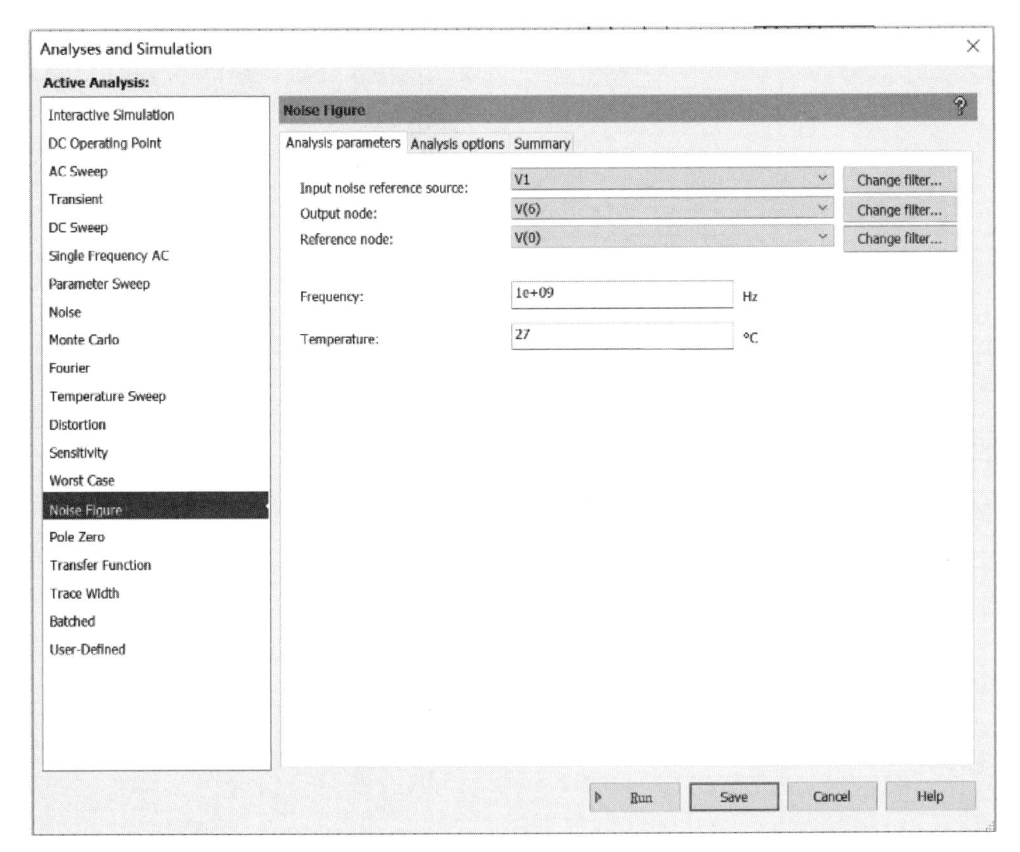

图 6.11.1　噪声分析参数的设置

Input noise reference source：选择输入噪声的参考电源。

Output node：选择噪声输出节点。

Reference node：选择参考电压节点。

Frequency：选择工作频率。

Temperature：选择工作温度。

(3) 单击 Run 按钮，得到分析结果。

6.11.2　噪声系数分析举例

【例 6.10】　对如图 6.11.2 所示的射频放大器，在以 v1 为输入噪声的参考电源和以 output 为噪声输出节点的情况下，进行噪声系数分析。

解：(1) 新建电路原理图，操作步骤参见 2.2.5 节，按图 6.11.2 创建电路。设置元件参数，显示节点标志。

(2) 单击 Simulate/Analyses and Simulation/Noise Figure 命令，在 Analysis parameters 选项卡下设置分析参数如下。

Input noise reference source：v1。

Output node：v(5)。

Reference node：v(0)。

Frequency：1e+09Hz。

Temperature：27。

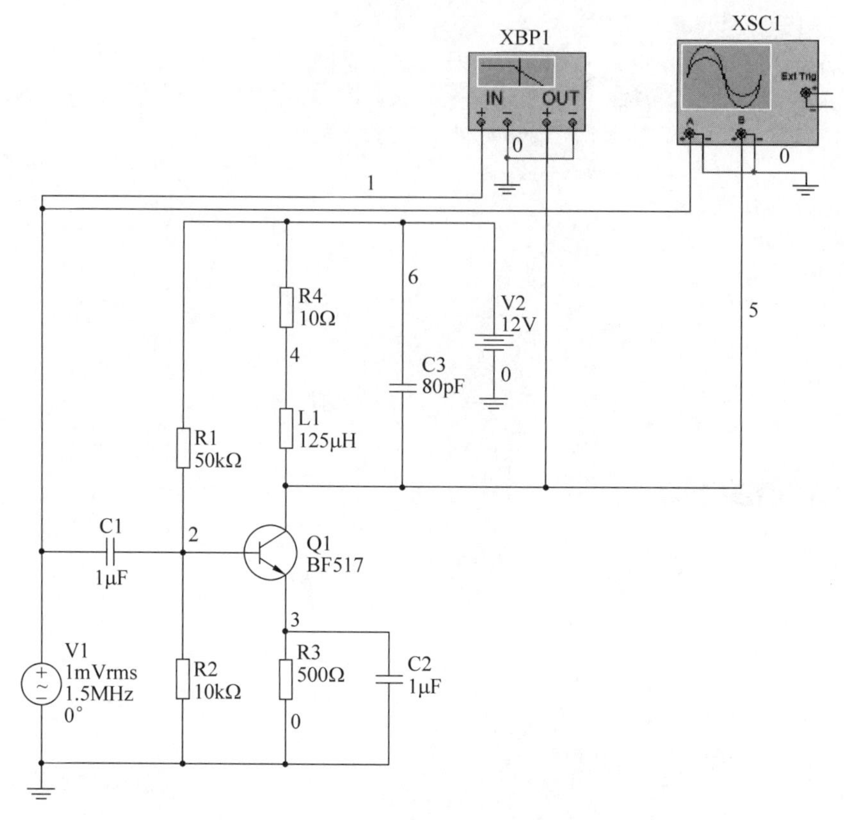

图 6.11.2　噪声系数分析电路

(3) 单击 Run 按钮,得到分析结果,如图 6.11.3 所示。

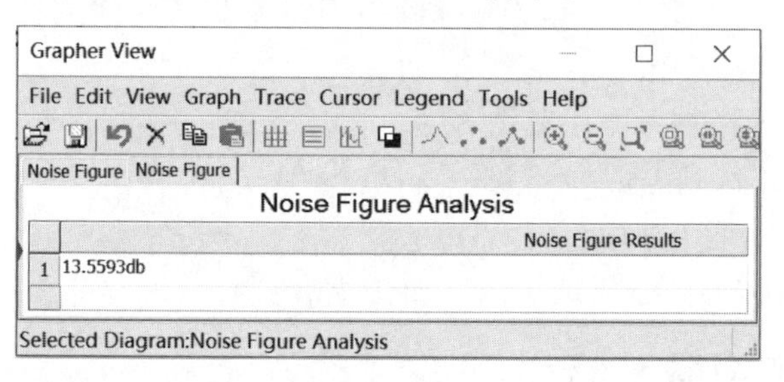

图 6.11.3　噪声系数分析结果

第 7 章 CHAPTER 7 Multisim 14 在电路分析中的应用

电路分析技术是一种非常重要的技术，是电工电子技术的基础。学习电路分析技术的重点是学会电路分析的基本定律和定理，学会计算电路的基本方法。

7.1 电路的基本定律

电路的基本定律包括欧姆定律、电路的串并联定律、基尔霍夫电流定律和基尔霍夫电压定律。

7.1.1 欧姆定律

【例 7.1】 电路如图 7.1.1 所示，电源电压 12V、电阻 R1 为 10Ω，求流过电阻 R1 的电流。

解：根据欧姆定律 $I=\dfrac{U}{R}$ 可得，流过电阻 R1 的电流理论值为 1.2A。新建电路原理图，操作步骤参见 2.2.5 节，按图 7.1.1 创建电路。单击 ▶ 按钮进行仿真，读出电压表和电流表读数。可见，理论计算与电路仿真结果相同。

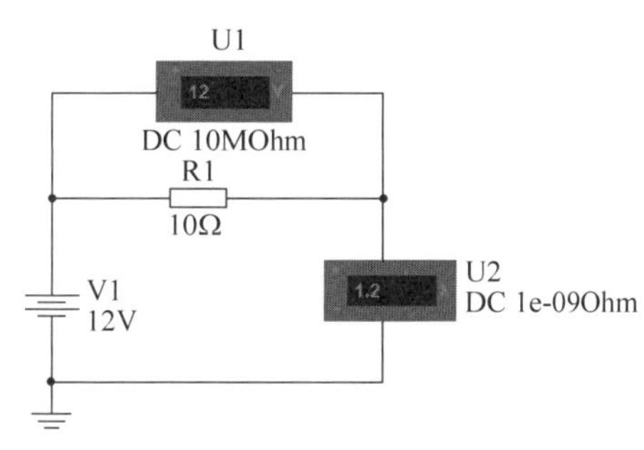

图 7.1.1　欧姆定律验证电路

7.1.2 电路的串联、并联定律

【例 7.2】 电路如图 7.1.2 所示，验证串联电路的特点。

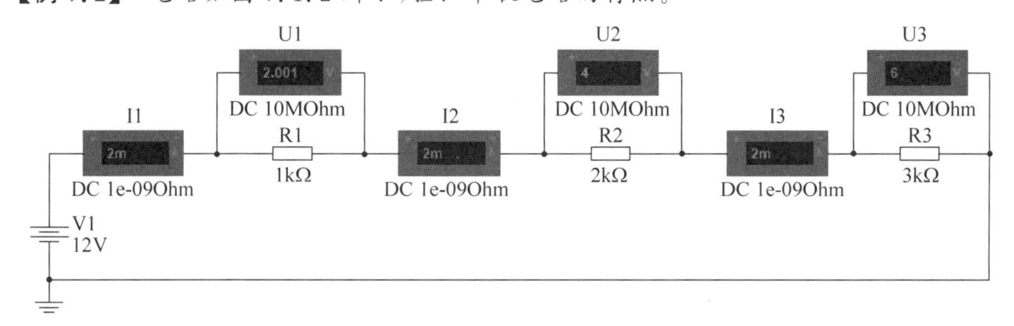

图 7.1.2　电路的串联定律验证电路 1

解：新建电路原理图，操作步骤参见 2.2.5 节，按图 7.1.2 创建电路。根据串联电路的特点可知：①各电流表的示数相同，即 I1＝I2＝I3；②串联电路的总电压等于各部分电路的电压

之和,即 U1+U2+U3=12V。可见,理论计算与电路仿真结果相同。

【例 7.3】 将一个标称为 12V、1W 的灯泡 X1 与另一个标称为 12V、2W 的灯泡 X2 串联后经过开关接到电源上,电源电压分别为 12V、24V 和 30V 时会出现什么现象?为什么?

解:新建电路原理图,操作步骤参见 2.2.5 节,按图 7.1.3 创建电路。

(1)当电源 V1=12V 时,如图 7.1.3(a)所示 X1 亮(呈黄色)、X2 不亮。因为根据理论分析 X1 的灯泡比 X2 的灯泡获得的实际功率大,因此较亮。也就是说,在串联电路中,如果灯泡额定功率较小,其电阻较大,则在电路中获得的实际功率也较大。

(2)当电源 V1=24V 时,如图 7.1.3(b)所示 X1 灯过亮(灯丝呈红色),很可能烧坏;X2 灯正常亮(呈黄色)。因为根据理论分析 X1 获得的实际功率已经远远超过其额定值,灯丝很可能被烧坏。

(3)当电源 V1=30V 时,如图 7.1.3(c)所示 X1、X2 灯都不亮。因为再增加电源 V1 的值 X1 灯丝会烧坏。

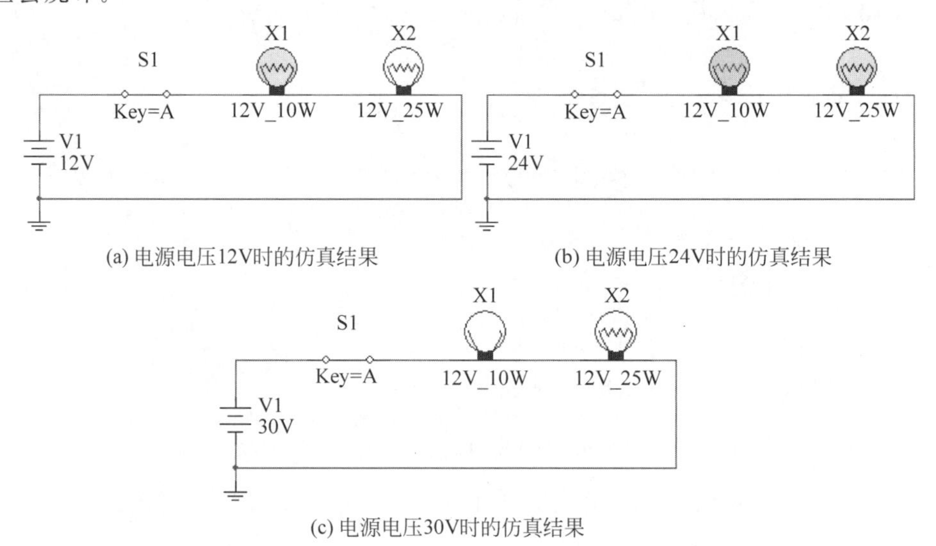

图 7.1.3 电路的串联定律验证电路 2

【例 7.4】 电路如图 7.1.4 所示,验证并联电路的特点。

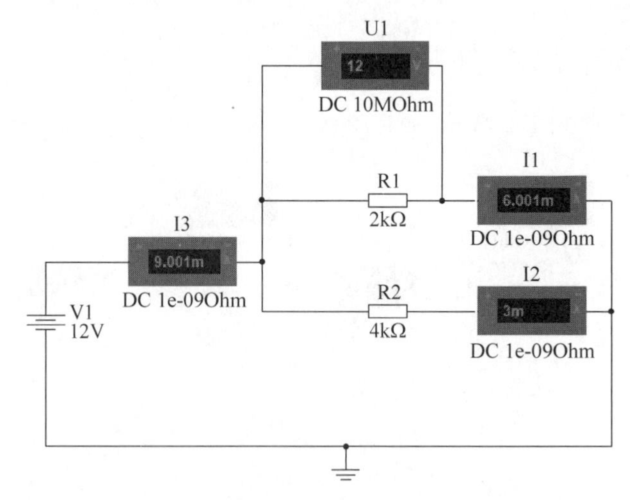

图 7.1.4 电路的并联定律验证电路 1

解:新建电路原理图,操作步骤参见 2.2.5 节,按图 7.1.4 创建电路。根据并联电路的特点可知：①并联电路的总电流等于各支路电流之和，即 I1＋I2＝I3；②并联电路的总电压等于各支路电压，即 U1＝12V。

【例 7.5】 将三只标称为 13V、10W 的灯泡 X1 与标称为 12V、10W 的灯泡 X2 和标称为 11V、10W 的灯泡 X3 并联后经过开关接到 12V 电源上，判断哪个灯泡获得的实际功率大于额定功率、等于额定功率和小于额定功率？

解：新建电路原理图，操作步骤参见 2.2.5 节，按图 7.1.5 创建电路，采用功率计测量每个灯泡的实际功率。判断每个灯泡的实际功率与额定功率的关系。如图 7.1.5 所示由功率计的读数可知 X1 的实际功率小于额定功率；X2 的实际功率等于额定功率；X3 的实际功率大于额定功率。此题注意功率计的接线方法。

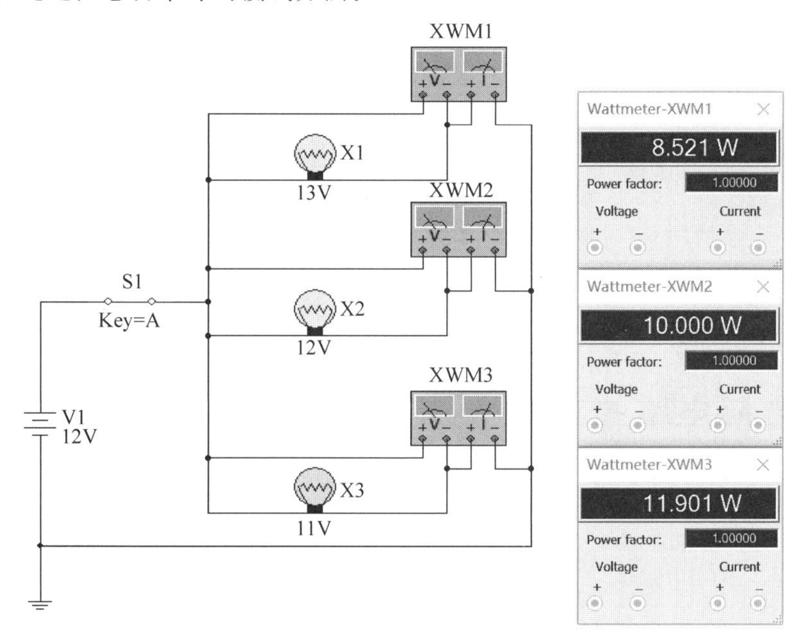

图 7.1.5 电路的并联定律验证电路 2

7.1.3 基尔霍夫电流定律

【例 7.6】 电路如图 7.1.6 所示，验证基尔霍夫电流定律。

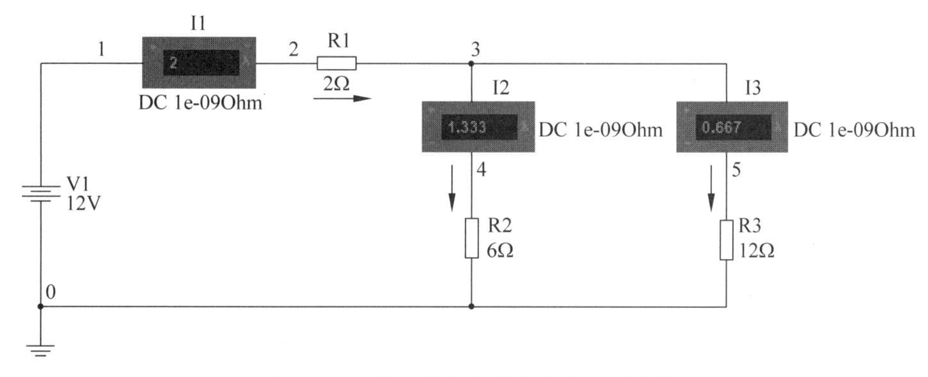

图 7.1.6 基尔霍夫电流定律的验证电路

解：新建电路原理图，操作步骤参见 2.2.5 节，按图 7.1.6 创建电路，以流入和流出节点 3 的电流验证基尔霍夫电流定律。根据图中电流的方向，应用基尔霍夫电流定律即流入节点 3 的电流 I1 等于流出该节点电流 I2、I3 的和，即 I1＝I2＋I3。进行仿真，读出各电流表的读数。

可见，理论计算与电路仿真结果相同。

7.1.4 基尔霍夫电压定律

【例 7.7】 电路如图 7.1.7 所示，验证基尔霍夫电压定律。

解：新建电路原理图，操作步骤参见 2.2.5 节，按图 7.1.7 创建电路，按照图中所标的顺时针方向应用基尔霍夫电压定律，即 V1＝U1＋U2＝4＋8＝12。可见，理论计算与电路仿真结果相同。

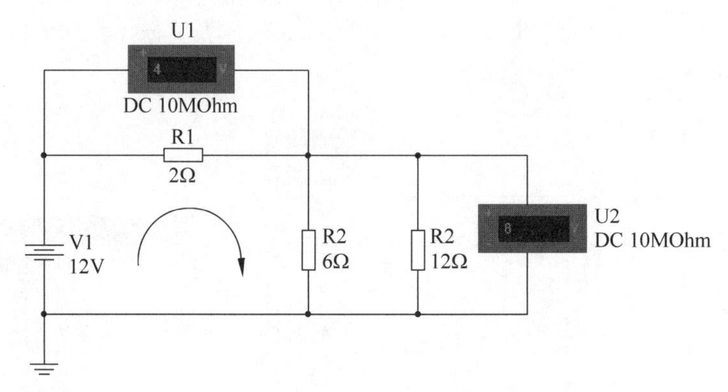

图 7.1.7 基尔霍夫电压定律的验证电路

7.2 电阻电路的分析

电路的分析方法和组成电路的元件、激励源及结构有关，要根据电路的结构特点分析与计算。本节主要介绍 Multisim 14 仿真软件在由时不变的线性电阻、线性受控源和独立源组成的电阻电路中的几种分析方法。

7.2.1 直流电路网孔电流分析

【例 7.8】 电路如图 7.2.1 所示，试用网孔电流分析法求各支路电流。

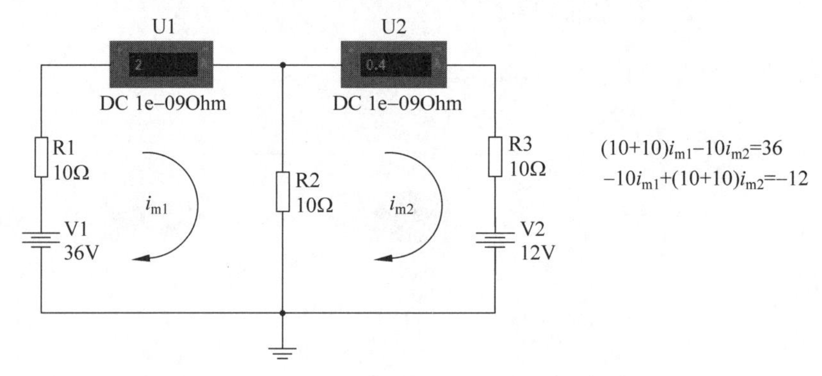

图 7.2.1 网孔电流分析法应用电路

解：假定网孔电流在网孔中顺时针方向流动，用网孔电流分析法可求得网孔电流分别为 2A、0.4A。可见，计算结果与电路仿真结果图中电流表的读数相同。

7.2.2 直流电路节点电压分析

【例 7.9】 电路如图 7.2.2 所示，试利用 Multisim 14 仿真软件求节点电压。

解：新建电路原理图，操作步骤参见 2.2.5 节，按图 7.2.2 创建电路，该电路为 3 节点含有理想电压源的电路，利用节点电压法求解电路时会增加计算难度，利用 Multisim 14 仿真软件可直接仿真出节点电压，其结果见图中电压表的读数。

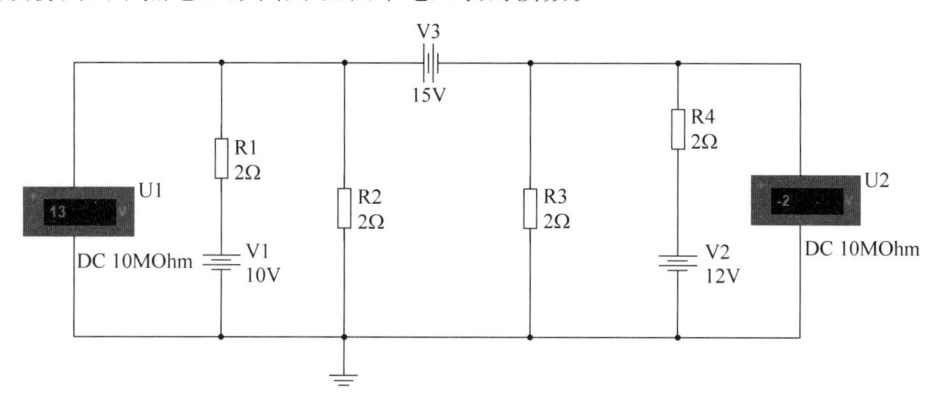

图 7.2.2 节点电压法分析应用电路

7.2.3 叠加定理

【例 7.10】 电路如图 7.2.3 所示，用叠加定理求各支路的电流。

解：在用 Multisim 14 软件分析电路时，必须有接地点。新建电路原理图，操作步骤参见 2.2.5 节，按图 7.2.3 创建电路，单击 ▶ 按钮进行仿真。用叠加定理时，各个电流表的接法应与原图中各个参考方向一致。电流从电流表正极流入，从负极流出。

从仿真结果中得到图 7.2.4 各支路与图 7.2.5 各支路电流相加等于图 7.2.6 各支路电流的大小。

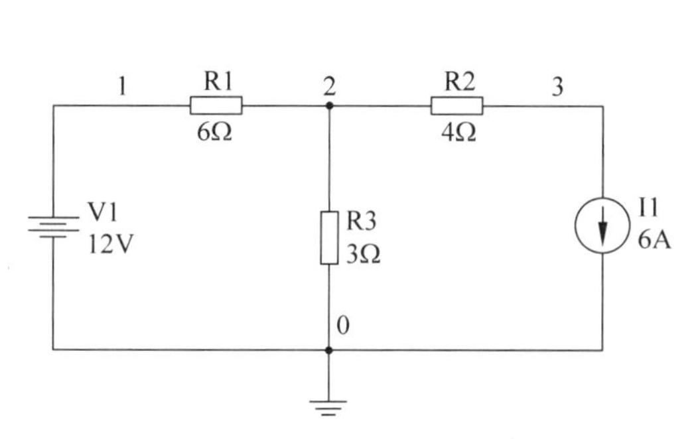

图 7.2.3 叠加定理验证的电路

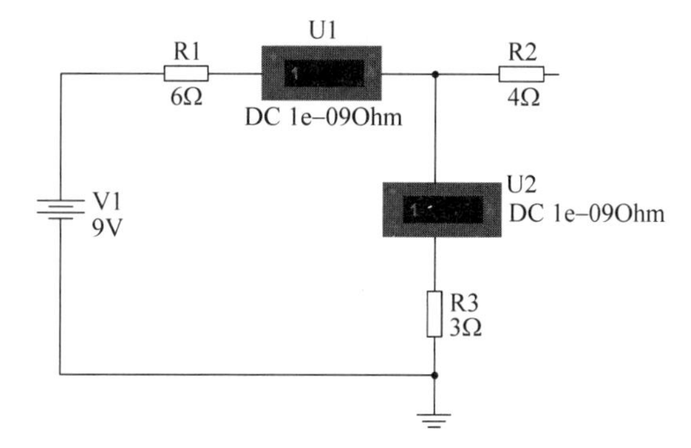

图 7.2.4 电压源单独作用仿真电路

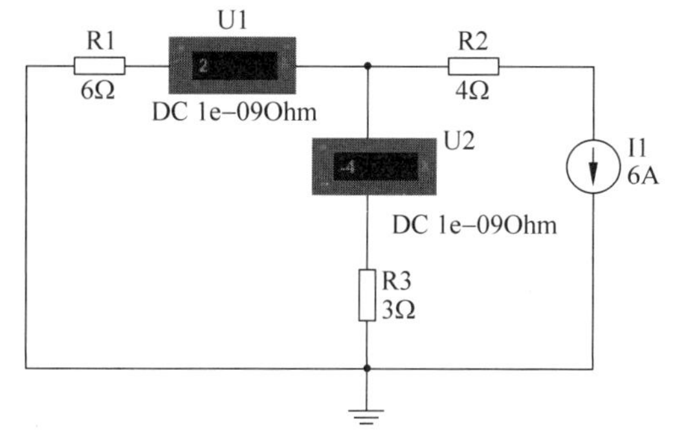

图 7.2.5 电流源单独作用仿真电路

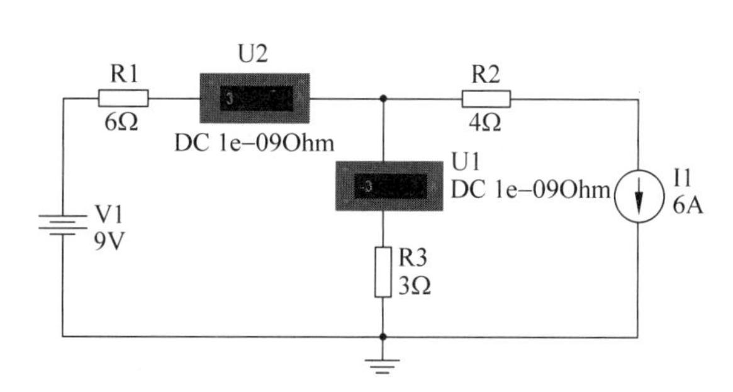

图 7.2.6 电压源、电流源共同作用仿真电路

7.2.4 齐次定理

【例 7.11】 电路如图 7.2.7 所示,V1 分别为 55V、110V 时,验证齐次定理。

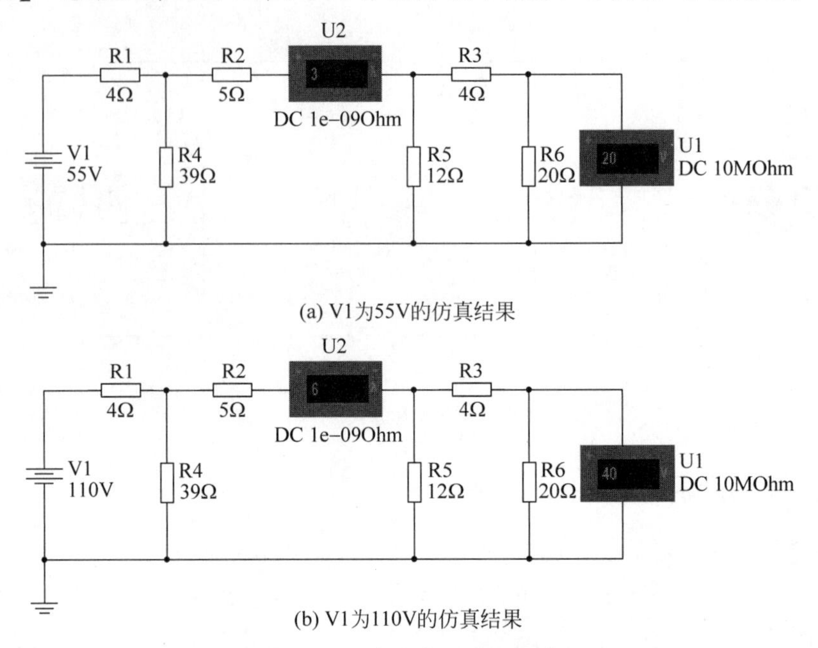

图 7.2.7 齐次定理验证电路

解：新建电路原理图,操作步骤参见 2.2.5 节,按图 7.2.7 创建电路。从图中的电流表和电压表读数可以看出,支路上的电压、电流与电源电压呈线性关系。

7.2.5 替代定理

【例 7.12】 电路如图 7.2.8 所示,已求得 U3=8V、I3=1A,用替代定理求 I1、I2 和电阻 R2 两端的电压。

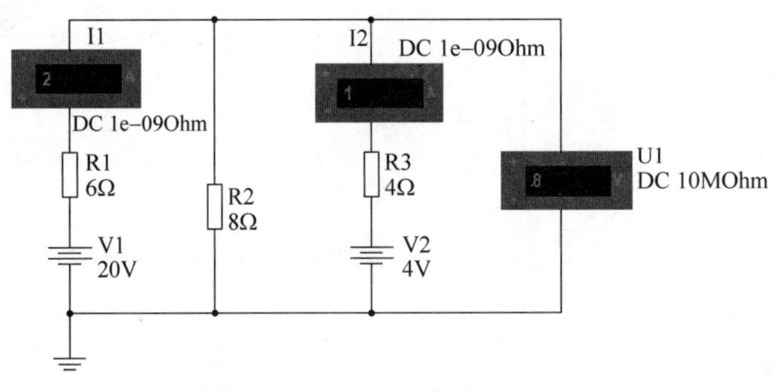

图 7.2.8 替代定理验证电路

解：新建电路原理图,操作步骤参见 2.2.5 节,按图 7.2.8 创建电路。根据替代定理,若 R2 右侧两端网络用 8V 的电压源替换,仿真结果如图 7.2.9 中电流表和电压表的读数;若用 1A 的电流源替代,仿真结果如图 7.2.10 中电流表和电压表的读数。可见,电路其他各处的电压、电流均保持不变。I1=2A,I2=1A,R2 两端的电压为 8V。

7.2.6 戴维宁及诺顿定理

【例 7.13】 电路如图 7.2.11 所示,已知 Is=1A。求单口网络的戴维宁及诺顿等效电路。

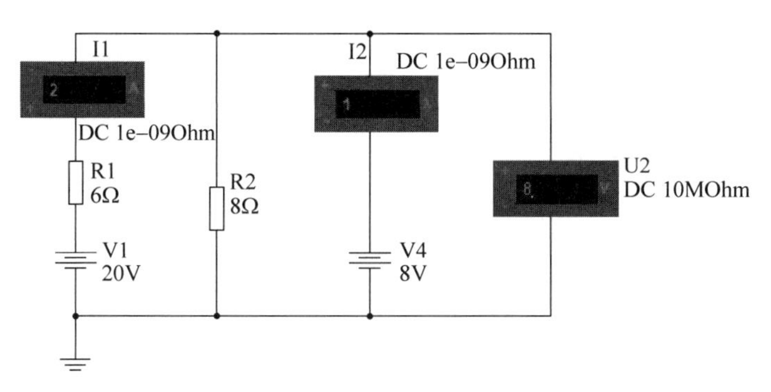

图 7.2.9 电压源的替代电路

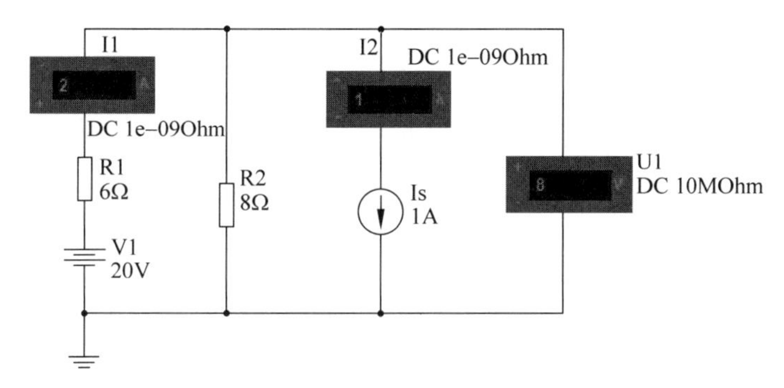

图 7.2.10 电流源的替代电路

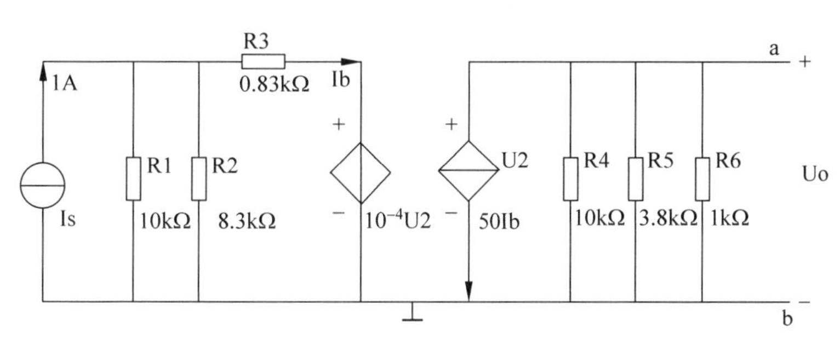

图 7.2.11 单口网络的电路图

解：新建电路原理图，操作步骤参见 2.2.5 节，按图 7.2.11 创建电路。

(1) 求戴维宁定理的开路电压 U_{oc}。如图 7.2.12 所示测开路电压，电压表的读数即为开路电压的值为－31.024KV。

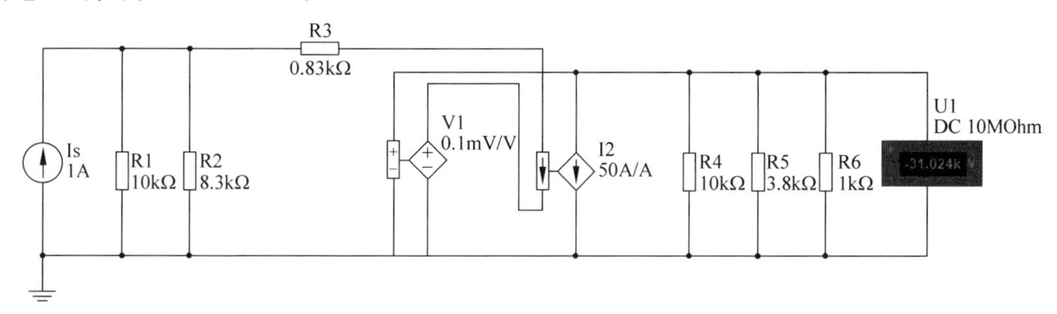

图 7.2.12 求戴维宁等效电路的开路电压的仿真电路

(2) 测量戴维宁等效电阻 R_o，如图 7.2.13 所示，先对电路进行除源，即电路中的所有电流源开路、电压源短路。得到无源单口网络，在端口处接一个数字万用表，用其欧姆挡测量等效电阻。图中数字万用表的读数即为等效电阻的值为 734.093Ω。

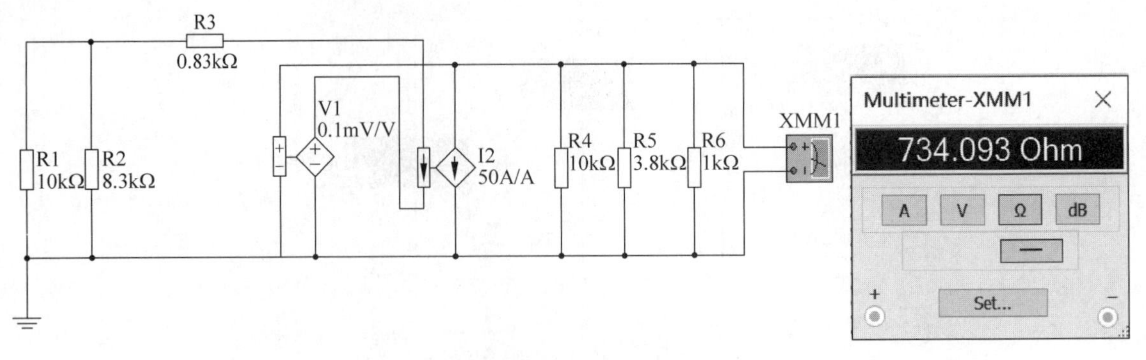

图 7.2.13 求戴维宁等效电阻的仿真电路

求出开路电压和等效电阻就可以得到戴维宁的等效电路。

(3) 求诺顿定理的短路电流 I。首先把端口 ab 两端短接，则电阻 R4、R5、R6 被短路，如图 7.2.14 所示测短路电流，电流表的读数即为短路电流的值为−42.265A。

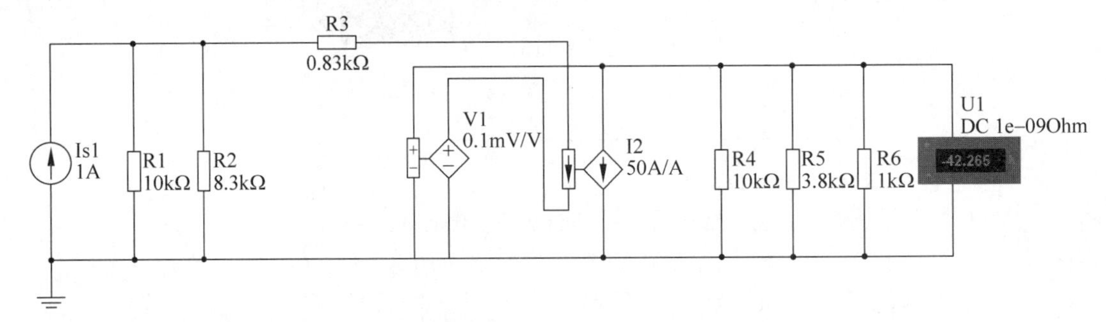

图 7.2.14 求诺顿等效电路的短路电流的仿真电路

诺顿定理的等效电阻的求法与戴维宁定理等效电阻的求法一样，值都为 734.093Ω。求出了短路电流和等效电阻就可以得到诺顿等效电路。

7.2.7 互易定理

【例 7.14】 电路如图 7.2.15、图 7.2.16 所示，交换电流表与电压源的位置验证互易定理。

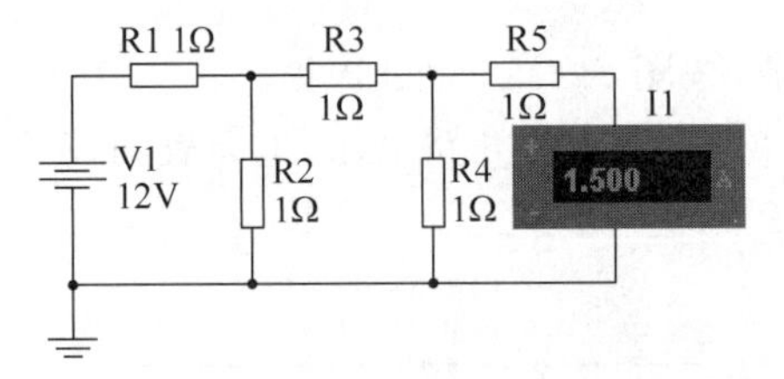

图 7.2.15 互易前的仿真电路

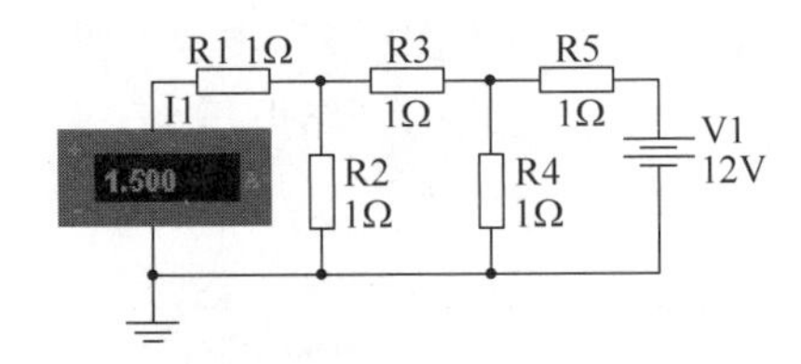

图 7.2.16 互易后的仿真电路

解：新建电路原理图，操作步骤参见 2.2.5 节，按图 7.2.15、图 7.2.16 创建电路。互易前如图 7.2.15 所示，电流表的读数为 1.5A；互易后如图 7.2.16 所示，电流表的读数为 1.5A，以此验证互易定理。

注意：以上所用的电流表和电压表的值都是直流量。

7.3 动态电路

电路中不仅包含电阻元件和电源元件，还包含储能元件电容和电感。这两种元件的电压和电流的约束关系是通过微分(或积分)表达的，所以称为动态元件。当电路中含有电容和电感时,电路方程是以电流和电压为变量的微分方程或微分-积分方程。

7.3.1 电容器充电和放电

【例 7.15】 电路如图 7.3.1 所示,当开关 S1 反复打开和闭合时,试用示波器观察电容两端的电压波形。

解:新建电路原理图,操作步骤参见 2.2.5 节,按图 7.3.1 创建电路。当开关 S1 闭合时,电容通过 R1 充电;当开关 S1 打开时,电容通过 R2 放电,电容器的充、放电时间一般为 4τ。将开关 S1 反复打开和闭合时,示波器观察电容两端的电压波形如图 7.3.2 所示。

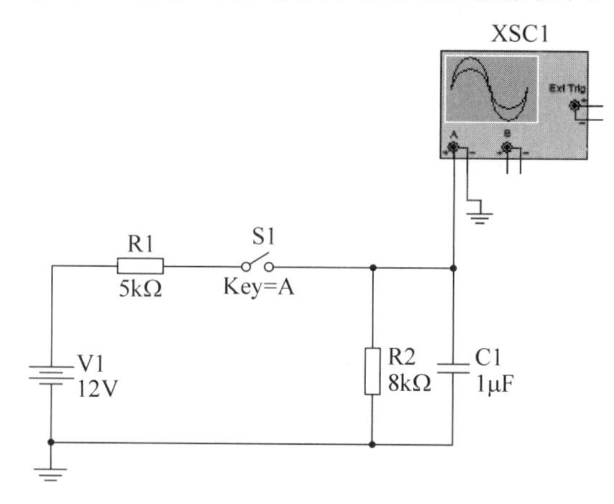

图 7.3.1 电容的充、放电电路

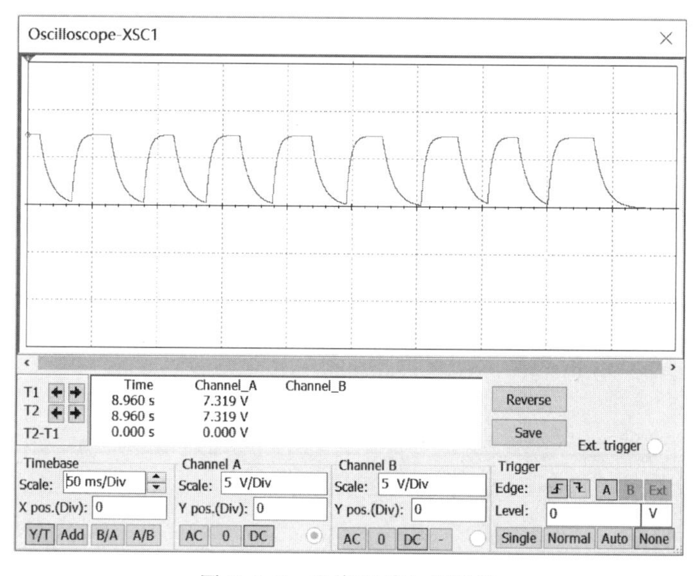

图 7.3.2 电容两端电压波形

【例 7.16】 电路如图 7.3.3 所示,应用延时开关,用示波器观察电容的充放电波形。

解:新建电路原理图,操作步骤参见 2.2.5 节,按图 7.3.3 创建电路。此题注意延时开关的使用方法,双击延时开关设置参数,如图 7.3.4 所示,单击 Value 选项卡设置参数:①Time On(TON)为激活电路的时刻,此题设置为 0.005s,即在 0.005s 时开关从位置 1 变为位置 3;②Time Off(TOFF)为关闭电路时刻。此题设置为 0.015s,即在 0.015s 时开关从位置 3 变为位置 1。电容两端电压波形如图 7.3.5 所示。

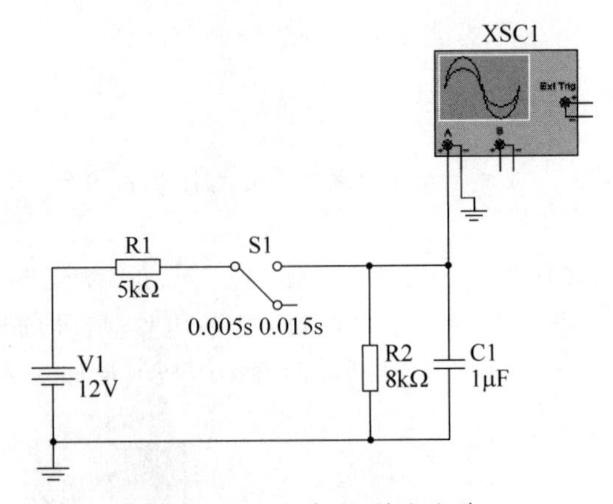

图 7.3.3　电容充、放电电路

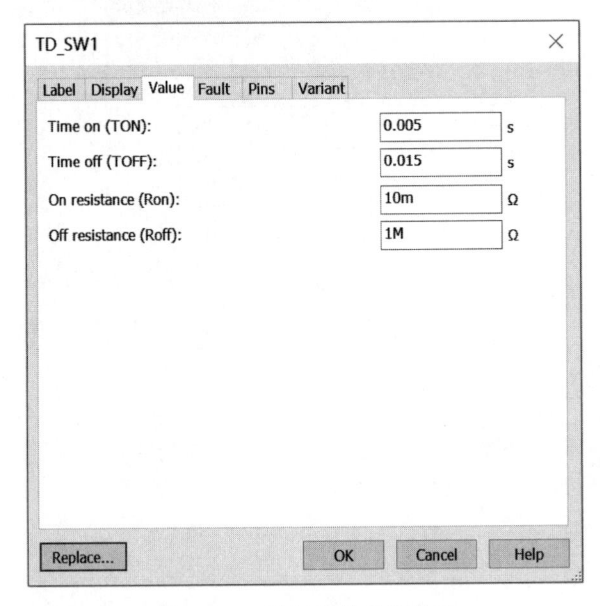

图 7.3.4　延时开关参数设置

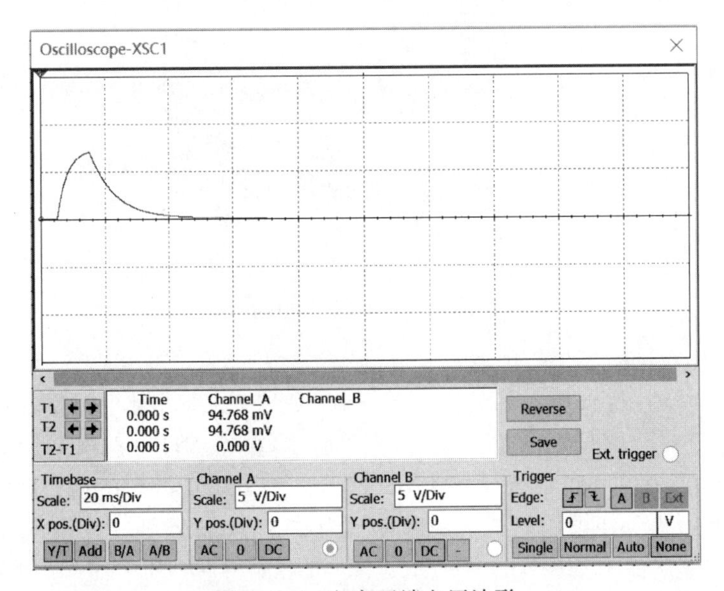

图 7.3.5　电容两端电压波形

7.3.2 电感器充电和放电

【例 7.17】 电路如图 7.3.6 所示，但开关 S1 反复打开和闭合时，试用示波器观察电感两端的电压波形。

解：新建电路原理图，操作步骤参见 2.2.5 节，按图 7.3.6 创建电路。当开关 S1 闭合时，电感通过 R1 充电；当开关 S1 打开时，电感通过 R2 放电。将开关 S1 反复打开和闭合时，示波器观察电感两端的电压波形如图 7.3.7 所示。

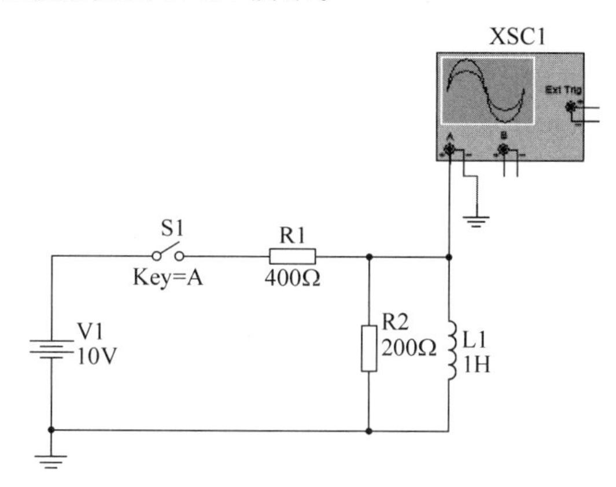

图 7.3.6 电感的充、放电电路

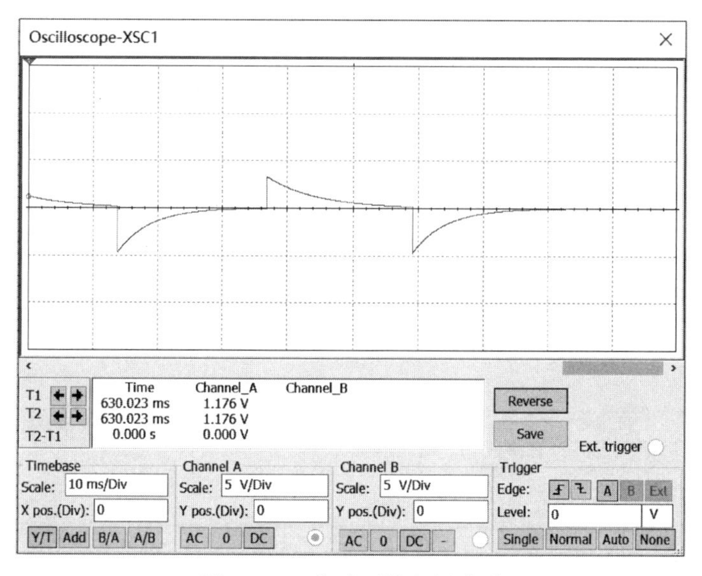

图 7.3.7 电感两端电压波形

7.3.3 一阶 RC 电路的响应

一阶 RC 电路仅有一个动态元件(电容或电感)，在此电路中产生的响应有零输入响应、零状态响应和全响应三种。其中：

(1) 在图 7.3.8 所示的电路中电容充电后，储存有能量时把开关 S1 打开后，电容放电，在电路中产生的响应，即为零输入响应；

(2) 在图 7.3.8 所示的电路中，若电容的初始储能为零，当开关 S1 闭合时，电容充电，在电路中产生的响应，即为零状态响应。

全响应是非零初始状态的电路受到激励时电路的响应。对于线性电路，全响应是零输入响应和零状态响应之和。

【例 7.18】 如图 7.3.8 所示，开关长期合在位置 1 上，如在 $t=0$ 时把它合到位置 2 后，观察电容电压全响应波形。

解：新建电路原理图，操作步骤参见 2.2.5 节，按图 7.3.8 创建电路。电容电压全响应波形如图 7.3.9 所示。因为开关由位置 1 变为位置 2 之前，电路已处于稳定状态，电容已储能其两端电压为 1.5V，所以换路后电压波形不是从 0 开始而是从 1.5V 开始，这也是此电路电容电压全响应波形与零状态响应波形的区别。

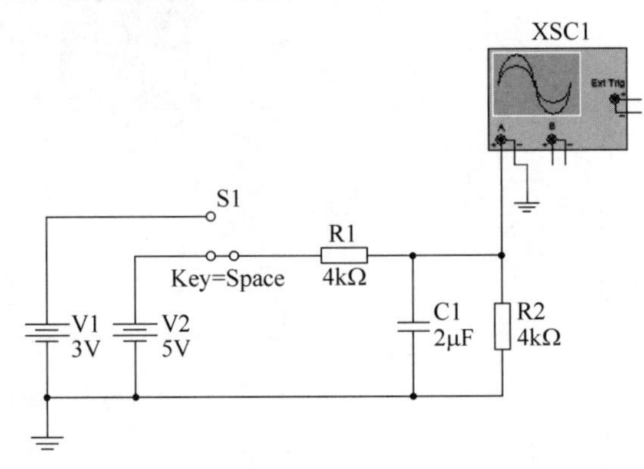

图 7.3.8　电容电压全响应电路图

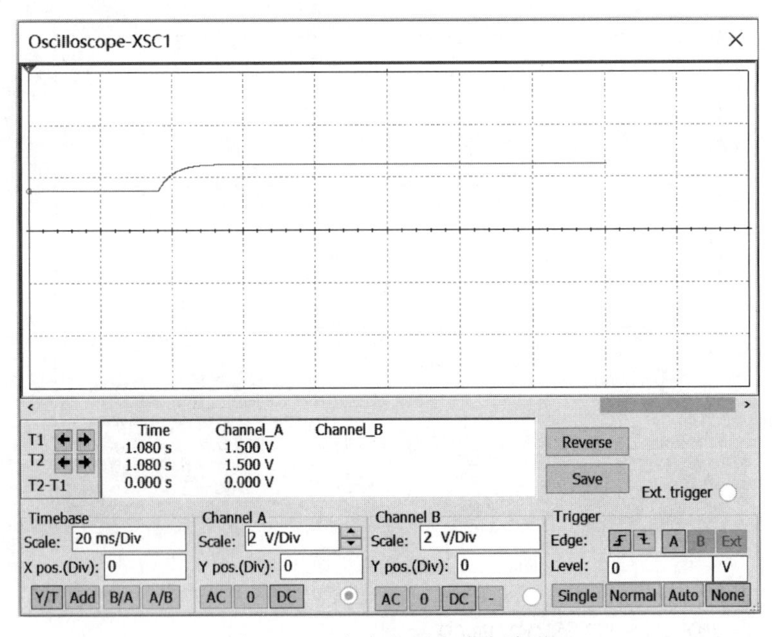

图 7.3.9　电容电压全响应波形

7.3.4　一阶 RL 电路的响应

一阶 RL 电路的零输入响应和零状态响应与一阶 RC 电路相似，在图中电感充电的过程是零状态响应；而电感放电的过程是零输入响应。下面介绍一阶 RL 电路的全响应。

【例 7.19】 如图 7.3.10 所示电路中，开关闭合前电路已处于稳态。观察将开关闭合后电感电压全响应波形。

解：新建电路原理图，操作步骤参见 2.2.5 节，按图 7.3.10 创建电路。电感电压全响应波形如图 7.3.11 所示。

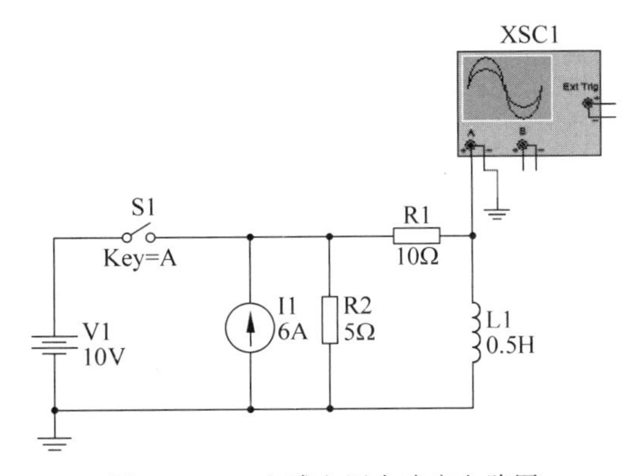

图 7.3.10　电感电压全响应电路图

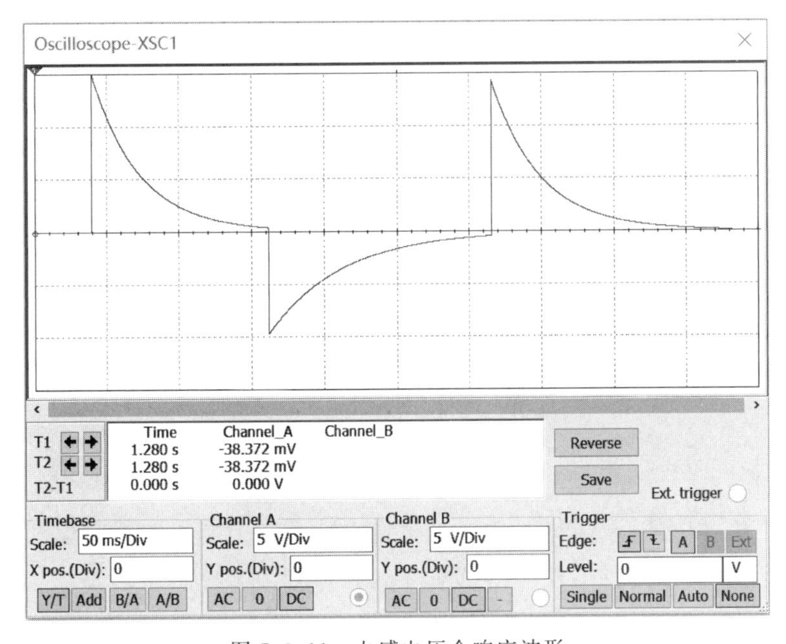

图 7.3.11　电感电压全响应波形

7.3.5　微分电路和积分电路

本小节所介绍的微分电路和积分电路是指电容元件充放电的 RC 电路，与前面所介绍的电路不同，这里是矩形脉冲激励，并且可以选取不同的电路的时间常数而构成输出电压波形和输入电压波形之间的特定(微分或积分)的关系。

【例 7.20】　如图 7.3.12 所示的微分电路，试用示波器观察微分电路的输入电压和输出电压的波形。

解：新建电路原理图，操作步骤参见 2.2.5 节，按图 7.3.12 创建电路。当一阶 RC 电路的时间常数选取足够小时，输出与输入之间呈现微分关系。信号源为函数信号发生器，其参数设置如图 7.3.13 所示，微分电路的输入电压和输出电压的波形如图 7.3.14 所示。

【例 7.21】　如图 7.3.15 所示的积分电路，试用示波器观察积分电路的输入电压和输出电压的波形。

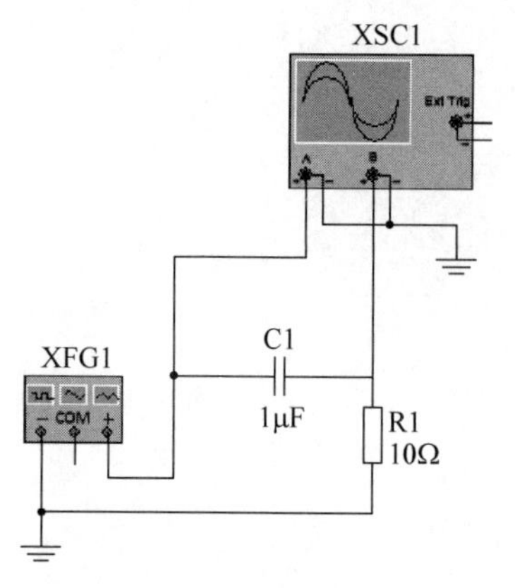

图 7.3.12 微分电路

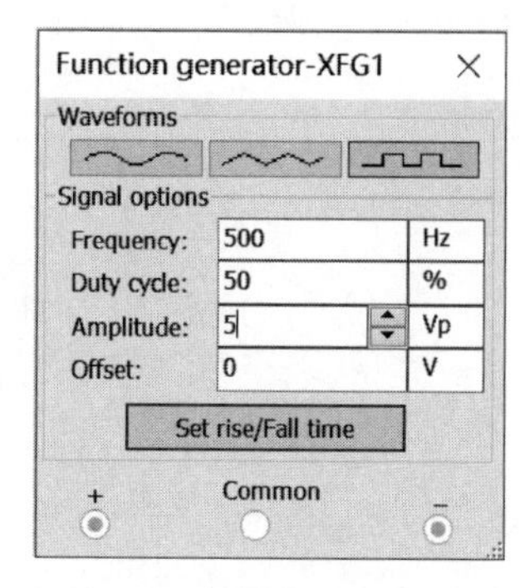

图 7.3.13 函数信号发生器参数设置

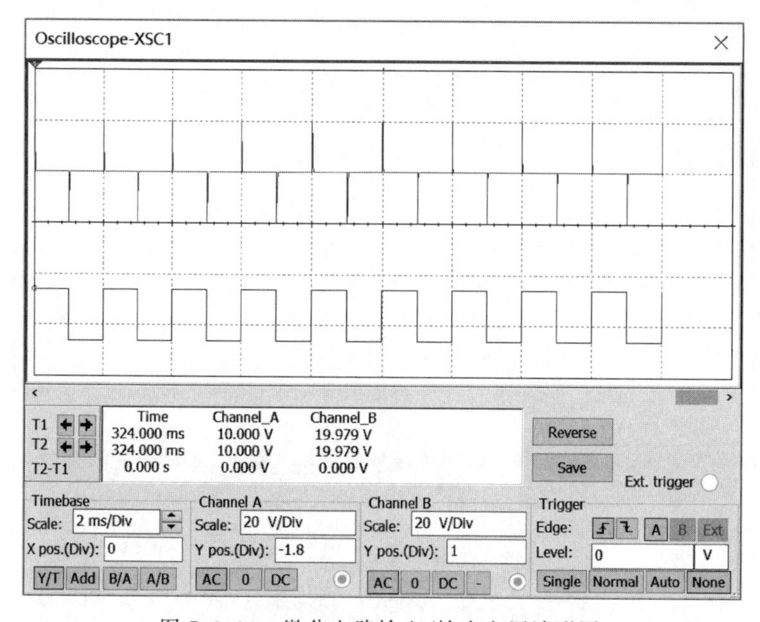

图 7.3.14 微分电路输入/输出电压波形图

解：新建电路原理图，操作步骤参见 2.2.5 节，按图 7.3.15 创建电路。当一阶 RC 电路的时间常数选取足够大时，输出与输入之间呈现积分关系。信号源为函数信号发生器，其参数设置同微分电路的设置，积分电路的输入电压和输出电压的波形如图 7.3.16 所示。

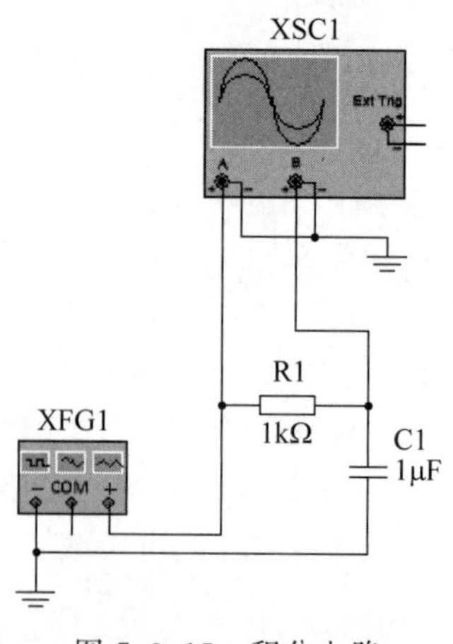

图 7.3.15 积分电路

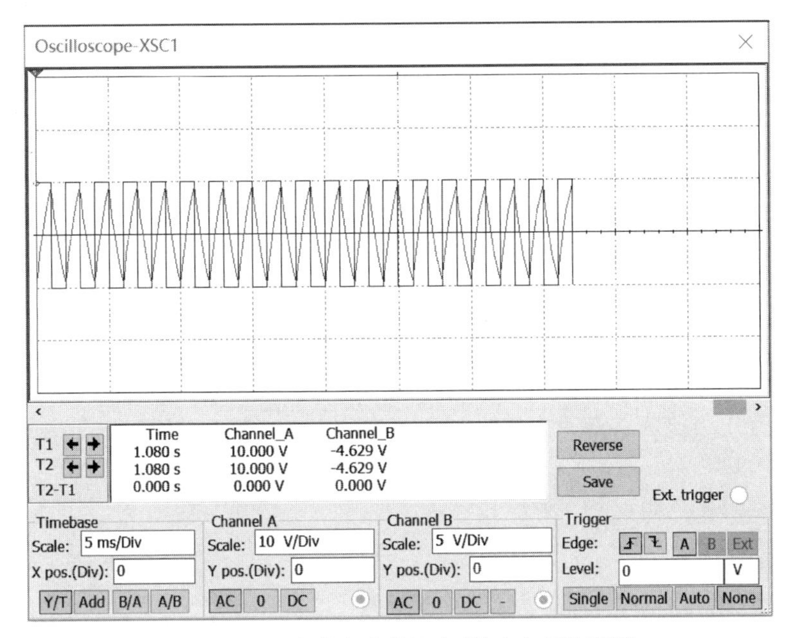

图 7.3.16 积分电路的输入/输出电压波形图

7.3.6 二阶电路的响应

当电路中含有两个独立的动态元件时，描述电路的方程就是二阶常系数微分方程，二阶电路的组合形式很多，以一个 RLC 串联电路为例分析其响应。

【例 7.22】 RLC 串联电路电源电压为 10V，用开关控制电路。当①R1＝100Ω，L1＝0.1H，C1＝0.01F；②R1＝6.325Ω，L1＝0.1H，C1＝0.01F；③R1＝1Ω，L1＝0.1H，C1＝0.01F 三种情况下，电路分别处于过阻尼、临界阻尼和欠阻尼哪种状态下？

解：当① R1＝100Ω，L1＝0.1H，C1＝0.01F 时，有以下两种方法。

方法 1：新建电路原理图，操作步骤参见 2.2.5 节，按图 7.3.17 创建电路。观察电容两端电压波形如图 7.3.18 所示，可以判断电路处于过阻尼状态。

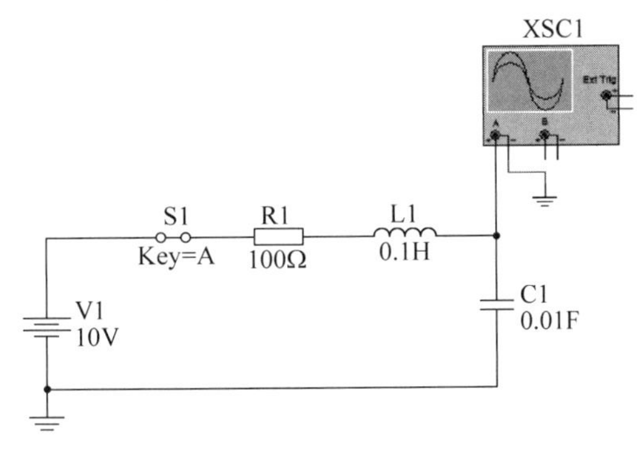

图 7.3.17 RLC 串联电路（过阻尼）

方法 2：用 Analysis and Simulation 中的 Transient 分析，设置参数如图 7.3.19 所示，选择节点 4 为分析节点。仿真得到的电容电压波形如图 7.3.20 所示，可以判断电路处于过阻尼状态。

② R1＝6.325Ω，L1＝0.1H，C1＝0.01F 时，有以下两种方法。

方法 1：新建电路原理图，操作步骤参见 2.2.5 节，按图 7.3.21 创建电路。观察电容两端

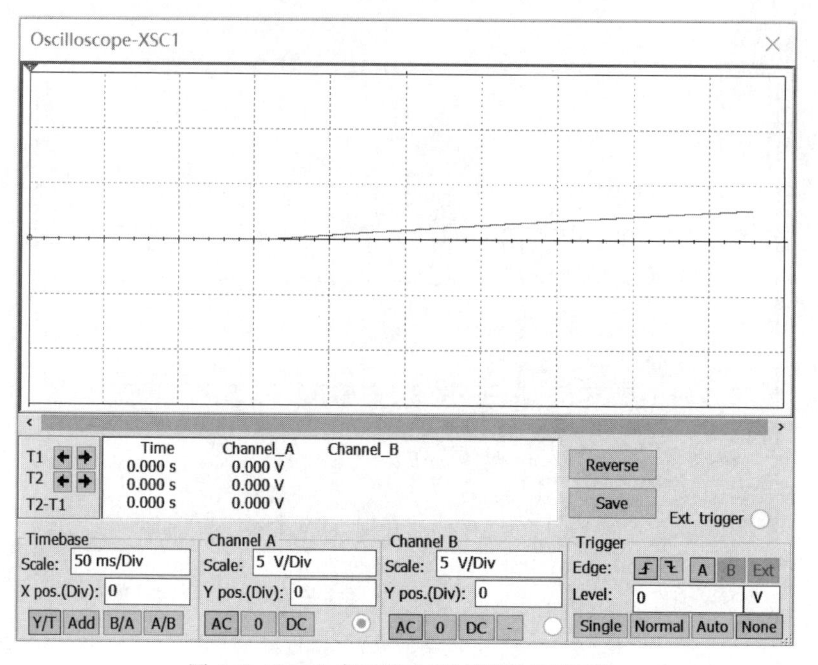

图 7.3.18 电容两端电压波形图(过阻尼)

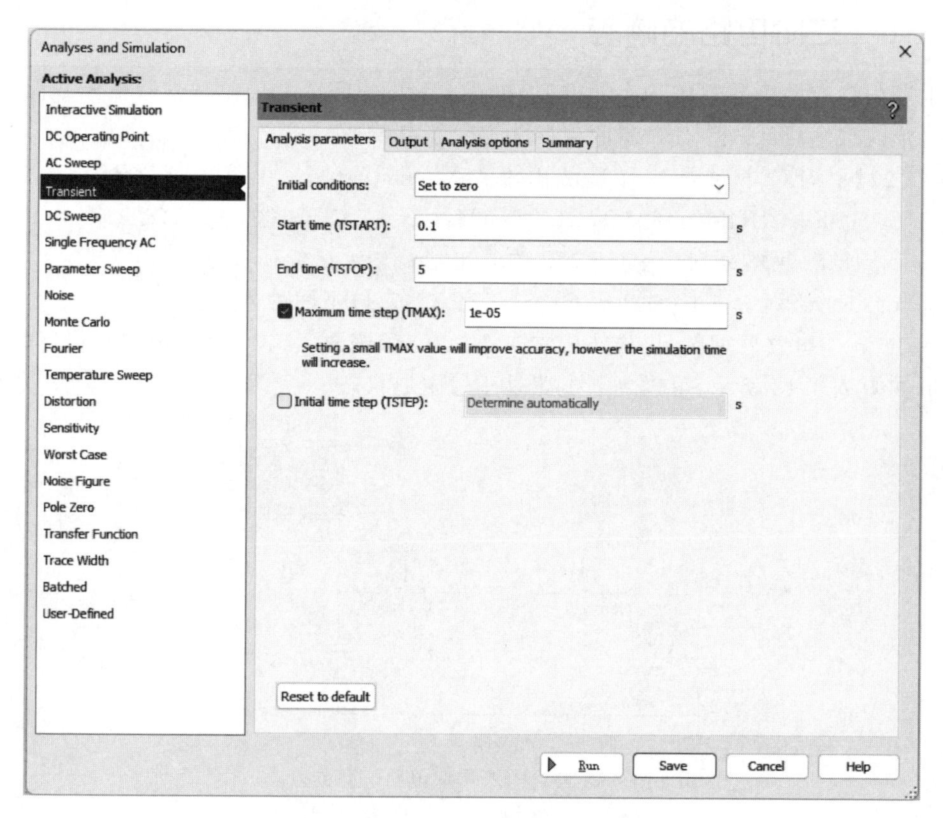

图 7.3.19 Transient 分析参数设置

电压波形如图 7.3.22 所示,可以判断电路处于临界阻尼状态。

方法 2:用 Analysis and Simulation 中的 Transient 分析,设置参数如图 7.3.23 所示,选择节点 4 为分析节点。仿真得到的电容电压波形如图 7.3.24 所示,可以判断电路处于临界阻尼状态。

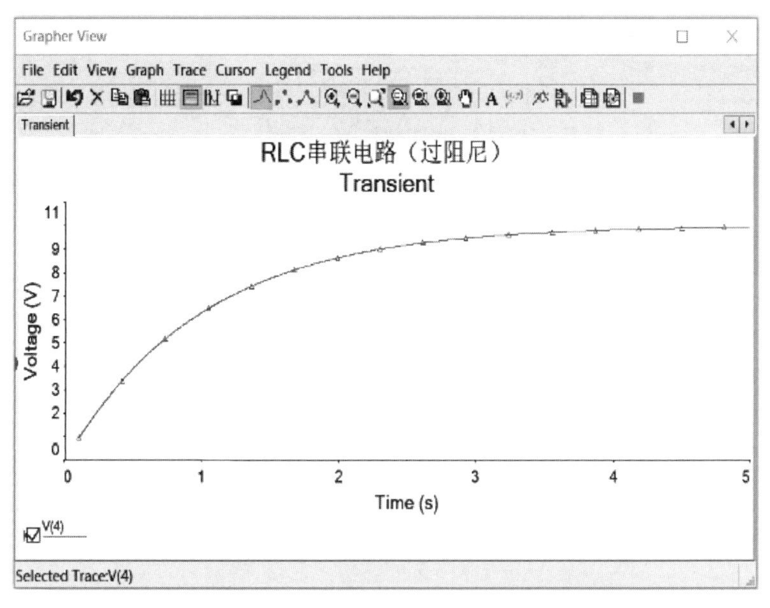

图 7.3.20　节点 4 电容电压波形图(过阻尼)

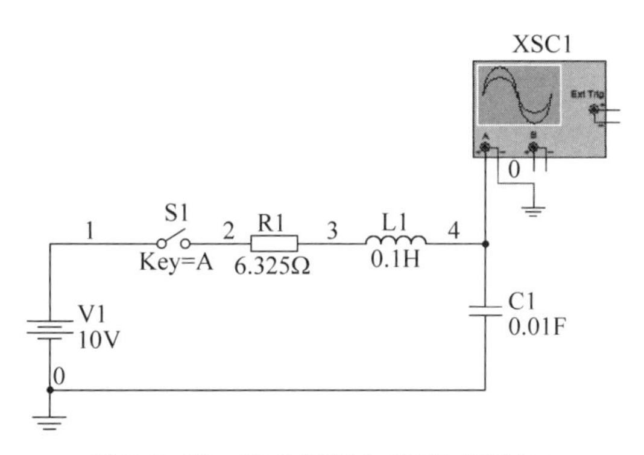

图 7.3.21　RLC 串联电路(临界阻尼)

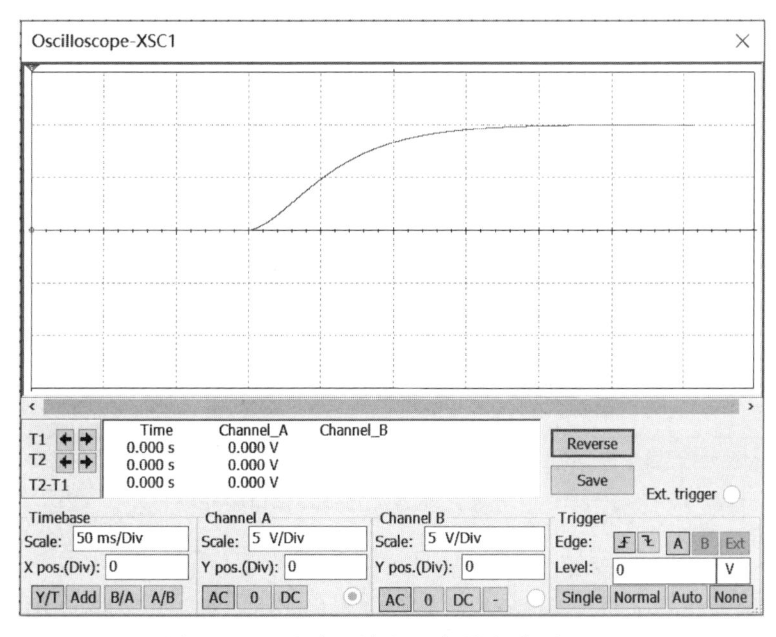

图 7.3.22　电容两端电压波形图(临界阻尼)

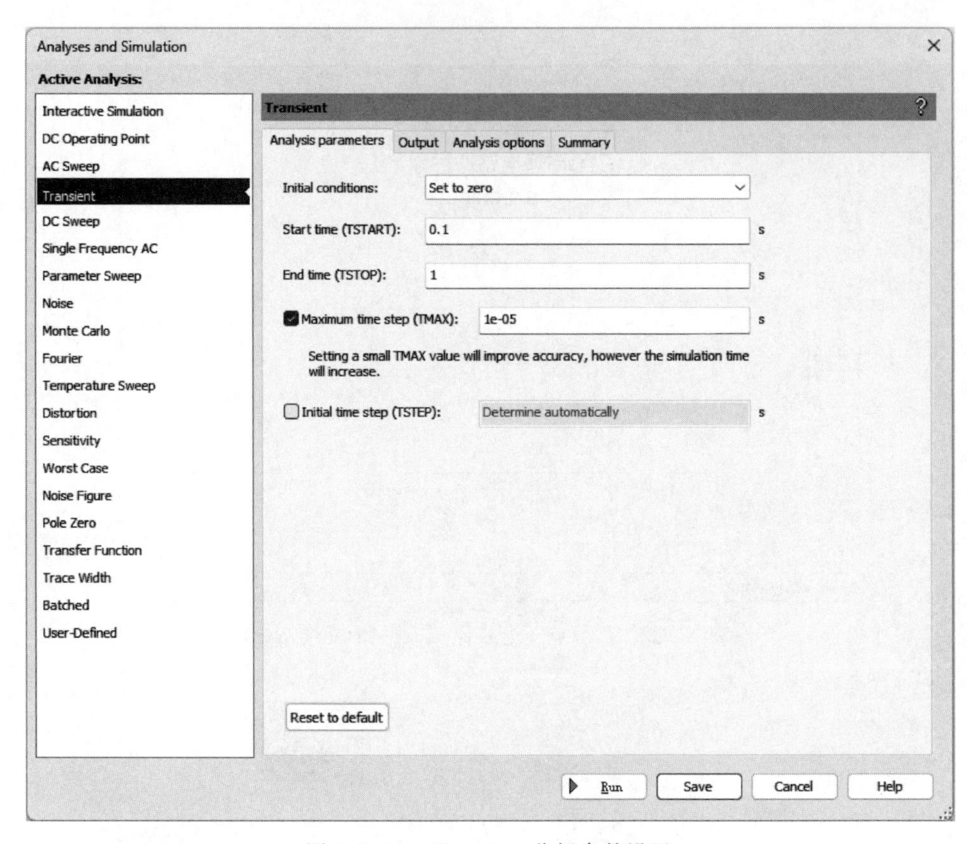

图 7.3.23　Transient 分析参数设置

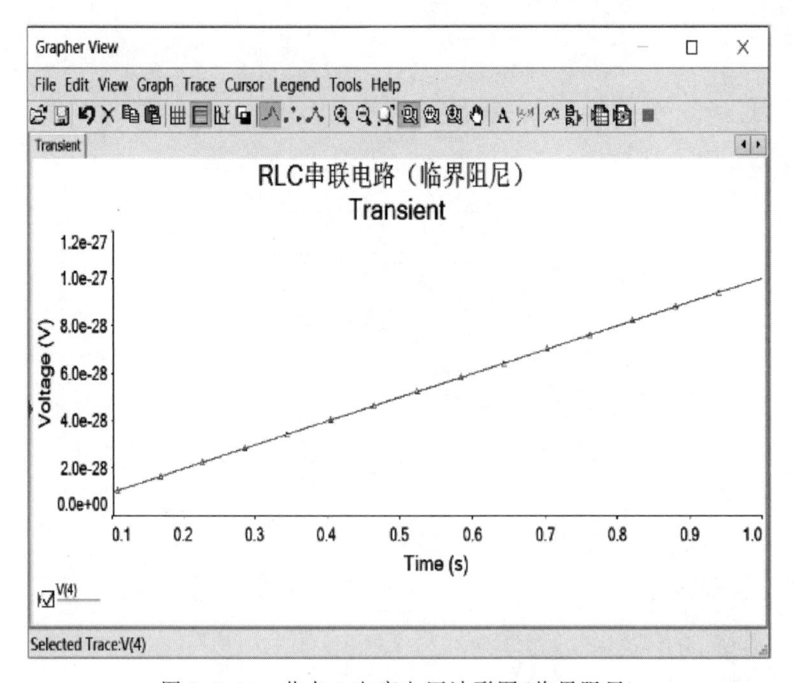

图 7.3.24　节点 4 电容电压波形图(临界阻尼)

③ R1＝1Ω，L1＝0.1H，C1＝0.01F 时，有以下两种方法。

方法 1：新建电路原理图，操作步骤参见 2.2.5 节，按图 7.3.25 创建电路。观察电容两端电压波形如图 7.3.26 所示，可以判断电路处于欠阻尼状态。

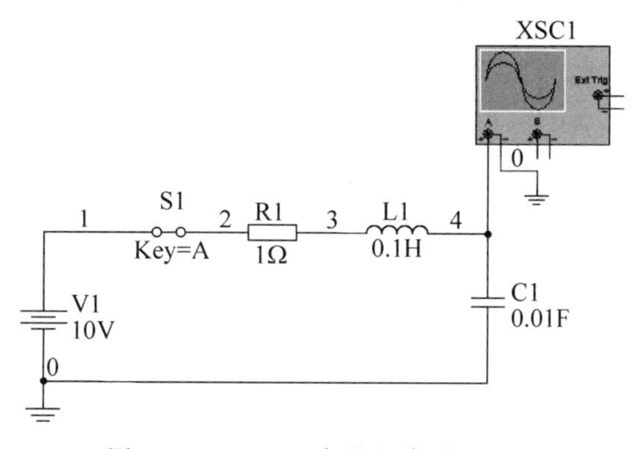

图 7.3.25 RLC 串联电路(欠阻尼)

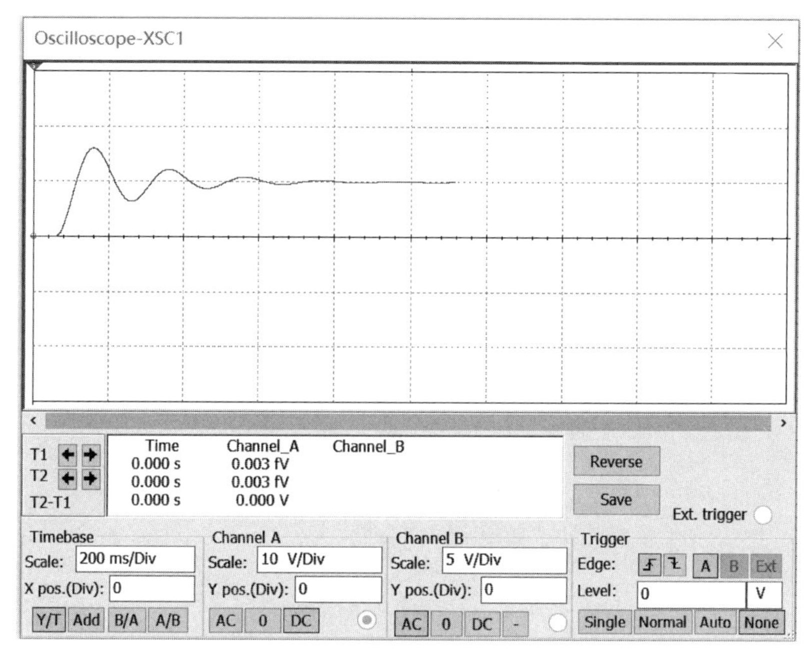

图 7.3.26 电容两端电压波形图(欠阻尼)

方法 2：用 Analysis and Simulation 中的 Transient 分析，设置参数如图 7.3.27 所示，选择节点 4 为分析节点。仿真得到的电容电压波形如图 7.3.28 所示，可以判断电路处于欠阻尼状态。

【例 7.23】 电路如图 7.3.29 所示，试用 Multisim 14 仿真该电路的响应。

解：新建电路原理图，操作步骤参见 2.2.5 节，按图 7.3.29 创建电路。信号源为函数信号发生器，输出频率为 1kHz 的方波信号。其响应为 RLC 串联电路全响应。用示波器观察该电路的输入、输出信号如图 7.3.30 所示。

【例 7.24】 研究二阶 RLC 串联电路的响应与状态轨迹。

解：新建电路原理图，操作步骤参见 2.2.5 节，按图 7.3.31 创建电路。图中函数信号发生器输出方波信号，$f=600\text{Hz}$。用示波器观测电容两端电压，通过键盘上的 A 键，可以实时改变可调电阻 R1 的阻值，研究其过阻尼、临界阻尼和欠阻尼三种状态下的响应曲线，如图 7.3.32 所示。

新建电路原理图，操作步骤参见 2.2.5 节，按图 7.3.33 创建电路。图中函数信号发生器输出方波信号，$f=600\text{Hz}$。为了观测该电路的状态轨迹，示波器置于双踪工作方式，将电容两

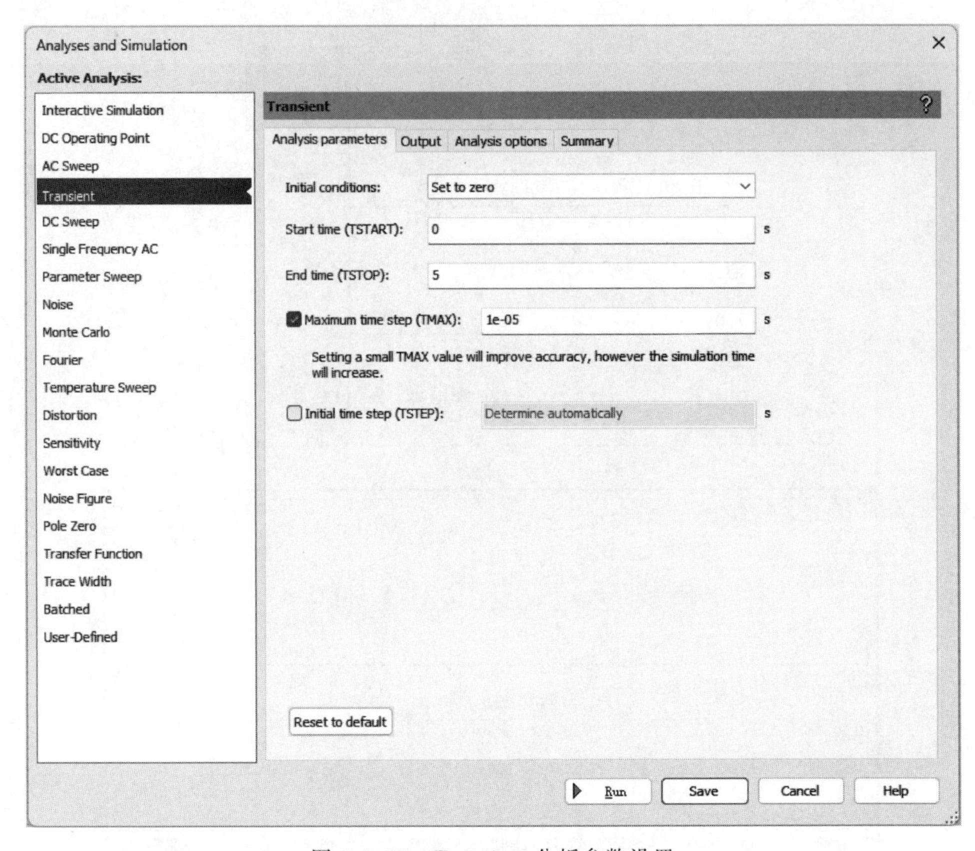

图 7.3.27　Transient 分析参数设置

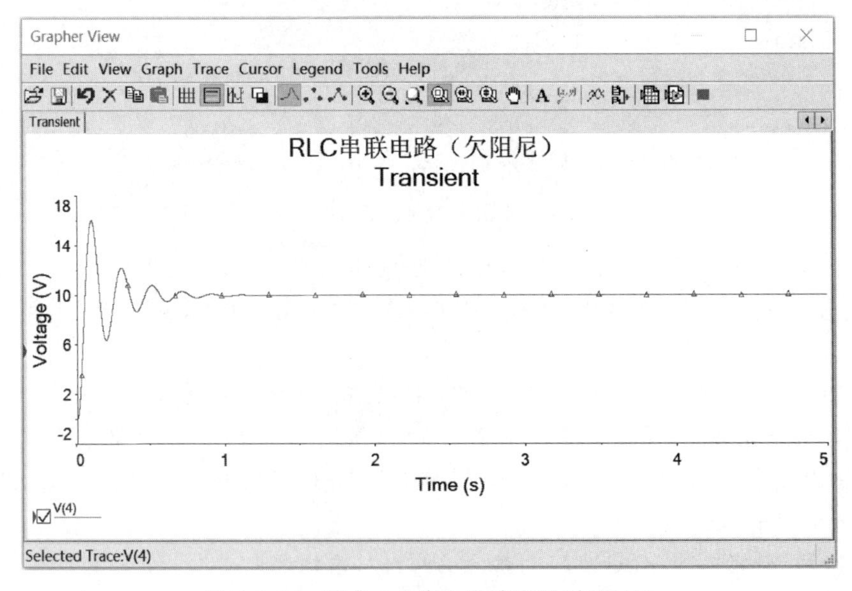

图 7.3.28　节点 4 电容电压波形图(欠阻尼)

端电压送入示波器的 A 端子，电感电流送入示波器的 B 端子，则从屏幕上就可以显示出其状态轨迹。为获得电感电流，加接了采样电阻 R2，将电流量转变为成正比的电压量。由于电阻 R2 的引进，电容电压值比实际值偏大，但由于电容的阻抗 $Z_C \gg R2$，所以电阻 R2 带来的影响可以忽略不计。改变可调电阻 R2 值，便可观察振荡与非振荡情况下的状态轨迹，如图 7.3.34 所示。

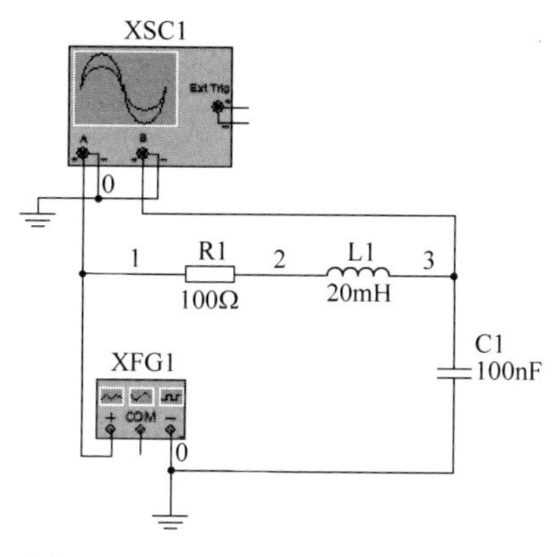

图 7.3.29 RLC 串联电路(全响应)

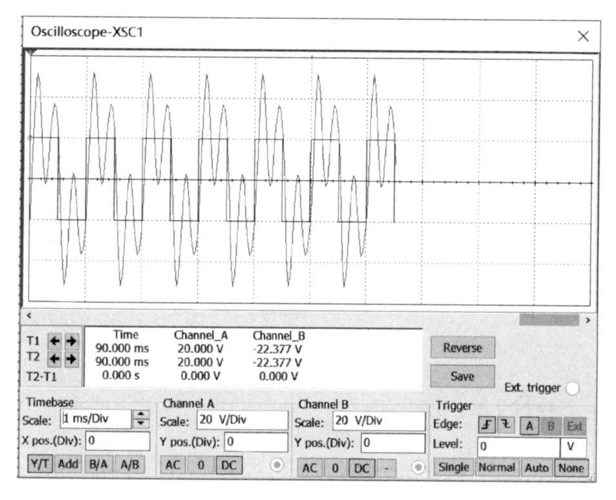

图 7.3.30 全响应波形图

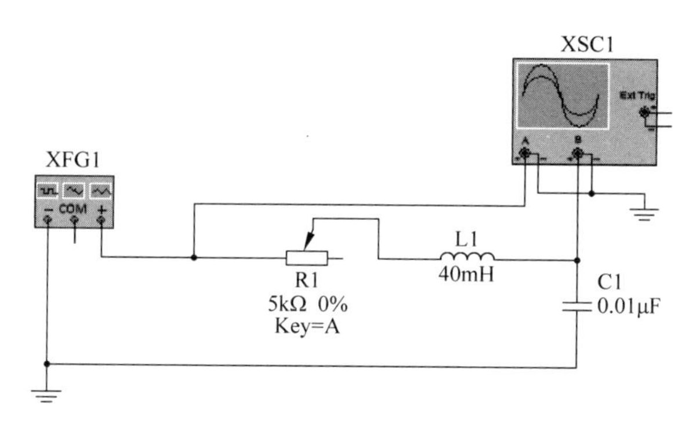

图 7.3.31 研究二阶 RLC 串联电路响应的原理图

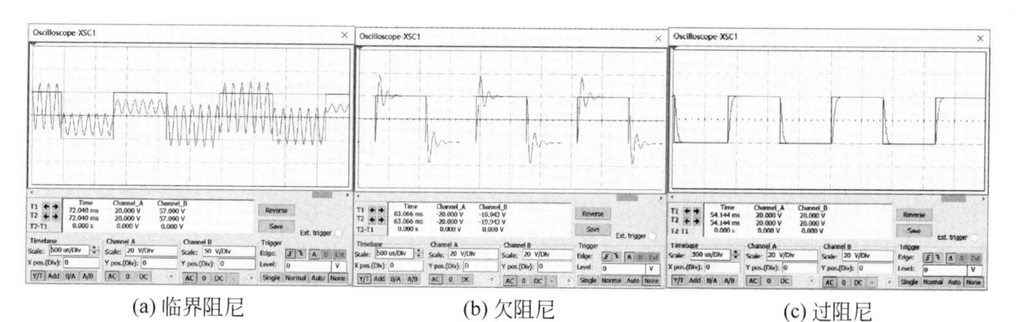

(a) 临界阻尼 (b) 欠阻尼 (c) 过阻尼

图 7.3.32 二阶 RLC 串联电路三种状态的响应曲线

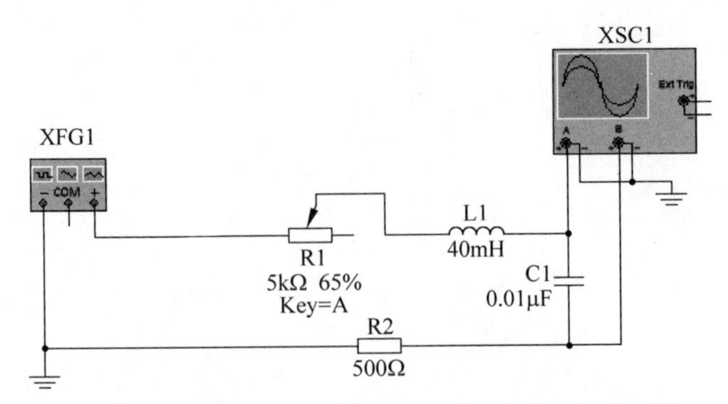

图 7.3.33 研究二阶 RLC 串联电路状态轨迹的原理图

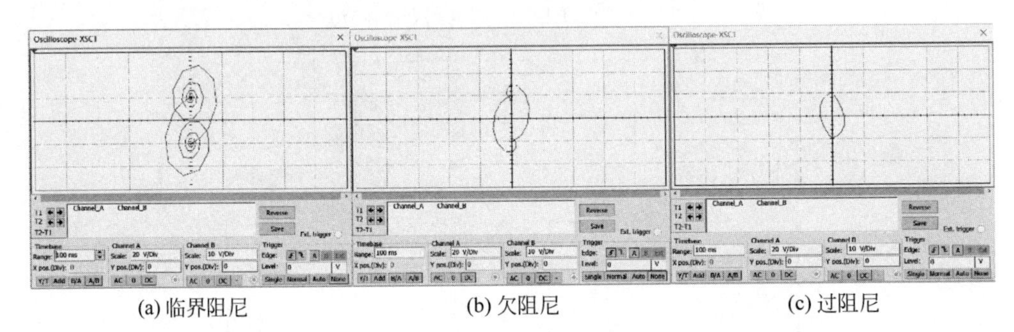

(a) 临界阻尼　　(b) 欠阻尼　　(c) 过阻尼

图 7.3.34 二阶 RLC 串联电路三种状态的状态轨迹

7.4 交流电路的分析

分析与计算正弦交流电路，主要是确定不同参数和不同结构的各种正弦交流电路中电压与电流之间的关系和功率。

7.4.1 交流电路的基本定理

正弦交流电路中，欧姆定律、KCL 和 KVL 适用于所有瞬时值和相量形式。在本节中需要双击电流表或电压表改变 Value 选项卡中 Mode 为 AC(交流)模式，即电流表为交流电流表，测的值为交流电流的有效值；电压表为交流电压表，测的值为交流电压的有效值。

(1) 欧姆定律的相量形式。

【例 7.25】 电路如图 7.4.1 所示，试求电路中的电流和电感两端的电压。

解：新建电路原理图，操作步骤参见 2.2.5 节，按图 7.4.1 创建电路。欧姆定律确定了电感元件的电压和电流之间的关系。此仿真结果如图 7.4.2 所示，电感上电压相位超前电流 90°。

注意：示波器显示的波形分别是电感和电阻两端的电压波形，由于电阻两端的电压与流过的电流同相位，讨论相位关系时，可使用电阻两端的电压形象地说明流过电流波形的相位关系。

【例 7.26】 电路如图 7.4.3 所示，试求电路中的电流和电容两端的电压。

解：新建电路原理图，操作步骤参见 2.2.5 节，按图 7.4.3 创建电路。欧姆定律也确定了电容元件的电压和电流之间的关系。仿真结果如图 7.4.4 所示，电容上电流相位超前电压 90°。

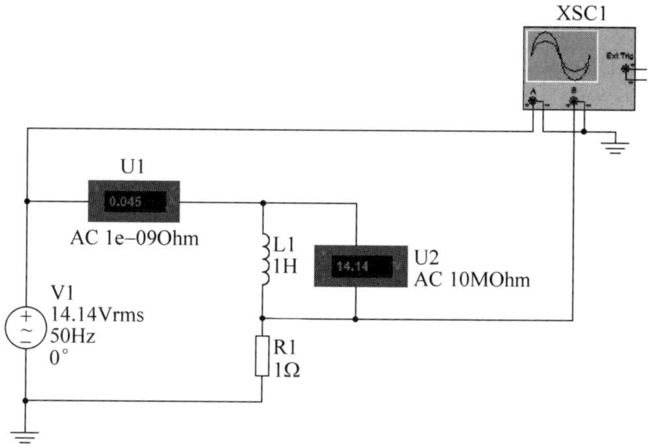

图 7.4.1 电阻与电感串联的电路

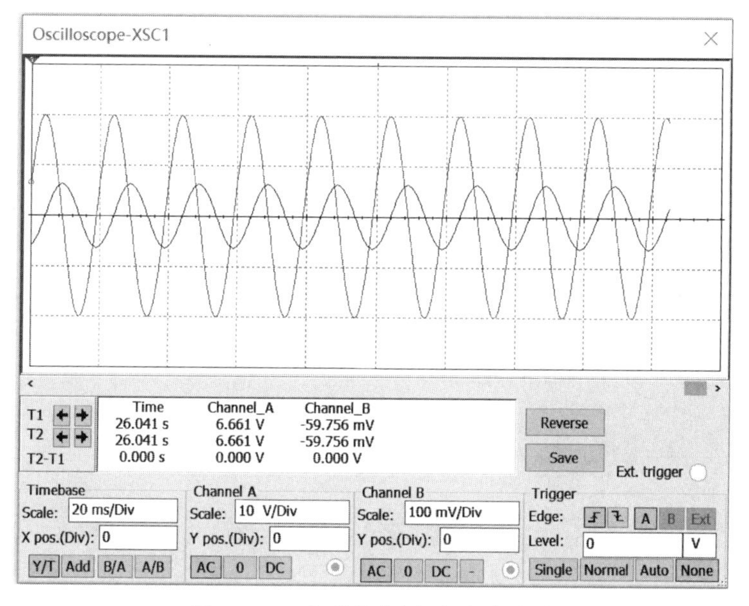

图 7.4.2 电感的电压、电流波形图

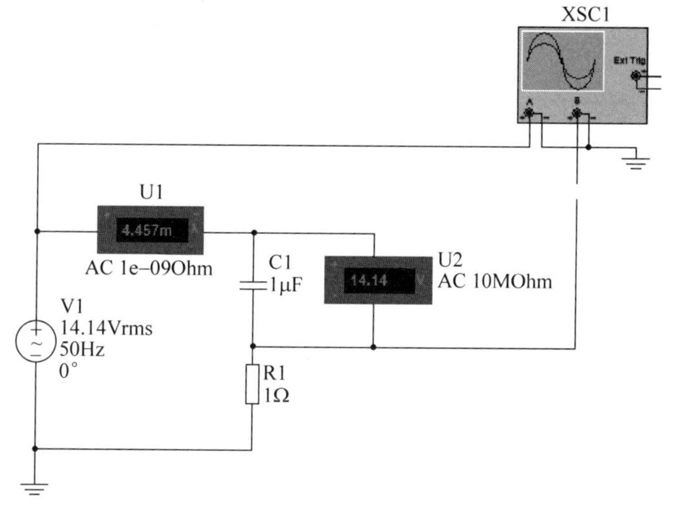

图 7.4.3 电阻与电容串联的电路

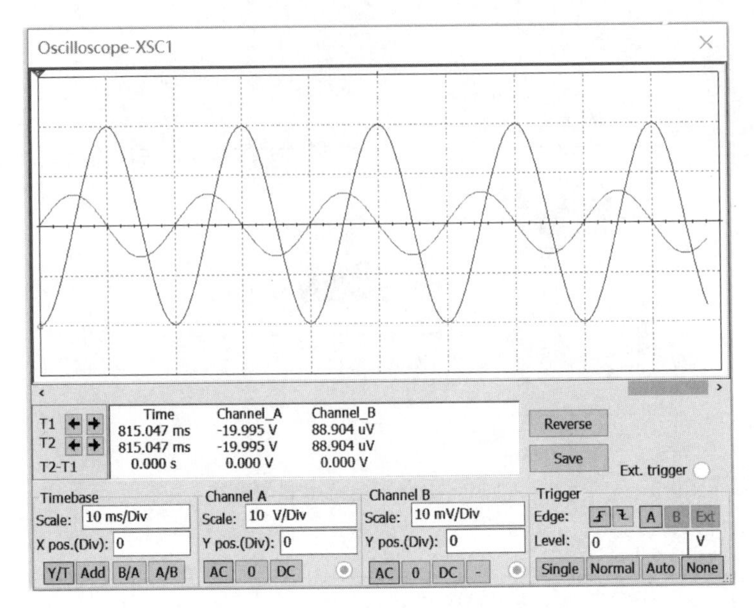

图 7.4.4 电容的电压、电流波形图

(2) 交流电路的基尔霍夫定律。

【例 7.27】 电路如图 7.4.5 所示，试求流过电压源 V1 的电流 I_1(验证交流电路的基尔霍夫电流定律)。

解：在应用交流电路的基尔霍夫电流定律时，电流必须使用相量相加。新建电路原理图，操作步骤参见 2.2.5 节，按图 7.4.5 创建电路。理论计算 $I_1=\sqrt{I_2^2+(I_3-I_4)^2}=0.031\text{A}$，如图 7.4.5 所示仿真结果与理论值相同。

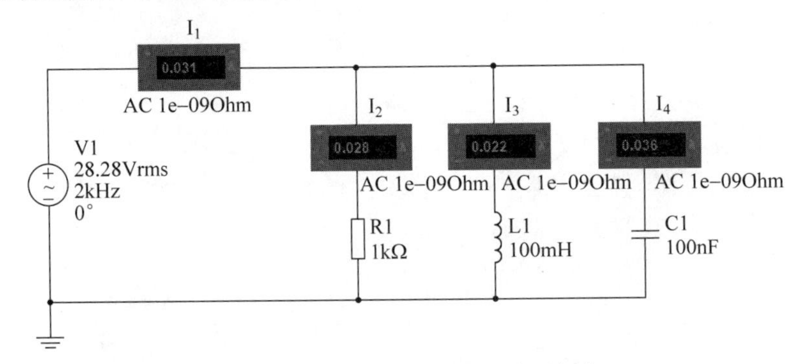

图 7.4.5 交流电路的 KCL 验证电路

同理，可自行创建电路验证交流电路的基尔霍夫电压定律。

7.4.2 交流电路的分析方法

交流电路的分析方法大致有两种，即用波特仪分析和用分析功能分析。

【例 7.28】 电路如图 7.4.6 所示。已知：$I_1=10\sqrt{2}\sin 10^5 t\text{A}$，$R=8\Omega$，$C=0.625\text{uF}$，$L=80\mu\text{H}$，求电阻消耗的功率，电感两端的电压 u_L。

解：由题意可计算出 I_1 的频率为 $f=\dfrac{\omega}{2\pi}=\dfrac{100000}{2\pi}\text{Hz}\approx 15.92\text{kHz}$，设定电流源的频率为 15.92kHz，初相角为 0Deg。新建电路原理图，操作步骤参见 2.2.5 节，按图 7.4.6 创建电路，先求出流过电阻的电流。将电流表、波特仪按图接好，在控制面板上，选择水平初值 I 为

15.5kHz，水平终值 F 为 16.5kHz。单击 Phase 按钮，启动 ▶ 按钮，就得到相频特性，调节游标的水平位置为输入电压的频率 15.92kHz，垂直数就是所求数值，如图 7.4.7 所示。

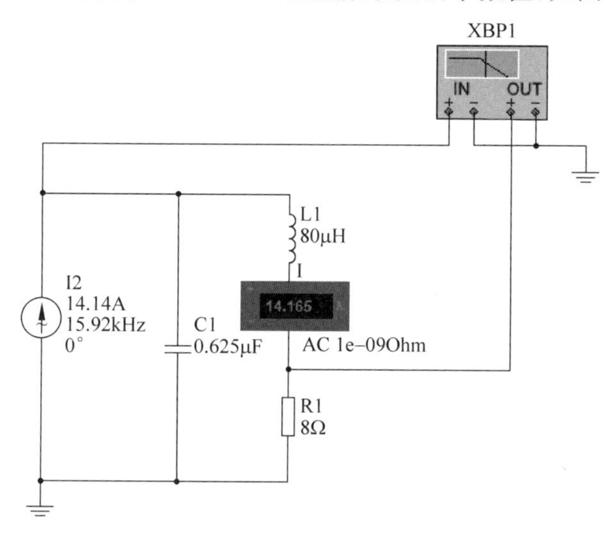

图 7.4.6 求电流原理图

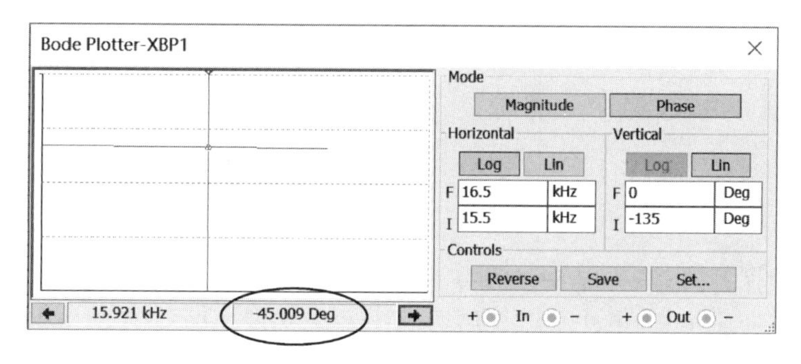

图 7.4.7 求电流的相位角

求得 $\dot{I}_L \approx 14.165\angle -45°$A，电阻消耗的功率为 $P=I_L^2R=14.165^2\times 8\text{W}\approx 1.6\text{kW}$。

按图 7.4.8 所示接好电路。因为波特仪只能显示电压量的相位，应将原图中的电感 L 与电阻 R 互换。仿真结果如图 7.4.9 所示，用上面同样的办法求得 $\dot{U}_L \approx 113.72\angle 45°$V

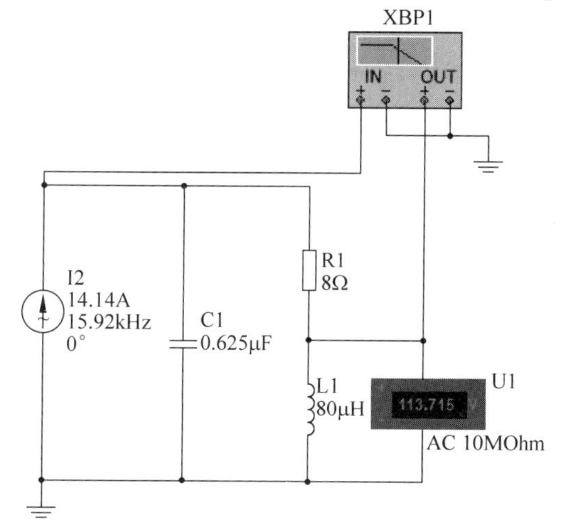

图 7.4.8 求电压原理图

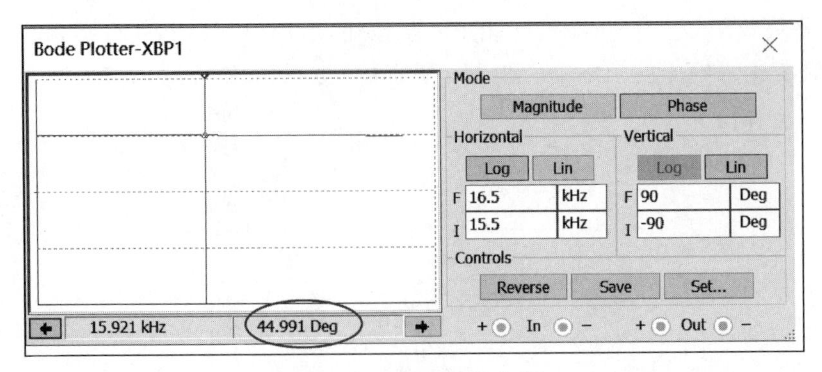

图 7.4.9　求电压相位角

此题是采用波特仪分析交流电路参数，还可以用分析功能分析交流电路幅频特性和相频特性。

【例 7.29】 电路如图 7.4.10 所示，做出该电路的幅频特性和相频特性。

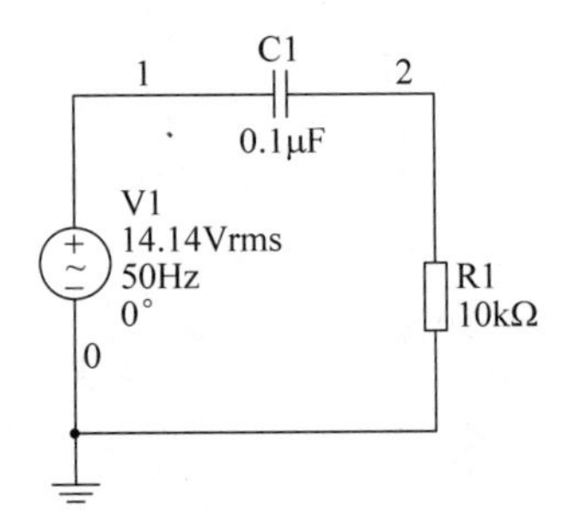

图 7.4.10　电路原理图

解：新建电路原理图，操作步骤参见 2.2.5 节，按图 7.4.10 创建电路，并设定好节点。启动 Simulate/Analyses and Simulation 中的 AC Sweep 分析。设定 AC Sweep 分析的参数如图 7.4.11 所示，选定节点 2 为分析节点，进行仿真得到节点 2 的幅频特性和相频特性如图 7.4.12 所示。可见该电路是一个高通电路。

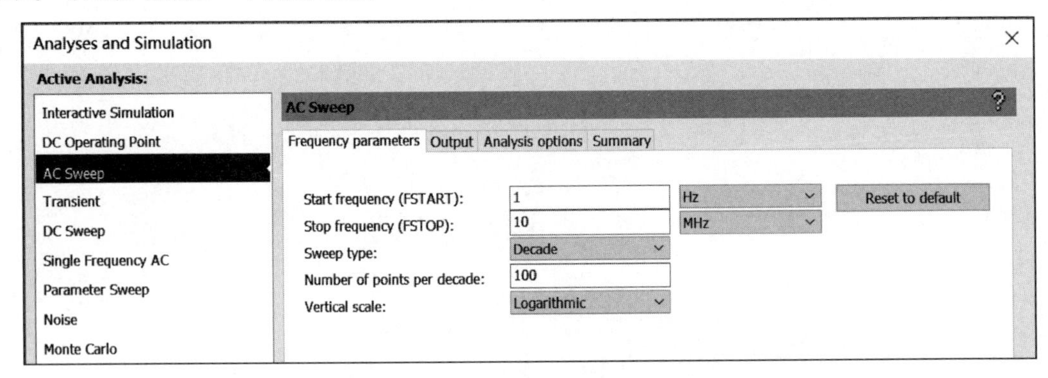

图 7.4.11　AC Sweep 分析参数设置

【例 7.30】 电路如图 7.4.13 所示。做出该电路的幅频特性和相频特性。

解：新建电路原理图，操作步骤参见 2.2.5 节，按图 7.4.13 创建电路，并设定好节点。启动 Simulate/Analyses and Simulation 中的 AC Sweep 分析。设定 AC Sweep 分析的参数，选定节点 2 为分析节点，进行仿真得到节点 2 的幅频特性和相频特性如图 7.4.14 所示。可见该电路是一个低通电路。

【例 7.31】 分析如图 7.4.15 所示的带通滤波电路（文氏电路）的频率特性。

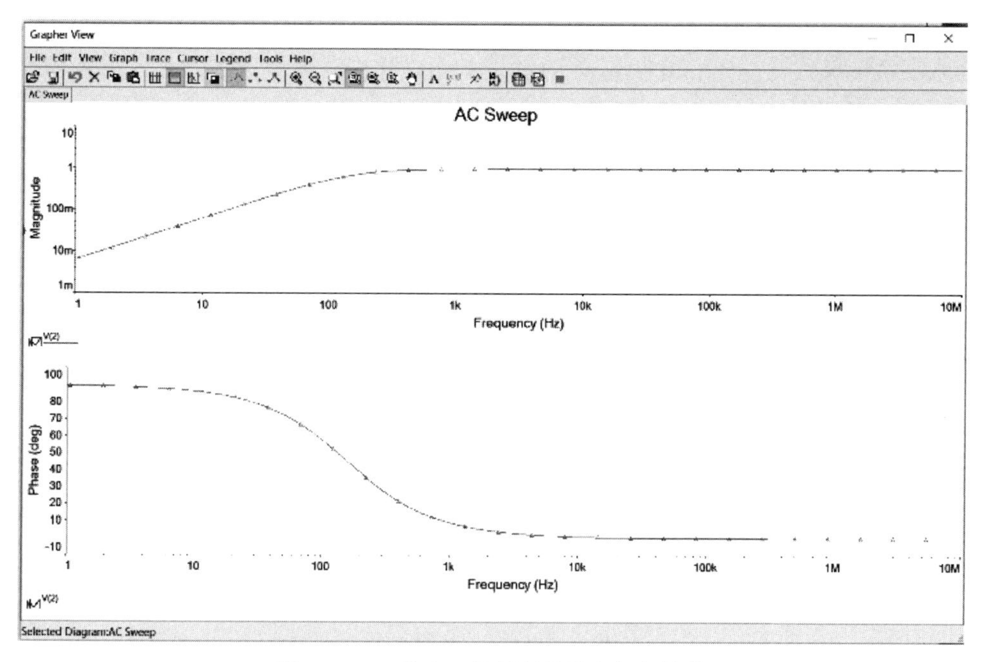

图 7.4.12 节点 2 的幅频特性和相频特性

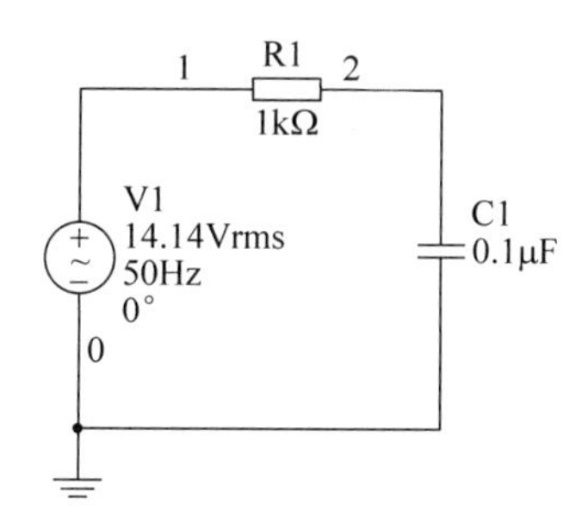

图 7.4.13 电路原理图

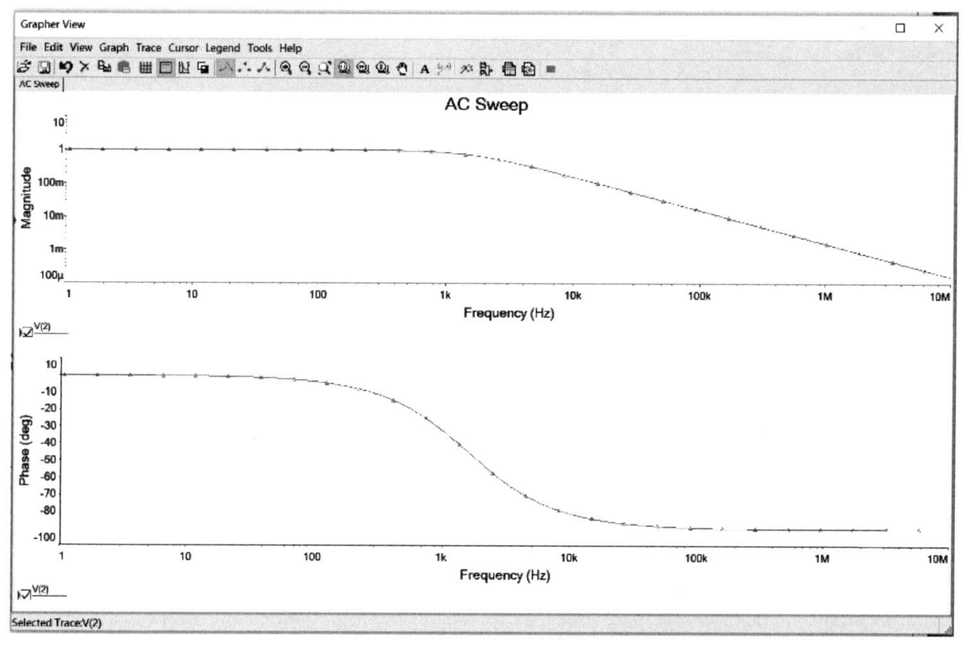

图 7.4.14 节点 2 的幅频特性和相频特性

解：新建电路原理图，操作步骤参见2.2.5节，按图7.4.15创建电路，并设定好节点。启动Simulate/Analyses and Simulation中的AC Sweep分析。设定AC Sweep分析的参数，如图7.4.16所示，选定节点3为分析节点，进行仿真得到节点3的幅频特性和相频特性如图7.4.17所示。

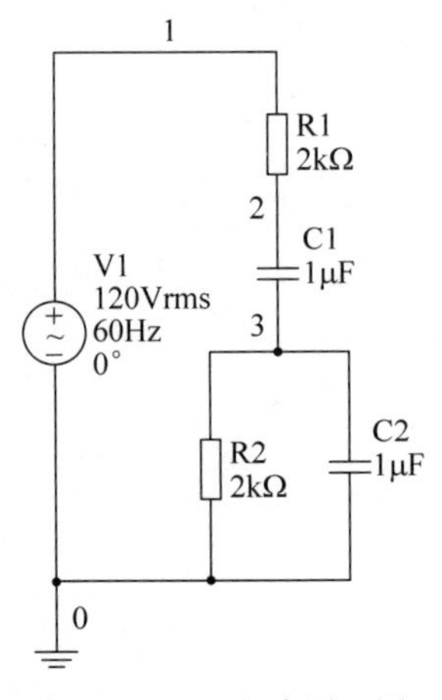

图7.4.15 电路原理图

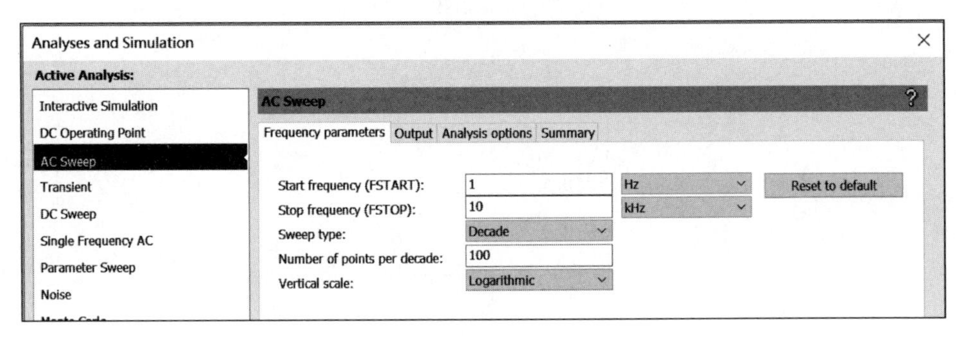

图7.4.16 AC Sweep分析参数的设置

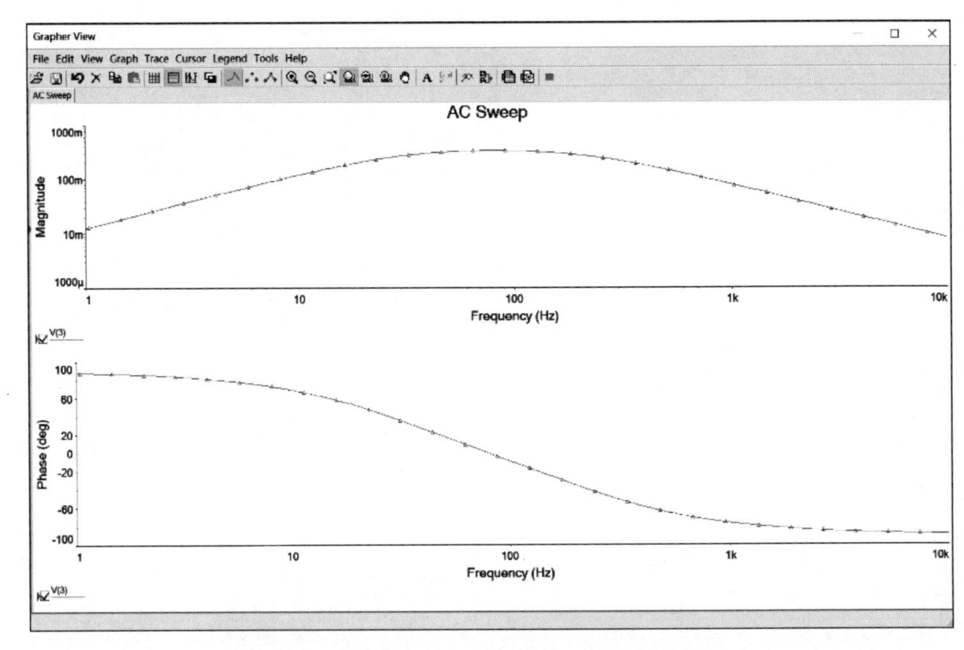

图7.4.17 节点3的幅频特性和相频特性

7.4.3　谐振电路

谐振现象是交流电路的一种特定的工作状态。谐振电路通常由电感、电容和电阻组成。按照电路的组成形式可分为串联谐振电路和并联谐振电路。

【例 7.32】 电路如图 7.4.18 所示，验证串联谐振电路的特点。

解：新建电路原理图，操作步骤参见 2.2.5 节，按图 7.4.18 创建电路。用示波器观察 LC 串联谐振电路外加电压与谐振电流的波形，如图 7.4.19 所示，外加电压与谐振电流同相位，电路发生串联谐振，电路呈纯阻性。

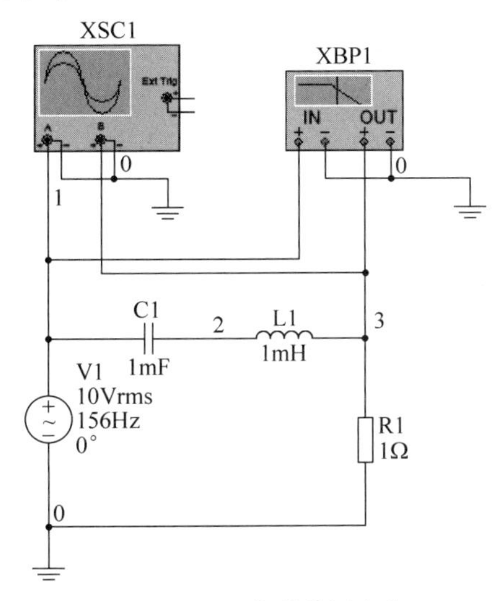

图 7.4.18　串联谐振电路

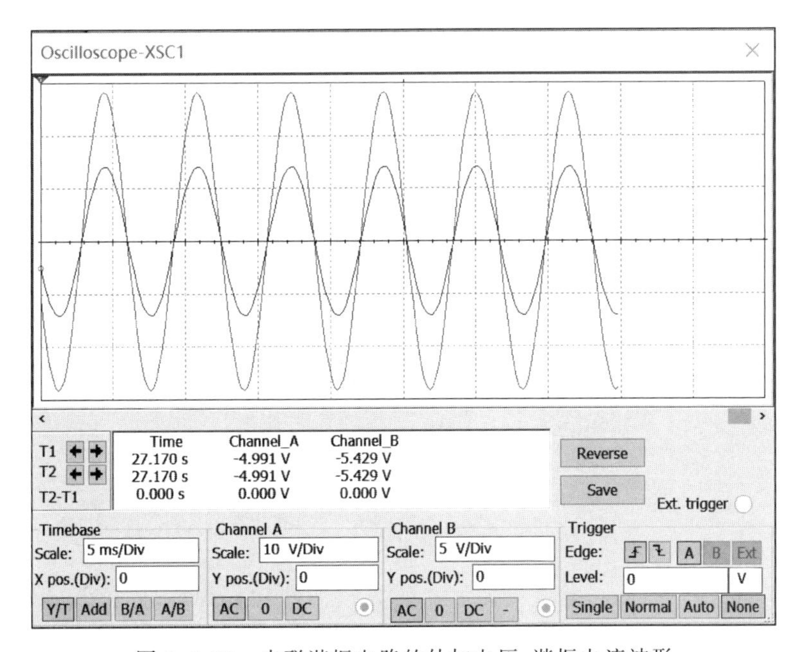

图 7.4.19　串联谐振电路的外加电压、谐振电流波形

用波特图仪测定频率特性，串联谐振电路的幅频特性和相频特性如图 7.4.20、图 7.4.21 所示，当 $f_0=156.236\text{Hz}$ 时电路发生串联谐振。

【例 7.33】 电路如图 7.4.22 所示，验证并联谐振电路的特点。

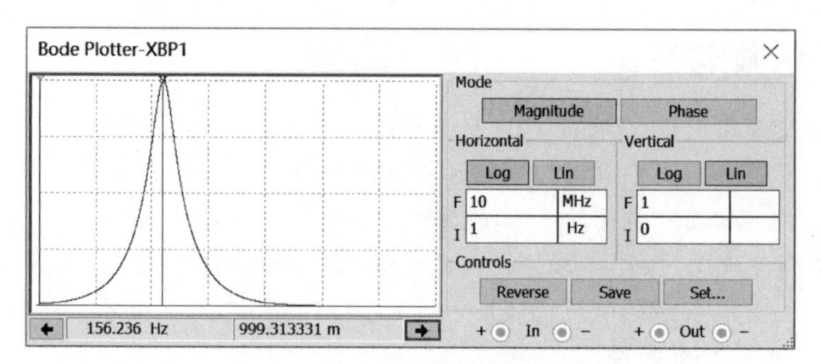

图 7.4.20 串联谐振电路的幅频特性

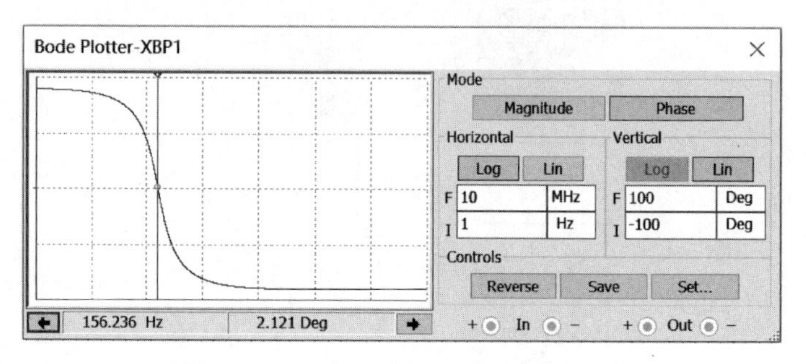

图 7.4.21 串联谐振电路的相频特性

解：新建电路原理图，操作步骤参见 2.2.5 节，按图 7.4.22 创建电路。用示波器观察 LC 并联谐振电路外加电压与谐振电流的波形，如图 7.4.23 所示外加电压与谐振电流同相位，电路发生并联谐振，电路呈纯阻性。

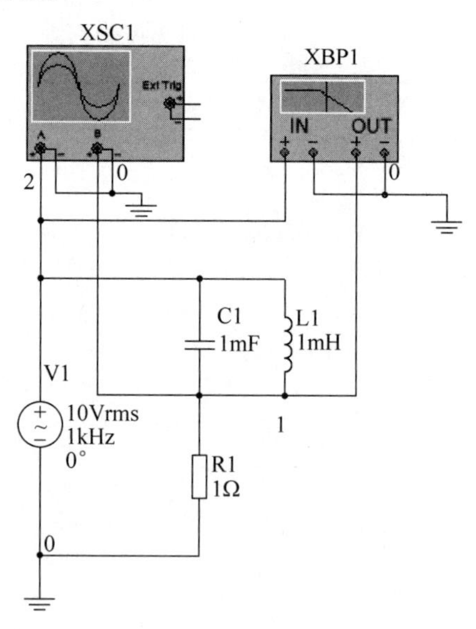

图 7.4.22 并联谐振电路

用波特图仪测定频率特性，并联谐振电路的幅频特性和相频特性如图 7.4.24、图 7.4.25 所示，当 $f_0=157.099\text{Hz}$ 电路发生并联谐振。

7.4.4 交流电路的功率及功率因数

交流电路的功率与直流电路的不同，交流电路功率 $P=UI\cos\varphi$。$\cos\varphi$ 是电路的功率因数，φ 是电压与电流间的相位差。

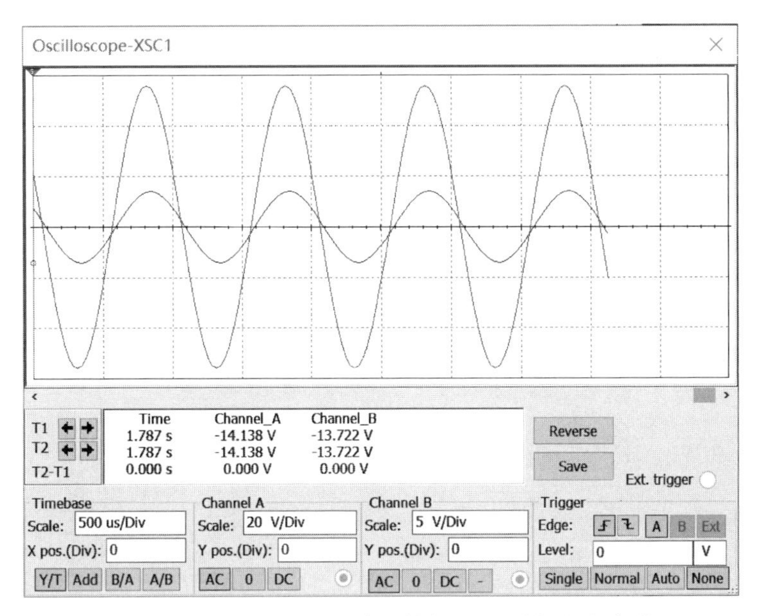

图 7.4.23　并联谐振电路的外加电压、谐振电流波形

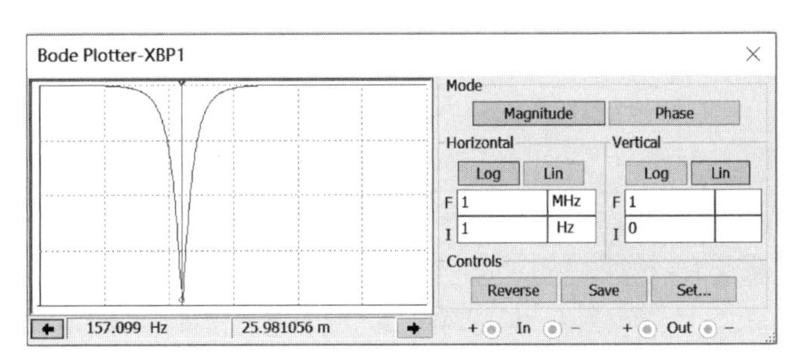

图 7.4.24　并联谐振电路的幅频特性

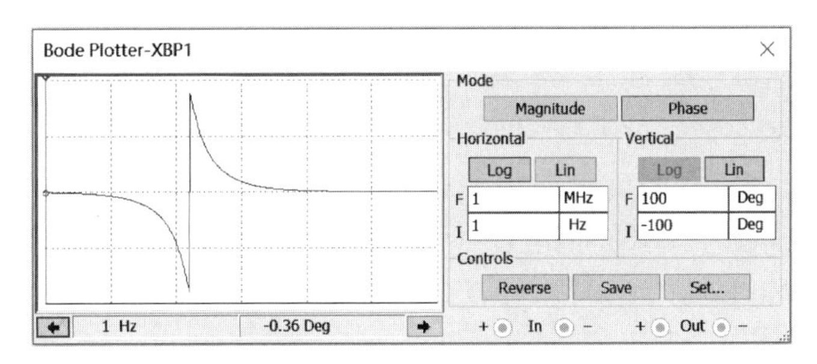

图 7.4.25　并联谐振电路的相频特性

【例 7.34】　电路如图 7.4.26 所示，已知：$\dot{U}=28.2\angle 0°\text{V}$，$R=10\Omega$，$X_C=X_L=10\Omega$，电源的频率为 50Hz，初始相位为 0°。

求：

(1) 电路的平均功率 P，无功功率 Q，视在功率 S 和功率因数？

(2) 要想使功率因数提高到 0.95，电容应为多大？

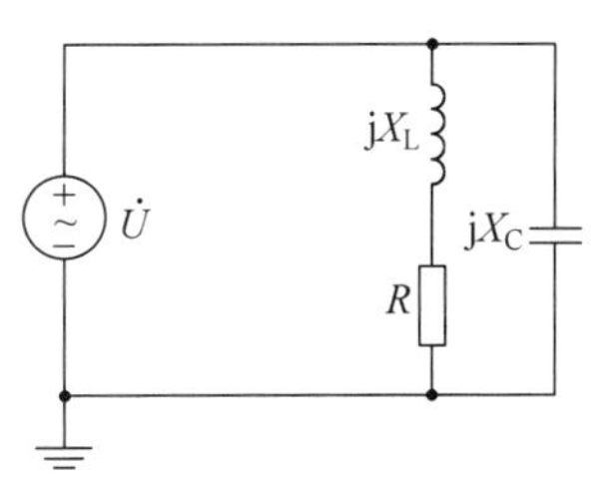

图 7.4.26　交流电路测试原理图

解：(1) 将 X_L 换成等效电感 L，$L=\dfrac{X_L}{\omega}=\dfrac{10}{2\pi\times 50}\text{H}\approx 31.8\text{mH}$。

将 X_C 换成等效电容 C，$C=\dfrac{1}{\omega X_C}=\dfrac{1}{2\pi\times 50\times 10}\text{F}\approx 31.8\mu\text{F}$。

新建电路原理图，操作步骤参见 2.2.5 节，按图 7.4.27 创建电路。在图中串联一个 0.01Ω 的电阻，测量流过电路的电流。仿真结果如图 7.4.28 所示，求得 $\dot{I}\approx 2\angle 45°\text{A}$。

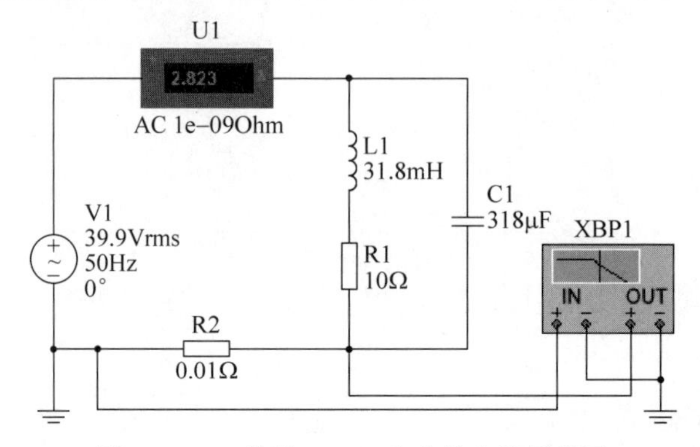

图 7.4.27　并联 318μF 电容的电路原理图

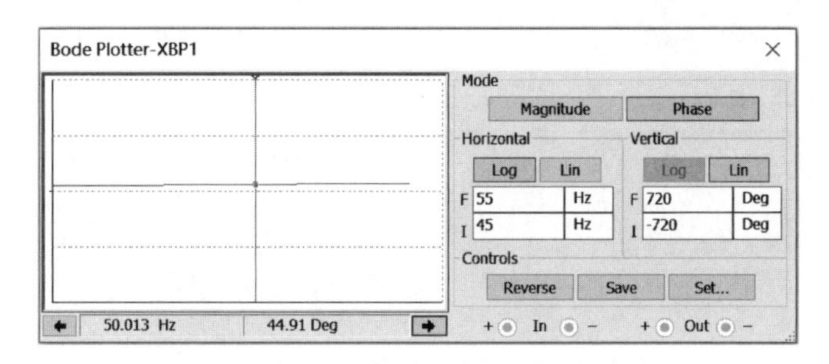

图 7.4.28　测量电流相位的仿真结果

电路的有功功率：$P=UI\cos(\varphi_u-\varphi_i)=28.2\times 2\times\cos(-45°)\text{W}=40\text{W}$。

电路的无功功率：$Q=UI\sin(\varphi_u-\varphi_i)=28.2\times 2\times\sin(-45°)\text{var}=-40\text{var}$。

电路的视在功率：$S=UI=28.2\times 2\text{V}\cdot\text{A}=56.4\text{V}\cdot\text{A}$。

功率因数：$\cos\varphi=\cos(\varphi_u-\varphi_i)=\cos(-45°)=0.707$。

(2) 要提高功率因数，减少 $\dot{U}$ 与 $\dot{I}$ 之间的夹角 φ。

arccos0.95=±18.19°。将图中的电容换为 318μF 的可变电容，可变电容的设置如图 7.4.29 所示。因为原电路是电容性的，应降低电容 C 的数值。±18.19°均符合条件。

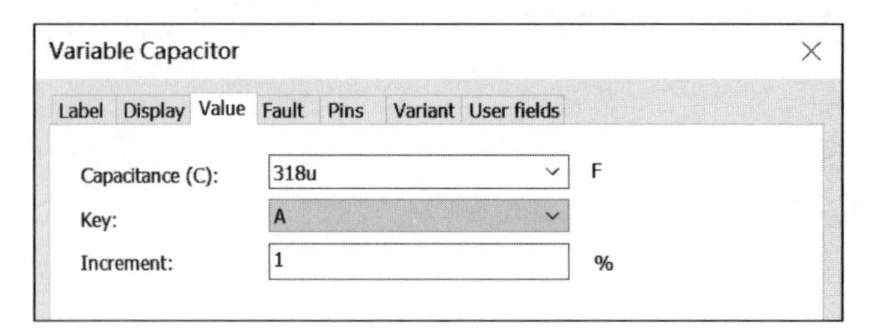

图 7.4.29　可变电容的设置

按图 7.4.30(a)和图 7.4.31(a)接好电路，用 Shift+A 或 A 键逐渐减小或增大 C 的数值。得到的仿真结果如图 7.4.30(b)和图 7.4.31(b)所示。

并联的电容为：$C=318\times 0.33\mu\text{F}=105\mu\text{F}$(总阻抗为电感性，电流滞后于电压−18.777°)

并联的电容为：$C=318\times 0.67\mu\text{F}=213\mu\text{F}$(总阻抗为电容性，电流超前于电压 18.77°)。

(a) 提高功率因数为0.95的原理图1

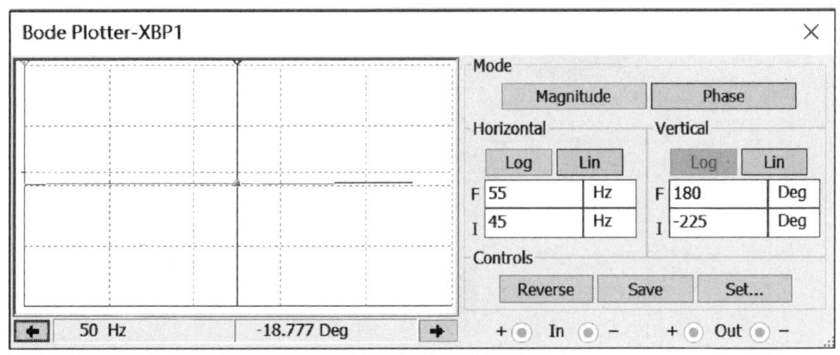

(b) 测量电流相位的仿真结果1

图 7.4.30 电流滞后于电压−18.777°

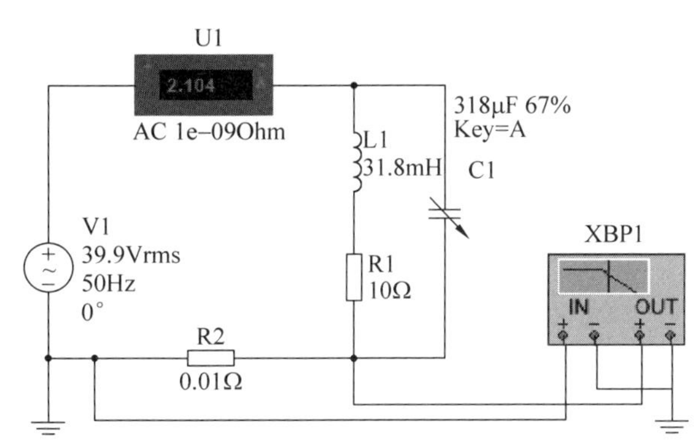

(a) 提高功率因数为0.95的原理图2

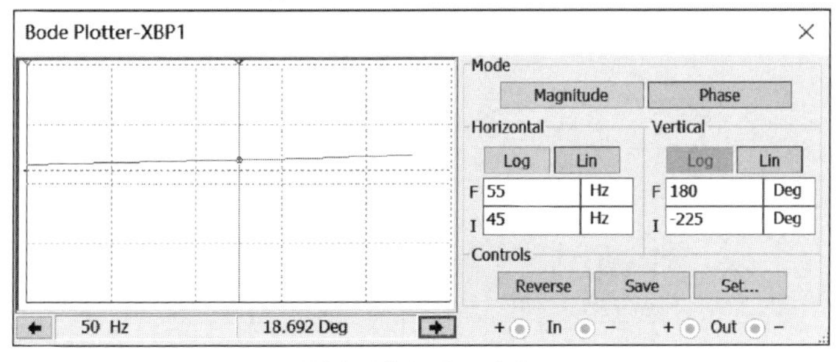

(b) 测量电流相位的仿真结果2

图 7.4.31 电流超前于电压 18.692°

7.4.5 三相交流电路

三相交流电是指三个幅值相等、频率相同、彼此的相位相差 120°的电动势。三个电压的连接可以有两种,即 Y 形联结和 Δ 形联结,常用的是 Y 形联结。三相负载的连接也可以有两种,即 Y 形联结和 Δ 形联结。三相交流电路有三相四线制和三相三线制两种结构。

【例 7.35】 验证三相四线制 Y 形对称负载工作方式的特点。

解:新建电路原理图,操作步骤参见 2.2.5 节,按图 7.4.32 创建电路。用电流表观测相(线)电流、中线电流,电压表观测线电压。示波器观察 b 相、c 相电压波形如图 7.4.33 所示。

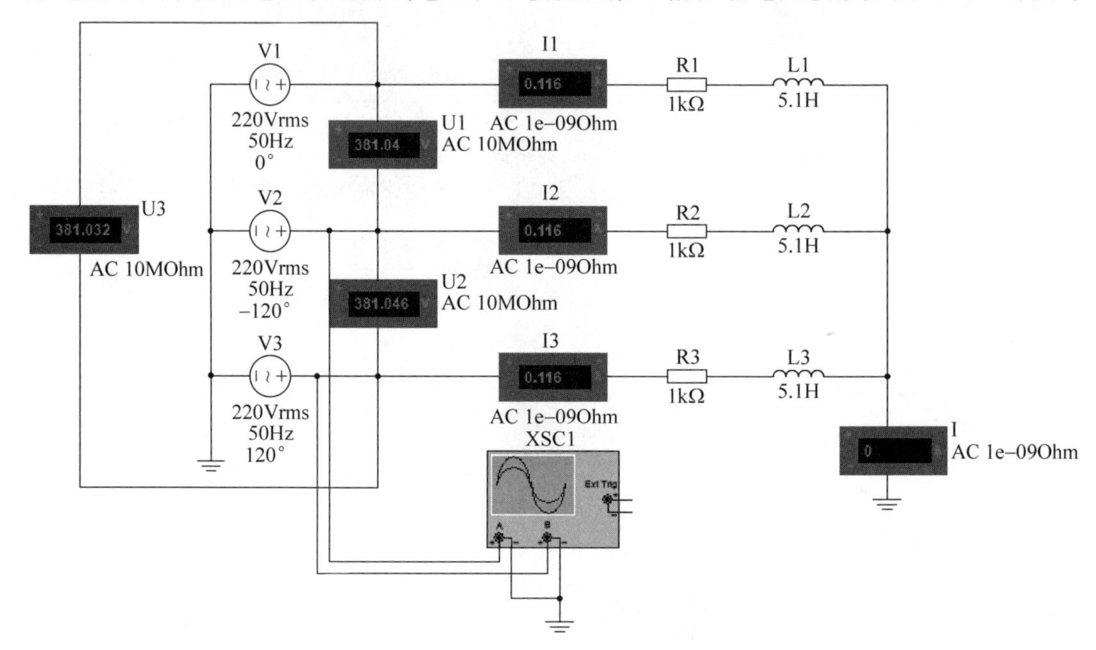

图 7.4.32 三相四线制 Y 形对称

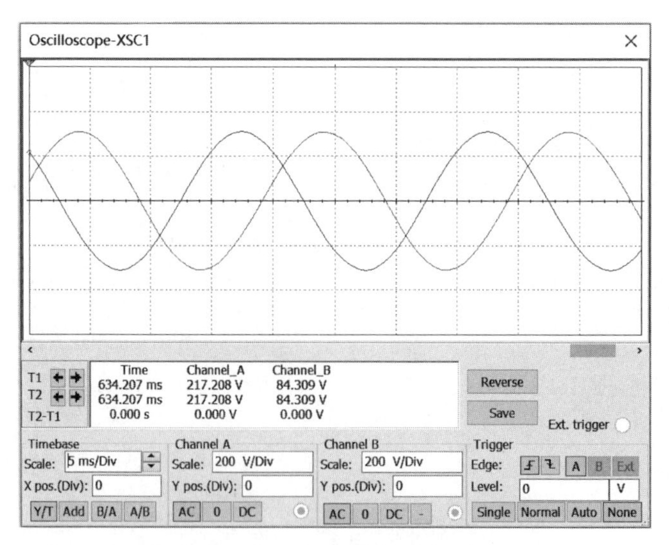

图 7.4.33 电源电压波形

当负载完全对称时中线电流为零,三相负载中点与地断开,三相电流将不发生任何变换,这说明了在负载完全对称的情况下,三相四线制和三相三线制是等效的。

第8章 CHAPTER 8 Multisim 14 在模拟电路中的应用

本章主要介绍 Multisim 14 在模拟电路中的应用。

8.1 单管放大器

对单管放大器的分析包括静态分析和动态分析。

8.1.1 单管放大器静态分析

单管放大器的静态是指当输入信号为零时，放大电路工作在直流工作状态。此时，晶体三极管的基极电流、集电极电流、基-射极间的电压、集-射极间管压降统称为静态工作点参数。又因这些直流量所对应的正是晶体三极管输入/输出特性曲线上的一个点，故称其为静态工作点。

【例 8.1】 测量单管分压式偏置放大电路的静态工作点。

解：新建电路原理图，操作步骤参见 2.2.5 节，按图 8.1.1 创建电路。测量静态工作点，并观察电位器 R3 的变化对静态参数的影响。

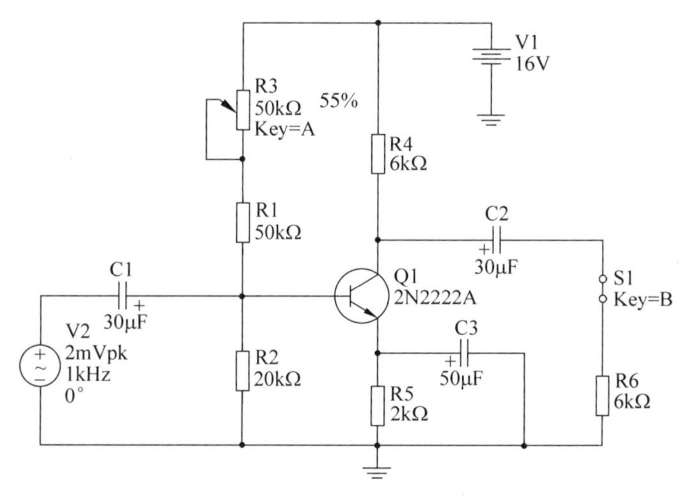

图 8.1.1 单管分压式偏置放大电路

按图 8.1.2 测量 I_B，I_C 的值，用电流表直接测量即可，测得 I_C=1.273mA，同样方法可测得 I_B 的值。

按图 8.1.3 测量 U_{CE} 的值，测得 U_{CE}=5.785V。

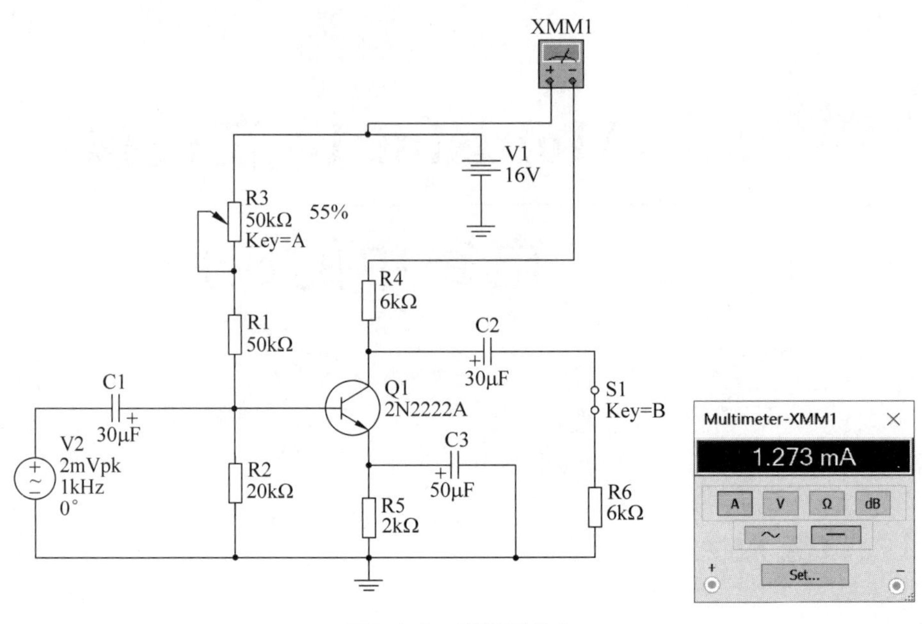

图 8.1.2 直接测量 I_C

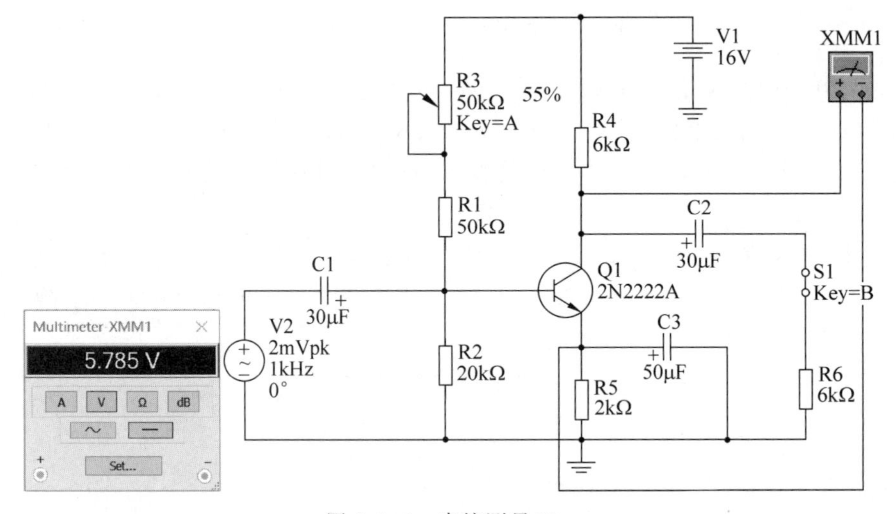

图 8.1.3 直接测量 U_{CE}

8.1.2 单管放大器动态分析

单管放大器动态分析主要包括：计算放大器的电压放大倍数(用示波器观察输入、输出电压波形)；测量电路的幅频特性，求出上下限频率 f_H、f_L；测量电路的失真度，比较其电位关系；测量输入电阻和输出电阻。

【例 8.2】 单管分压式偏置放大电路的动态分析。

解：新建电路原理图，操作步骤参见 2.2.5 节，按图 8.1.4(a)创建电路。

(1) 计算放大器的电压放大倍数。

信号源的设置：在 Multisim 14 主界面双击信号源图标，出现如图 8.1.5 所示界面，设置交流信号，频率为 1kHz，幅度为 2mV。

运行仿真：在 Multisim 14 主界面双击示波器 XSC1 图标，出现如图 8.1.4(b)所示界面，调整 Channel A、B 的 Scale(A 为 2mV/Div，B 为 200mV/Div)，使波形有一定的幅度；调整

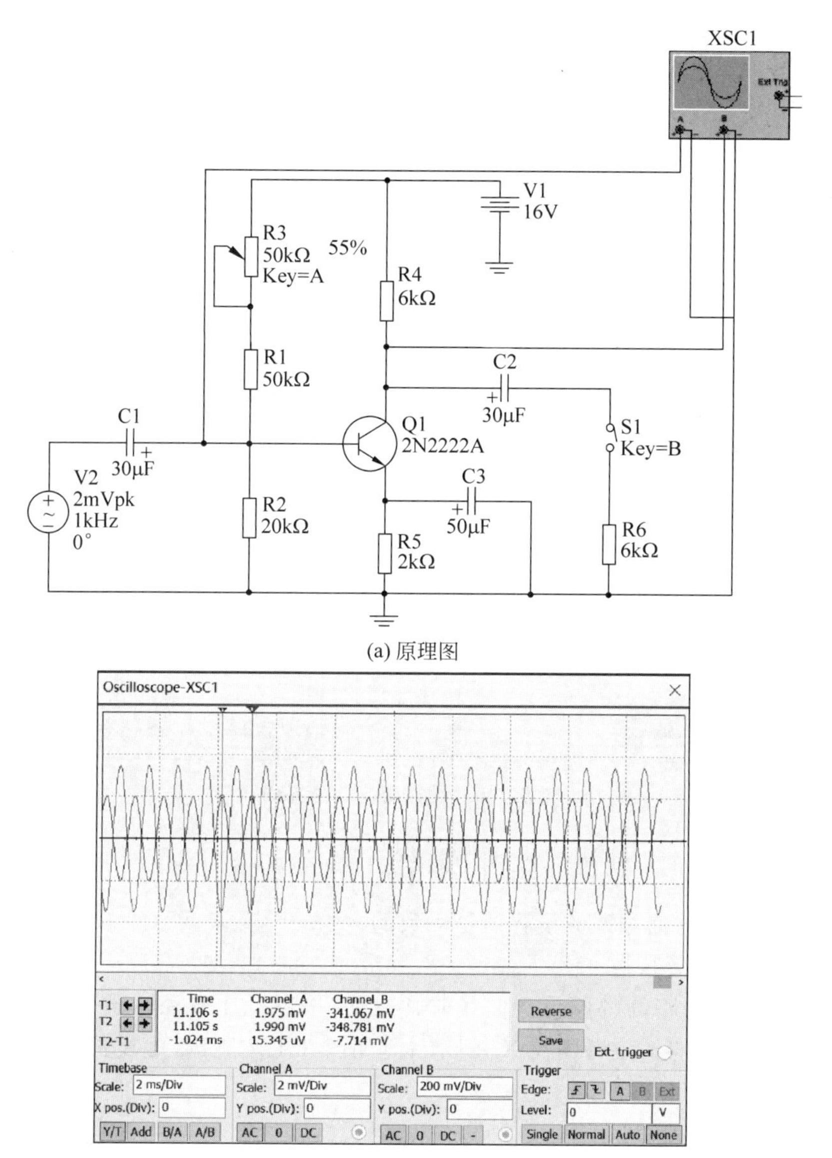

(a) 原理图

(b) 输出端波形

图 8.1.4 波形分析

Timebase 的 Scale(1ms/Div)，使波形便于观察；调整 R3，使输出波形幅度最大，且不失真，反复调整，直到最佳。

R3 调整的方法：在 Multisim 14 主界面单击 R3，按键盘上的 A 键，百分数增大，同时按住快捷键 Shift+A，电阻百分数减小(A 为控制键，双击 R3，可修改其控制键、标号、递增值等)，调整最好在停止仿真时进行，调整后再运行仿真。反复调整，直到波形幅度最大，且不失真。

从图 8.1.4(b)中可获得一些数据信息，如分别移动 1 号指针和 2 号指针到图 8.1.4(b)中所示的位置，可以看到 T1 行(或 T2 行)的有关数据，参看图 8.1.4(b)可知，A 通道测试值为输入信号的幅度(1.975mV)，B 通道测试输出信号的幅度(−341.067mV)。可用这组参数计算放大器的放大倍数：$A_v=20\lg\frac{U_o}{U_i}=44.75\text{dB}$。

从图 8.1.4(b)中再看 T2−T1 的值，这是波形的两个相邻的同相点间的时间差(信号的

AC_VOLTAGE

Label Display Value Fault Pins Variant

Voltage (Pk):	2m	V
Voltage offset:	0	V
Frequency (F):	1k	Hz
Time delay:	0	s
Damping factor (1/s):	0	
Phase:	0	°
AC analysis magnitude:	1	V
AC analysis phase:	0	°
Distortion frequency 1 magnitude:	0	V
Distortion frequency 1 phase:	0	°
Distortion frequency 2 magnitude:	0	V
Distortion frequency 2 phase:	0	°
Tolerance:	0	%

Replace... OK Cancel Help

图 8.1.5 设置交流信号界面

周期),用它可计算信号的周期和频率,图中周期 $T=1\text{ms}$,频率 $f=\frac{1}{T}=1\text{kHz}$。

由此看出,测量值与信号源的设置值是一致的。

(2) 测量电路的幅频特性。

用波特图仪测试电路的幅频特性曲线非常方便,按图 8.1.6 所示放置波特图仪并连线。在 Multisim 14 主界面双击波特图仪 XBP1 图标,如图 8.1.7 所示,可改变波特图仪右边的 F、I 值调整波特图的幅度和形状。

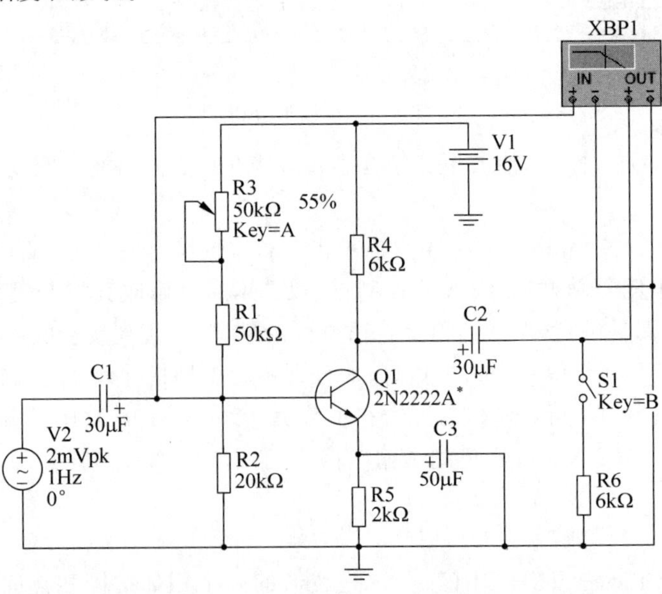

图 8.1.6 波特图仪连接方法

在图8.1.7中，移动波形显示窗口中的测试指针，可测放大器的放大倍数，即 $A_v = 20\lg\frac{U_o}{U_i} = 44.892\text{dB}$。

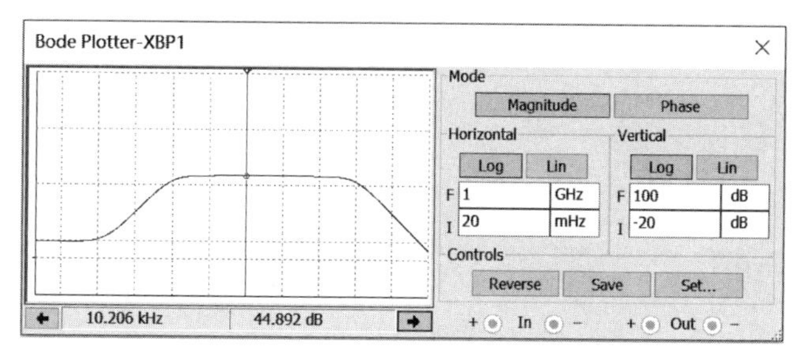

图8.1.7 测试指针在波特图仪的最佳放大区

根据频带宽度的测试原理，移动测试指针，使幅度值下降3dB，如图8.1.8所示。此时的频率值分别为 $f_L = 97.006\text{Hz}$，$f_H = 10.082\text{MHz}$。

那么放大器的频带宽度为 $f_w = f_H - f_L = 10.08\text{MHz}$。

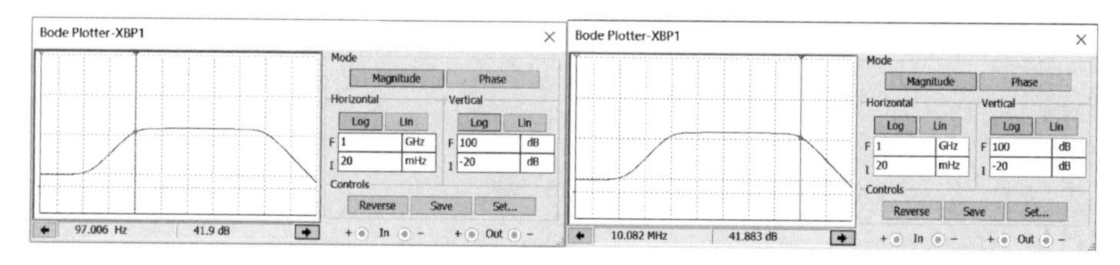

图8.1.8 测试指针在波特图仪的半功率点

(3) 测量电路的失真度。

可以用失真度测量仪直接测量电路的失真度，按图8.1.9放置失真度测量仪并连线，测得电路的失真度为0.539%。

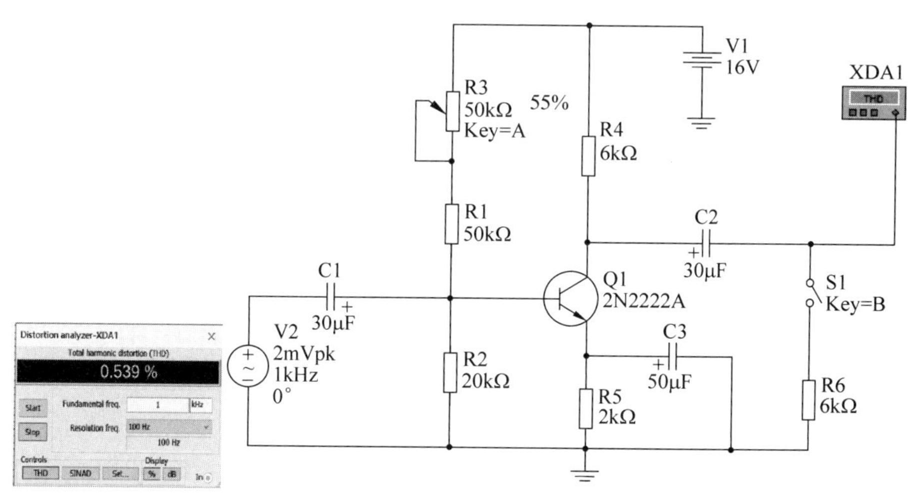

图8.1.9 失真度测量仪的连接与测量

(4) 测量输入电阻和输出电阻。

测量输入电阻：用Multisim 14的电流表和电压表测量 R_i。按图8.1.10(a)所示放置电流表和电压表并连线，然后通过放大器等效电阻的定义进行测量，电流表的读数如图8.1.10(b)所示，电压表的读数如图8.1.10(c)所示。

测量输出电阻：按图8.1.11(a)放置电压表并连线。开关S1闭合时，负载电阻R6接入

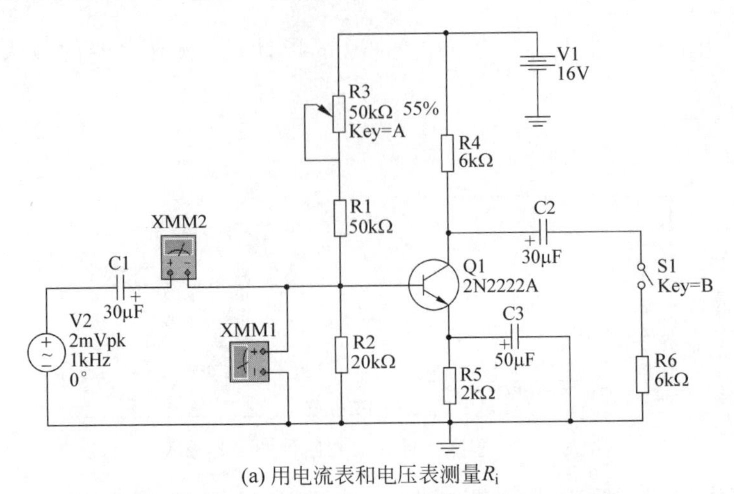

(a) 用电流表和电压表测量R_i

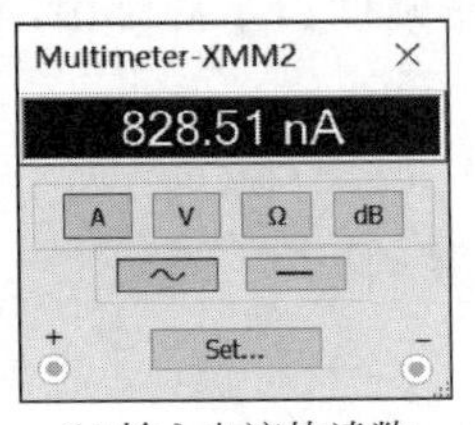

(b) 输入电流的读数

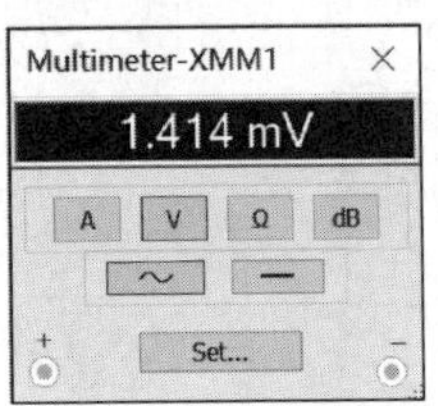

(c) 输入电压的读数

图 8.1.10　测量输入电阻

电路进行仿真，得到图 8.1.11(b)所示 U_L 值为 148.106mV；开关 S1 断开时，运行仿真，得到图 8.1.11(c)所示 U_o 值为 247.084mV。则输出电阻为

$$R_o=\left(\frac{U_o}{U_L}-1\right)\times R_L=\left(\frac{247.084}{148.106}-1\right)\times 6\approx 4\text{k}\Omega$$

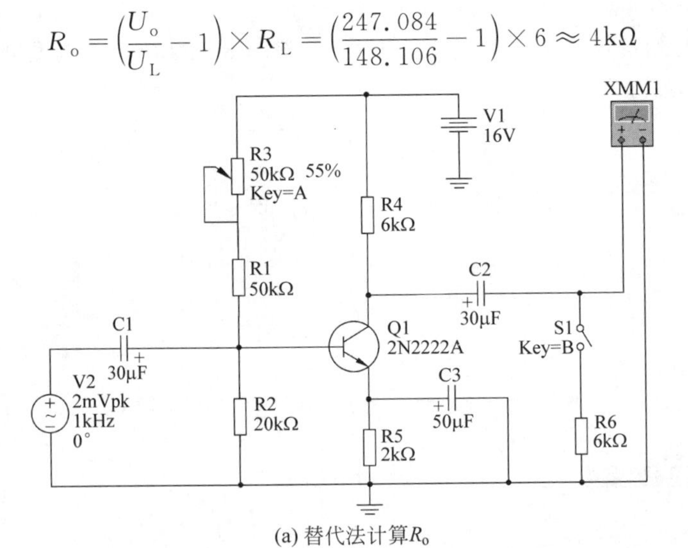

(a) 替代法计算R_o

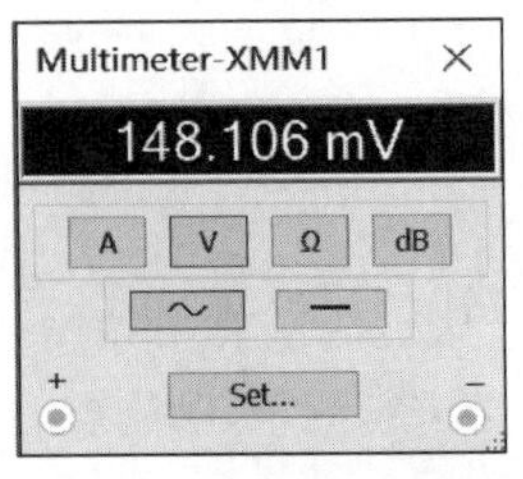

(b) R6接上时，测得的电压值

Multimeter-XMM1

247.084 mV

A V Ω dB

Set...

(c) R6断开时，测得的电压值

图 8.1.11　测量输出电阻

8.2 射极跟随器

射极跟随器是一种电流放大器，其电压放大系数≤1，有输出阻抗小、高频特性好、带负载能力强的特点。

【例 8.3】 射极跟随器的静态分析和动态分析。

新建电路原理图，操作步骤见 2.2.5 节，按图 8.2.1 创建电路。

求解：(1) 设置信号频率为 1kHz，U_i=2mV 的正弦波，进行仿真，调整 R2，观察 Q1 发射极电压的变化，分析射极跟随器的特点。

(2) 观察负载电阻 R4 接入与断开时的输出波形。

(3) 频率不变，有负载，增加信号幅度，直到输出信号出现失真，记录信号幅度、输出信号 Vpp，分析结果。

(4) 测量放大器的输入/输出电阻。

(5) 测试放大器的幅频特性曲线。

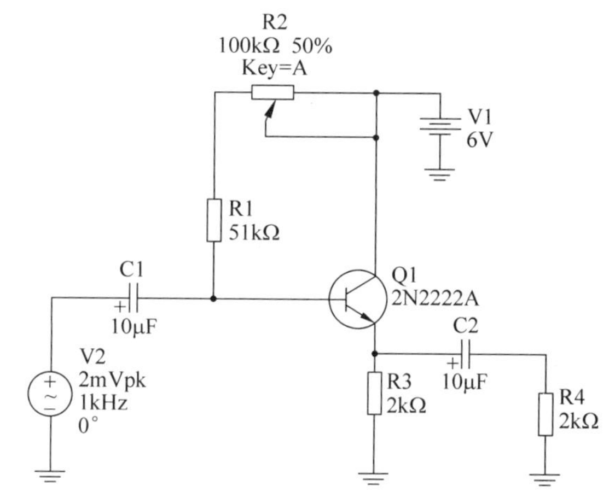

图 8.2.1 射极跟随器电路图

解：(1) 信号的设置同例 8.2，这里不再赘述。调整 R2，观察 Q1 发射极电压的变化，如图 8.2.2 所示，从波形图上可以看到，输出电压总是随着输入电压的变化而改变。

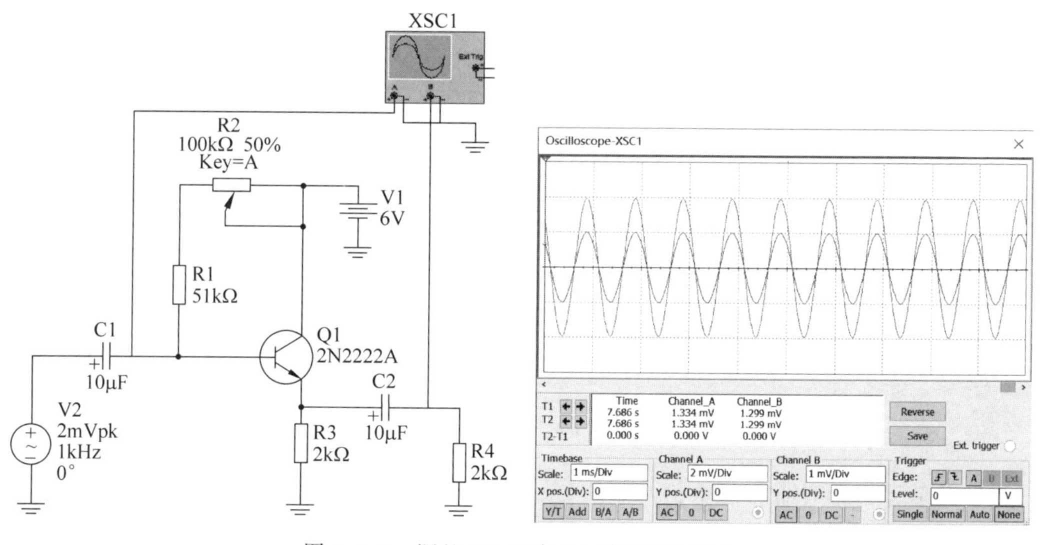

图 8.2.2 调整 R2，观察 Q1 端电压的变化

（2）观察如图 8.2.3 所示的负载电阻 R4 接入与断开时的输出波形。

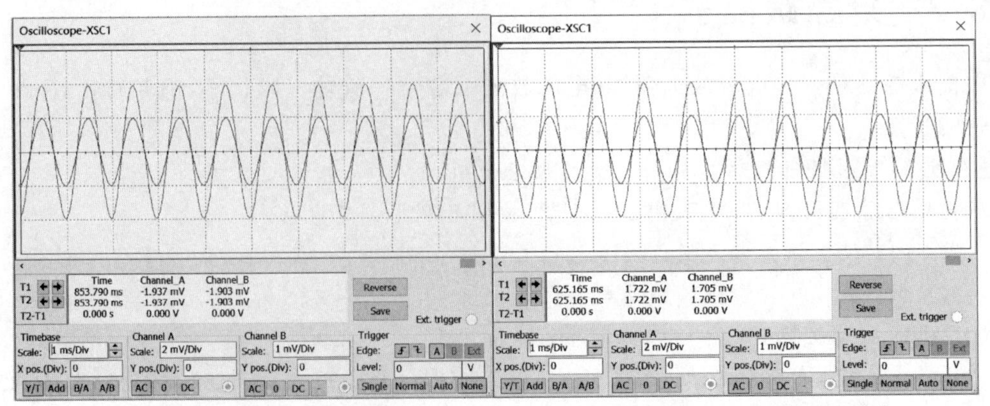

(a) 负载电阻R4接入时的输出波形 (b) 负载电阻R4断开时的输出波形

图 8.2.3 负载电阻 R4 接入与断开时的输出波形

（3）请读者自己分析。

（4）方法同例 8.2。

（5）方法同例 8.2。

8.3 差动放大器

差动放大器能放大差模电压、抑制共模电压，零点漂移小，且其输入阻抗高、输出阻抗低，具有良好的温度稳定性和较强的抗共模干扰能力。

【例 8.4】 长尾式差分放大电路的静态分析和动态分析。

解：新建电路原理图，操作步骤参见 2.2.5 节，按图 8.3.1 创建电路。

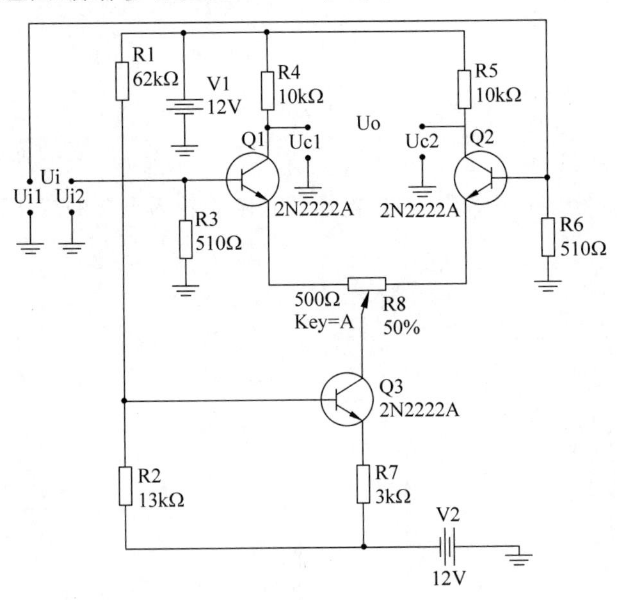

图 8.3.1 差动放大器电路图

（1）测量静态工作点。

测量静态工作点时需将输入信号短路，按图 8.3.2 所示放置电流表和电压表，测得 I_E = 1.148mA，U_{CE} = 6.903V。

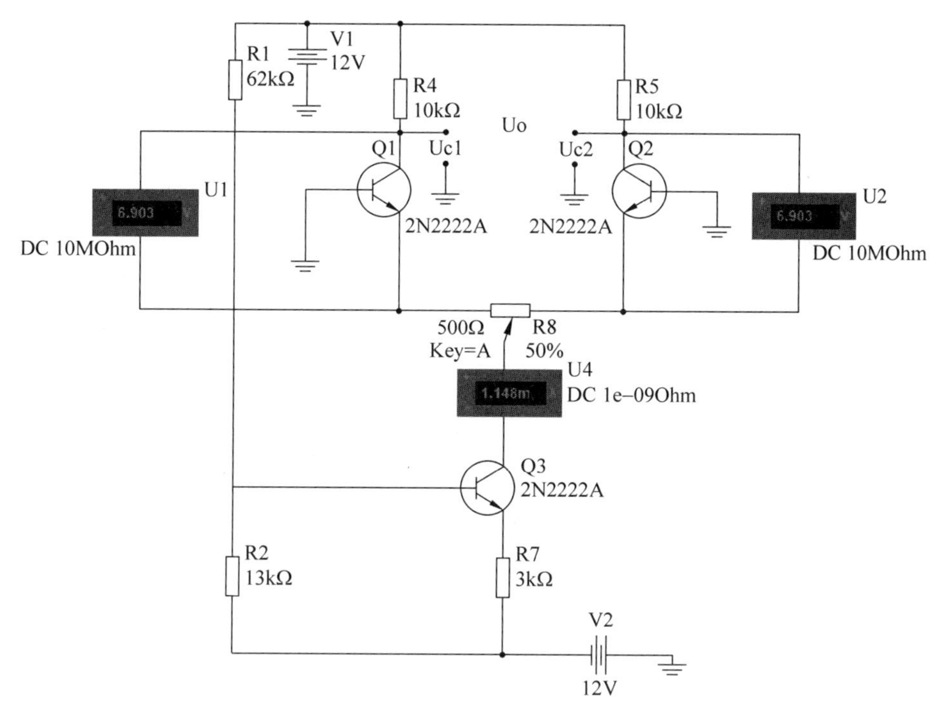

图 8.3.2 测量静态工作点电路

(2) 双端输入。

调出一电压为 0.1V 的直流信号,在图 8.3.1 中,"+"接 U_{i1},"-"接 U_{i2},分析 U_{C1} 和 U_{C2} 以及 U_O,分别计算差模放大倍数(即单端输出和双端输出)。

(3) 单端输入:调出一电压为 0.1V 直流信号,在图 8.3.1 中,"+"接 U_{i1},"-"接地,再分析 U_{C1} 和 U_{C2} 以及 U_O,计算差模放大倍数。

(4) 在 U_{i1} 端加入幅值为 0.05mV、频率为 1kHz 的交流信号,用示波器分别观察 U_{C1} 和 U_{C2} 以及 U_O 的波形,分析结果。

(2)、(3)、(4)请读者按步骤自己分析,并与理论值进行比较。

8.4 功率放大器

功率放大器是一种以输出较大功率为目的的放大电路,可以将低功率输入信号转换为高功率输出信号。它在各种电子设备中被广泛应用,包括音频放大器、无线通信系统和雷达系统等。功率放大器按电路形式可划分为 OCL 功率放大器和 OTL 功率放大器。

(1) OCL 乙类互补功率放大器。

电路如图 8.4.1 所示,打开电源开关,即可对比观察到输出、输入信号的波形和相位。关闭电源,可以观察到输出信号波形在过零处是不连续的,即交越失真,如图 8.4.2 所示。

(2) OCL 甲、乙类互补功率放大器。

电路如图 8.4.3 所示,打开开关电源,再关闭电源,可观察到输出信号波形在过零处已非常平滑,已基本消除了交越失真,如图 8.4.4 所示。

(3) OTL 甲、乙类互补功率放大器电路。

电路如图 8.4.5 所示,打开电源开关,可观察到输出信号波形无交越失真,如图 8.4.6 所示。

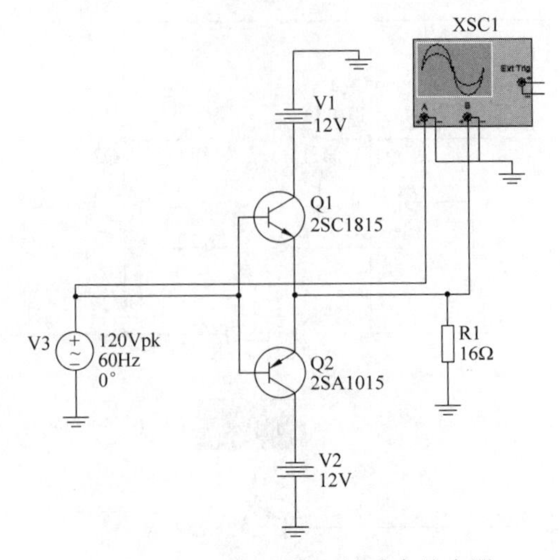

图 8.4.1　OCL 乙类互补功率放大器

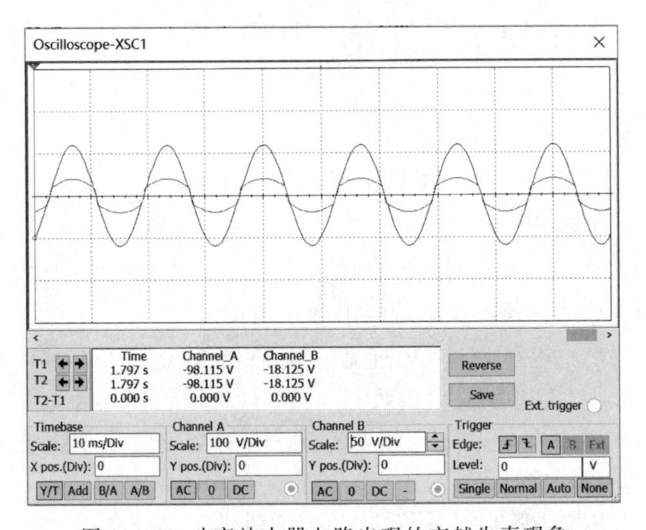

图 8.4.2　功率放大器电路出现的交越失真现象

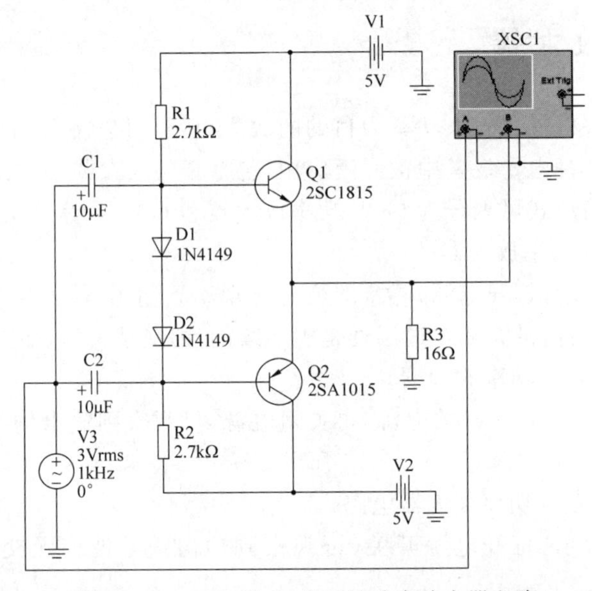

图 8.4.3　OCL 甲、乙类互补功率放大器电路

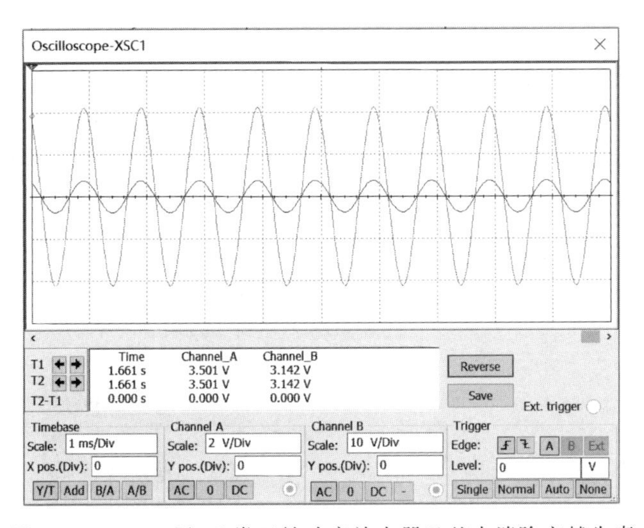

图 8.4.4　OCL 甲、乙类互补功率放大器已基本消除交越失真

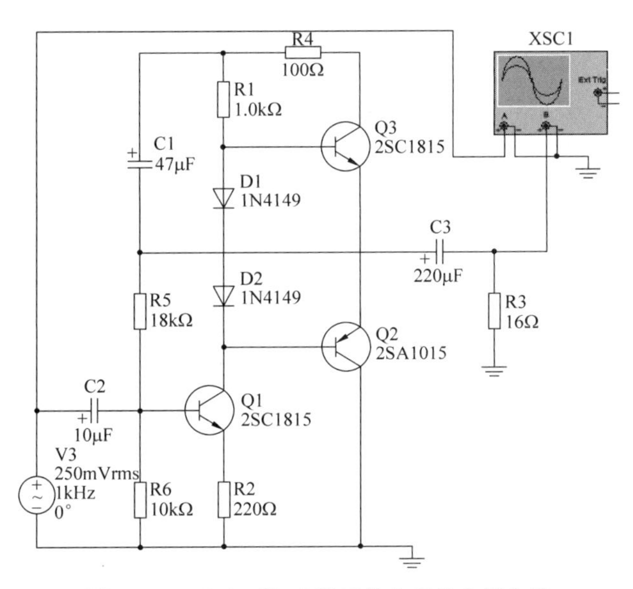

图 8.4.5　OTL 甲、乙类互补功率放大器电路

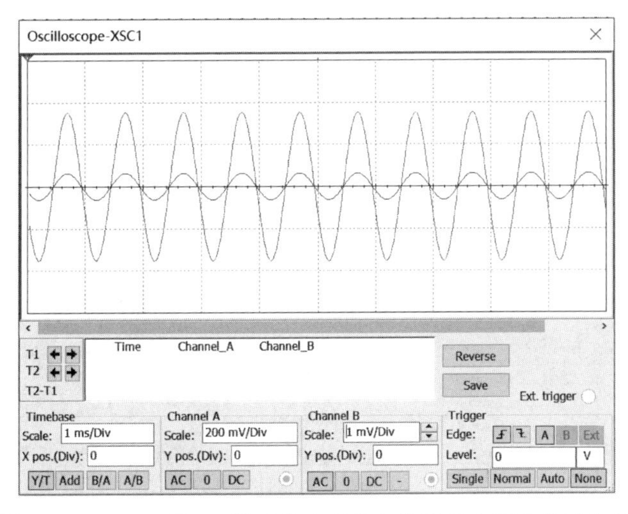

图 8.4.6　OTL 甲、乙类互补功率放大器已基本消除交越失真

8.5 运算放大器的应用 1

运算放大器是一种集成电路，具有高增益、输入阻抗大、输出阻抗小的特点。它是现代电子电路设计中最重要的模拟集成电路之一，广泛应用于各种电子设备和系统中。

(1) 方波发生器。

电路如图 8.5.1 所示，观察 741 的 2 脚和振荡器输出端的波形；改变 R5 可以调整电路的振荡频率(参考波形如图 8.5.2 所示)，用频率计测量振荡器的频率。

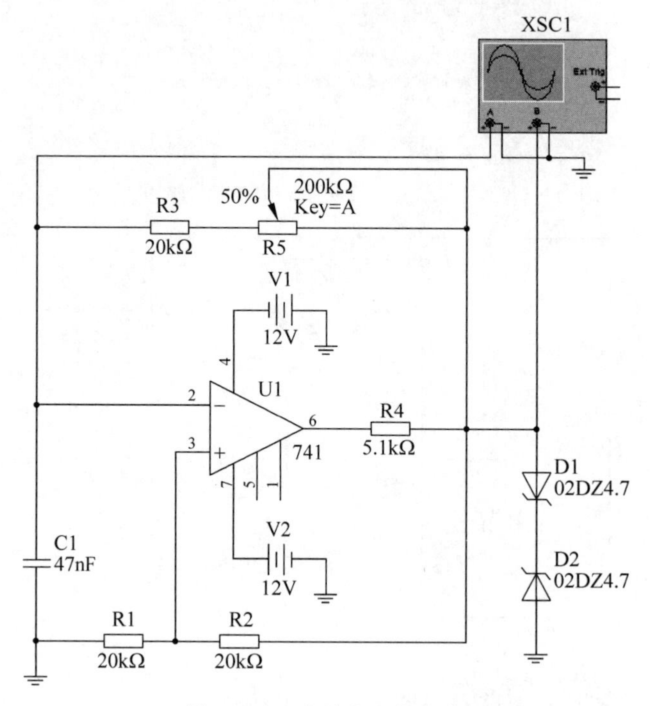

图 8.5.1 方波发生器电路

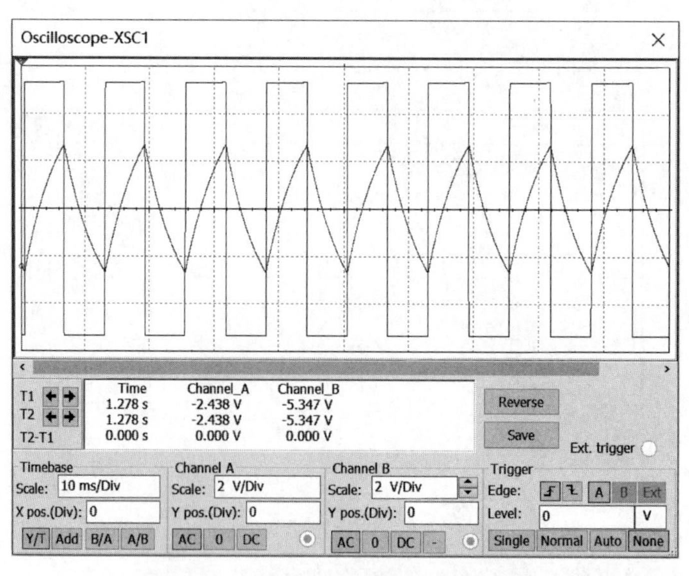

图 8.5.2 方波发生器输出端波形图

（2）占空比可调的矩形波发生器。

电路如图 8.5.3 所示，打开电源开关，即可观察到信号波形如图 8.5.4 所示，按动 A 键，可使脉冲宽度增加；同时按 Shift＋A 键，可使脉冲宽度减小。

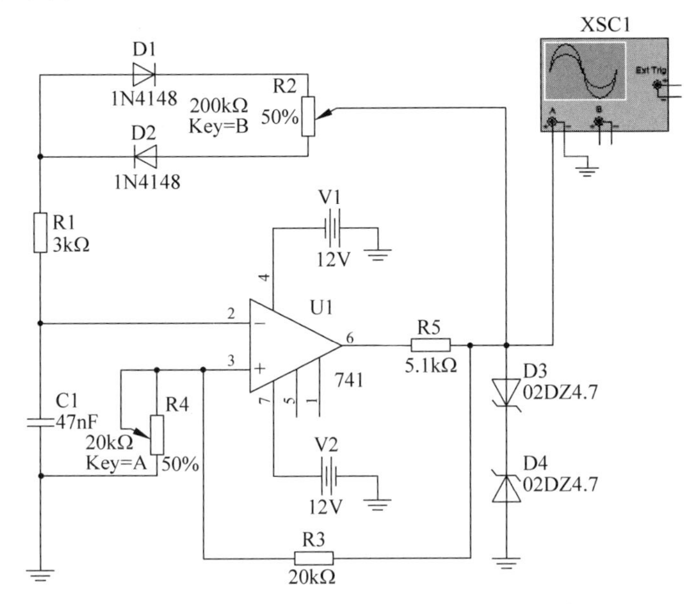

图 8.5.3 占空比可调的矩形波发生器电路

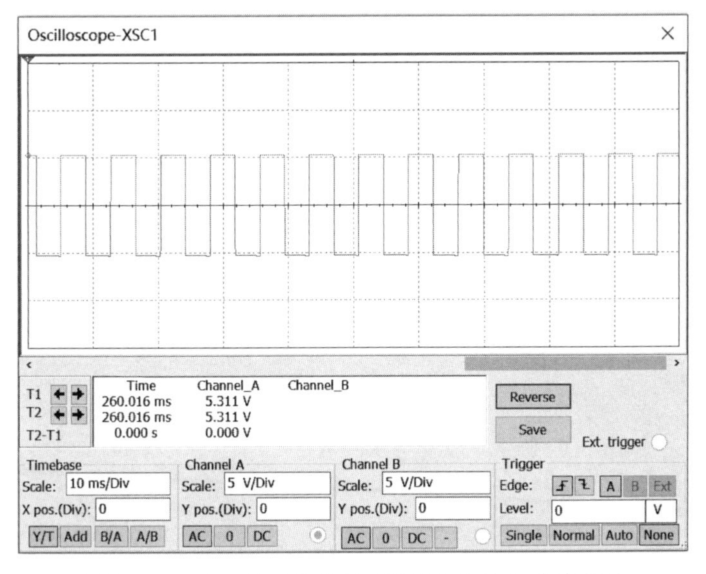

图 8.5.4 占空比可调的矩形波发生器输出端波形图

（3）三角波发生器。

三角波发生器电路图如图 8.5.5 所示，三角波发生器输出端波形图如图 8.5.6 所示。

（4）锯齿波发生器。

电路如图 8.5.7 所示，打开电源开关，即可观察到波形如图 8.5.8 所示。

（5）文氏正弦波振荡器电路。

文氏正弦波振荡器电路如图 8.5.9 所示，观察文氏正弦波振荡器的起振过程，记录起振时间。然后观察文氏振荡器产生的正弦波，读出周期，计算振荡频率。观察 R4 阻值的变化对文氏正弦波振荡器的影响。

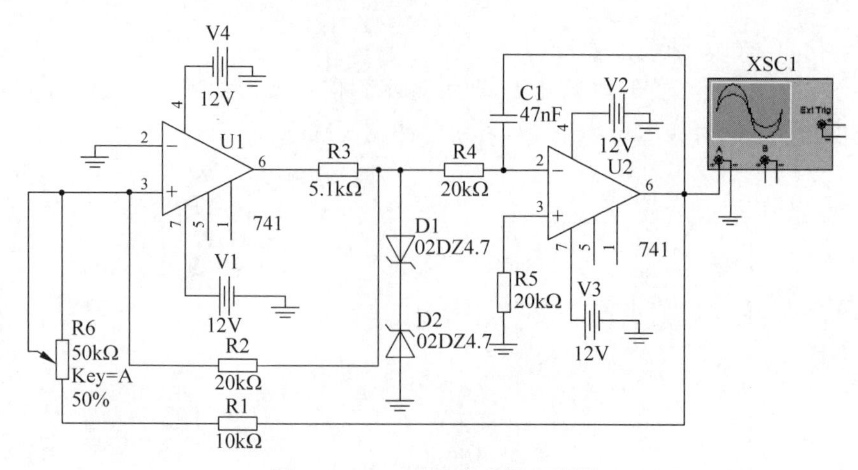

图 8.5.5　三角波发生器电路图

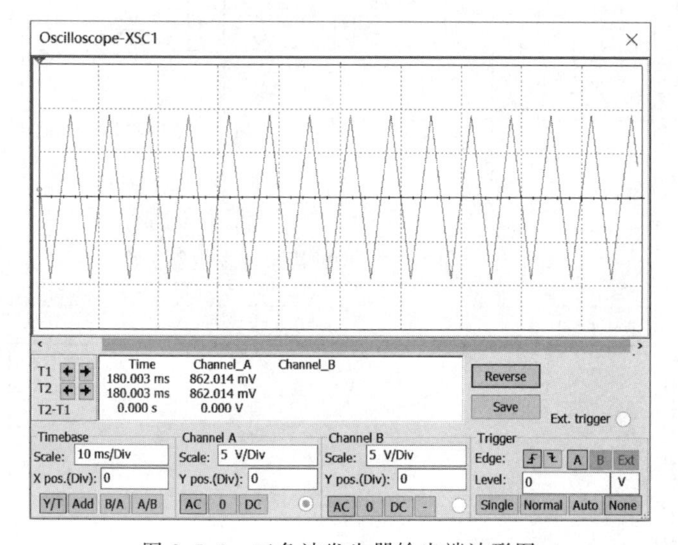

图 8.5.6　三角波发生器输出端波形图

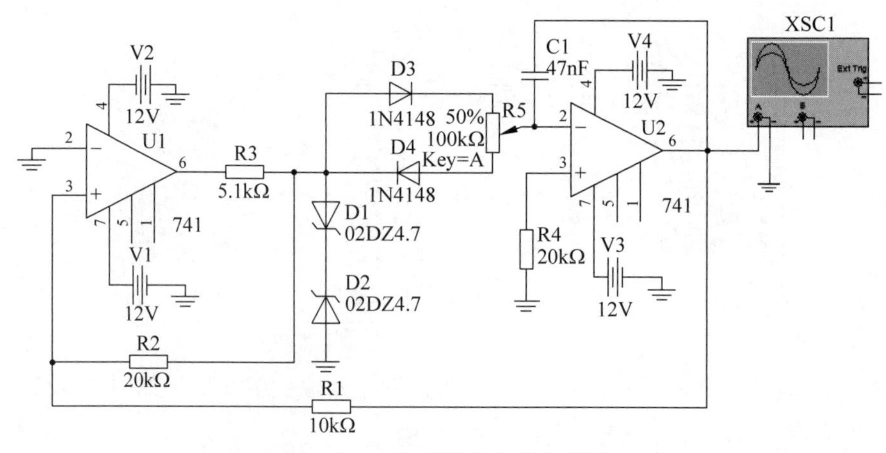

图 8.5.7　锯齿波发生器电路图

新建电路原理图，操作步骤参见 2.2.5 节，按图 8.5.9 创建电路。

① 观察文氏正弦波振荡器电路的起振过程。打开仿真开关，双击示波器，观察文氏正弦波振荡器的起振过程，这个过程大约需要 600ms。

② 观察文氏正弦波振荡器产生的正弦波。测量结果如图 8.5.10 所示。

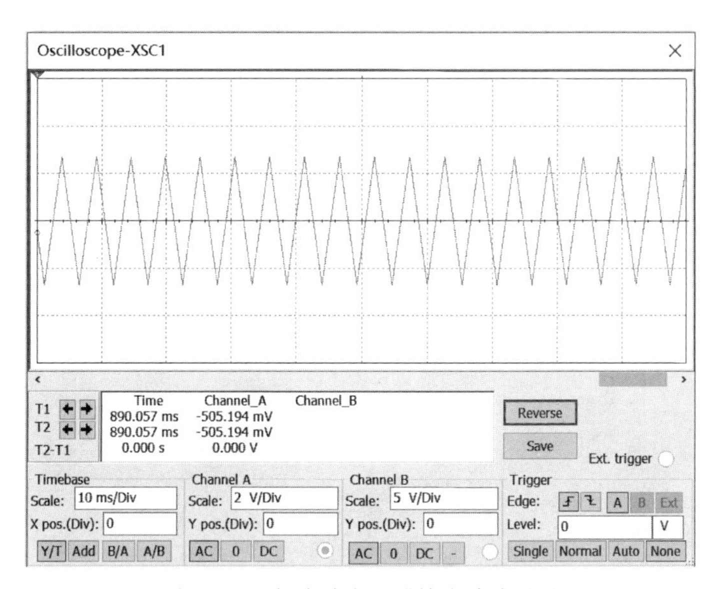

图 8.5.8 锯齿波发生器输出端波形图

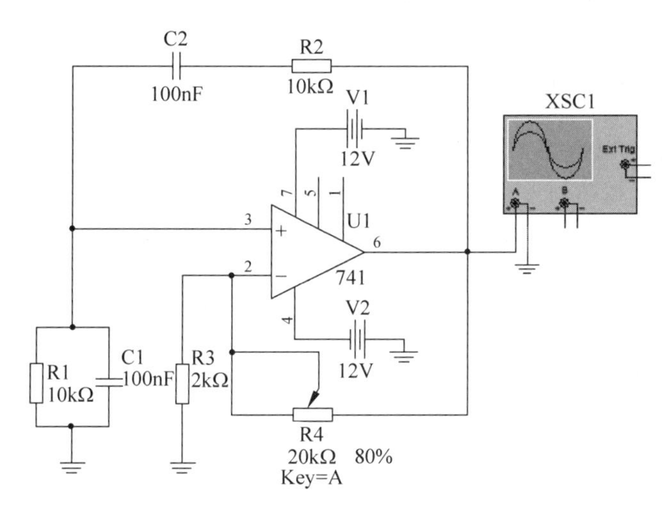

图 8.5.9 文氏正弦波振荡器电路

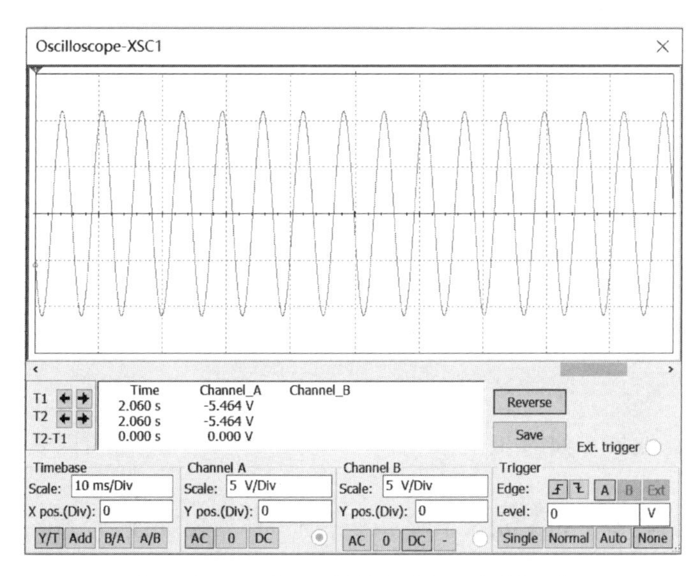

图 8.5.10 文氏正弦波振荡器的输出波形

③ 调整 R4 的阻值,再观察文氏正弦波振荡器的起振过程及产生的输出波形。阻值改变后,起振时间发生变化,输出波形严重失真,测量结果如图 8.5.11 所示。

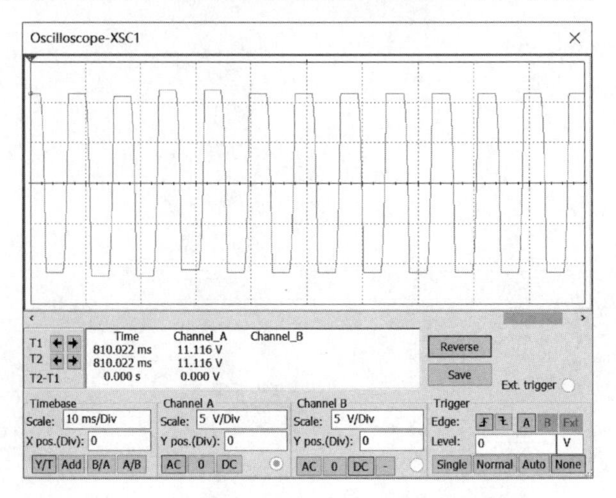

图 8.5.11 文氏正弦波振荡器输出波形失真

8.6 运算放大器的应用 2

滤波器是一种能够滤除不需要的频率分量、保留有用频率分量的电路。工程上常用于数字信号处理、数据传送和抑制干扰等方面。利用运算放大器和无源器件(R、L、C)构成有源滤波器,具有一定的电压放大和输出缓冲作用。按滤除频率分量的范围来分,有源滤波器可分为低通滤波器、高通滤波器、带通滤波器和带阻滤波器。

(1) 有源低通滤波器。如图 8.6.1 所示为一阶有源低通滤波器,图 8.6.2 为一阶有源低通滤波器幅频特性。

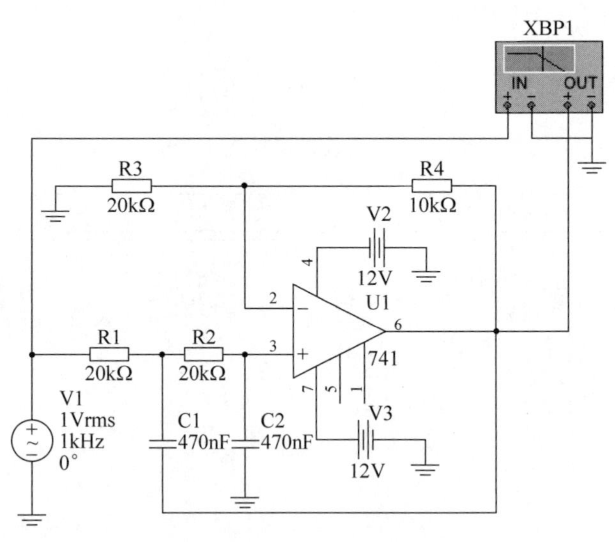

图 8.6.1 一阶有源低通滤波器

(2) 有源高通滤波器。如图 8.6.3 所示为一阶有源高通滤波器,图 8.6.4 为一阶有源高通滤波器幅频特性。

(3) 有源带阻滤波器。如图 8.6.5 所示为一阶有源带阻滤波器,图 8.6.6 为一阶有源带阻滤波器幅频特性。

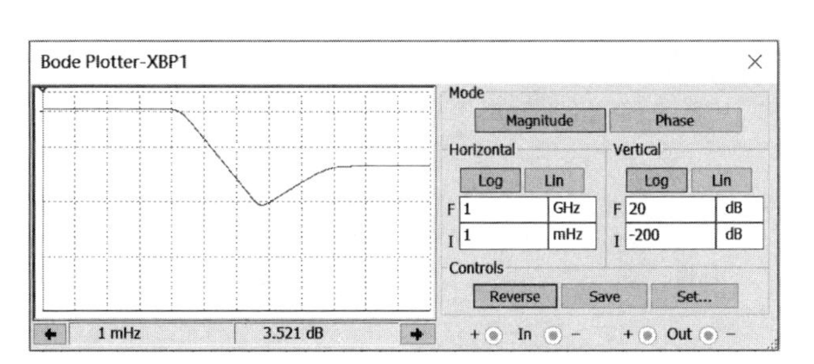

图 8.6.2 一阶有源低通滤波器幅频特性

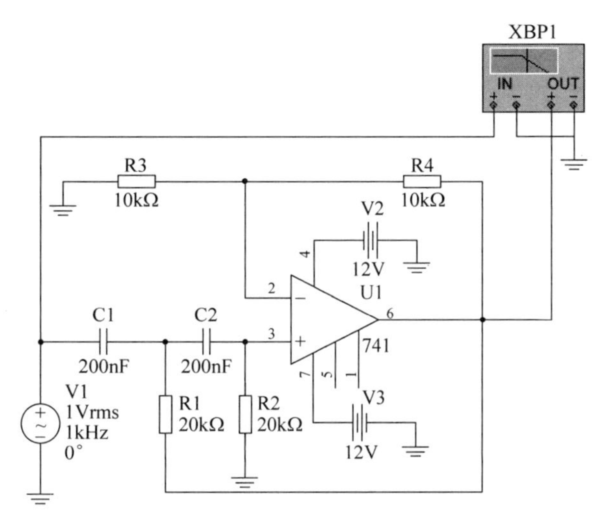

图 8.6.3 一阶有源高通滤波器

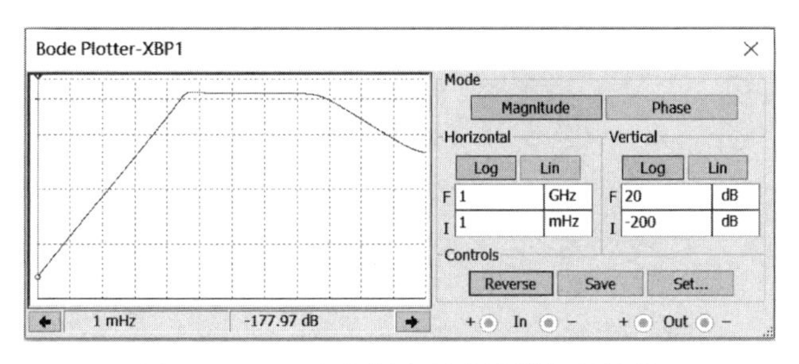

图 8.6.4 一阶有源高通滤波器幅频特性

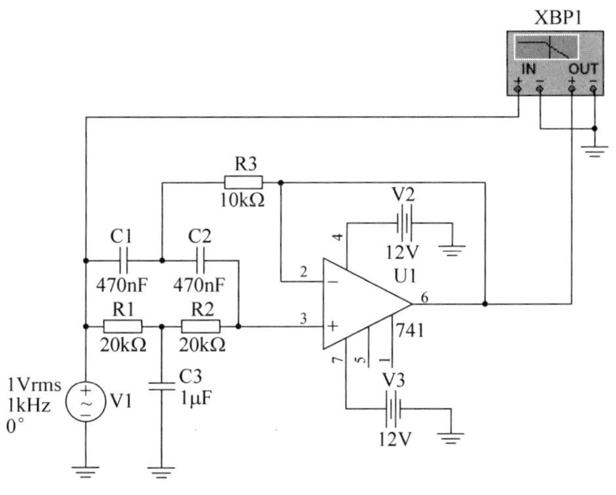

图 8.6.5 一阶有源带阻滤波器

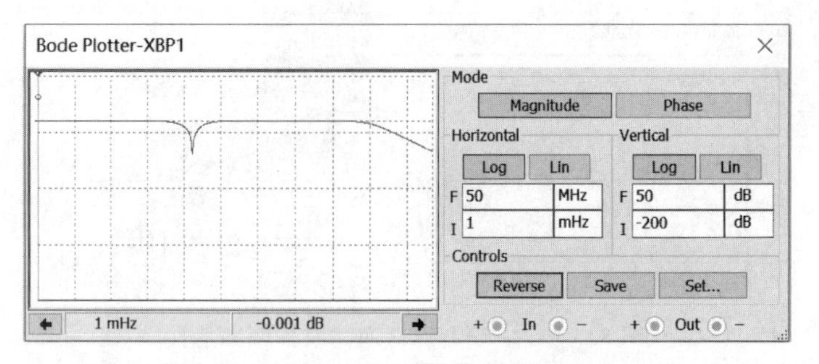

图 8.6.6 一阶有源带阻滤波器幅频特性

(4) 有源带通滤波器。如图 8.6.7 所示为一阶有源带通滤波器,图 8.6.8 为一阶有源带通滤波器幅频特性。

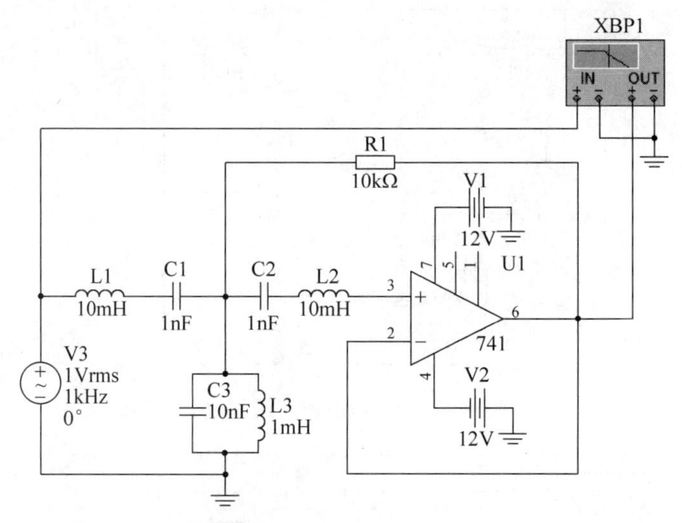

图 8.6.7 一阶有源带通滤波器

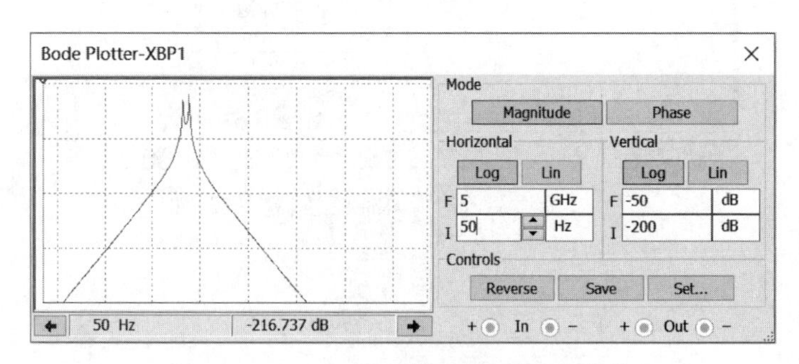

图 8.6.8 一阶有源带通滤波器幅频特性

8.7 直流稳压电源

直流稳压电源的主要作用是提供一个稳定的直流电源给负载设备。它的供电电源通常是交流电源,通过整流和滤波电路将交流电转换为直流电,然后通过稳压电路确保输出的直流电压稳定,不受交流电网电压波动和负载变化的影响,常见的稳压电源有三端稳压电源和输出电压可调的稳压电源。

(1) 三端稳压电源。

图 8.7.1 所示为三端稳压电源，所用集成芯片为 LM7812CT，当开关放在不同的位置上时，可以分别从万用表上读取输出端电压值。

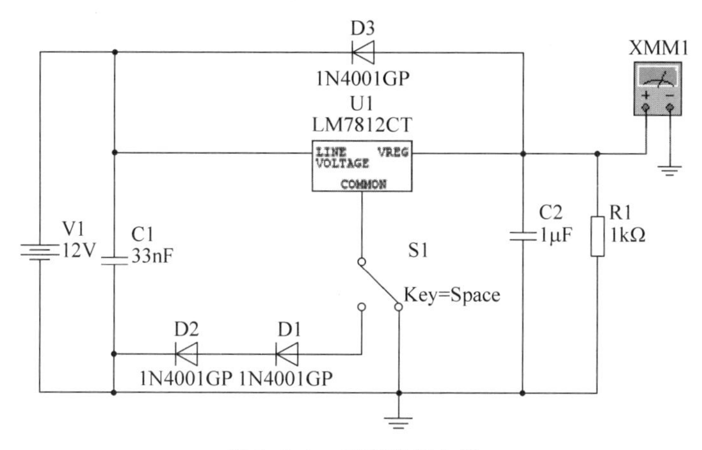

图 8.7.1 三端稳压电源

(2) 输出电压可调的稳压电源。

图 8.7.2 所示为输出电压可调的稳压电源，调整 R1 的大小，得到一连续可调的稳压电源。

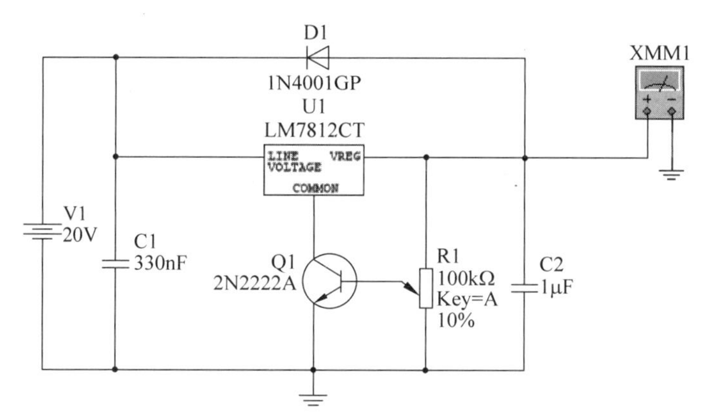

图 8.7.2 输出电压可调的稳压电源

8.8 负反馈放大电路

负反馈放大电路能够有效改善放大电路的性能，如稳定放大倍数、改变输入电阻和输出电阻、减少非线性失真、扩展频带等。

【例 8.5】 电压串联负反馈放大电路性能分析。

新建电路原理图，操作步骤参见 2.2.5 节，按图 8.8.1 创建电路。本电路中引入了电压串联负反馈，按如下步骤进行仿真。

(1) 在信号输入端加入 $f=1\text{kHz}, U_i=0.1\text{mV}$ 的正弦信号。

(2) 配置示波器，运行仿真，调节电位器 Rp，使输出信号波形最大且不失真。

(3) 断开 ab、cd (可以用单刀开关代替)；连接 ad，运行仿真。再调节电位器 Rp，使输出信号波形最大且不失真，记录信号的输入、输出幅度，计算增益；测量放大器主网络的输入输出电阻；用波特图仪测量幅频特性曲线和相频特性曲线。

(4) 断开 ad，连接 ab、cd，运行仿真，记录信号输入输出幅度，计算增益；测量放大器有反馈时的输入/输出电阻；用波特图仪测量幅频特性曲线和相频特性曲线。

(5) 测量a点与地的电压U_f和U_{01}，计算反馈深度。

(6) 对(3)～(5)的结果进行比较，分析负反馈对放大器性能的影响。

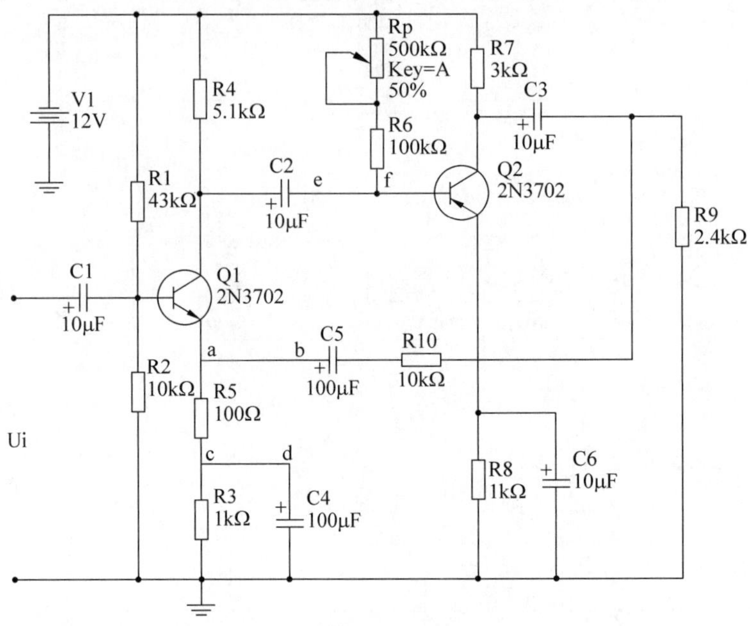

图 8.8.1 电压串联负反馈放大电路

解：满足(1)和(2)的电路如图8.8.2所示，其波形图如图8.8.3所示，信号的设置在8.1节中已经阐述过，这里不再赘述，请读者自行设置。

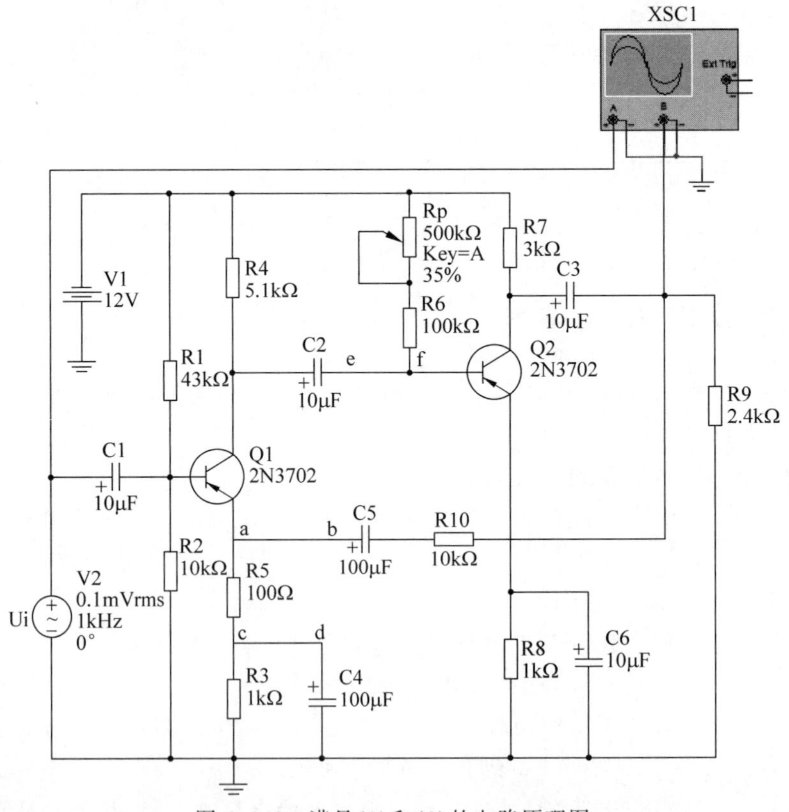

图 8.8.2 满足(1)和(2)的电路原理图

按键盘上的 A 键使 Rp 增大，按 Shift+A 键使 Rp 减小，调整合适的 Rp 使输出波形最大且不失真，从波形图上可以读出输出信号幅值的最大值。

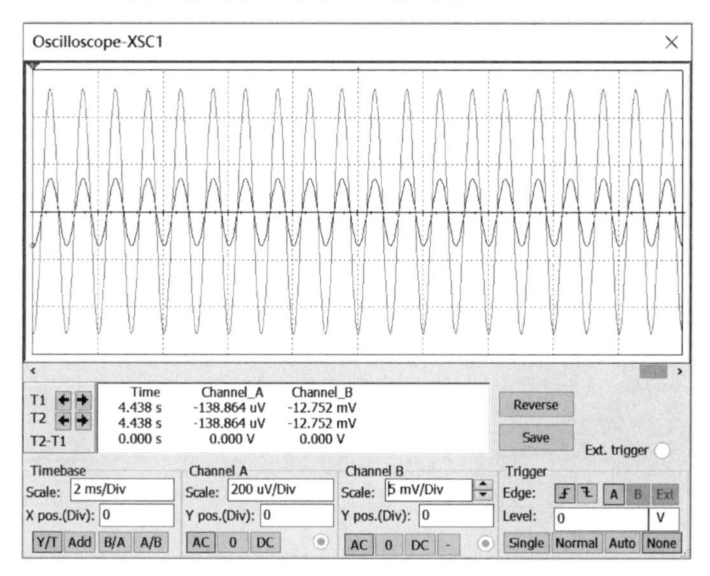

图 8.8.3 图 8.8.2 的波形图

(3) 电路的连接如图 8.8.4 所示，从波形图上读出输入/输出信号幅度的最大值，计算增益。放大器主网络的输入/输出电阻的计算方法与例 8.2 相同；波形图如图 8.8.5 所示；用波特图仪测量幅频特性曲线和相频特性曲线，曲线如图 8.8.6 所示。

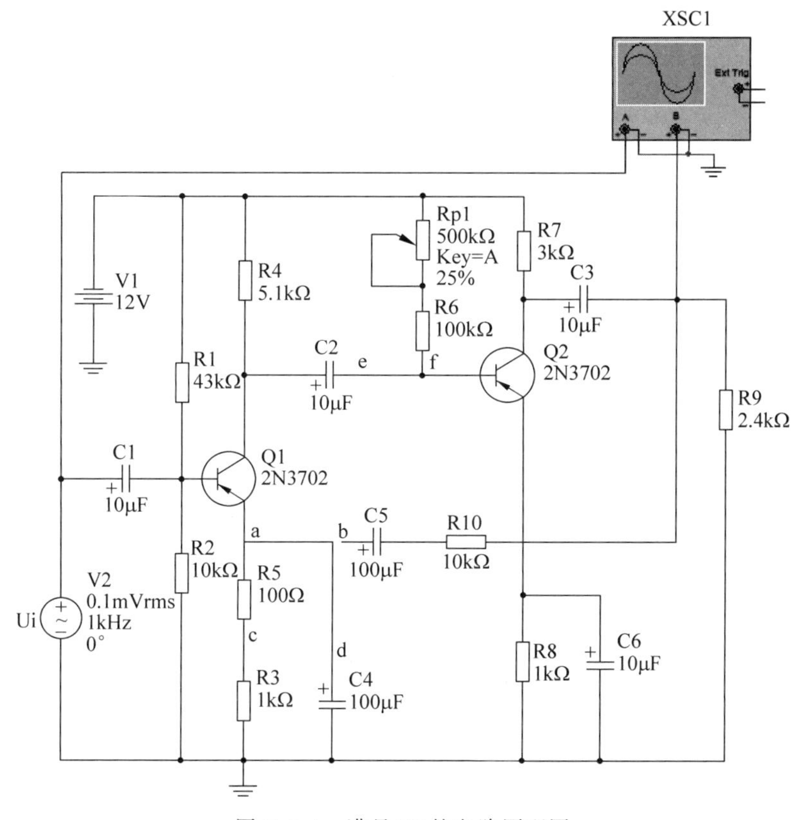

图 8.8.4 满足(3)的电路原理图

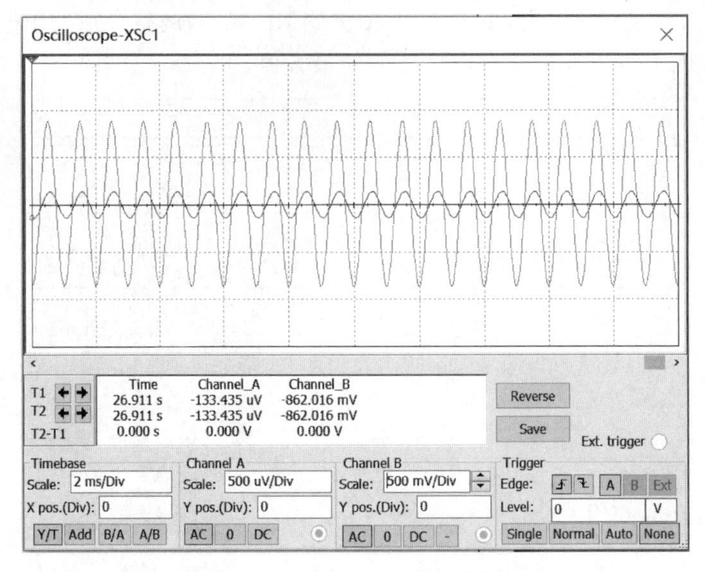

图 8.8.5　图 8.8.4 的波形图

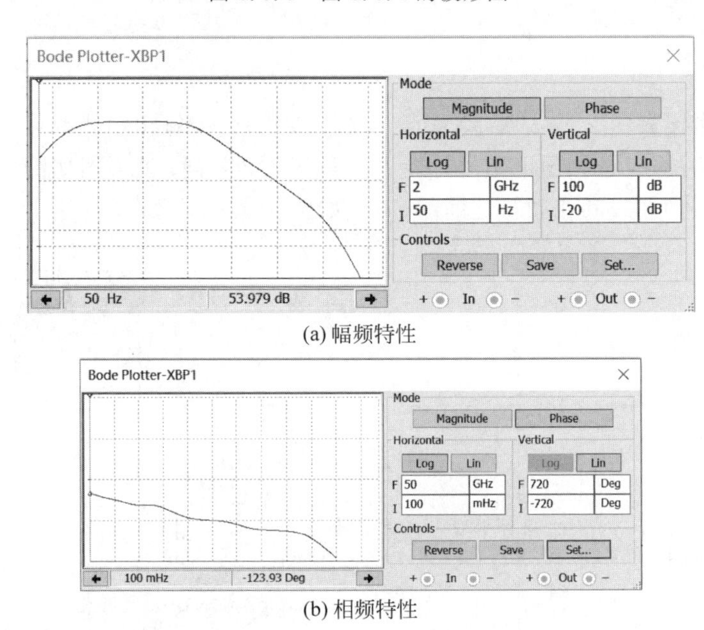

(a) 幅频特性

(b) 相频特性

图 8.8.6　幅频特性和相频特性

(4) 的解答同(3)一样，只是对应的电路图发生改变，请读者自行分析。

在(5)中，用万用表分别测量两个电压，利用公式直接计算。

综上分析可以看出，负反馈的加入使得放大电路的放大倍数减小，提高了放大倍数的稳定性。由于本题分析的是电压串联负反馈，通过输入/输出电阻前后比对，可知电压串联负反馈使输入电阻增大，输出电阻减小。其他类型的负反馈对放大电路的影响，读者可按此步骤自行分析、总结。

第9章 Multisim 14 在数字电路中的应用

CHAPTER 9

本章主要介绍 Multisim 14 在数字电路中的应用。

9.1 晶体管的开关特性

数字电路中常用的晶体管(晶体二极管、晶体三极管和场效应管)都具有开关特性。

9.1.1 晶体二极管的开关特性

晶体二极管(简称二极管)是由 PN 结构构成,具有单向导电的特性。

【例 9.1】 验证晶体二极管的开关特性。

解: 新建电路原理图,操作步骤参见 2.2.5 节。按图 9.1.1 创建电路,由图可见,二极管加正向电压时,二极管压降 $U=0.687\text{V}\approx 0$,相当于开关闭合(见图 9.1.1(a));二极管加反向电压时,二极管压降 $U=-4.994\text{V}$,说明电路中电流近似为 0,相当于开关断开(见图 9.1.1(b))。

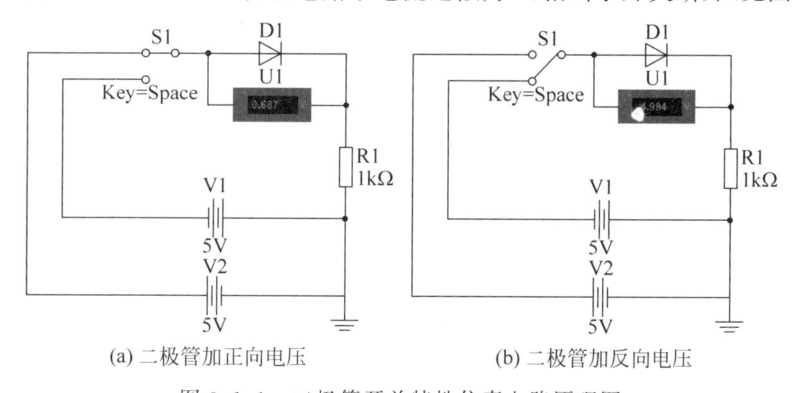

图 9.1.1 二极管开关特性仿真电路原理图

9.1.2 晶体三极管的开关特性

晶体三极管(简称三极管)是电流控制元件,具有电流放大作用和开关特性。晶体三极管的开关特性是指三极管工作在饱和区和截止区。

【例 9.2】 验证晶体三极管的开关特性。

解: 新建电路原理图,操作步骤参见 2.2.5 节。按图 9.1.2 创建电路,XFG1(Function generator,函数信号发生器)输出 1kHz、2.7Vp 的正弦波,双击 XSC1(Oscilloscope,示波器),观察输入和输出信号波形。如图 9.1.3 所示,Oscilloscope-XSC1 对话框显示,当输入信号幅度小于三极管的门限电压时,三极管截止输出为高电平 1;当输入信号幅度大于三极管的门限电压时，三极管饱和导通输出为低电平 0。

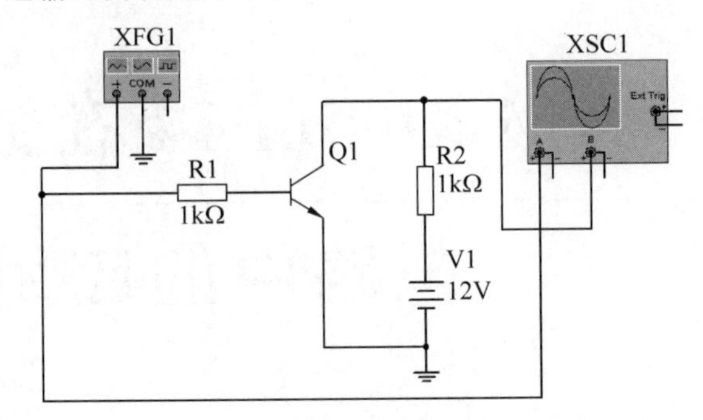

图 9.1.2 三极管的开关特性仿真电路原理图

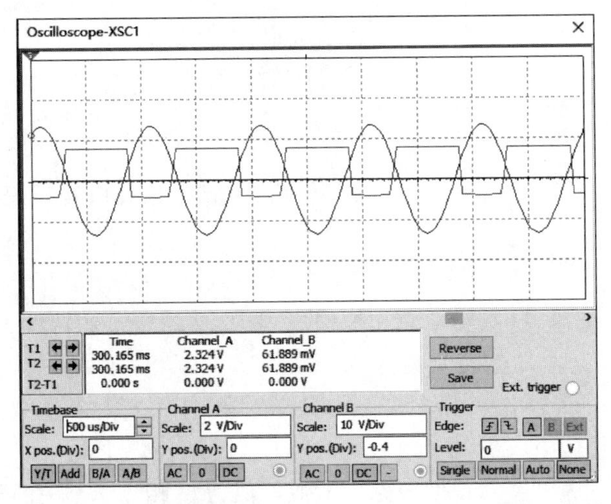

图 9.1.3 Oscilloscope-XSC1 对话框(显示三极管开关特性的输入与输出信号波形)

9.1.3 场效应管的开关特性

场效应管(MOS 管)是电压控制元件，具有与晶体三极管相似的非线性特性。

【例 9.3】 验证 MOS 管的开关特性。

解：新建电路原理图，操作步骤参见 2.2.5 节。按图 9.1.4 创建电路，其中 Q2 为输入管，Q1 为负载管(此管总导通)。对于 Q2 管，当 G、S 两端加正向电压时，D、S 导通，相当于开关闭合；当 G、S 两端加反向电压时，D、S 截止，相当于开关断开。在 Multisim 14 主界面中，单击“仿真”按钮，双击 XLC1(Logic converter，逻辑转换仪)，得到对应的真值表和逻辑函数，如图 9.1.5 所示。

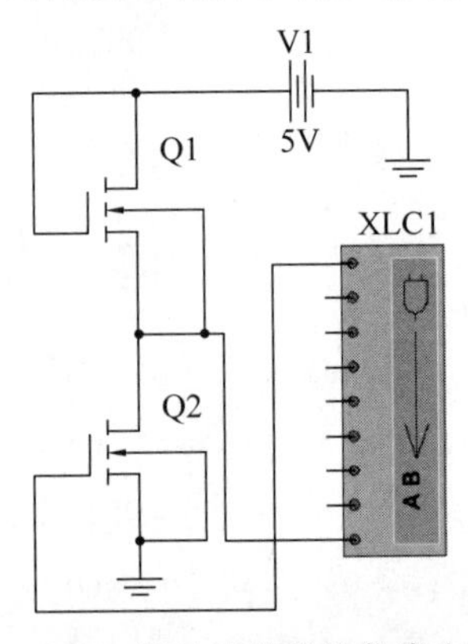

图 9.1.4 MOS 管的开关特性仿真电路原理图

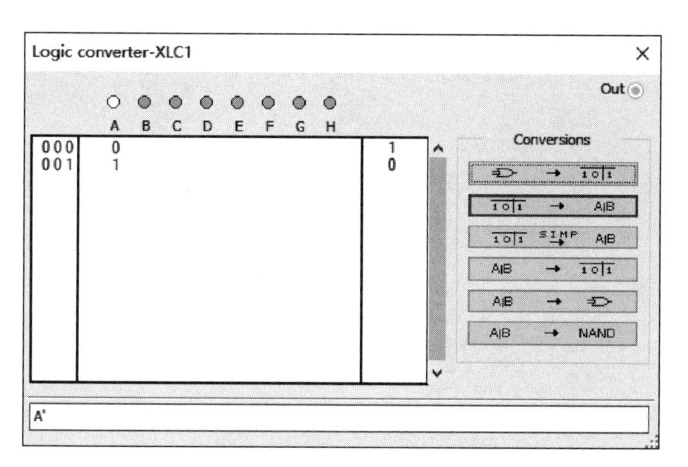

图 9.1.5 Logic converter-XLC1 对话框(显示分析结果)

9.2 组合逻辑电路的应用

数字电路分为组合逻辑电路和时序逻辑电路两种。组合逻辑电路的输出变量状态完全由当时的输入变量的组合状态决定,而与电路的原来状态无关,也就是组合逻辑电路不具有记忆功能,组成组合逻辑电路的单元电路是逻辑门电路。

9.2.1 逻辑门电路的功能测试

逻辑门电路最基本的逻辑关系有与、或、非,常用的逻辑门电路主要包括与门电路、或门电路、非门电路、与非门电路、或非门电路、异或门电路、同或门电路、三态门电路、与非 TTL OC 门电路等。本节将利用 Word generator(字信号发生器)、Logic Analyzer(逻辑分析仪)和发光二极管等,对逻辑门电路的功能进行测试。

【例 9.4】 验证与非门电路的逻辑功能。

解:新建电路原理图,操作步骤参见 2.2.5 节。按图 9.2.1(a)创建电路,由 XWG1(Word generator)作为与非门电路的输入信号,并设置 Word generator-XWG1 对话框按 00→01→10→11→00→01→10→11……顺序循环(见图 9.2.1(b))。发光二极管 LED1、LED2、LED3 指示输入/输出的高低电平。用 Logic Analyzer-XLA1 对话框显示与非门电路输入信号和输出信号波形,如图 9.2.2 所示。

注意:图 9.2.1 所示电路中出现了数字电源(VCC)和数字地(GND),它们可以不予连接,但调入电路中是必要的,它们默认与数字器件的电源和地连接。

【例 9.5】 测试三态门电路的逻辑功能。

解:新建电路原理图,操作步骤参见 2.2.5 节。按图 9.2.3 创建电路,在 Multisim 14 主界面中,单击“仿真”按钮,逻辑探针 X2 显示输入状态;逻辑探针 X1 显示输出状态。用普通开关 S2 控制使能端的状态,当使能端为 1 时,输出等于输入,两个逻辑探针同时亮灭;当使能端为 0 时,输出呈高阻状态,无论输入为何状态,输出都为 0。

【例 9.6】 与非 TTL OC 门电路的逻辑功能测试及应用。

解:新建电路原理图,操作步骤参见 2.2.5 节。与非 TTL OC 门的集电极是开路的,需要外加电源和上拉电阻,如图 9.2.4 所示是与非 TTL OC 门电路 74LS22D,它可直接驱动继电器,当开关 S1、S2、S3、S4 中至少有一个输入为低电平 0 时,并且开关 S5 闭合,即与非 TTL OC 门

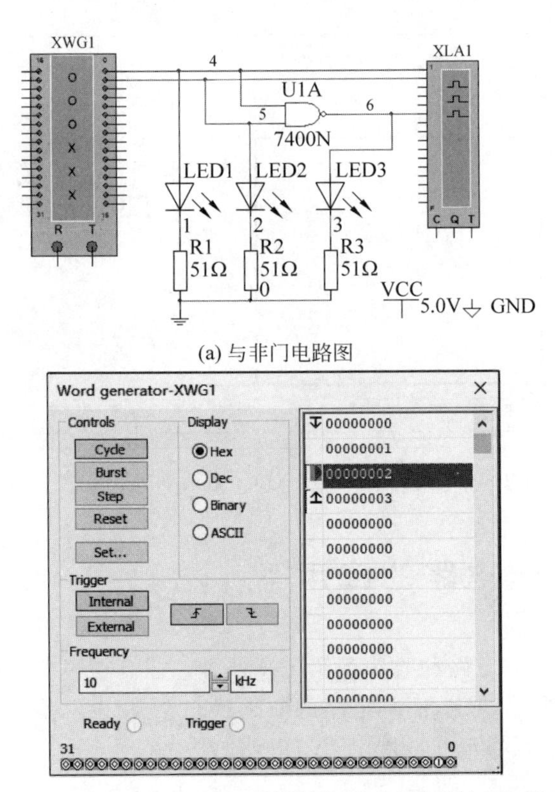

(a) 与非门电路图

(b) Word generator-XWG1对话框(显示与非门电路输入信号)

图 9.2.1　与非门电路的逻辑功能验证

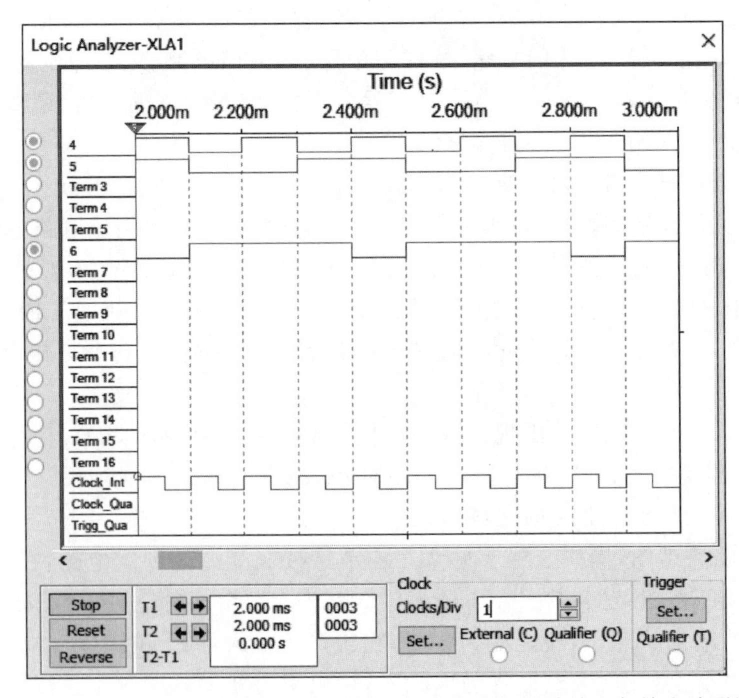

图 9.2.2　Logic Analyzer-XLA1 对话框(显示与非门电路输入与输出波形图)

电路的集电极加上电源和上拉电阻时继电器闭合，灯 X1 亮。用 Multimeter(XMM1，万用表)测与非 TTL OC 门电路的输出信号电压值。

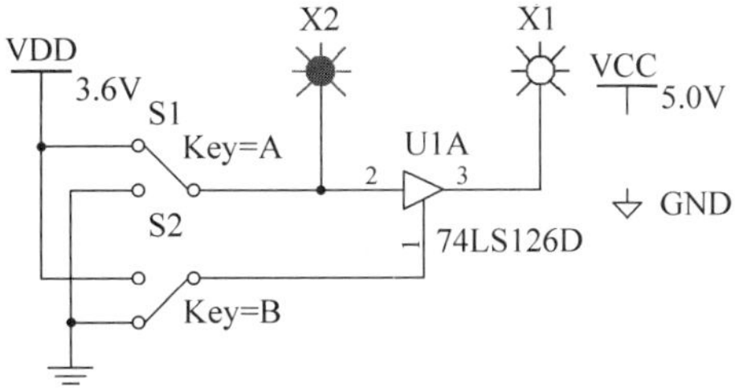

图 9.2.3 三态门电路的逻辑功能测试电路原理图

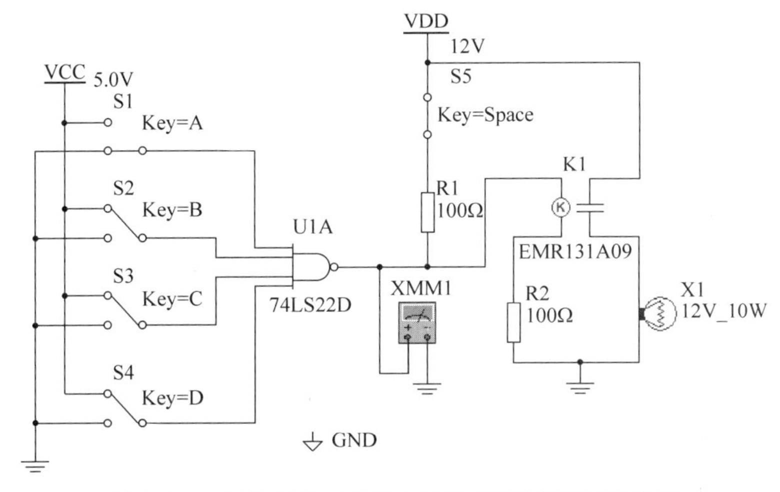

图 9.2.4 与非 TTL OC 门电路的逻辑功能测试及应用

9.2.2 逻辑门电路的逻辑变换

逻辑门电路输入与输出之间的逻辑关系，可以用逻辑门电路图、真值表、逻辑关系表达式表示，并且三者之间可相互转换。

【例 9.7】 如图 9.2.5 所示为逻辑门电路图，求真值表和最简逻辑关系表达式。

解：新建电路原理图，操作步骤参见 2.2.5 节。按图 9.2.5 创建电路，通过 XLC1，得出对应的真值表和最简逻辑关系表达式，如图 9.2.6 所示。

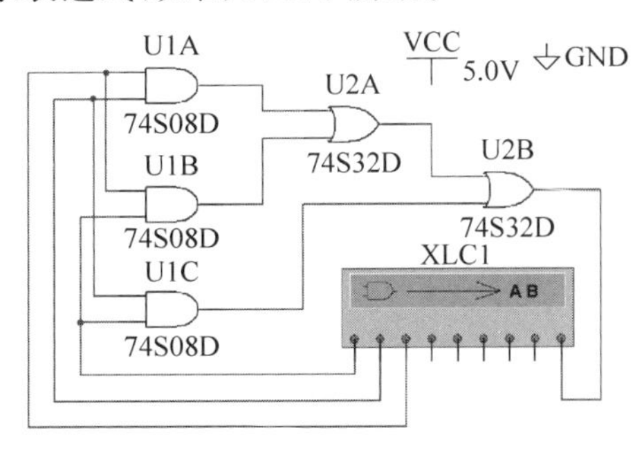

图 9.2.5 逻辑门电路图

【例 9.8】 根据逻辑关系表达式 $F=AB+\overline{A}B+C$，求逻辑门电路图。

解：新建电路原理图，操作步骤参见 2.2.5 节。如图 9.2.7 所示，在 Logic converter-XLC1 对话框最底部一行空位置中，输入该逻辑关系表达式，然后单击 AIB → (逻辑关系表达式到逻辑门电路图）按钮，相应的逻辑门电路图如图 9.2.8 所示。

【例 9.9】 化简下列包含无关项的逻辑关系表达式：$F=\sum m(2,4,6,8)+\sum d(0,1,13)$，

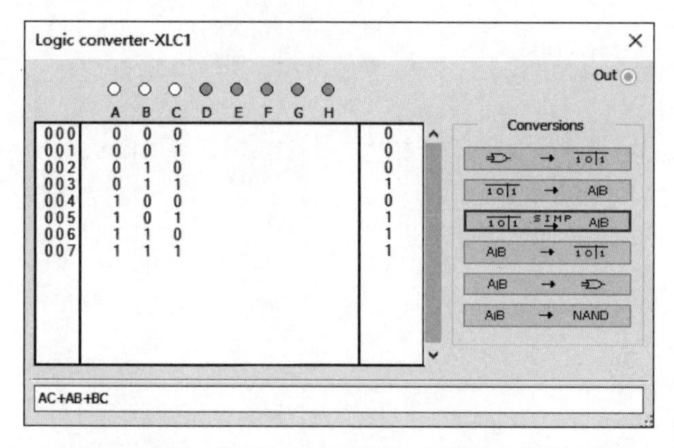

图 9.2.6 Logic converter-XLC1 对话框(显示逻辑门电路的真值表和最简逻辑关系表达式)

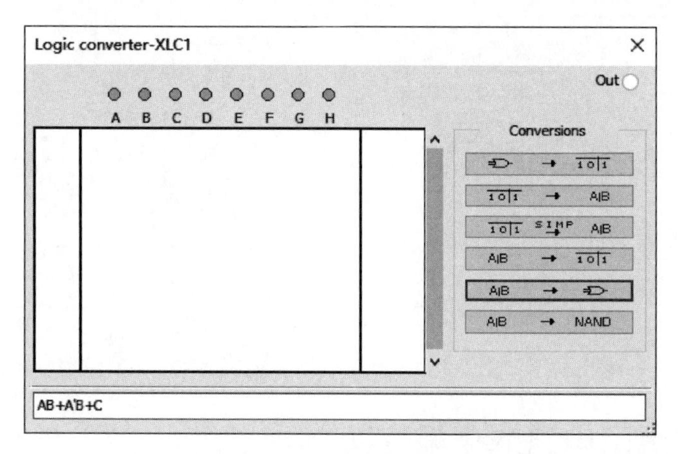

图 9.2.7 Logic converter-XLC1 对话框(显示输入的逻辑关系表达式)

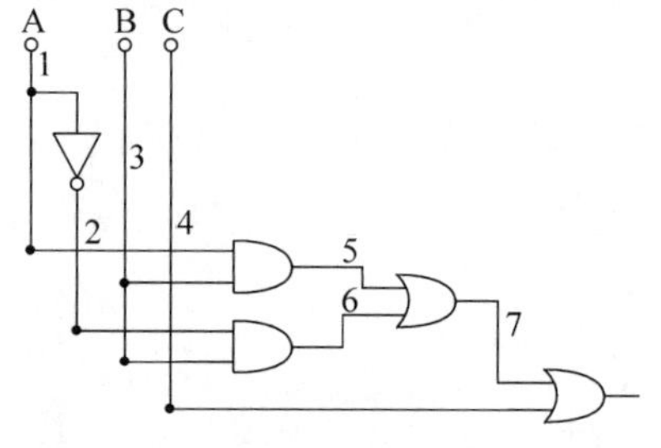

图 9.2.8 由逻辑关系表达式到逻辑门电路图的转换

并画出由与非门电路组成的最简逻辑关系表达式的逻辑门电路图。

解:新建电路原理图,操作步骤参见 2.2.5 节。因为该逻辑关系表达式中最大的项数为 13,所以应该从 Logic converter-XLC1 对话框的顶部选择四个输入端(A、B、C、D)选项,此时真值表区会自动出现输入信号的所有组合,而右边输出列的初始值全部为零,根据逻辑关系表达式改变真值表的输出值(1、0 或 X),单击"?"按钮,其值在 0、1、X 间变化,得到真值表如图 9.2.9 所示。在 Logic converter-XLC1 对话框中,单击 (真值表到最简逻辑关系表达式)按钮,相应的逻辑关系表达式就会出现在 Logic converter-XLC1 对话框底部的逻辑关系表达式栏内。这样就得到了该式的最简逻辑关系表达式:$F=\overline{A}\,\overline{D}+\overline{B}\,\overline{C}\,\overline{D}$。

在求最简逻辑关系表达式基础上,单击 (逻辑关系表达式到与非门电路图)按钮,相应的逻辑门电路图如图 9.2.10 所示。

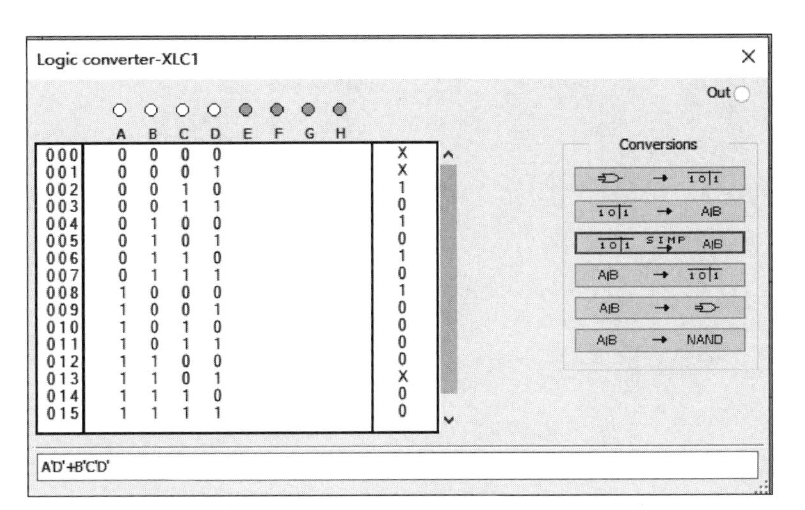

图 9.2.9　Logic converter-XLC1 对话框(显示真值表到最简逻辑关系表达式的转换)

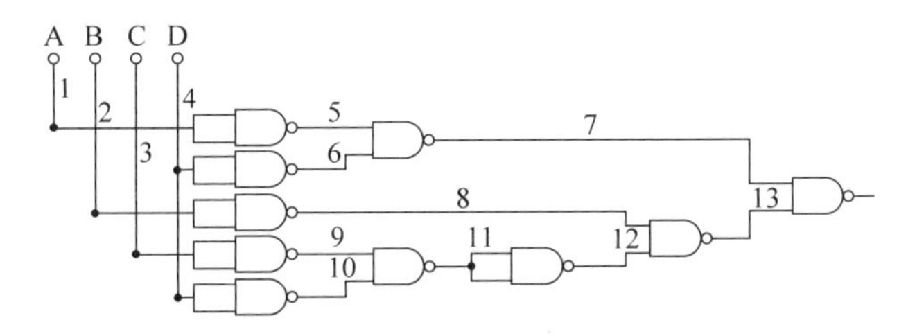

图 9.2.10　由逻辑关系表达式到与非门电路图的转换

9.2.3　常用组合逻辑模块

常用组合逻辑模块有全加器、加法器、编码器、译码器、数字显示器、数据选择/分配器、数值比较器、奇偶检验电路以及一些算术运算电路。

【例 9.10】　验证全加器 74LS183D 的功能。

解：新建电路原理图，操作步骤参见 2.2.5 节。按图 9.2.11(a)创建电路，十位、个位和低位来的进位信号由 XWG1 提供。用逻辑探针 X1、X2、X3 指示输入信号状态；逻辑探针 X4、X5 指示输出信号状态，X4、X5 点亮为 1，熄灭为 0。记录输入与输出逻辑探针的状态，得到其真值表，证明全加器的功能。如图 9.2.11(a)所示为全加器 74LS183D 的功能验证电路的原理图，如图 9.2.11(b)所示为 Word generator-XWG1 对话框显示的输入参数设置。

【例 9.11】　用四位超前进位加法器 74LS283D 设计 2 个无符号四位二进制数相加，两数相加的和不大于 15。

解：新建电路原理图，操作步骤参见 2.2.5 节。按图 9.2.12 创建电路，通过拨码开关 S1、S2 分别设置 2 个无符号四位二进制数的输入。U2、U3 为加数和被加数的显示，U4 为和的显示，均为十六进制显示。当逻辑探针 X1 点亮时，说明有进位信号，两数相加的和大于 15。

【例 9.12】　试用四位并行加法器 74LS283D 设计一个加减运算电路。当控制信号 $M=0$ 时，它将 2 个输入的四位二进制数相加；而当 $M=1$ 时，它将 2 个输入的四位二进制数相减。两数相加的绝对值不大于 15。允许附加必要的逻辑门电路。

解：新建电路原理图，操作步骤参见 2.2.5 节。按图 9.2.13 创建电路，通过拨码开关 S1、S2 分别设置 2 个四位二进制数的输入，拨码开关 S1 依次按 1、2、3、4 键控制，而拨码开关 S2 依次按 5、6、7、8 键控制。切换开关 S3 设置 M 的状态，当 $M=0$ 时，做加法运算；当 $M=1$ 时，

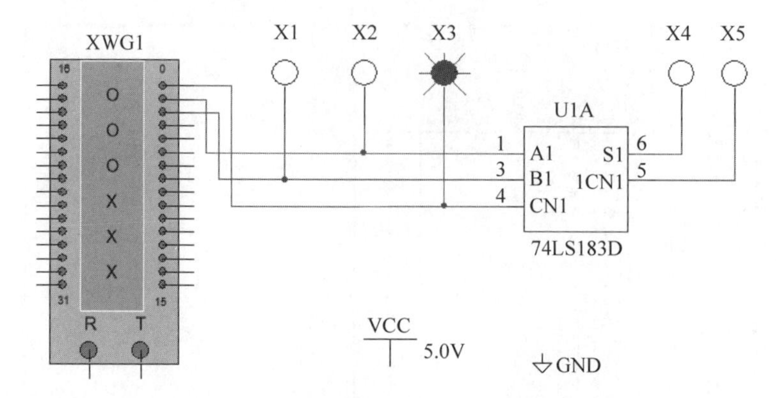

(a) 全加器74LS183D的功能验证的电路原理图

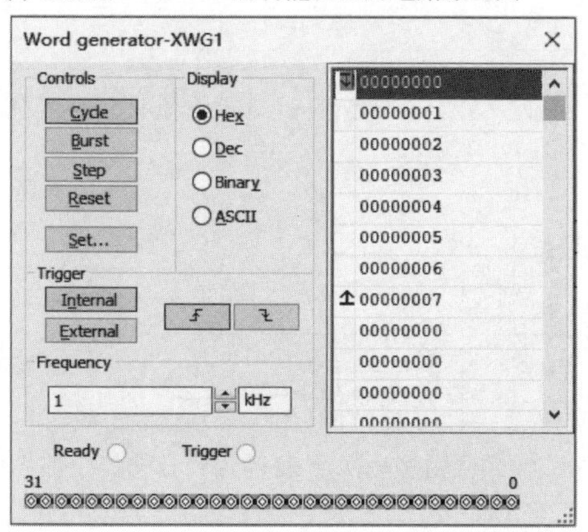

(b) Woed generator-XWG1对话框(显示的输入参数设置)

图 9.2.11　全加器 74LS183D 的功能验证

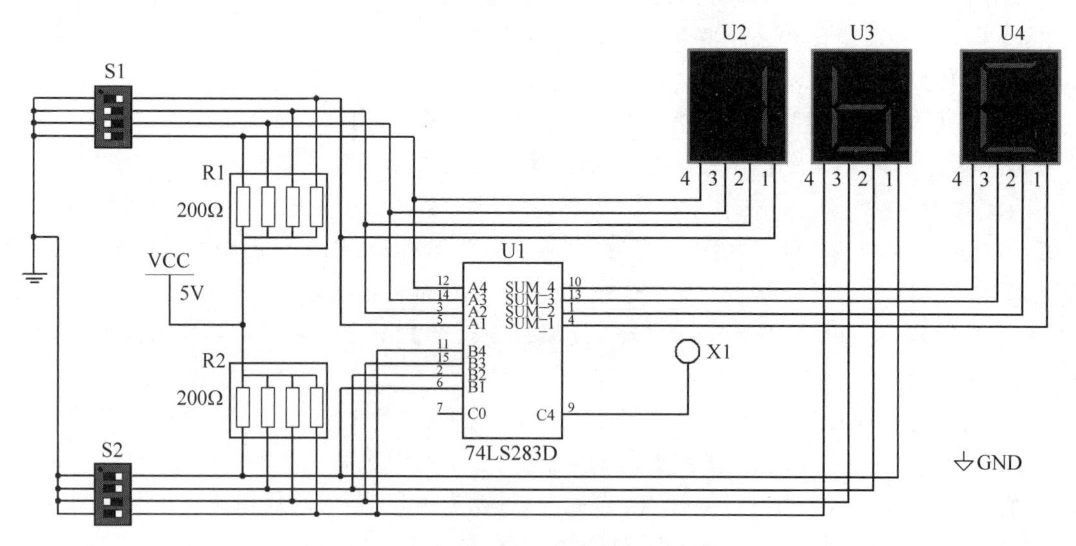

图 9.2.12　验证 74LS283D 功能的电路原理图

做减法运算。U2、U3 分别作为输入 2 个四位二进制数的显示，U6 作为输出结果和/差的显示，均为十六进制显示。当 $M=1$ 时，U5 作为输出结果差的符号位显示，显示“－”代表输出结果为负值，全灭表示差为正值；当 $M=0$ 时，U5 作为和的结果输出，显示“－”代表输出结果超出量程，即两数相加的绝对值大于 15，全灭表示和为正值。此电路复杂建议采用总线画法。

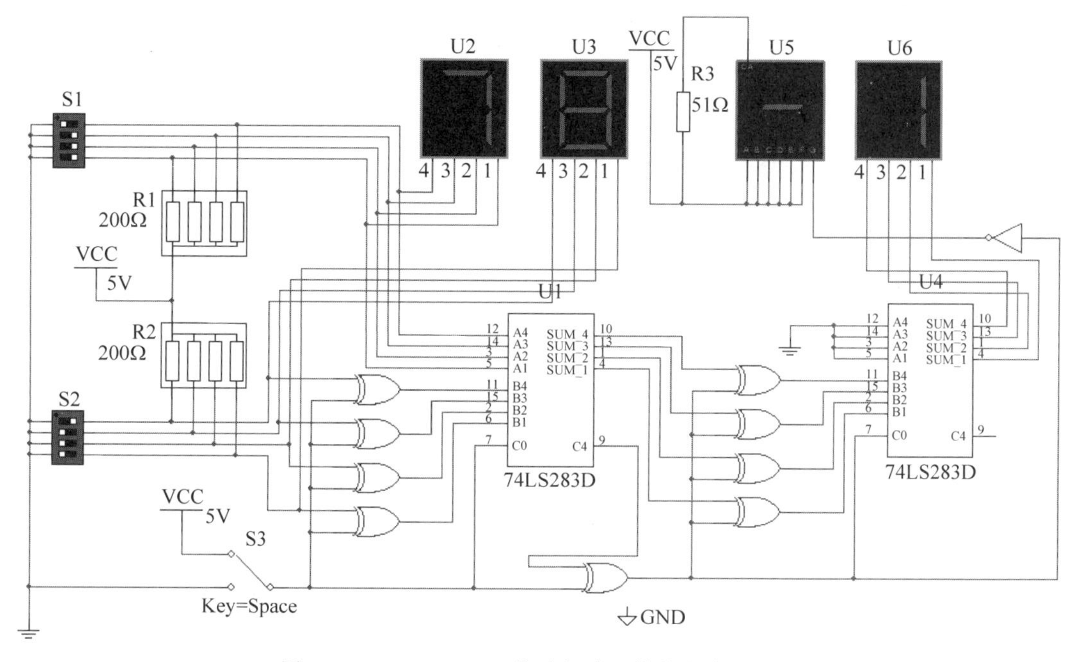

图 9.2.13 74LS283D 构成加减运算的电路原理图

【例 9.13】 分析 8 线-3 线编码器 74LS148D 的逻辑功能。

解：新建电路原理图，操作步骤参见 2.2.5 节。按图 9.2.14 创建电路，高电平 1 用 5V 电源提供，低电平 0 用地信号提供，其状态用逻辑探针 D0～D7 监视，0、1 的转换用切换开关，分别按 0～7 八个数字键控制。选通输入端 EI 接在地上，使编码器能正常工作。输出代码的状态由逻辑探针 A1～A3 监视。两个扩展输出端 GS、EO 用于扩展编码功能，使用逻辑探针监视。在 Multisim 14 主界面中，单击“仿真”按钮，验证各输入信号优先级别的高低。

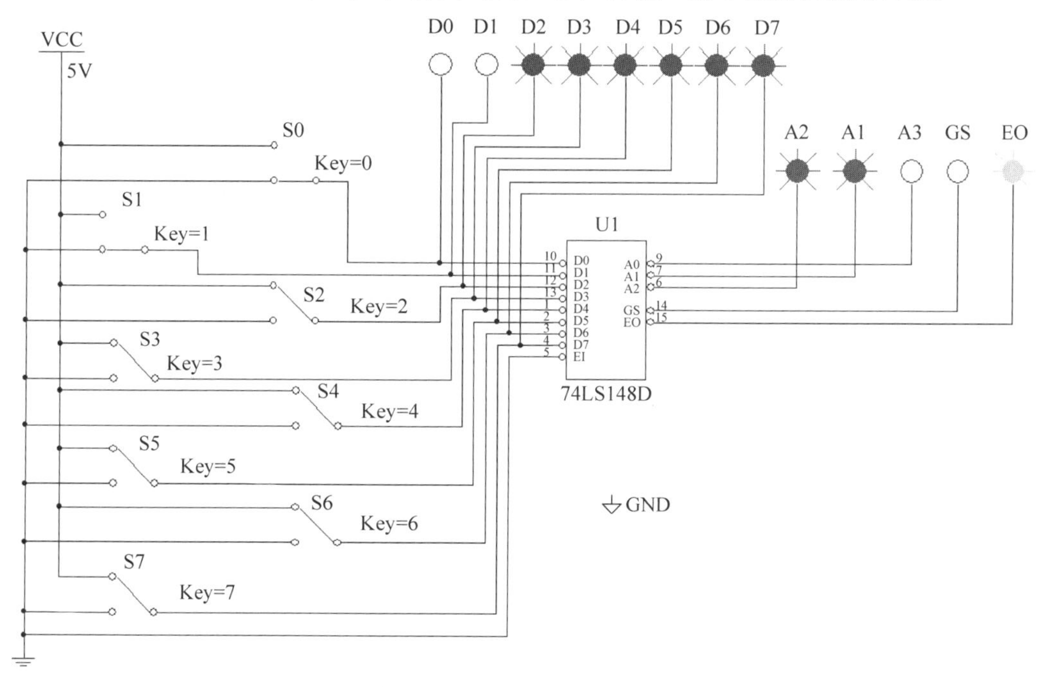

图 9.2.14 编码器 74LS148D 逻辑功能的测试电路原理图

仿真结果显示该编码器的输入为低电平 0 有效，输入 D7 的优先级别最高；输入 D0 的优先级别最低。另外，编码器工作且至少有一个信号输入时，GS=0；编码器工作且没有信号输入时，EO=0。

【例 9.14】 测试 3 线-8 线译码器 74LS138D 的逻辑功能。

解：新建电路原理图，操作步骤参见 2.2.5 节。按图 9.2.15 创建电路，输入信号的三位二进制代码由 XWG1 产生，其状态由逻辑探针 A、B 和 C 监视，输出信号状态由逻辑探针 X0～X7 监视。观察输入信号与输出信号的对应关系。

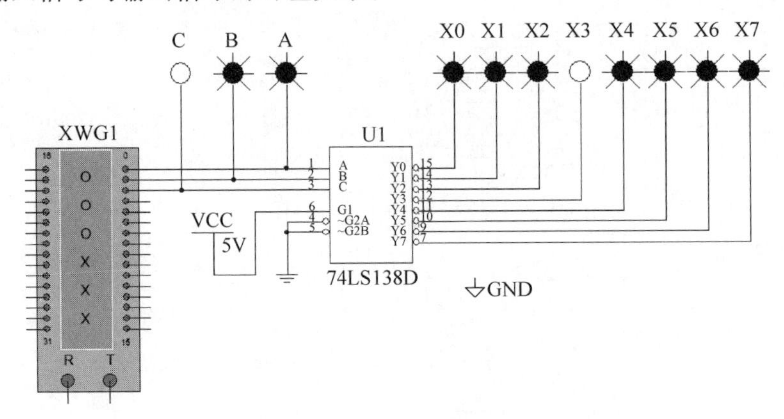

图 9.2.15 译码器 74LS138D 逻辑功能的测试电路原理图

【例 9.15】 测试七段译码驱动器 74LS47D 的功能。

解：新建电路原理图，操作步骤参见 2.2.5 节。按图 9.2.16 创建电路，输入信号的 8421BCD 码由 XWG1 产生，其状态由逻辑探针 A、B、C 和 D 监视，输出信号用七段数码管显示器 U2 显示。观察输入信号与输出信号的对应关系。

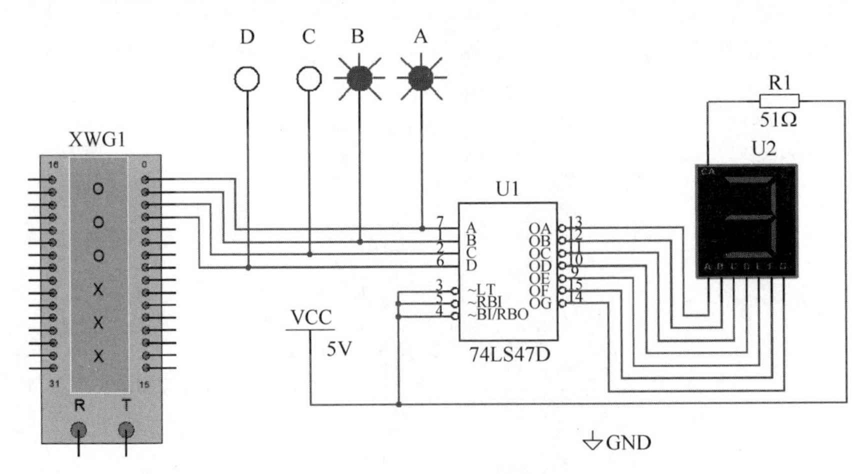

图 9.2.16 译码驱动器 74LS47D 的功能测试电路原理图

以上电路的结构完全采用传统方法，在电路系统较小的情况下，这种方法可行并且直观明了。若设计系统较大时，传统方法使电路变得庞大、杂乱。因此，当系统较大时采用总线画法，如图 9.2.17 所示。

【例 9.16】 测试数据选择器 74LS153D 的功能。

解：新建电路原理图，操作步骤参见 2.2.5 节。按图 9.2.18 创建电路，V1、V2、V3、V4 为不同频率的方波，用切换开关 S1、S2 设置 A、B 的输入状态，当 A、B 取值依次为 00、01、10、11 时，输出端 1Y 的波形依次为 V1、V2、V3、V4 的波形，如图 9.2.19 所示。

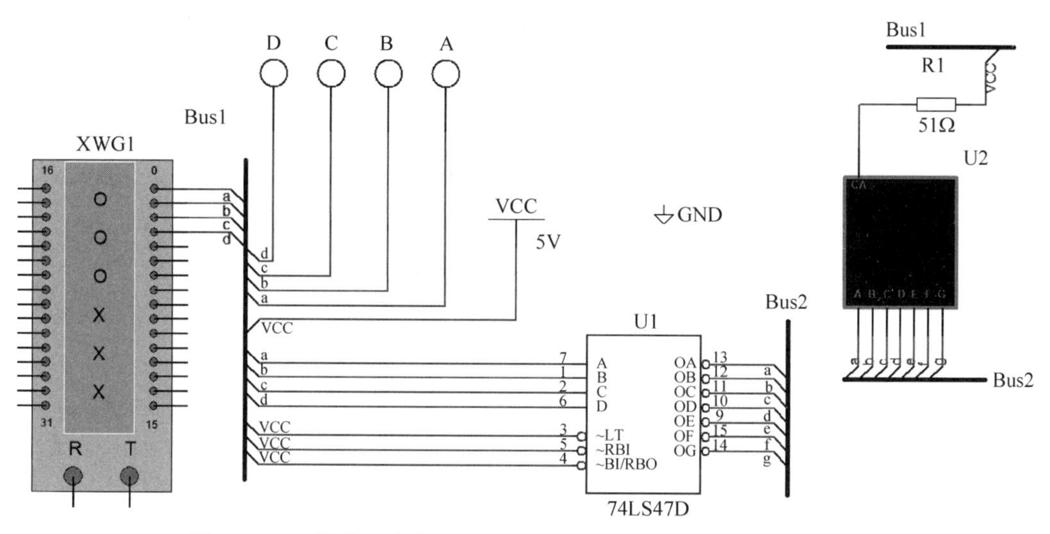

图 9.2.17　译码驱动器 74LS47D 的功能测试总线画法电路原理图

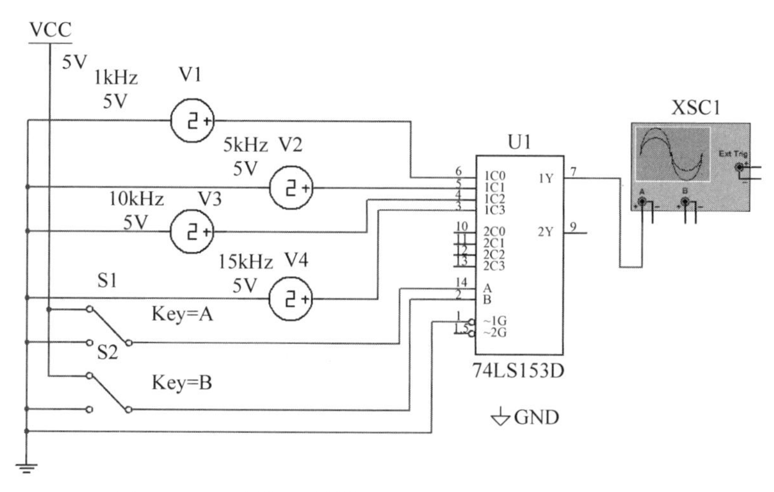

图 9.2.18　数据选择器 74LS153D 的测试电路原理图

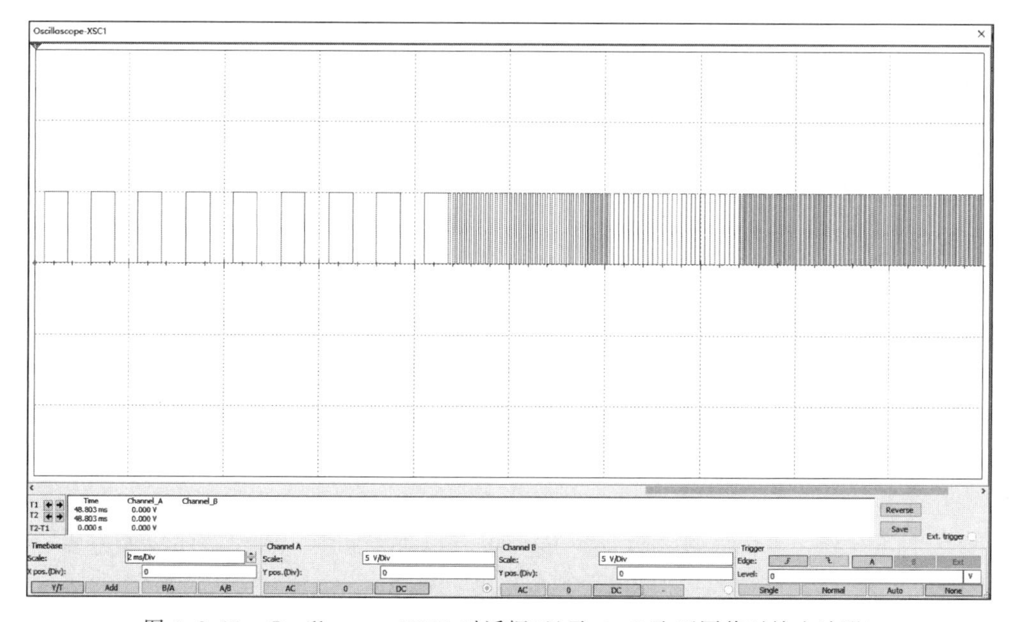

图 9.2.19　Oscilloscope-XSC1 对话框(显示 A、B 取不同值时输出波形)

【例 9.17】 用 74LS151D 型 8 选 1 数据选择器实现逻辑关系表达式 $Y=AB+BC+CA$。

解：新建电路原理图，操作步骤参见 2.2.5 节。按图 9.2.20 创建电路，用 Logic converter-XLC1 得到所设计电路的逻辑关系表达式，如图 9.2.21 所示，与设计要求相同。

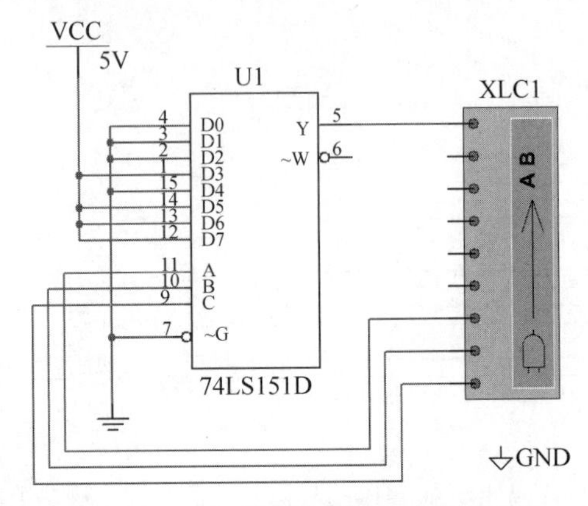

图 9.2.20 实现逻辑函数的电路原理图

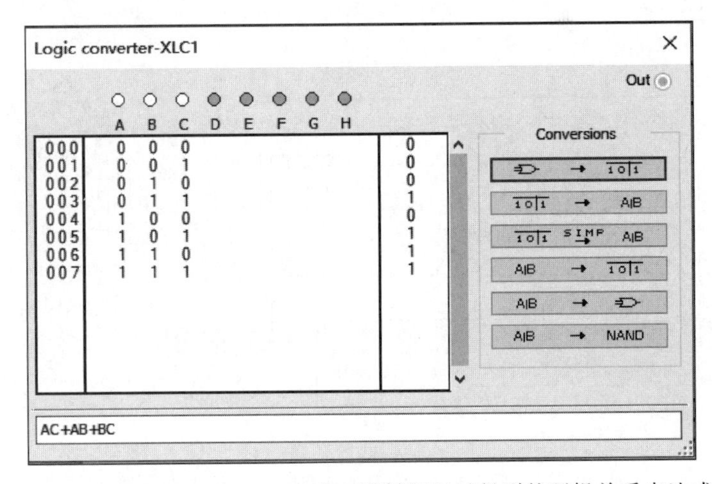

图 9.2.21 Logic converter-XLC1 对话框（显示得到的逻辑关系表达式）

【例 9.18】 测试四位数值比较器 4585BD_5V 的功能。

解：新建电路原理图，操作步骤参见 2.2.5 节。按图 9.2.22 创建电路，用切换开关 S1、S3、S5、S7 和 S2、S4、S6、S8 分别控制输入数据 A、B，比较结果用逻辑探针 X1～X3 显示。当 X1 点亮，表示 $A>B$；当 X2 点亮，表示 $A=B$；当 X3 点亮，表示 $A<B$。

【例 9.19】 设计一个用 74LS86D 实现的奇偶校验电路。

解：当有奇数个 1 时，输出为高电平 1；有偶数个 1 时，输出为低电平 0。新建电路原理图，操作步骤参见 2.2.5 节。按图 9.2.23 创建电路，输入信号由 XWG1 产生，用逻辑探针 X1、X2 和 X3 监视，输出信号用逻辑探针 X4 监视。X4 点亮为 1；熄灭为 0。

9.2.4 组合逻辑电路应用举例

组合逻辑电路在电路设计过程中被广泛使用，下面介绍几种具体应用实例。

【例 9.20】 设计交通信号灯故障检测电路。

解：交通信号灯在正常情况下只有一个灯亮，如灯全不亮或全亮或两个灯同时亮，都是故障。根据题意列写逻辑状态的真值表，得到逻辑关系表达式 $F=\overline{R+Y+G}+R(Y+G)+YG$。$R$ 代表红灯，Y 代表黄灯，G 代表绿灯。新建电路原理图，操作步骤参见 2.2.5 节。由逻辑关

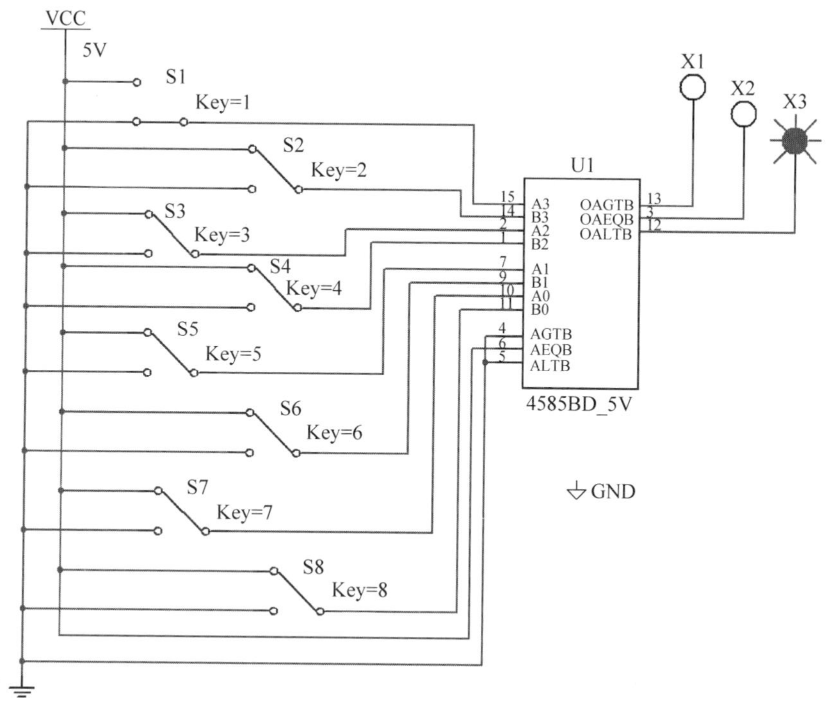

图 9.2.22 数值比较器 4585BD_5V 的功能测试电路原理图

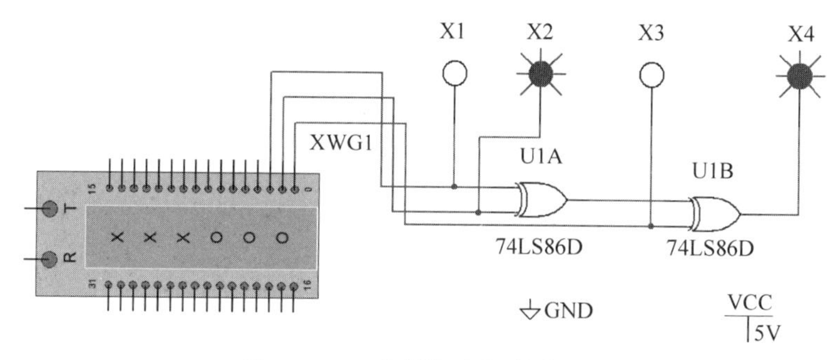

图 9.2.23 奇偶校验电路原理图

系表达式可画出交通信号灯故障检测电路原理图，如图 9.2.24 所示。发生故障时，三极管 Q1 导通，继电器 EDR201A05 通电，触点闭合，故障指示灯 LED1 点亮。

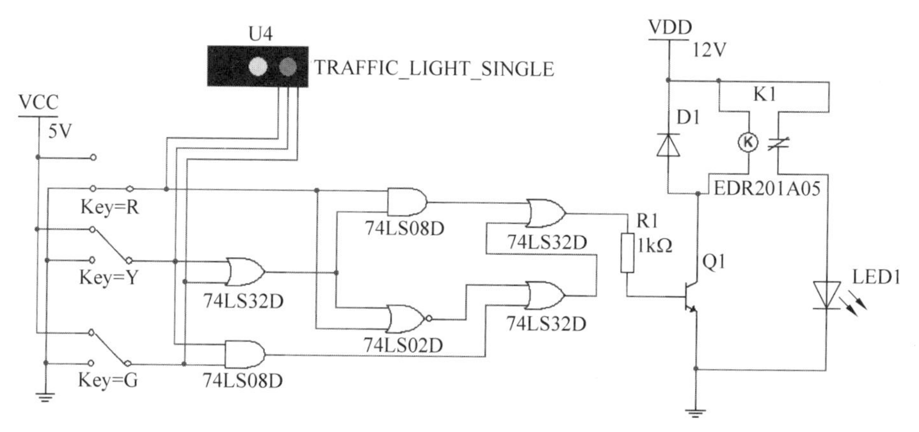

图 9.2.24 交通信号灯故障检测电路原理图

【例 9.21】 用逻辑门电路实现 2ASK 键控调制电路。

解：新建电路原理图，操作步骤参见 2.2.5 节。按图 9.2.25 创建电路，由 XFG1 产生基带信号，振幅为 5Vp，频率为 100Hz 的周期方波信号；由 XFG2 产生振幅为 5Vp，频率为 1kHz 的周期方波信号，与门电路 74LS08N 作为键控开关。XSC1 显示 2ASK 键控调制电路的输入与输出信号波形，如图 9.2.26 所示。

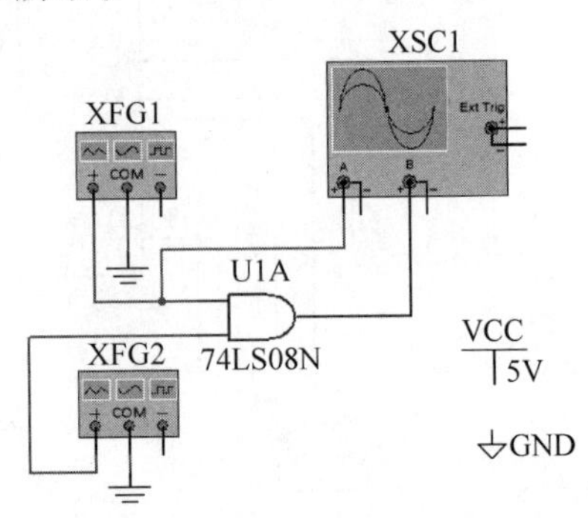

图 9.2.25　2ASK 键控调制电路原理图

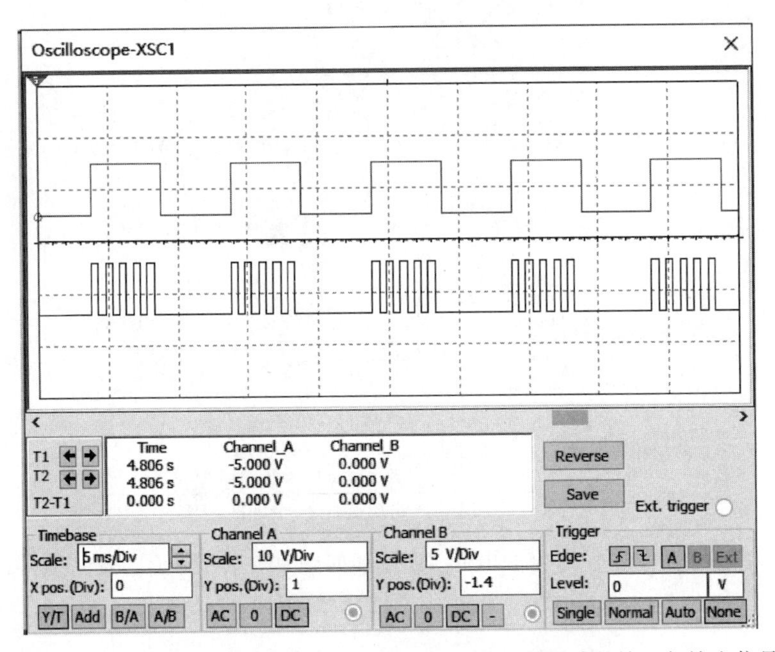

图 9.2.26　Oscilloscope-XSC1 对话框(显示 2ASK 键控调制电路的输入与输出信号波形)

【例 9.22】 设计一个病人呼叫大夫的电路。具体要求是：某医院有 8 间病房，各间病房按病人病情的严重程度进行分类，7 号病房的病人病情最重，0 号病房的病人病情最轻。当病人呼叫大夫时，蜂鸣器发声的同时要显示病房号；当有两个或两个以上的病人同时呼叫大夫时，只响应病情最重的病人的呼叫。

解：新建电路原理图，操作步骤参见 2.2.5 节。按图 9.2.27 创建电路，用拨码开关作为 8 间病房的求助按钮，从上至下分别按 0、1、2、3、4、5、6、7 键控制。当有病人按下求助键，则 74LS148D 的 GS 输出端为高电平 1，其输出端接反相器，驱动三极管 Q1 导通，使蜂鸣器发声，以提醒大夫有病人呼叫，并用七段数码管显示器 U4 显示该病人的房间号。蜂鸣器的参数设置为 5V，200Hz。

【例 9.23】 设计逻辑笔电路，要求：可以直接测量逻辑电路的“高”“低”电平。

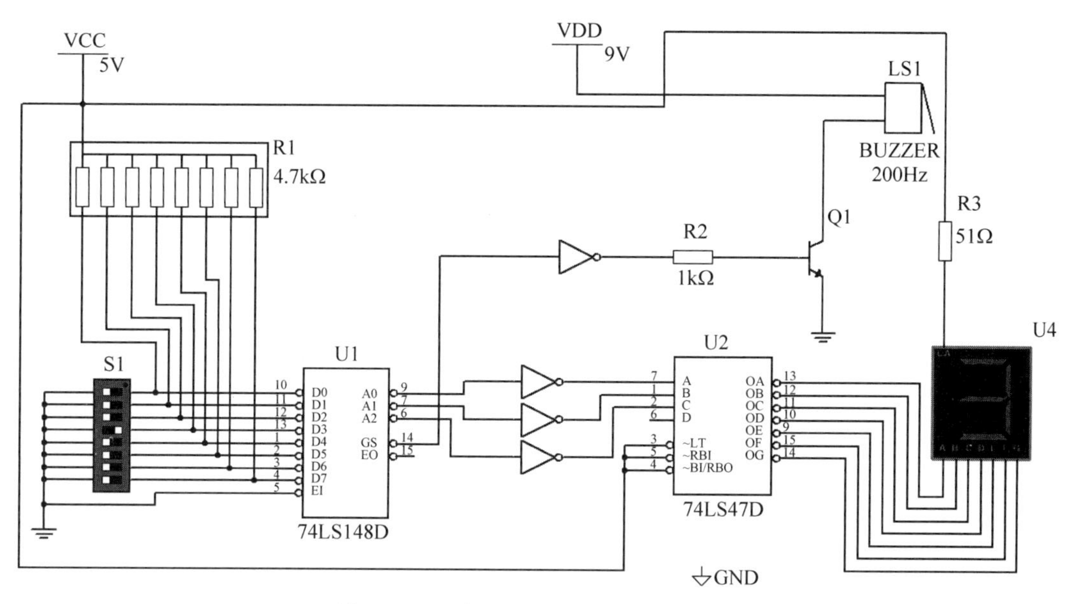

图 9.2.27 病人呼叫大夫的电路原理图

解：新建电路原理图，操作步骤参见 2.2.5 节。按图 9.2.28 创建电路，非门电路 4049BD_5V 的 U1A、U1B 与电阻 R1、R2 构成施密特触发器电路，其回差电压 $\Delta U=(U^{+}-U^{-})=\frac{R1}{R2}E_{D}$，$U^{+}$、$U^{-}$为施密特触发器的两个阈值电平，这里取 $E_{D}=5V$、R1＝10kΩ、R2＝30kΩ，则 $\Delta U\approx1.7V$。这里的逻辑高电平 $U_{iH}\geqslant U^{+}$、逻辑低电平 $U_{iL}\leqslant U^{-}$，逻辑电平经施密特触发器电路判别后，再经过整形电路驱动七段数码管显示器 U4 显示，当探测到逻辑高电平时，U4 显示 H；逻辑低电平时，U4 显示 L。

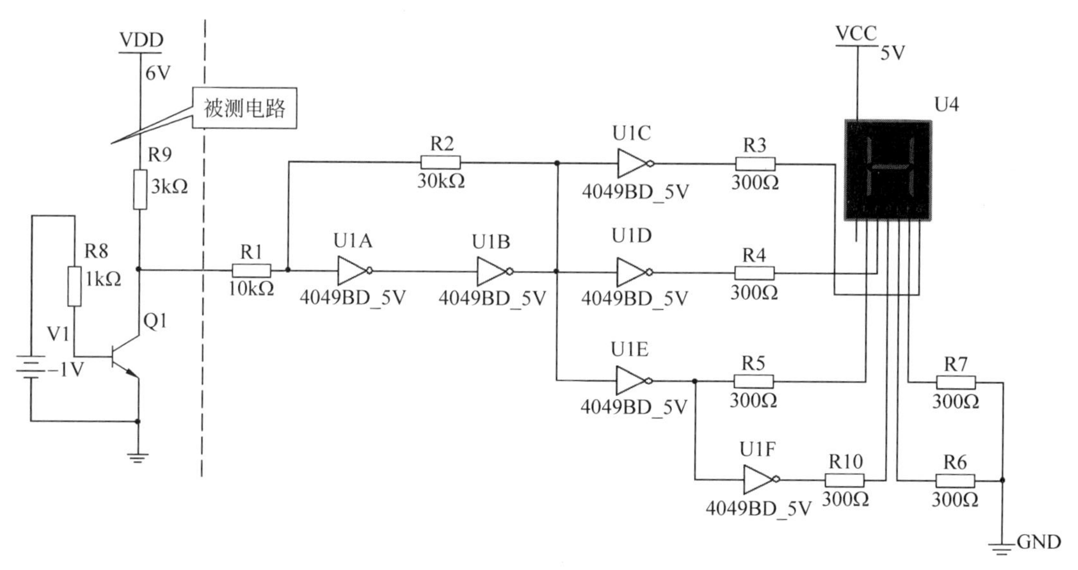

图 9.2.28 逻辑笔电路原理图

【例 9.24】 观察组合逻辑电路中的竞争冒险现象。

解：观察 1 冒险。

新建电路原理图，操作步骤参见 2.2.5 节。按图 9.2.29 创建电路，XSC2 观察输入与输出波形，如图 9.2.30 所示，第二行信号为输出波形，出现了毛刺现象。

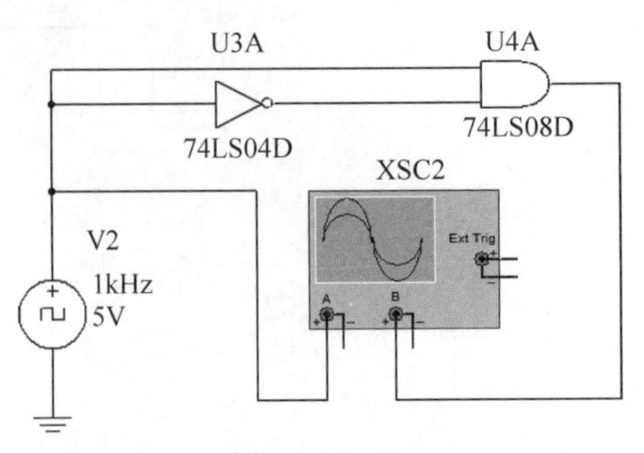

图 9.2.29　1 冒险的仿真电路原理图

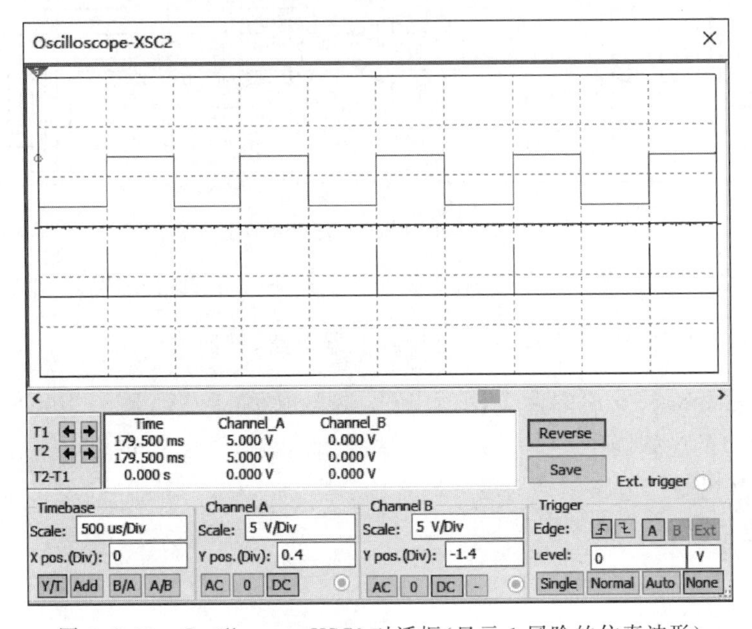

图 9.2.30　Oscilloscope-XSC2 对话框(显示 1 冒险的仿真波形)

9.3　时序逻辑电路的应用

时序逻辑电路的输出信号不仅取决于当时的输入信号,而且取决于电路原来的状态。也就是说时序逻辑电路具有记忆的功能,触发器是组成时序逻辑电路的基本单元电路。

9.3.1　触发器功能测试

触发器是具有两种稳定状态的时序逻辑电路,可用于存储二进制数据。常用的触发器包括 RS 触发器、JK 触发器和 D 触发器等。

【例 9.25】 基本 RS 触发器的功能测试。

(1) 用与非门电路构成基本 RS 触发器。

解:新建电路原理图,操作步骤参见 2.2.5 节。按图 9.3.1 创建电路,逻辑探针 X1 显示 $\overline{R_D}$ 的状态;逻辑探针 X2 显示 $\overline{S_D}$ 的状态;逻辑探针 X3 显示 Q 的状态;逻辑探针 X4 显示 $\overline{Q}$ 的状态。

(2) 用或非门电路构成基本 RS 触发器。

解:新建电路原理图,操作步骤参见 2.2.5 节。按图 9.3.2 创建电路,逻辑探针 X1 显示

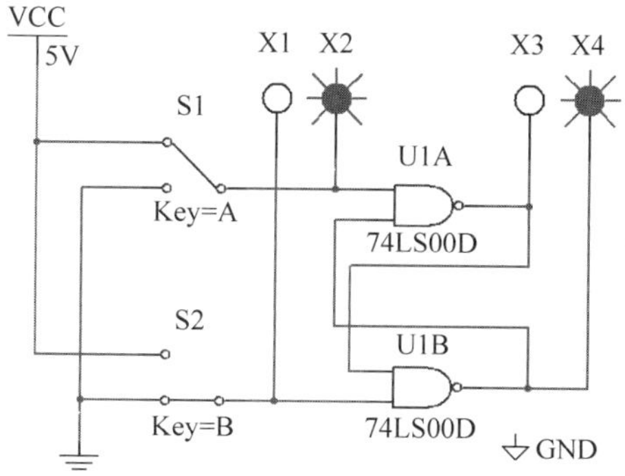

图 9.3.1　与非门电路构成基本 RS 触发器电路原理图

$\overline{R_D}$ 的状态；逻辑探针 X2 显示$\overline{S_D}$ 的状态；逻辑探针 X3 显示 Q 的状态；逻辑探针 X4 显示 $\overline{Q}$ 的状态。

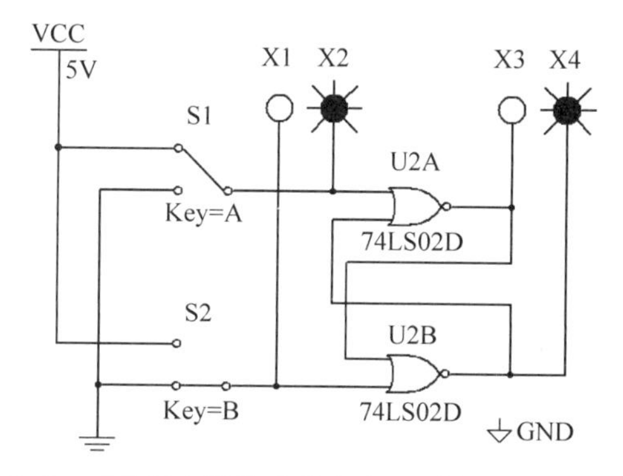

图 9.3.2　或非门电路构成的基本 RS 触发器电路原理图

【例 9.26】　JK 触发器的功能测试。

解：新建电路原理图，操作步骤参见 2.2.5 节。按图 9.3.3 创建电路，用切换开关 S1 和 S2 分别控制 J 和 K 的状态。逻辑探针 X1 和 X2 分别显示 J 和 K 的状态，逻辑探针 X3 和 X4 分别显示 Q 和 $\overline{Q}$ 的状态，时钟信号由时钟脉冲电源 V1 提供。如图 9.3.4 所示，当 $J=K=1$ 时，时钟信号波形与输出信号波形，分别由第一行和第二行信号波形代表。

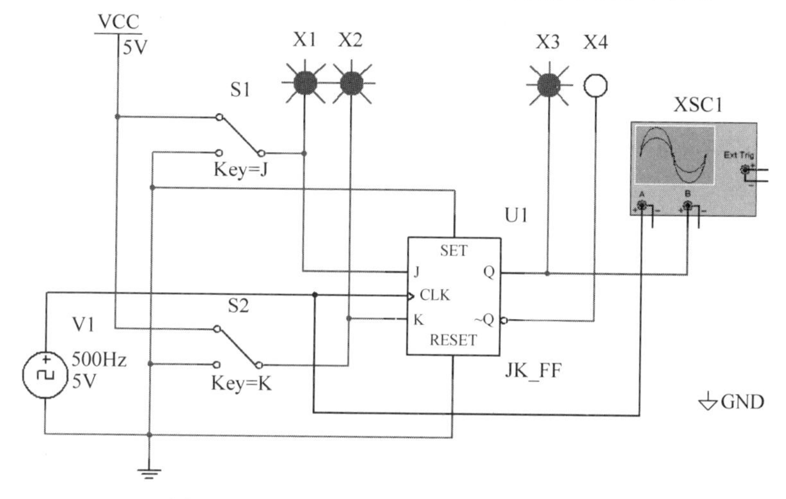

图 9.3.3　JK 触发器的功能测试电路原理图

【例 9.27】　D 触发器的功能测试。

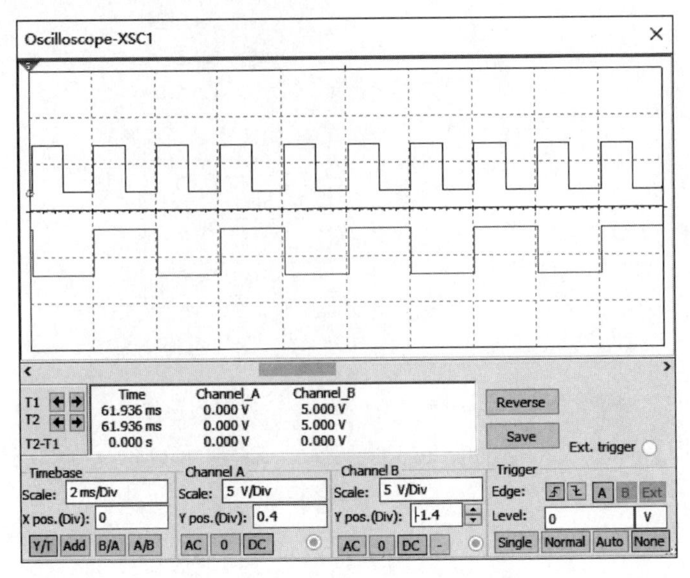

图 9.3.4 Oscilloscope-XSC1 对话框(显示 JK 触发器的时钟信号波形与 $J=K=1$ 时的输出信号波形)

解:新建电路原理图,操作步骤参见 2.2.5 节。按图 9.3.5 创建电路,在 Multisim 14 主界面中,单击“仿真”按钮,验证 D 触发器的功能。

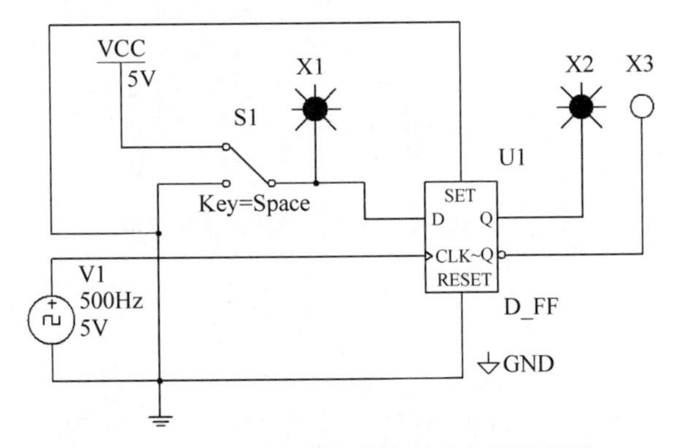

图 9.3.5 D 触发器的功能测试电路原理图

【例 9.28】 用 D 触发器实现计数的功能。

解:新建电路原理图,操作步骤参见 2.2.5 节。按图 9.3.6 创建电路,把 U1 的 D 接在~Q 引脚上,实现计数的功能。如图 9.3.7 所示,分别显示时钟信号波形与输出信号波形,分别由第一行和第二行信号波形代表。

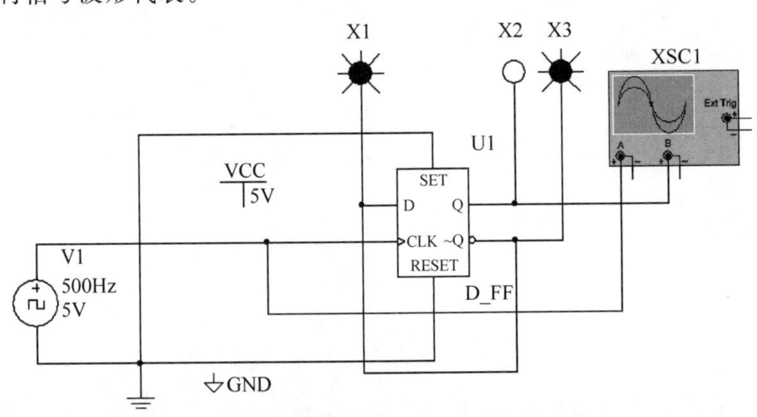

图 9.3.6 D 触发器实现计数的功能电路原理图

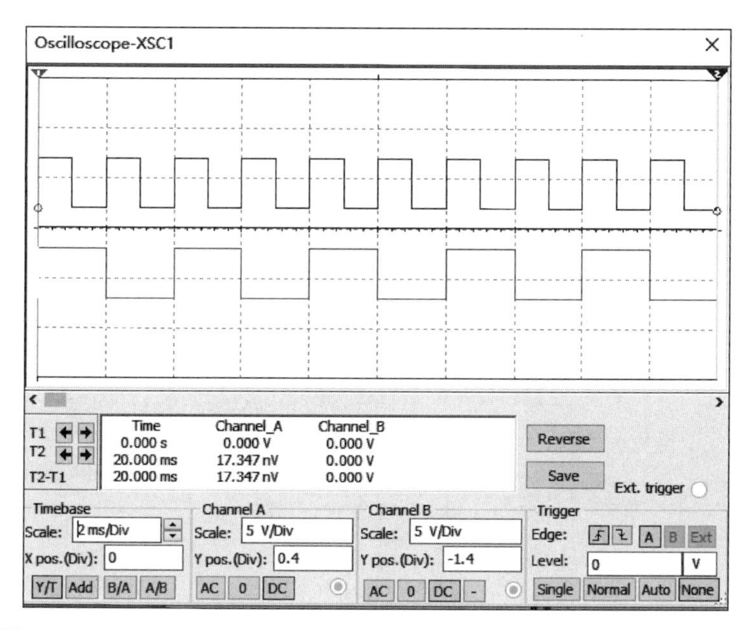

图 9.3.7　Oscilloscope-XSC1 对话框(显示时钟信号波形与输出信号波形)

9.3.2 寄存器

寄存器常分为数码寄存器和移位寄存器两种,其区别在于有无移位功能的时序逻辑电路。

1. 数码寄存器

数码寄存器只有寄存数码和清除原有数码的功能。

【例 9.29】 用 74LS74D 设计四位数码寄存器,并存储数据 1010。

解:新建电路原理图,操作步骤参见 2.2.5 节。按图 9.3.8 创建电路,切换开关按 0、1、2、3 键输入四位数据的数值,按 R、C 键分别控制清零信号和寄存信号。逻辑探针 Q0~Q3 用来显示输出数据,应与输入数据保持一致。

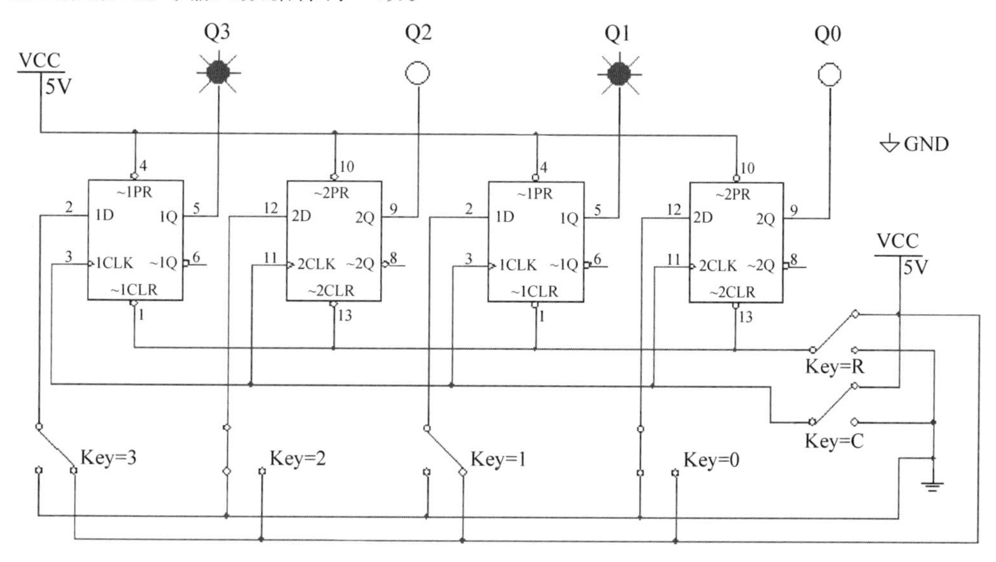

图 9.3.8　四位数码寄存器电路原理图

2. 移位寄存器

移位寄存器不仅有存放数码的功能,而且还有移位的功能。

【例 9.30】 用 D 触发器设计单向移位寄存器并验证其功能。

解：新建电路原理图，操作步骤参见 2.2.5 节。按图 9.3.9 创建电路，取 4 个 D 触发器，低位触发器输出信号端连接高位触发器输入信号端。通过切换开关 S1 输入数据；切换开关 S2 输入数据的移位信号。逻辑探针 X1～X4 监视输出。在 Multisim 14 主界面中，单击“仿真”按钮，按 D 键，再按 Space 键，从高位到低位，将数据 0101 依次送入串行输入信号端，观察并行输出信号。

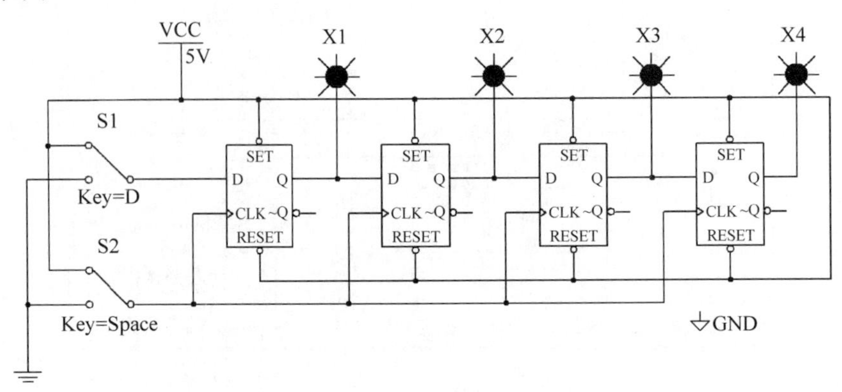

图 9.3.9 单向移位寄存器电路原理图

【例 9.31】 双向移位寄存器 74LS194D 的功能测试。

解：新建电路原理图，操作步骤参见 2.2.5 节。按图 9.3.10 创建电路，控制信号 S1、S0 由按 1、0 键控制。左、右移分别由按 L、R 键控制。并行输入信号 D、C、B、A 接入 1011。输入端和输出端均接入逻辑探针 S0、S1、SL、SR 和 QA、QB、QC、QD 进行监视。在 Multisim 14 主界面中，单击“仿真”按钮。

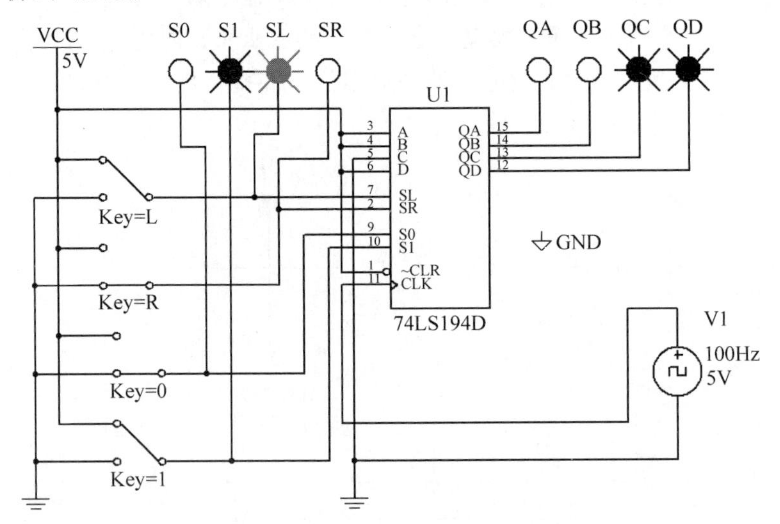

图 9.3.10 双向移位寄存器 74LS194D 的功能测试电路原理图

（1）S1S0＝11 时，观察移位寄存器输出信号的变化。

（2）S1S0＝01 时，按 R 键，不断右移改变输入信号，观察数据右移串行输出信号。

（3）S1S0＝10 时，按 L 键，不断左移改变输入信号，观察数据左移串行输出信号。

结论：双向移位寄存器 74LS194D 中，当 S1S0＝11 时，数据 DCBA＝1011 并行输入信号；当 S1S0＝01 时，在时钟信号作用下，输入信号数据依次右移；当 S1S0＝10 时，在时钟信号作用下，输入信号数据依次左移。

9.3.3 计数器

在数字系统中使用最多的时序逻辑电路是计数器。计数器不仅能用于对时钟信号脉冲计数,还可以用于分频、定时、产生节拍脉冲和脉冲序列以及进行数字运算等。

1. 同步计数器

在同步计数器中,当时钟信号脉冲输入时,与触发器的翻转是同时发生的。

【例 9.32】 分析如图 9.3.11 所示电路的逻辑功能。

解:新建电路原理图,操作步骤参见 2.2.5 节。如图 9.3.11 所示,此电路为同步计数器。根据 Logic Analyzer-XLA1 对话框显示的分析结果,如图 9.3.12 所示,可知该电路为十三进制的加法计数器;根据代表输出信号的逻辑探针 X1～X4 的点亮规律,也可判定该电路为十三进制的加法计数器。当输出为 1100 时,进位信号是 1,逻辑探针 X5 点亮。

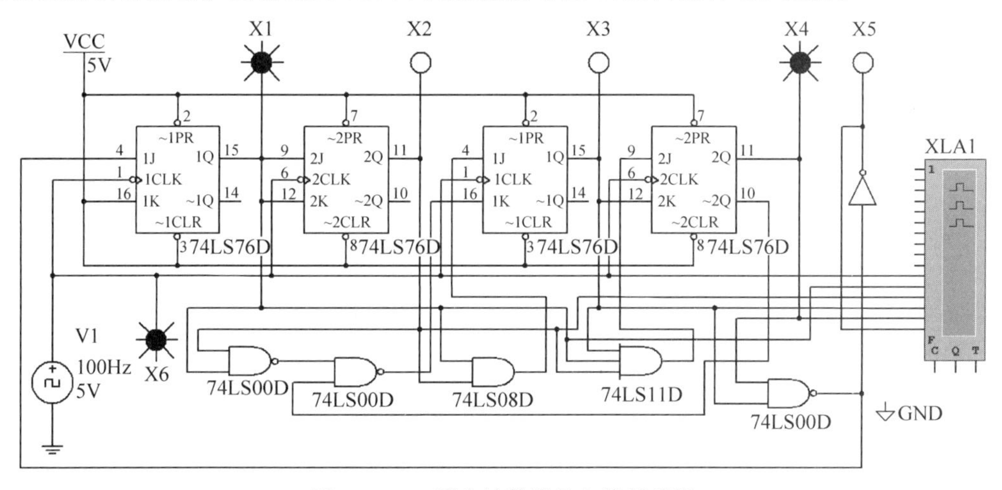

图 9.3.11 同步计数器的电路原理图

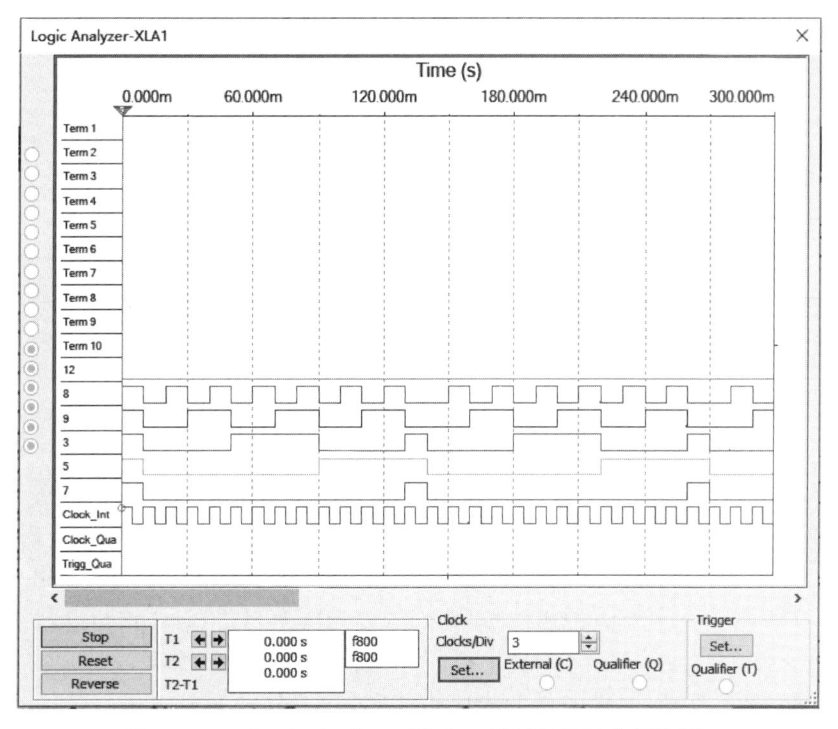

图 9.3.12 Logic Analyzer-XLA1 对话框(显示分析结果)

【例 9.33】 同步十进制加法计数器 74LS160D 的功能测试。

解：新建电路原理图，操作步骤参见 2.2.5 节。按图 9.3.13 创建电路，同步置位端和异步清零端分别通过按 L 和 C 键控制。用七段数码管显示器 U2 显示输出，进位信号端用逻辑探针 X1 显示，当计数到 9 时，U2 显示 9，并且 X1 点亮，说明有进位信号输出。74LS160D 的计数规律为 0→1→2→3→4→5→6→7→8→9→0→1→……所以，该时序逻辑电路为十进制加法计数器。

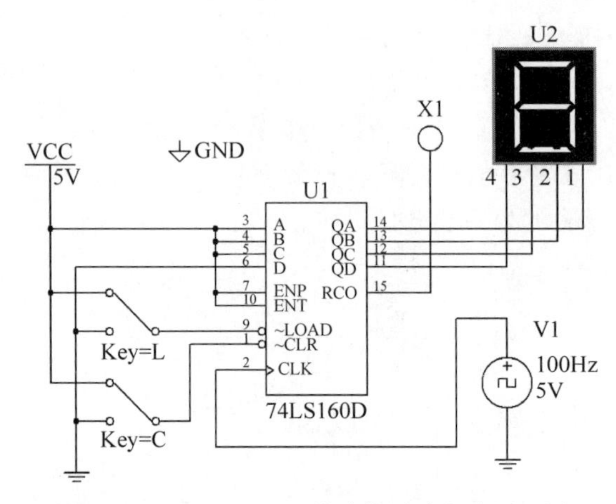

图 9.3.13 74LS160D 的功能测试电路原理图

2. 异步计数器

在异步计数器中，触发器的翻转有先有后，不是同时发生。

【例 9.34】 分析图 9.3.14 所示电路原理图的逻辑功能。

解：此电路中的 JK 触发器无统一的时钟信号脉冲，故称为异步时序逻辑电路。在 Multisim 14 主界面中，单击“仿真”按钮，逻辑探针 X3X2X1 代表 Q3Q2Q1，输出规律为 000→001→010→011→100→101→110→111→000→001→……所以，该时序逻辑电路为异步八进制的加法计数器。

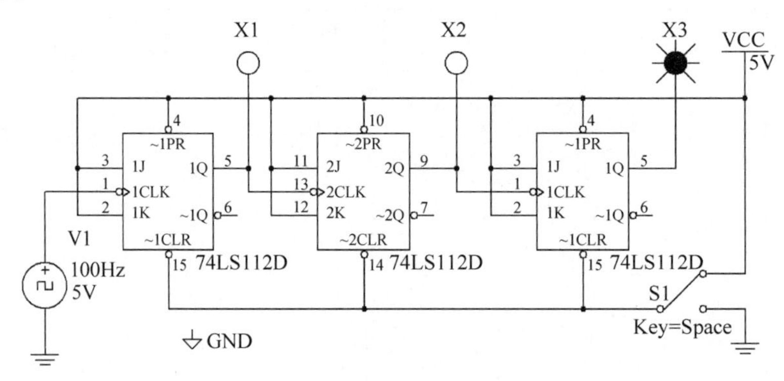

图 9.3.14 待分析的时序逻辑电路原理图

【例 9.35】 分析图 9.3.15 所示电路原理图的逻辑功能。

解：此电路中的 JK 触发器无统一的时钟信号脉冲，故称为异步时序逻辑电路。在 Multisim 14 主界面中，单击“仿真”按钮，逻辑探针 X3X2X1 代表 Q3Q2Q1，输出规律为 000→111→110→101→100→011→010→001→000→111→……所以，该时序逻辑电路为异步八进制的减法计数器。

【例 9.36】 异步二-五-十进制的加法计数器 74LS290D 的功能测试。

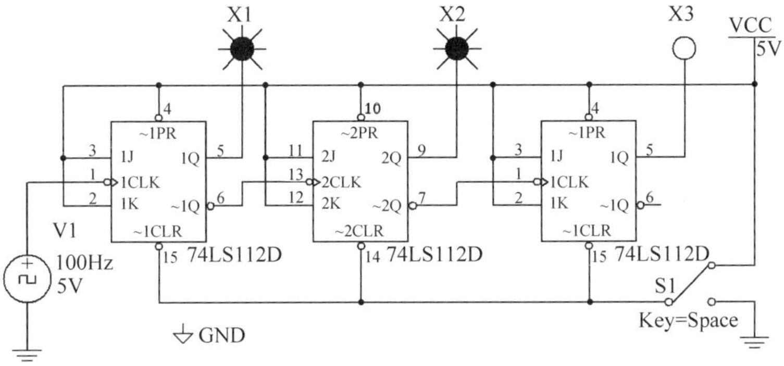

图 9.3.15 待分析的时序逻辑电路原理图

解：新建电路原理图，操作步骤参见 2.2.5 节。按图 9.3.16 创建电路，按 0 键控制清零信号；按 9 键控制置 9 信号。按 A 键控制是否与 QA 连接，连接时使 74LS290D 的 INA 端输入时钟信号，则构成十进制计数器。3 个七段数码管显示器从左至右分别显示十进制计数、五进制计数和二进制计数。

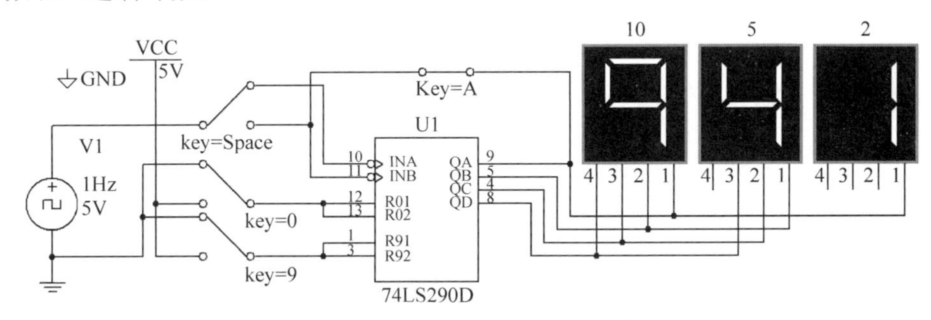

图 9.3.16 74LS290D 的功能测试电路原理图

3. 任意进制计数器的构成

已有的是 N 进制计数器，而需要得到的是 M 进制计数器。这时有 $M<N$ 和 $M>N$ 两种情况。

（1）$M<N$ 的情况。

在 N 进制计数器的顺序计数过程中，若设法使之跳跃 $N-M$ 个状态，就可以得到 M 进制计数器了。实现跳跃的方法有置零法（或称复位法）和置数法（或称置位法）两种。

① 置零法的应用。

【例 9.37】 用 74LS160D 置零法构成的六进制计数器。

解：新建电路原理图，操作步骤参见 2.2.5 节。按图 9.3.17 创建电路，由于置零信号持续时间极短，容易导致电路误动作，因此这种接法的电路可靠性不高。为了克服这个缺点，常采用改进的电路，如图 9.3.18 所示。

【例 9.38】 用 74LS290D 置零法构成的六进制计数器。

解：新建电路原理图，操作步骤参见 2.2.5 节。按图 9.3.19 创建电路，用 74LS290D 置零法构成的六进制计数器。

② 置数法的应用。

【例 9.39】 用 74LS160D 置数法构成的六进制计数器。

解：置数法既可以置入 0000，也可以置入 1001。如图 9.3.20 所示的电路置入的是 0000；如图 9.3.21 所示的电路置入的是 1001。

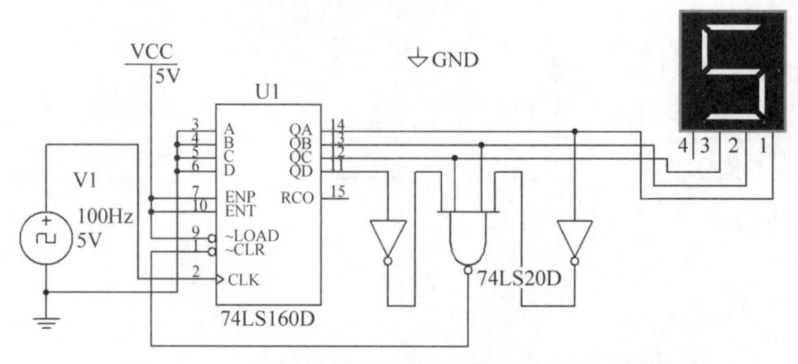

图 9.3.17　置零法构成的六进制计数器电路原理图

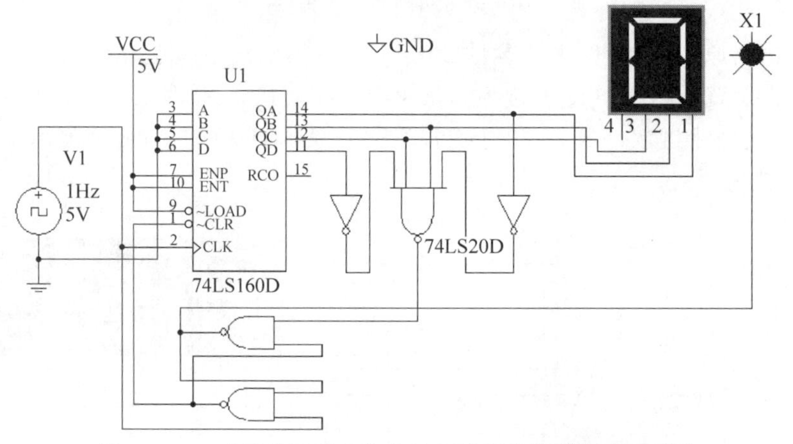

图 9.3.18　改进的置零法构成的六进制计数器电路原理图

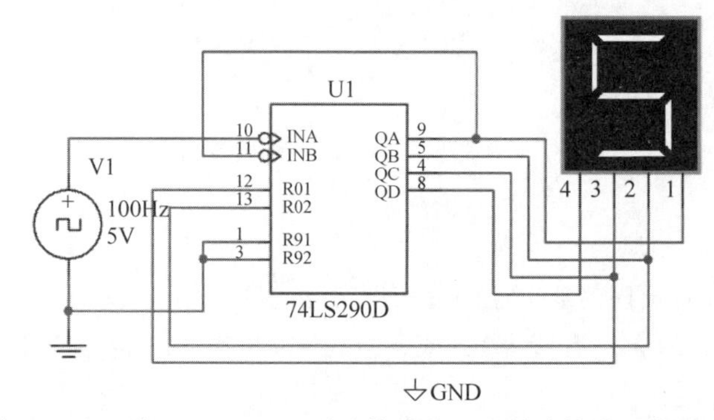

图 9.3.19　用 74LS290D 置零法构成的六进制计数器电路原理图

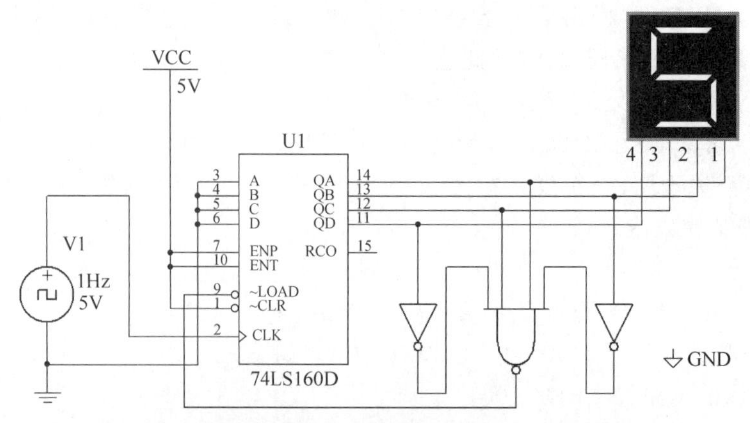

图 9.3.20　置数法构成的六进制计数器(置入 0000)电路原理图

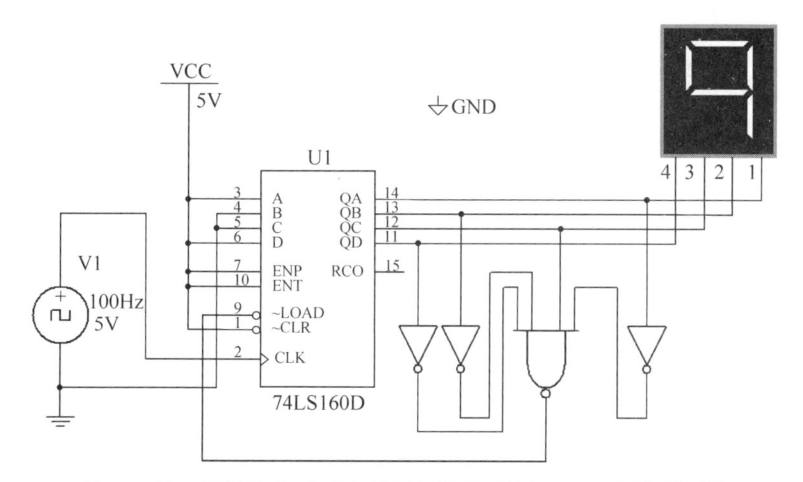

图 9.3.21 置数法构成的六进制计数器(置入 1001)电路原理图

【例 9.40】 用 74LS290D 置 9 法构成的六进制计数器。

解:新建电路原理图,操作步骤参见 2.2.5 节。电路如图 9.3.22 所示,用 74LS290D 置 9 法构成的六进制计数器。

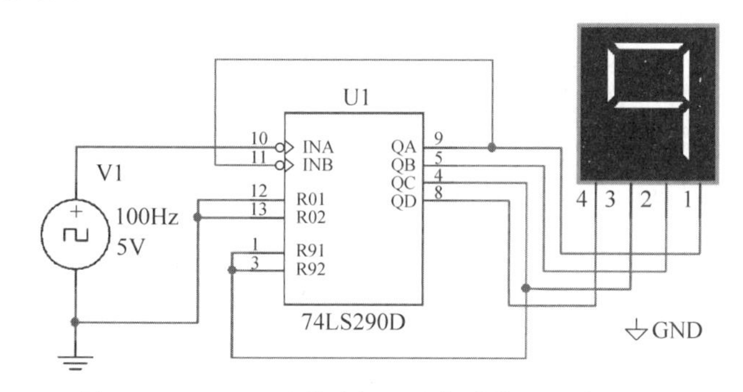

图 9.3.22 置 9 法构成的六进制计数器电路原理图

(2) $M>N$ 的情况。

用多片 N 进制计数器组合起来,才能构成 M 进制计数器。各片之间(或称为各级之间)的连接方式可分为串行进位方式、并行进位方式、整体置零方式和整体置数方式四种。

若 M 可以分解为两个小于 N 的因数相乘,即 $M=N_1\times N_2$,则可采用串行进位方式或并行进位方式将一个 N_1 进制计数器和一个 N_2 进制计数器连接起来,构成 M 进制计数器。在 N_1、N_2 不等于 N 时,可以先将两个 N 进制计数器分别接成 N_1 进制计数器和 N_2 进制计数器,然后再以并行进位方式或串行进位方式将它们连接起来。

① 并行进位方式。

在并行进位方式中,以低位片的进位输出信号作为高位片的工作状态控制信号(计数的使能信号),两片的 CLK(时钟信号)输入端同时接时钟脉冲电源。

【例 9.41】 并行进位方式构成的一百进制计数器。

解:新建电路原理图,操作步骤参见 2.2.5 节。电路如图 9.3.23 所示,创建并行进位方式构成的一百进制计数器。

【例 9.42】 并行进位方式构成的六十进制计数器。

解:新建电路原理图,操作步骤参见 2.2.5 节。电路如图 9.3.24 所示,创建并行进位方式构成的六十进制计数器,该电路可作为数字时钟的分、秒时序逻辑电路。

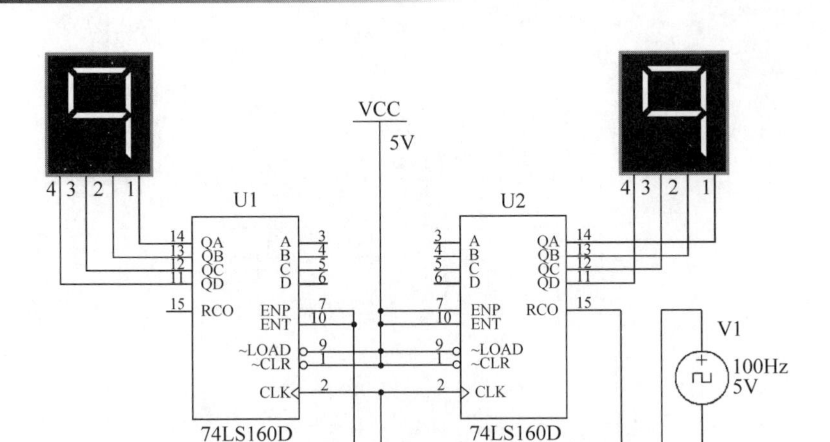

图 9.3.23　并行进位方式构成的一百进制计数器电路原理图

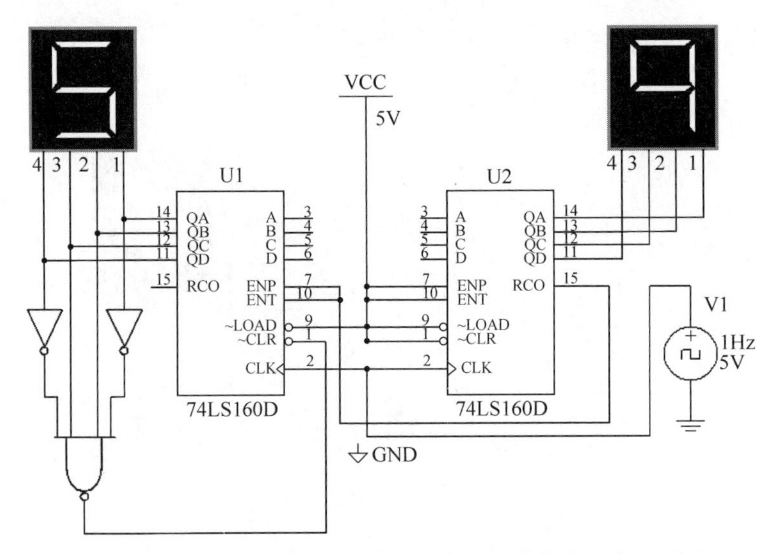

图 9.3.24　并行进位方式构成的六十进制计数器电路原理图

② 串行进位方式。

在串行进位方式中，以低位片的进位信号的输出作为高位片的时钟信号的输入。

【例 9.43】 串行进位方式构成的一百进制计数器。

解：新建电路原理图，操作步骤参见 2.2.5 节。电路如图 9.3.25 所示，创建串行进位方式构成的一百进制计数器。

【例 9.44】 串行进位方式构成的六十进制计数器。

解：新建电路原理图，操作步骤参见 2.2.5 节。电路如图 9.3.26 所示，创建串行进位方式构成六十进制计数器，该电路可作为数字时钟的分、秒时序逻辑电路。

当 M 为大于 N 的素数时，不能分解成 N_1 和 N_2，上面讲的并行进位方式和串行进位方式就行不通了。这时必须采取整体置零法或整体置数法构成 M 进制计数器。

③ 整体置零法。

所谓整体置零法，首先将两片 N 进制计数器按最简单的方式接成一个大于 M 进制计数器(例如 $N\times N$ 进制)，然后在计数器为 M 状态时译出异步置零信号 $R_D'=0$，将两片 N 进制计数器同时置零。这种方法的基本原理与 $M<N$ 时的置零法是一样的。

【例 9.45】 整体置零法构成二十九进制计数器。

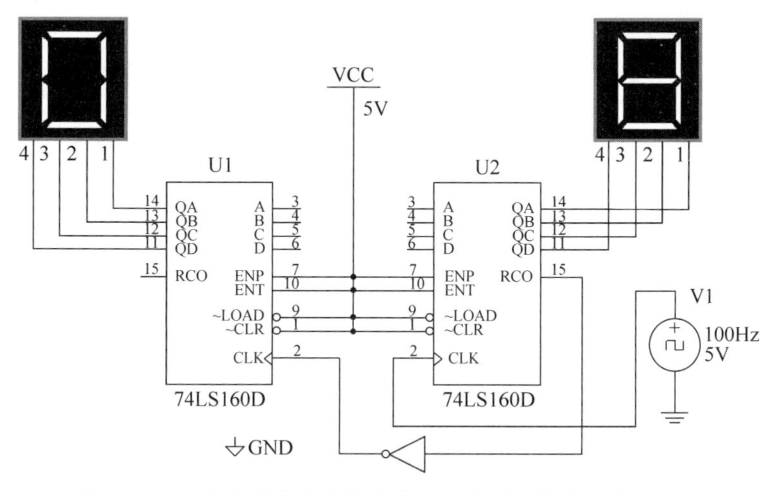

图 9.3.25 串行进位方式构成的一百进制计数器电路原理图

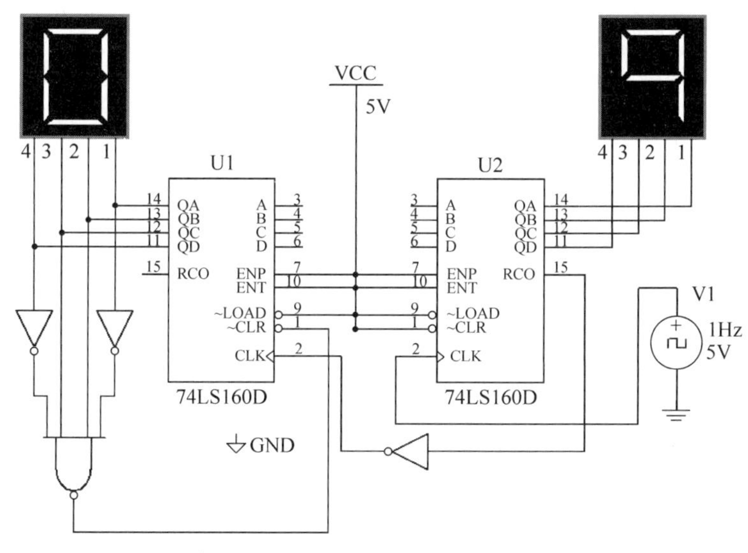

图 9.3.26 串行进位方式构成的六十进制计数器电路原理图

解：新建电路原理图，操作步骤参见 2.2.5 节。电路如图 9.3.27 所示，用两个 74LS160D 用整体置零法构成二十九进制计数器。

④ 整体置数法。

整体置数法的原理与 $M<N$ 时的置数法类似。首先需将两片 N 进制计数器用最简单的连接方式接成一个大于 M 进制的计数器(例如 $N\times N$ 进制)，然后在选定的某一状态下译出 $L'_D=0$ 信号，将两个 N 进制计数器同时置入适当的数据，跳过多余的状态，获得 M 进制计数器。采用这种接法要求已有的进制计数器本身必须具有预置数功能。

【例 9.46】 整体置数法构成二十九进制计数器。

解：新建电路原理图，操作步骤参见 2.2.5 节。电路如图 9.3.28 所示，用两个 74LS160D 用整体置数法构成二十九进制计数器。

当 M 不是素数时，整体置零法和整体置数法也可以使用。

【例 9.47】 用整体置零法构成二十四进制计数器。

解：新建电路原理图，操作步骤参见 2.2.5 节。电路如图 9.3.29 所示，采用整体置零法构成二十四进制计数器，该电路可作为数字时钟的小时时序逻辑电路。

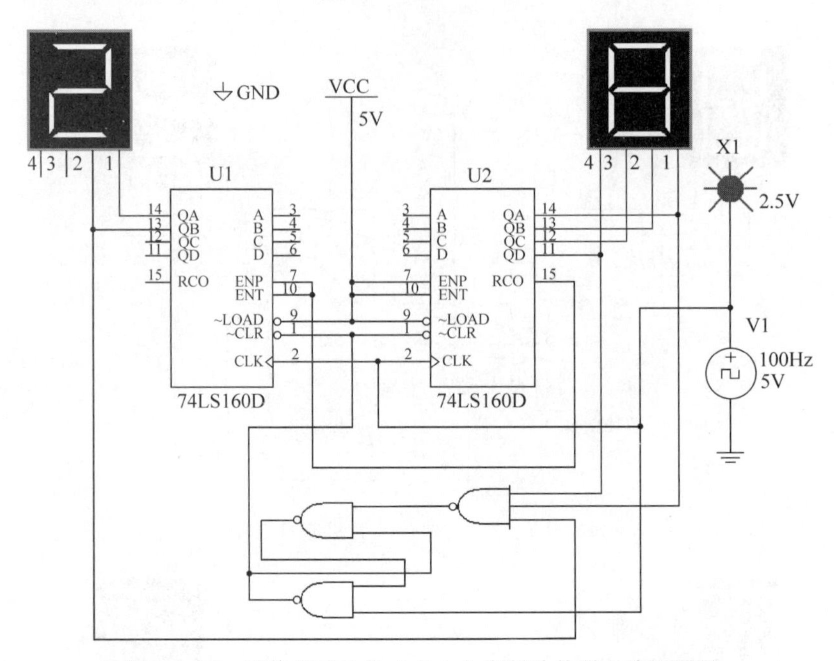

图 9.3.27　整体置零法构成二十九进制计数器电路原理图

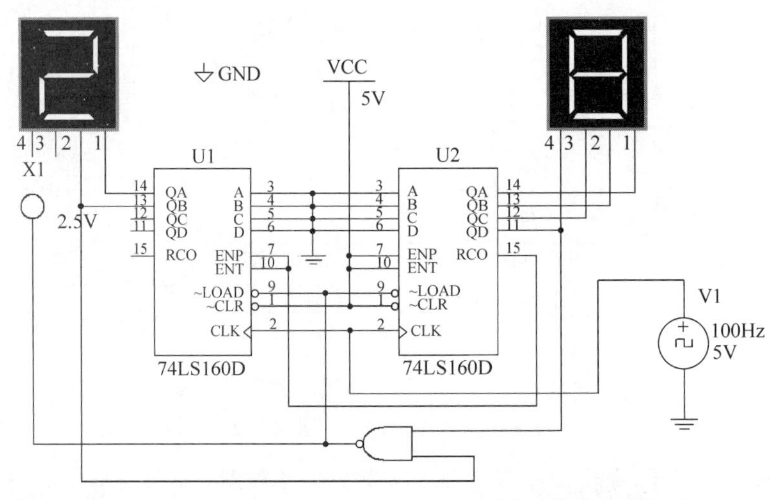

图 9.3.28　整体置数法构成二十九进制计数器电路原理图

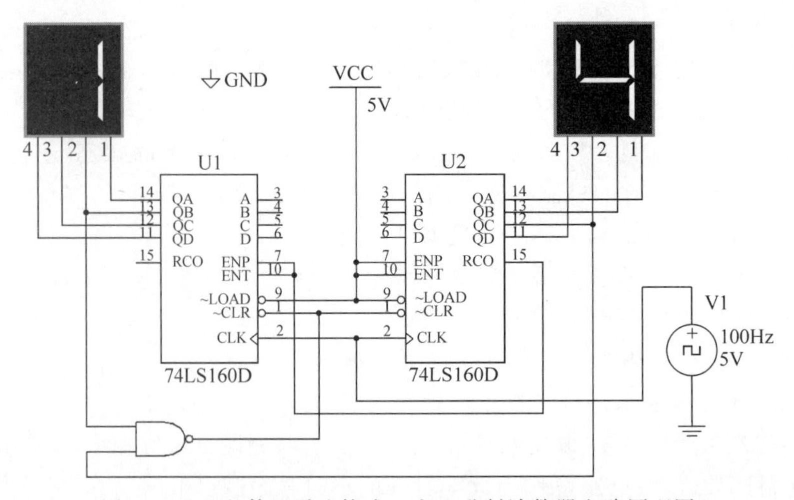

图 9.3.29　整体置零法构成二十四进制计数器电路原理图

【例 9.48】 用整体置数法构成二十四进制计数器。

解：新建电路原理图，操作步骤参见 2.2.5 节。电路如图 9.3.30 所示，采用整体置数法构成二十四进制计数器，该电路可作为数字时钟的小时时序逻辑电路。

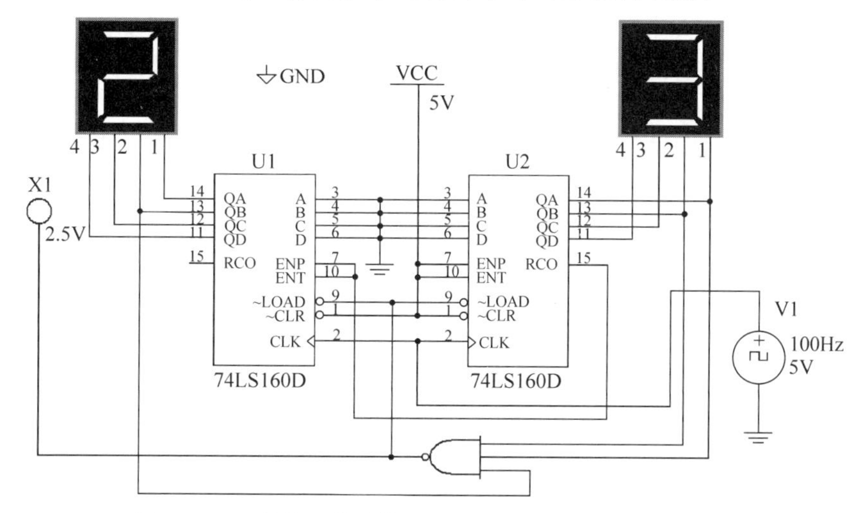

图 9.3.30 整体置数法构成二十四进制计数器电路原理图

通过这几个例子可以看到，整体置零法可靠性较差。采用整体置数法可以避免整体置零法的缺点。

9.3.4 其他时序逻辑电路及应用

时序逻辑电路不仅包括锁存器、抢答器、一百进制的加/减计数器、环形计数器、顺序脉冲发生器和序列信号发生器等，同时还包括在交通灯控制电路中的实际应用等。

【例 9.49】 验证锁存器 4042BD_5V 的功能。

解：新建电路原理图，操作步骤参见 2.2.5 节。电路如图 9.3.31 所示，正常工作时极性端 E0 处于高电平；E1 端作为锁存使能端。当 E1=1 时，Q0Q1Q2Q3=D0D1D2D3；当 E1=0 时，无论 D0D1D2D3 如何变化，输出 Q0Q1Q2Q3 保持上一次的信号不变。

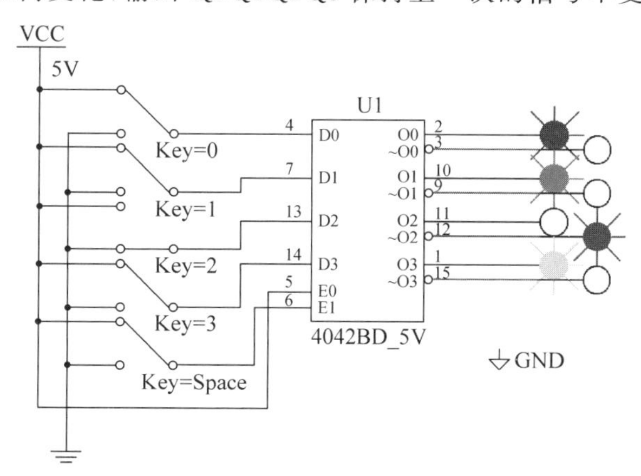

图 9.3.31 锁存器 4042BD 的功能测试电路原理图

【例 9.50】 设计一个 4 人的智力竞赛抢答器。

解：智力竞赛抢答器电路应能识别出 4 人中哪一个最先按下按键，而对随后到来的其他人的按键不作出响应。新建电路原理图，操作步骤参见 2.2.5 节。电路如图 9.3.32 所示，

4人的抢答按键分别用按1、2、3、4键控制,复位开关由按E键控制,复位时按E键。当电路正常工作时,复位开关应处于断开状态,异或门其中的一输入端为高电平1;当有人按下按键时,4输入端与非门电路输出为高电平1,经过异或门输出为低电平0,此时E1=0,锁存信号,无论输入信号的状态如何改变,输出信号不再改变。

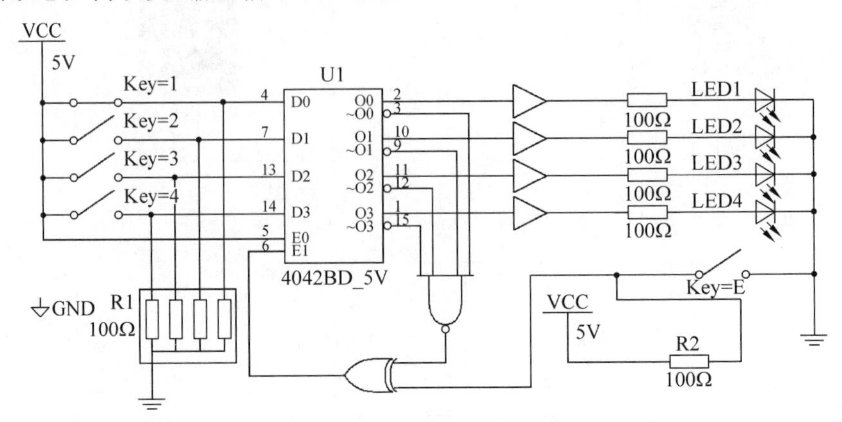

图9.3.32 4人的智力竞赛抢答器电路原理图

【例9.51】 设计一个一百进制的加/减计数器。

解:新建电路原理图,操作步骤参见2.2.5节。电路如图9.3.33所示,用两片74190N构成一百进制的加/减计数器。使能端信号按E键控制;清零信号按C键控制;加/减状态按D键控制。用逻辑探针Max/Min监视加计数的最大值和减计数的最小值。

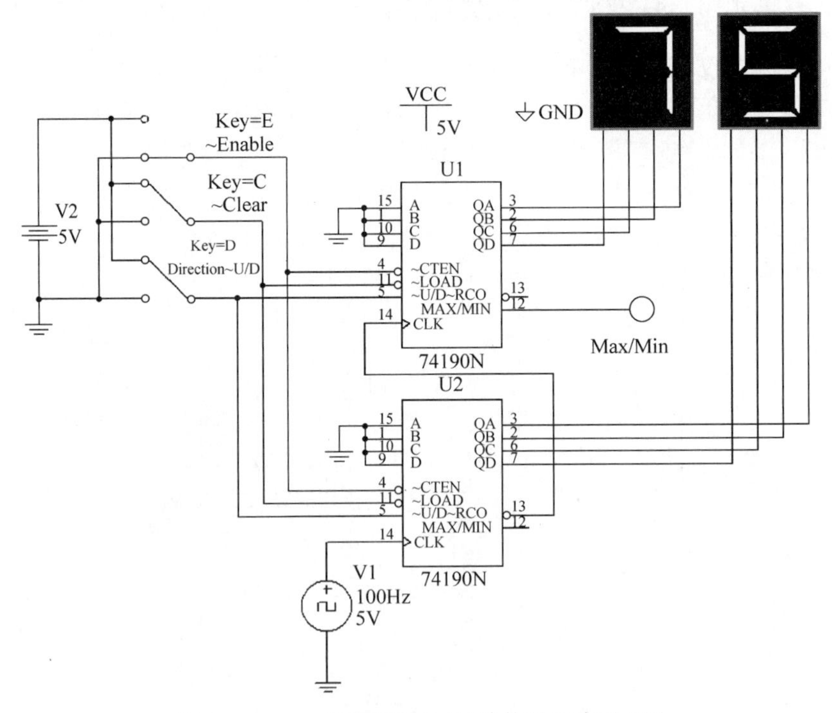

图9.3.33 一百进制的加/减计数器电路原理图

【例9.52】 设计一个能自启动的四位环形计数器。

解:新建电路原理图,操作步骤参见2.2.5节。电路如图9.3.34所示,采用四位移位寄存器芯片74LS194D构成,四位环形计数器的状态变化规律为1000→0100→0010→0001→1000→0100→……循环。

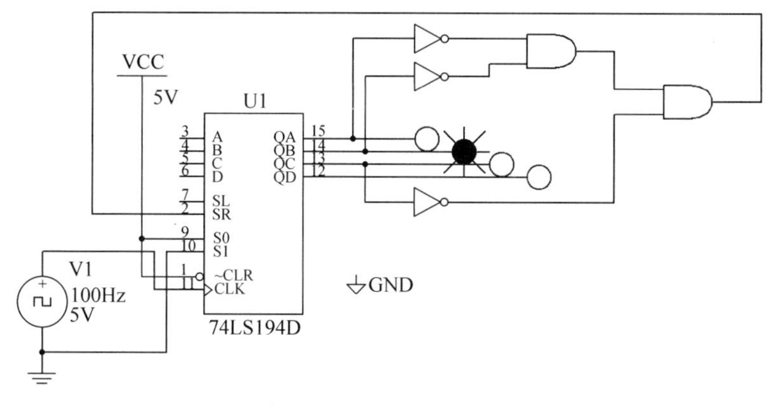

图 9.3.34 自启动的四位环形计数器电路原理图

【例 9.53】 用中规模集成芯片设计一个顺序脉冲发生器。

解：新建电路原理图，操作步骤参见 2.2.5 节。电路如图 9.3.35 所示，用同步计数器 74LS163D 和 3 线-8 线译码器 74LS138D 构成顺序脉冲发生器。通过 XLA1(Logic Analyzer) 观察在连续脉冲作用下输出状态的变化，如图 9.3.36 所示。

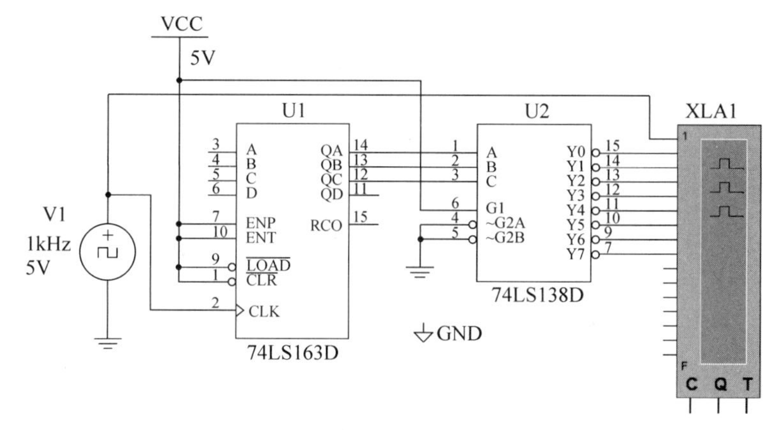

图 9.3.35 顺序脉冲发生器电路原理图

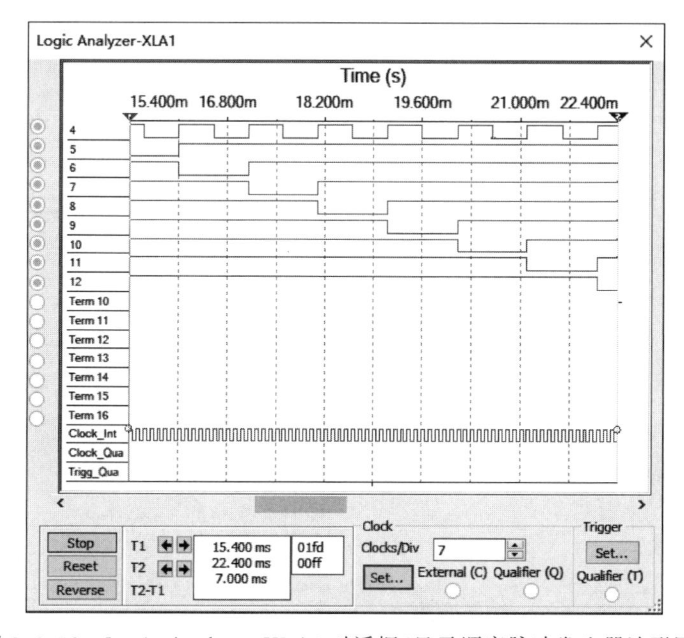

图 9.3.36 Logic Analyzer-XLA1 对话框(显示顺序脉冲发生器波形图)

将上述顺序脉冲发生器电路稍加修改，输出信号接上各种颜色的逻辑探针，就可成为一个旋转的彩灯，如图 9.3.37 所示。

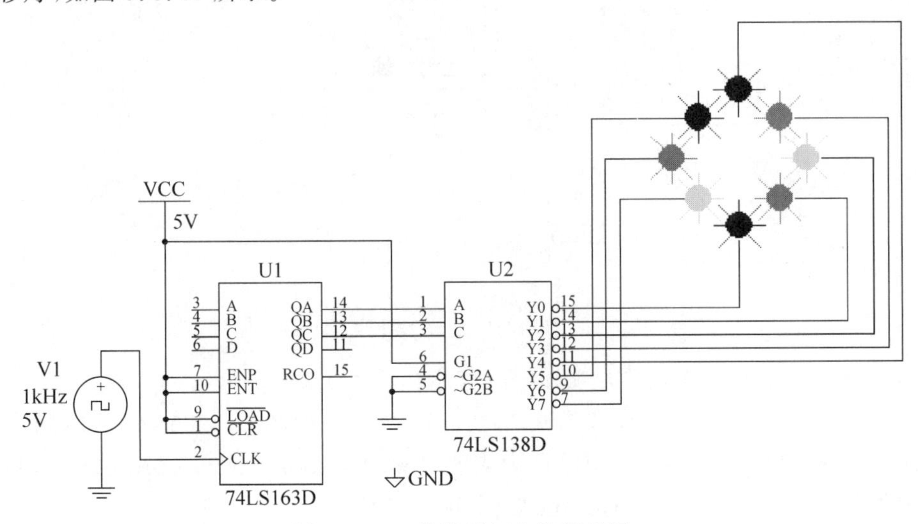

图 9.3.37 旋转彩灯电路原理图

【例 9.54】 用中规模集成芯片设计一个序列信号发生器。要求：电路输出循环产生串行数据 00010111。

解： 新建电路原理图，操作步骤参见 2.2.5 节。电路如图 9.3.38 所示，用四位二进制同步计数器 74LS163D 和八选一数据选择器 74LS151D 构成序列信号发生器。计数器输出信号状态用七段数码管显示器显示，数据选择器输出信号用逻辑探针监视。观察计数器输出信号状态与数据选择器输出信号的对应关系。

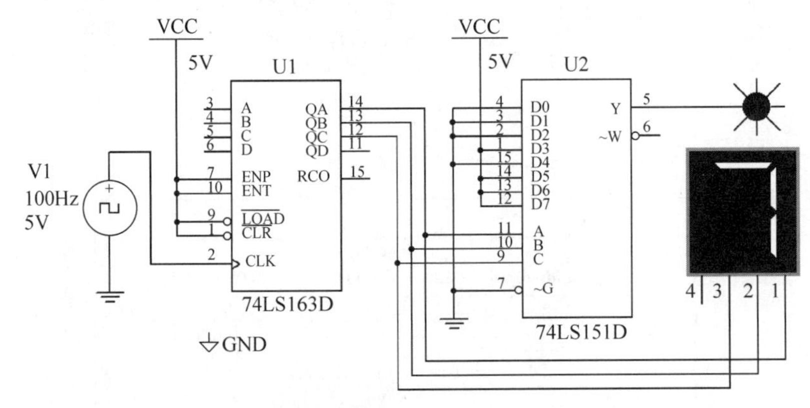

图 9.3.38 序列信号发生器电路原理图

【例 9.55】 设计一个交通灯控制电路。

解： 通过设计一个由时钟脉冲电源 V1 的频率为 0.5Hz 构成的四位计数器时序逻辑电路。绿灯亮 16s，然后黄灯亮 4s，接着红灯亮 12s。当计数器溢出（即输出信号 QDQCQBQA 从 1111 变到 0000）时，红灯熄灭，绿灯点亮。绿灯在计数器输出信号为 0000～0111 期间点亮；黄灯在计数器输出信号为 1000～1001 期间点亮；红灯在计数器输出信号为 1010～1111 期间点亮。根据以上分析可列出绿、黄、红灯点亮的逻辑关系表达式：

$$\mathrm{Green}_{\mathrm{II}}=\overline{QD},\quad \mathrm{Yellow}_{\mathrm{II}}=QD\times\overline{QC+QB},\quad \mathrm{Red}_{\mathrm{II}}=QD(QB+QC)$$

在实际应用中，还需要一组与之垂直方向的交通灯来共同完成交通指示，其绿、黄、红灯亮的逻辑关系表达式：

$$\text{Green}_{\perp} = QD,\quad \text{Yellow}_{\perp} = \overline{QD} \times \overline{QC + QB},\quad \text{Red}_{\perp} = \overline{QD}(QB + QC)$$

新建电路原理图,操作步骤参见 2.2.5 节。根据逻辑关系表达式创建电路原理图如图 9.3.39 所示。

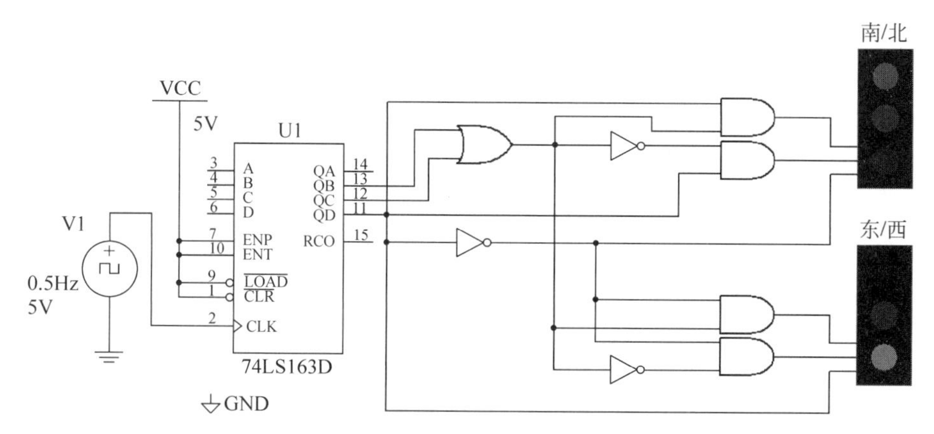

图 9.3.39 交通灯控制电路原理图

9.4 集成 555 定时器的应用

集成 555 定时器(简称 555 定时器)是一种集模拟、数字于一体的中规模集成电路,其应用极为广泛。它不仅用于信号的产生和变换,还常用于控制与检测电路中。

9.4.1 用 555 定时器组成施密特触发器

用 555 定时器组成的施密特触发器是一种具有两个稳态的电路。当输入信号电压大于电路导通电压时,输出信号维持于一种恒定的电压值;当输入信号电压低于电路截止电压时,输出信号维持于另一个电路导通电压值。

【例 9.56】 用 LM555CN 组成施密特触发器,测试施密特触发器的功能。

解:新建电路原理图,操作步骤参见 2.2.5 节。如图 9.4.1 所示电路为 LM555CN 组成的施密特触发器,利用 XFG1 分别产生频率为 1kHz、占空比为 50%、幅度为 5Vp 的正弦波、三角波和方波,作为输入信号。用 XSC1 观察不同波形的输入信号下,输出信号的波形,如图 9.4.2~图 9.4.4 所示。第一行信号波形为输入信号波形;第二行信号波形为输出信号波形。

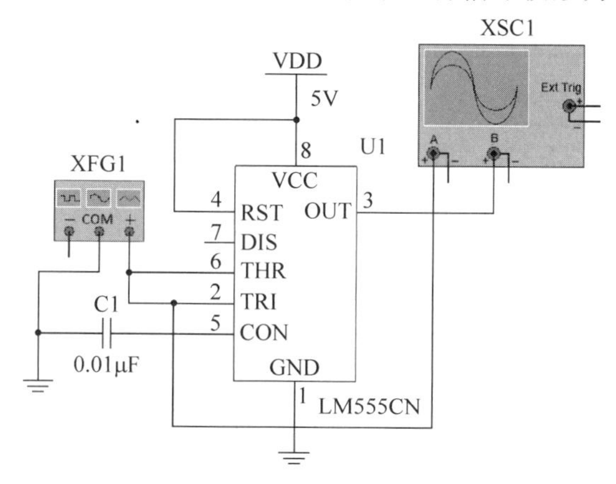

图 9.4.1 用 555 定时器组成的施密特触发器电路原理图

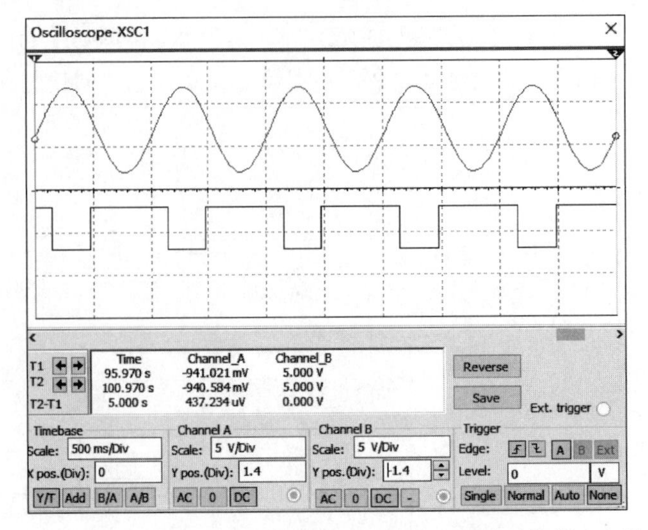

图 9.4.2 Oscilloscope-XSC1 对话框(显示输入信号为正弦波时的输入和输出信号波形)

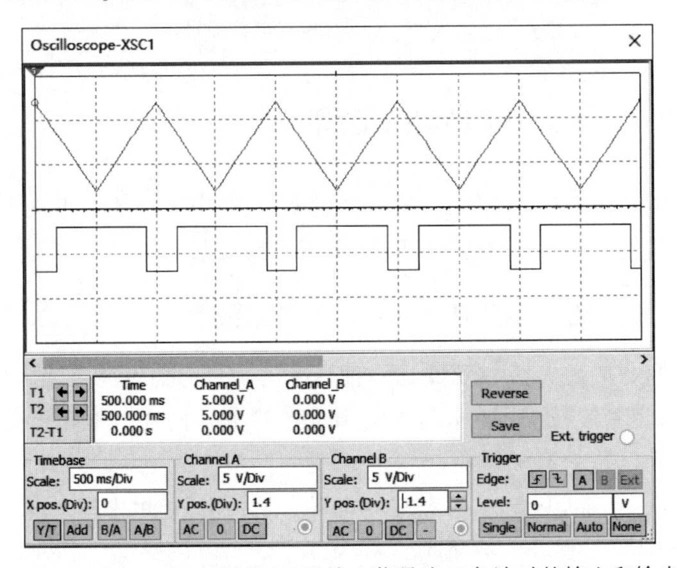

图 9.4.3 Oscilloscope-XSC1 对话框(显示输入信号为三角波时的输入和输出信号波形)

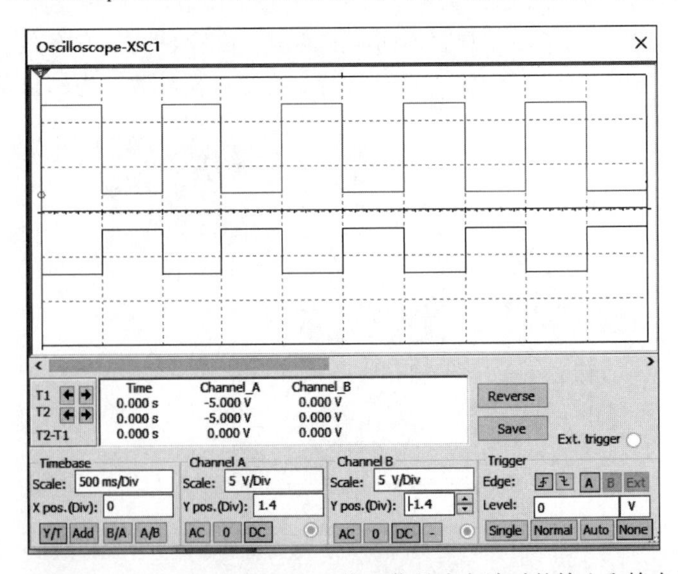

图 9.4.4 Oscilloscope-XSC1 对话框(显示输入信号为方波时的输入和输出信号波形)

9.4.2 用 555 定时器组成单稳态触发器

所谓的单稳态，就是一个稳定状态的意思。将 555 定时器与 RC 串联构成的延时环节结合起来，可以做成单稳态触发器。

【例 9.57】 用 LM555CN 组成的单稳态触发器，测试单稳态触发器的功能。

解：新建电路原理图，操作步骤参见 2.2.5 节。如图 9.4.5 所示电路为 LM555CN 组成的单稳态触发器，利用 XFG1 产生频率为 1kHz、占空比为 90%、幅度为 5Vp 的矩形波(也可用正弦波，读者自行演示)，作为输入信号。用 XSC1(Four channel oscilloscope，4 通道示波器)观察输出信号的波形如图 9.4.6 所示。第一行信号波形为输入信号波形；第二行信号波形为 THR 点信号波形；第三行的信号波形为输出信号波形。

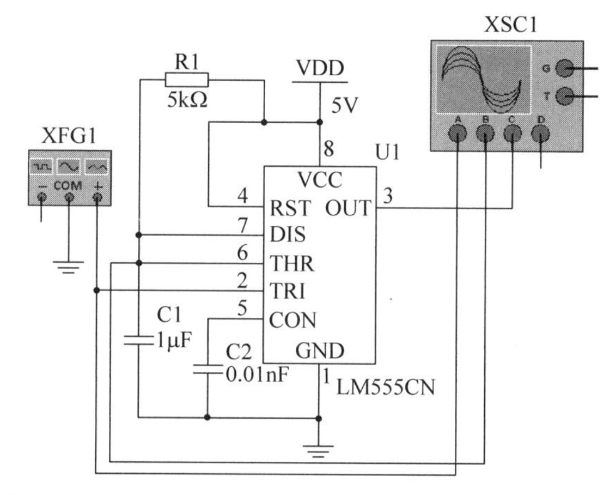

图 9.4.5 用 555 定时器组成的单稳态触发器电路原理图

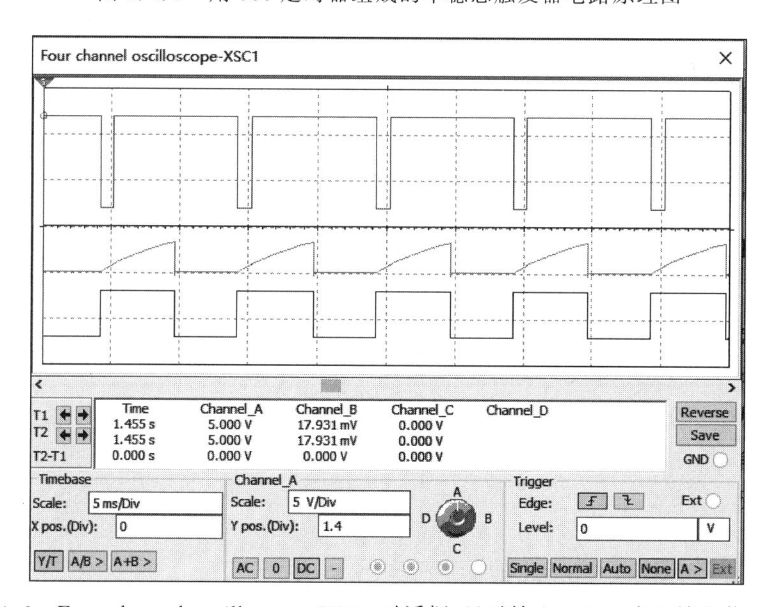

图 9.4.6 Four channel oscilloscope-XSC1 对话框(显示输入、THR 点和输出信号波形)

【例 9.58】 用 555 Timer Wizard 生成单稳态触发器。

解：在 Multisim 14 主界面中，选择菜单栏中 Tools→Circuit wizards→555 timer wizard 命令，打开 555 Timer Wizard 对话框，如图 9.4.7 所示。设置选项区域 Type 中参数，单击右侧的下三角按钮弹出列表，选择 Monostable operation(单稳态触发器的向导)选项。设置选项区域中各参数：Vs(输入信号源的电压)输入 12，选择 V 选项；Vini(输入信号源的幅度)输入 12，选择 V 选项；Vpulse(输入信号源的输出下限值)输入 0，选择 V 选项；Frequency(输入信号源的频率)输入 1，选择 kHz 选项；Input pulse width(输入信号脉冲的宽度)输入 90，选择 μsec 选项；Output pulse width(输出信号脉冲的宽度)输入 500，选择 μsec 选项；C(电容 C 的电容值)输入 10，选择 nF 选项；Cf(电容 Cf 的电容值)输入 10，选择 nF 选项；Rl(负载电阻 Rl 的电阻值)输入 100，选择 Ω 选项。单击 Build circuit 按钮，即可得到单稳态触发器电路原理图，如图 9.4.8 所示。

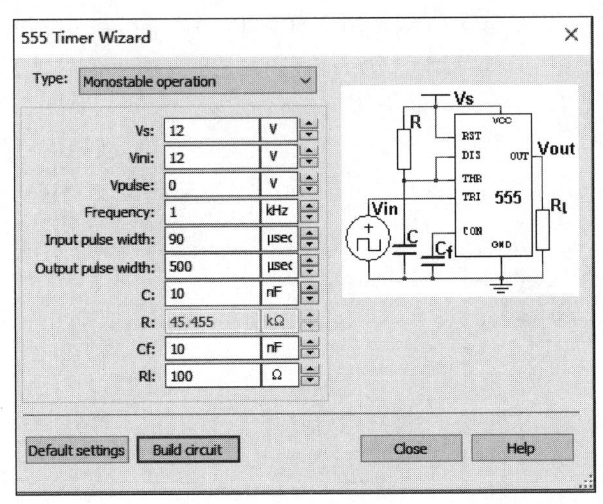

图 9.4.7　555 Timer Wizard 对话框(选择 Monostable operation 选项)

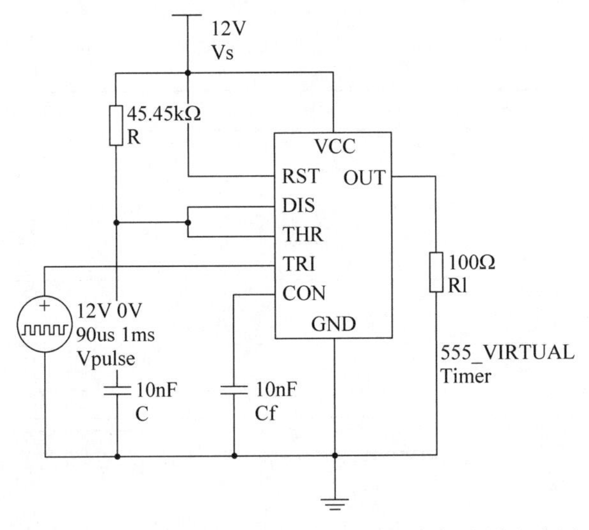

图 9.4.8　利用 555 Timer Wizard 生成单稳态触发器电路原理图

9.4.3　用 555 定时器组成多谐振荡器

多谐振荡器是一种能产生矩形波的自激振荡器，也称矩形波信号发生器。“多谐”是指矩形波中除了含有基波成分之外，还含有丰富的高次谐波成分。多谐振荡器没有稳态，只有两个暂态。在工作时，电路的状态在两个暂态之间自动地交替变换，由此产生矩形波信号，常用作时钟脉冲电源和时序逻辑电路中的时钟信号。

【例 9.59】 用 LM555CN 组成多谐振荡器，测试多谐振荡器的功能。

解：新建电路原理图，操作步骤参见 2.2.5 节。用 LM555CN 组成多谐振荡器，各元件参数如图 9.4.9 所示。用 XSC1 观察输出信号波形和电容 C2 的充/放电信号波形，如图 9.4.10 所示，第一行信号波形为输出信号波形；第二行信号波形为电容 C2 的充/放电信号波形。

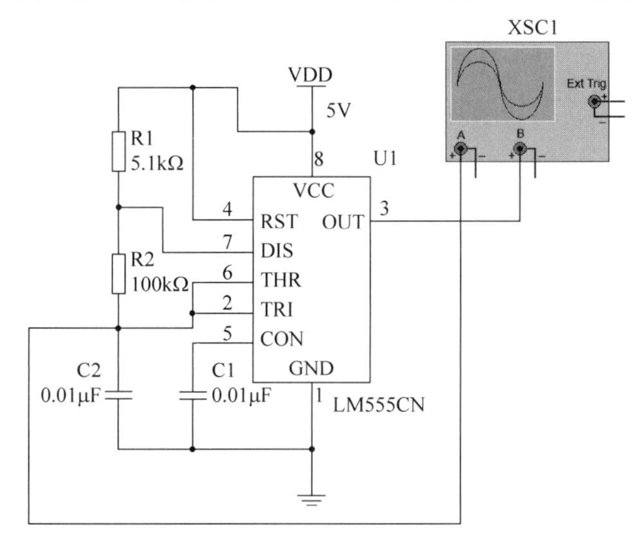

图 9.4.9　用 555 定时器组成的多谐振荡器电路原理图

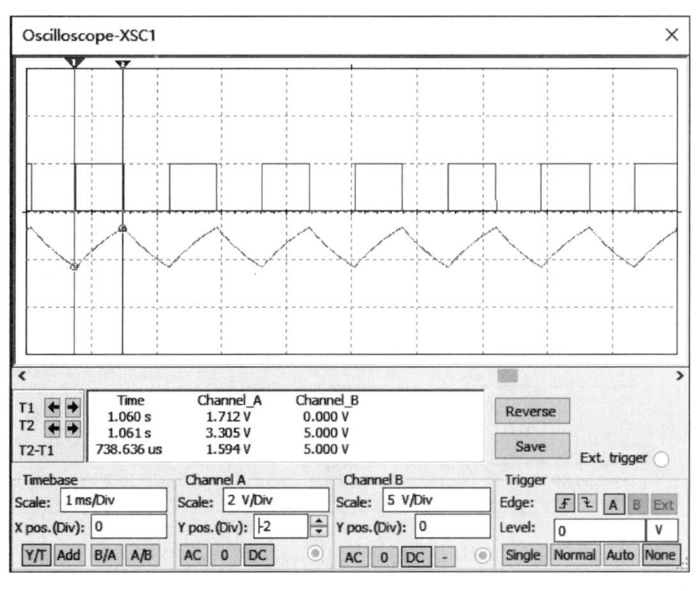

图 9.4.10　Oscilloscope-XSC1 对话框（显示输出信号和电容 C2 的充/放电信号波形）

【例 9.60】　用 555 Timer Wizard 生成多谐振荡器。

解：在 Multisim 14 主界面中，选择菜单栏中 Tools→Circuit wizards→555 Timer Wizard 命令，打开 555 Timer Wizard 对话框，如图 9.4.11 所示。设置选项区域 Type 中的参数，单击右侧的下三角按钮弹出列表，选择 Astable operation（多谐振荡器的向导）选项。设置选项区域中各参数：Vs 输入 12，选择 V 选项；Frequency 输入 1，选择 kHz 选项；Duty（占空比）输入 60；C 输入 10，选择 nF 选项；Cf 输入 10，选择 nF 选项；Rl 输入 100，选择 Ω 选项。单击 Build circuit 按钮，即可得到多谐振荡器电路原理图，如图 9.4.12 所示。用 XSC1 观察输出信号波形和电容 C 的充/放电信号波形，如图 9.4.13 所示，第一行信号波形为输出信号波形；第二行信号波形为电容 C 的充/放电信号波形。

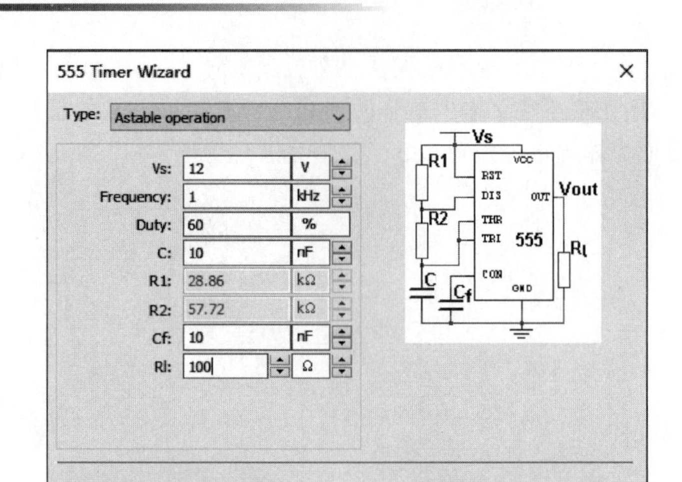

图 9.4.11　555 Timer Wizard 对话框(选择 Astable operation 选项)

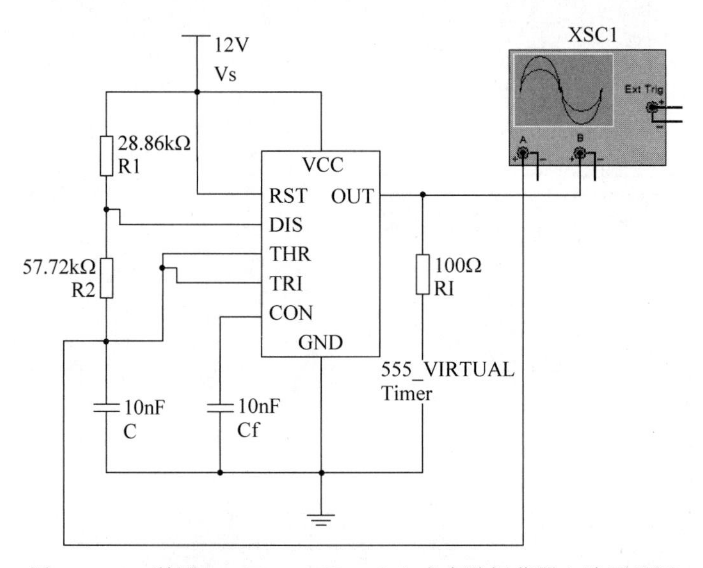

图 9.4.12　利用 555 Timer Wizard 生成多谐振荡器电路原理图

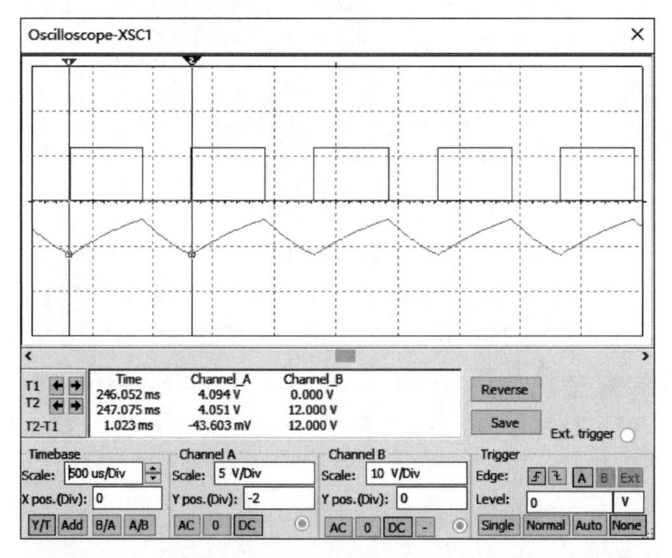

图 9.4.13　Oscilloscope-XSC1 对话框(显示输出信号和和电容 C 的充/放电信号波形)

【例 9.61】 用 555 定时器构成占空比可调的多谐振荡器。

解：新建电路原理图，操作步骤参见 2.2.5 节。电路如图 9.4.14 所示，图中用 D1 和 D2 两只二极管将电容 C2 的充/放电电路分开，并接入电位器 R3，实现占空比的可调功能。在 Multisim 14 主界面中，单击“仿真”按钮，不断按 A 键或按 Shift＋A 快捷键，观察多谐振荡器的输出信号波形变化，如图 9.4.15 所示，第一行信号波形为输出信号波形；第二行信号波形为电容 C2 充/放电信号波形。

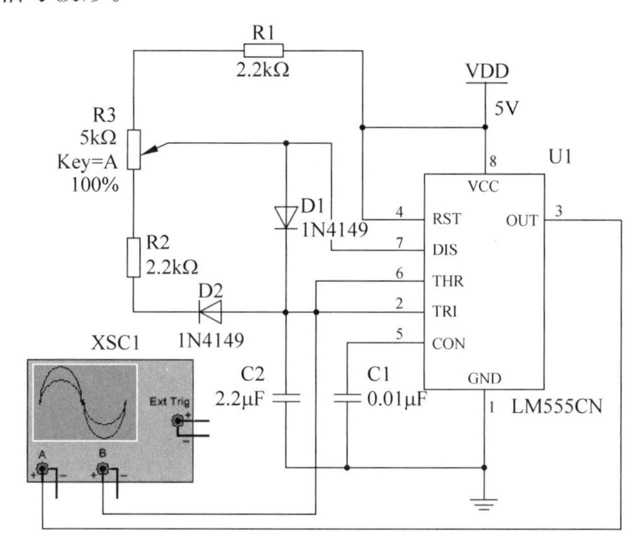

图 9.4.14 用 555 定时器组成的占空比可调的多谐振荡器电路原理图

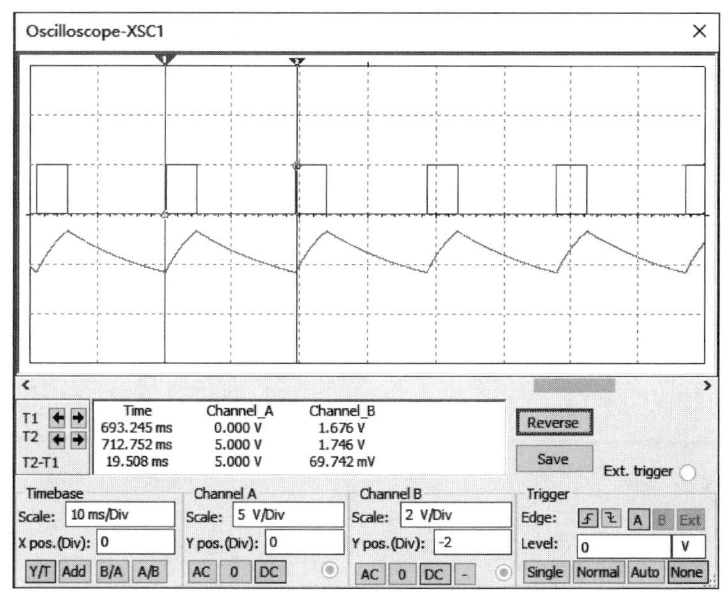

图 9.4.15 Oscilloscope-XSC1 对话框(显示输出信号和和电容 C2 的充/放电信号波形)

9.5 数/模和模/数转换

随着计算机在自动控制、自动检测以及许多其他领域中的广泛应用，要求用数字电路处理模拟信号的情况也更加普遍，最后的输出还要求将处理后得到的数字信号转换成相应的模拟信号。

9.5.1 数/模转换器

实现数字量到模拟量的转换电路称为数/模(D/A)转换器。目前常见的D/A转换器主要有权电阻网络D/A转换器、T型电阻网络D/A转换器、倒T型电阻网络D/A转换器、权电流型D/A转换器、具有双极性输出电压的D/A转换器等。

【例9.62】 设计一个权电阻网络D/A转换器,并设输入信号的数字量为1101时,输出信号的模拟电压值为多少?

解:新建电路原理图,操作步骤参见2.2.5节。电路原理图如图9.5.1所示的权电阻网络D/A转换器,用模拟电子开关作为数字量$D_3D_2D_1D_0$的输入信号。当输入信号的数字量为1101时,电压表的读数为−4.062V,与理论计算所得出的结果,如式(9-5-1)所示,二者基本一致,电路实现了D/A转换。

$$V_0=-\frac{V_{\mathrm{ref}}R_5}{2^3R_4}\sum_{i=0}^{3}(D_i\times 2^i)=-4.0625\mathrm{V} \tag{9-5-1}$$

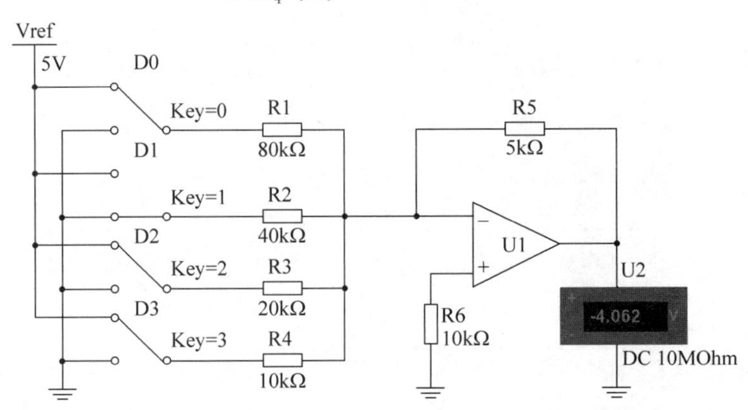

图9.5.1 权电阻网络D/A转换器仿真电路原理图

【例9.63】 设计一个T型电阻网络D/A转换器,并设输入信号的数字量为0101时,输出信号的模拟电压值为多少?

解:新建电路原理图,操作步骤参见2.2.5节。电路原理图如图9.5.2所示的T型电阻网络D/A转换器,用模拟电子开关作为数字量$D_3D_2D_1D_0$的输入信号。当输入信号的数字量为0101时,电压表的读数为−0.521V,与理论计算所得出的结果,如式(9-5-2)所示,二者基本一致,电路实现了D/A转换。

$$V_0=-\frac{V_{\mathrm{ref}}}{3\times 2^4}\sum_{i=0}^{3}(D_i\times 2^i)=-0.519\mathrm{V} \tag{9-5-2}$$

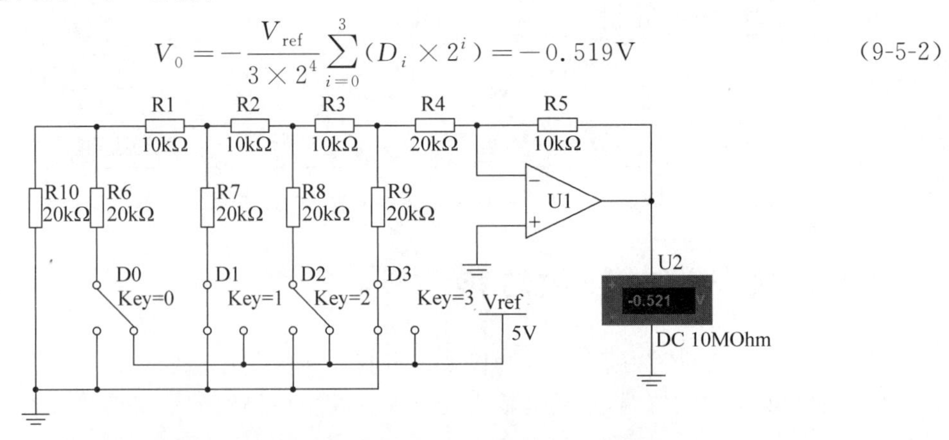

图9.5.2 T型电阻网络D/A转换器仿真电路原理图

【例 9.64】 设计一个倒 T 型电阻网络 D/A 转换器，并设输入信号的数字量为 1001 时，输出信号的模拟电压值为多少?

解：新建电路原理图，操作步骤参见 2.2.5 节。电路如图 9.5.3 所示的倒 T 型电阻网络 D/A 转换器，用模拟电子开关作为数字量 $D_3D_2D_1D_0$ 的输入信号。当输入信号的数字量为 1001 时，电压表的读数为 −2.812V，与理论计算所得出的结果，如式(9-5-3)所示，二者基本一致，电路实现了 D/A 转换。

$$V_0 = -\frac{V_{ref}}{2^n}\sum_{i=0}^{n-1}(D_i \times 2^i) = -2.8125\text{V} \tag{9-5-3}$$

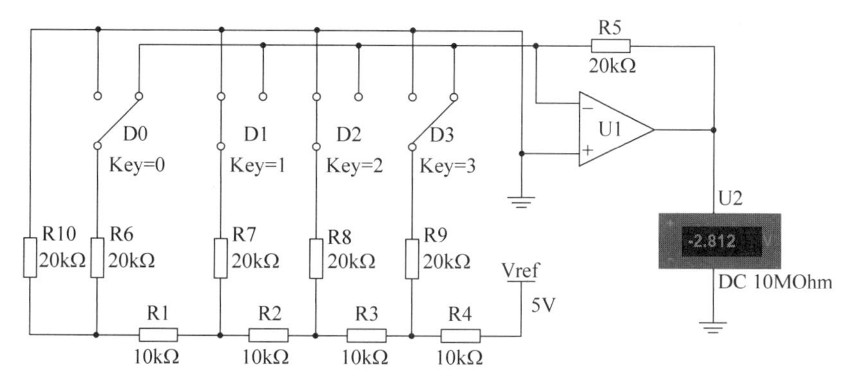

图 9.5.3 倒 T 型电阻网络 D/A 转换器仿真电路原理图

【例 9.65】 设计一个权电流型 D/A 转换器，并设输入信号的数字量为 1101 时，输出信号的模拟电压值为多少?

解：新建电路原理图，操作步骤参见 2.2.5 节。电路如图 9.5.4 所示的权电流型 D/A 转换器，用模拟电子开关作为数字量 $D_3D_2D_1D_0$ 的输入信号。当输入信号的数字量为 1101 时，电压表的读数为 6.5V，与理论计算所得出的结果，如式(9-5-4)所示，二者基本一致，电路实现了 D/A 转换。其中，$I=15\text{mA}$。

$$V_0 = \frac{R_1 I}{2^4}\sum_{i=0}^{3}(D_i \times 2^i) = 6.5\text{V} \tag{9-5-4}$$

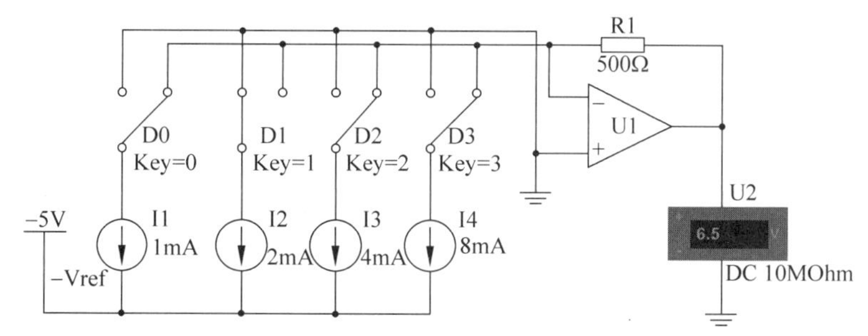

图 9.5.4 权电流型 D/A 转换器仿真电路原理图

【例 9.66】 设计一个具有双极性输出电压的 D/A 转换器，并设输入信号的数字量为 001 时，输出信号的模拟电压值为多少?

解：新建电路原理图，操作步骤参见 2.2.5 节。电路如图 9.5.5 所示的具有双极性输出电压的 D/A 转换器，用模拟电子开关作为数字量 $D_2D_1D_0$ 的输入信号。当输入信号的数字量为 001 时，电压表的读数为 −3V，这与表 9.1 偏移 −4V 后的输出一致。

表 9.1 具有偏移的 D/A 转换器的输出

绝对值输入			无偏移时的输出	偏移−4V 后的输出
D_2	D_1	D_0		
1	1	1	+7V	+3V
1	1	0	+6V	+2V
1	0	1	+5V	+1V
1	0	0	+4V	0V
0	1	1	+3V	−1V
0	1	0	+2V	−2V
0	0	1	+1V	−3V
0	0	0	0V	−4V

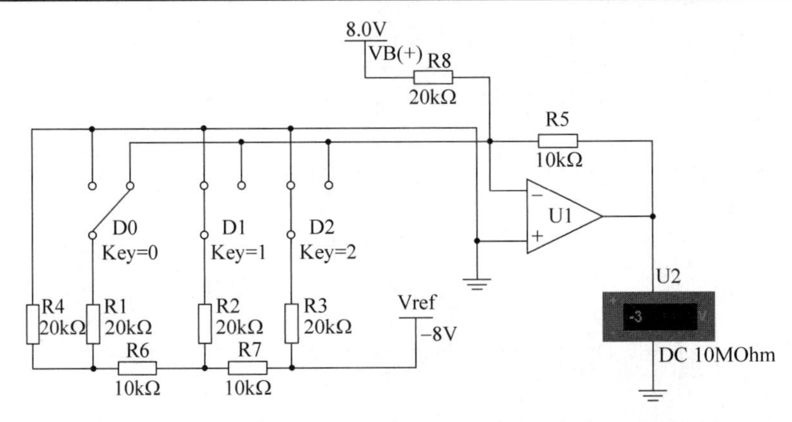

图 9.5.5 具有双极性输出电压的 D/A 转换器仿真电路原理图

【例 9.67】 用 Multisim 14 软件中的 VDAC8 元件，设计一个 D/A 转换电路。

解：新建电路原理图，操作步骤参见 2.2.5 节。电路如图 9.5.6 所示，设参考电压 $V_{ref}=2.5V$，输入信号的数字量 11111111。根据 $V_o=\frac{V_{ref}\times D_n}{2^n}$，可得理论值 $V_o=2.49V$。电压表的读数为 2.49V，这与理论值一致。将输入信号的数字量依次在 $D_0D_1D_2D_3D_4D_5D_6D_7$ 从高电平 1(+5V)拨到低电平 0(地)，仿真结果如图 9.5.7 所示，可以看到最高位的权重最大。

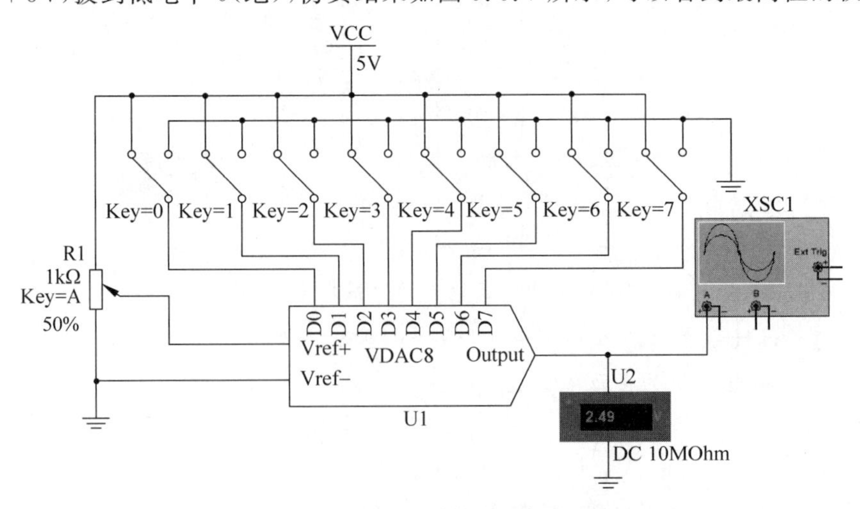

图 9.5.6 VDAC8 转换电路原理图

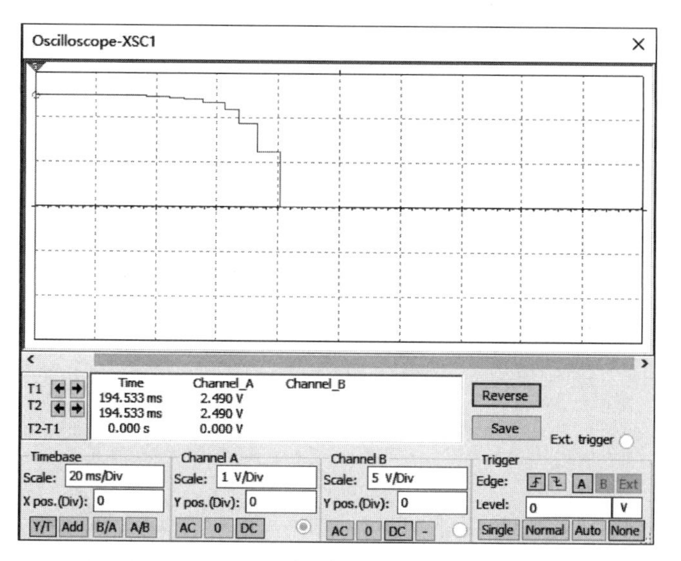

图 9.5.7　Oscilloscope-XSC1 对话框(显示 VDAC8 转换电路仿真结果)

9.5.2 模/数转换器

实现模拟量到数字量的转换电路称为模/数(A/D)转换器。模拟信号经过采样、保持、量化和编码 4 个过程就可以转换为相应的数字信号。

【例 9.68】 设计一个三位并联比较型 A/D 转换器。

解：新建电路原理图，操作步骤参见 2.2.5 节。电路原理图如图 9.5.8 所示，它主要由比

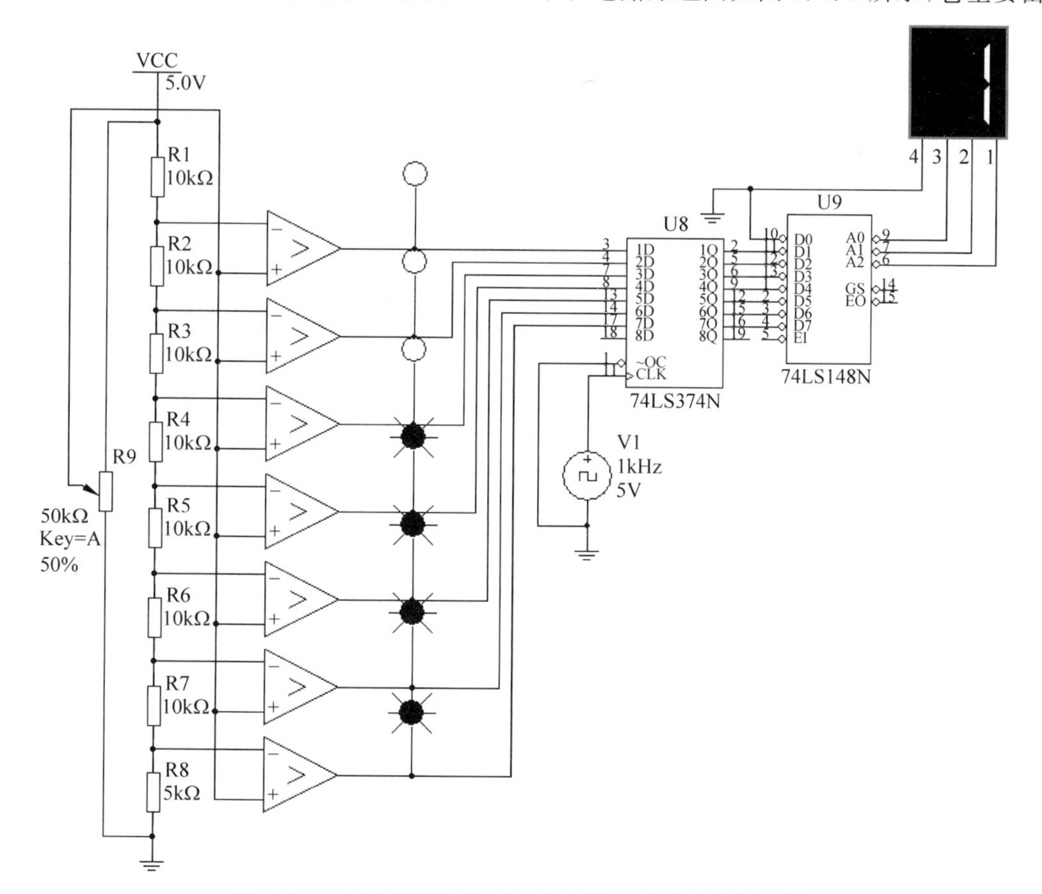

图 9.5.8　三位并联比较型 A/D 转换器仿真电路原理图

较器、分压电阻链、寄存器和优先编码器 4 部分组成，用 50kΩ 的电位器组成模拟量的输入端，输出得到的数字量通过七段数码管显示器显示。若输入的模拟量为 2.5V，七段数码管显示器显示为 1。当输入超出正常范围，输出保持为 111 不变。

【例 9.69】 用 Multisim 14 软件中的 ADC 元件，设计一个 A/D 转换电路。

解：新建电路原理图，操作步骤参见 2.2.5 节。电路如图 9.5.9 所示，输入的模拟信号是通过 1kΩ 的电位器调节的，连接好电路后，将 OE 引脚由低电平置高，发出转换命令，通过逻辑探针显示转换出来的数字量。当输入的模拟量为 4V 时，根据公式$\frac{5}{V_{in}}=\frac{255}{C_{in}}$，$V_{in}=4V$，则 $C_{in}=204$。204 转换成二进制数为 11001100，$D_7 \sim D_0$ 与逻辑探针显示的一致。

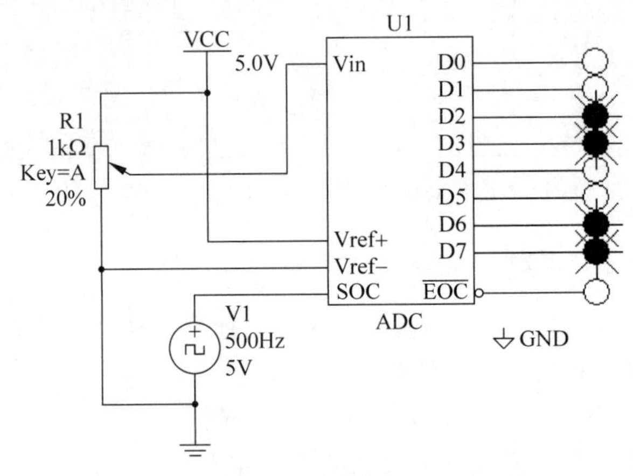

图 9.5.9 A/D 转换电路原理图及仿真结果

第10章 CHAPTER 10 Multisim 14 在通信电子电路中的应用

本章主要介绍 Multisim 14 在通信电子电路中的应用。

10.1 高频小信号调谐放大电路

高频小信号调谐放大电路是一种最常用的选频放大电路，即有选择地对某一频率的信号进行放大。它是构成无线电通信设备的主要电路，其作用是放大信道中的高频小信号。所谓小信号，通常指输入信号电压一般在微伏至毫伏数量级，放大这种信号的放大电路工作在线性范围内，主要由采用单谐振回路或双耦合谐振回路作负载的放大电路构成，其放大器件可采用单管、双管组合电路或集成电路等组成，主要功能是用作信号接收机中的高频放大和中频放大。

10.1.1 单调谐高频小信号放大电路

高频小信号调谐放大电路的种类很多，按调谐回路区分，有单调谐高频小信号放大电路、双调谐高频小信号放大电路和参差调谐高频小信号放大电路。按晶体管连接方法区分，有共基极、共发射极和共集电极调谐高频小信号放大电路等。

【例 10.1】 验证共发射极单调谐高频小信号放大电路特性。

解：新建电路原理图，操作步骤参见 2.2.5 节。按图 10.1.1 创建电路，在 Multisim 14 主界面中，单击“仿真”按钮，用 XSC1 测得输入和输出信号波形，如图 10.1.2 所示，第一行信号波形为输入信号波形；第二行信号波形为输出信号波形。XBP1(Bode Plotter，波特图仪)上分别单击 Magnitude(幅度)按钮和 Phase(相位)按钮，测得单调谐高频小信号放大电路的幅频特性曲线和相频特性曲线，分别如图 10.1.3(a)和图 10.1.3(b)所示。

在 Multisim 14 主界面中，选择菜单栏中 Simulate→Analyses and Simulation 命令，打开 Analyses and Simulation 对话框，单击 AC Sweep(交流扫描分析)选项，如图 10.1.4(a)所示。

(1) 选择 Frequency parameters(频率参数)选项卡，设置其中的参数：Start frequency(起始频率)输入 1，选择 Hz 选项；Stop frequency(终止频率)输入 10，选择 GHz 选项；Sweep type(扫描类型)选择 Decade(倍频程)选项；Number of points per decade(每倍频程点数)输入 100；Vertical scale(垂直刻度)选择 Decibel(分贝)选项。单击 Save(保存)按钮。

(2) 选择 Output(输出)选项卡，设置其中的参数：Variables in circuit(电路中的变量)，选择 V(6)，再单击 Add 按钮，将电路的输出节点电压 V(6)作为待分析的输出电路节点；单击 Run 按钮，得到输出信号的幅频特性曲线和相频特性曲线，如图 10.1.4(c)所示。

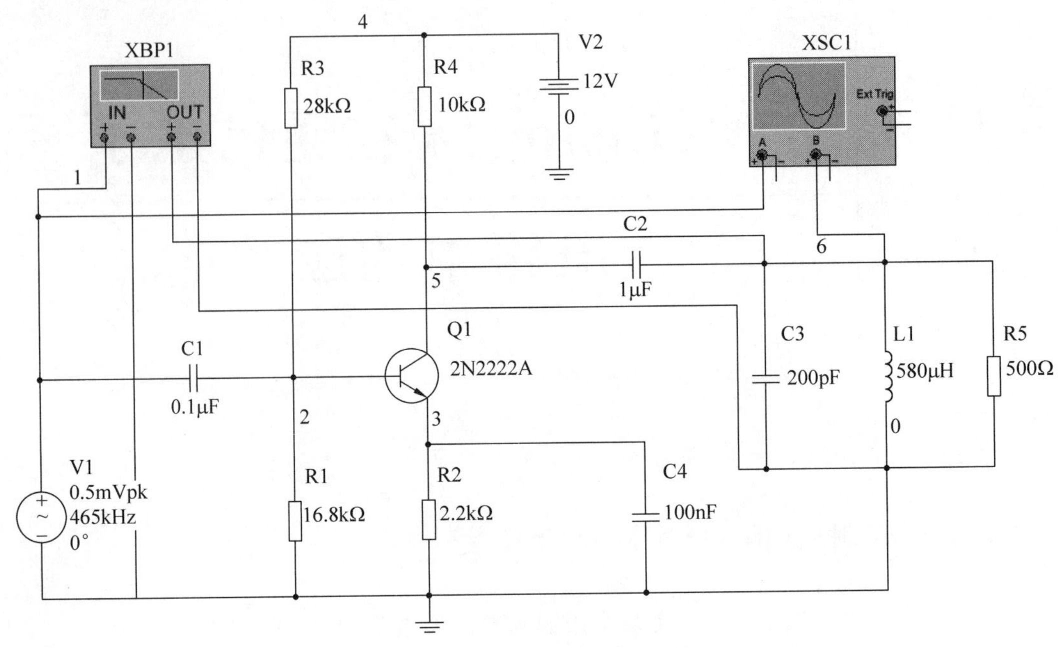

图 10.1.1 单调谐高频小信号放大电路原理图

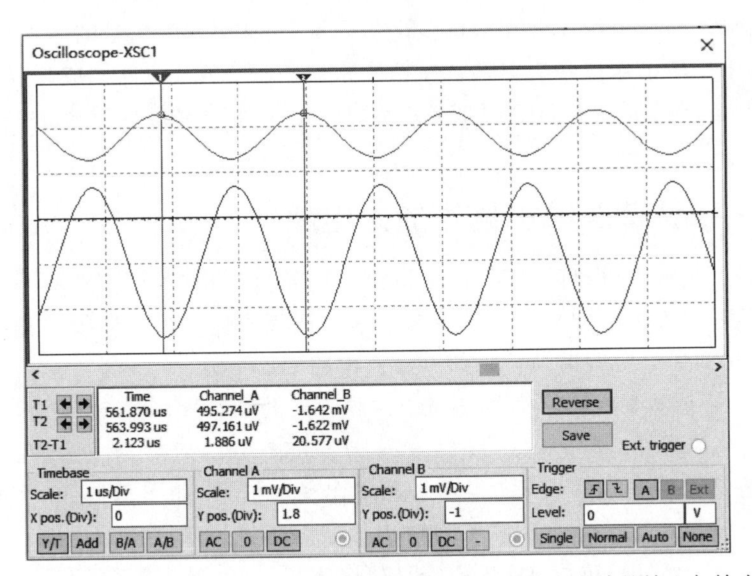

图 10.1.2 Oscilloscope-XSC1 对话框(显示单调谐高频小信号放大电路的输入与输出信号波形)

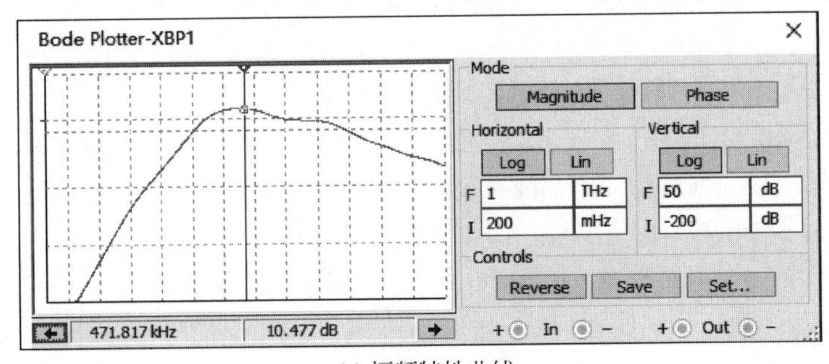

(a) 幅频特性曲线

图 10.1.3 Bode Plotter-XBP1 对话框(显示单调谐高频小信号放大电路的仿真测量数据)

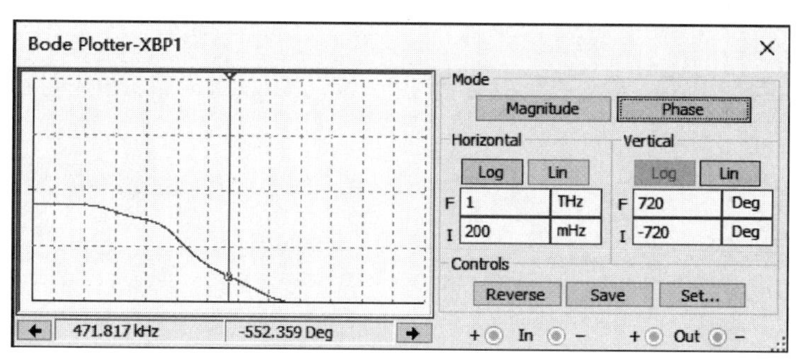

(b) 相频特性曲线

图 10.1.3 （续）

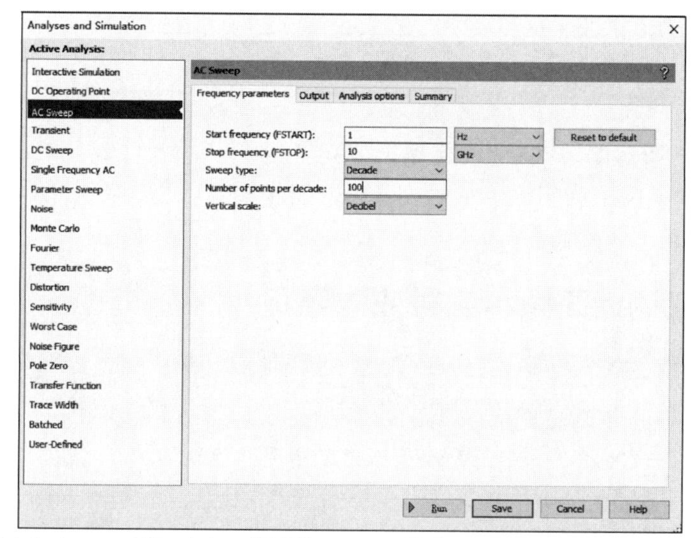

(a) Analyses and Simulation对话框（AC Sweep选项-Frequency parameters选项卡）

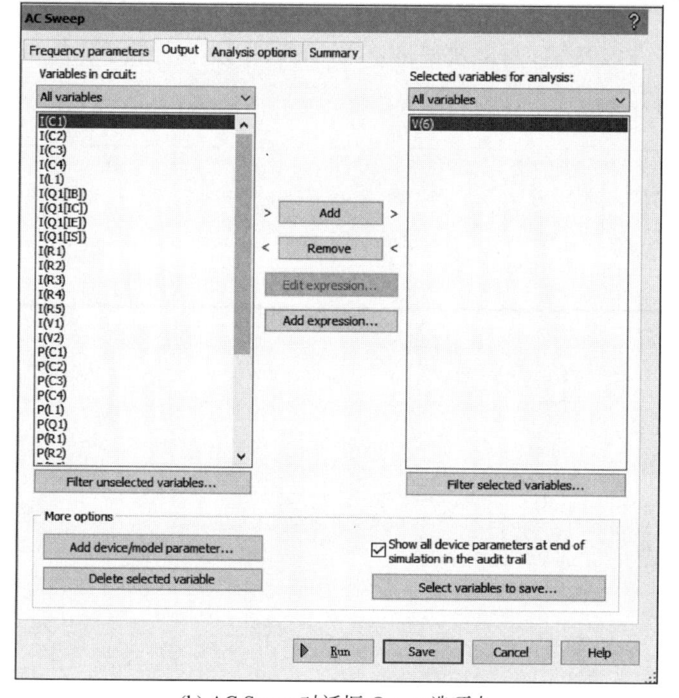

(b) AC Sweep对话框-Output选项卡

图 10.1.4 AC Sweep 仿真测量数据

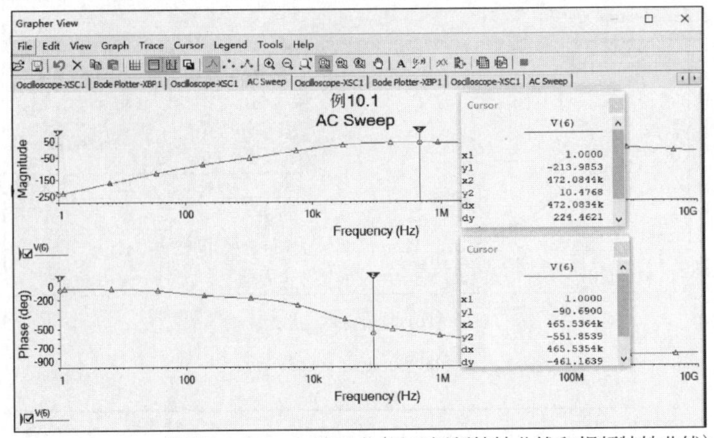

(c) Grapher View对话框-AC Sweep选项卡(显示幅频特性曲线和相频特性曲线)

图 10.1.4 (续)

依据图 10.1.1 所示电路参数,进行理论计算谐振频率,$f_0 \approx 467.5\text{kHz}$,利用 XBP1 测得谐振频率为 471.817kHz;利用 AC Sweep 测得谐振频率为 472.0844kHz,由此可知仿真测量数据与理论计算数值基本一致。

10.1.2 双调谐高频小信号放大电路

双调谐高频小信号放大电路具有频带较宽、选择性较好的优点,将单调谐高频小信号放大电路的调谐回路改用双调谐回路,即可构成双调谐高频小信号放大电路。

【例 10.2】 验证共发射极双调谐高频小信号放大电路的特性。

解:新建电路原理图,操作步骤参见 2.2.5 节。按图 10.1.5 创建电路,在 Multisim 14 主界面中,单击"仿真"按钮,利用 XSC1 测得输入和输出信号波形,如图 10.1.6 所示,第一行信号波形为输入信号波形,第二行信号波形为输出信号波形;双击 XBP1,再分别单击 Magnitude 按钮和 Phase 按钮,测得双调谐高频小信号放大电路的幅频特性曲线和相频特性曲线,如图 10.1.7(a)和图 10.1.7(b)所示。

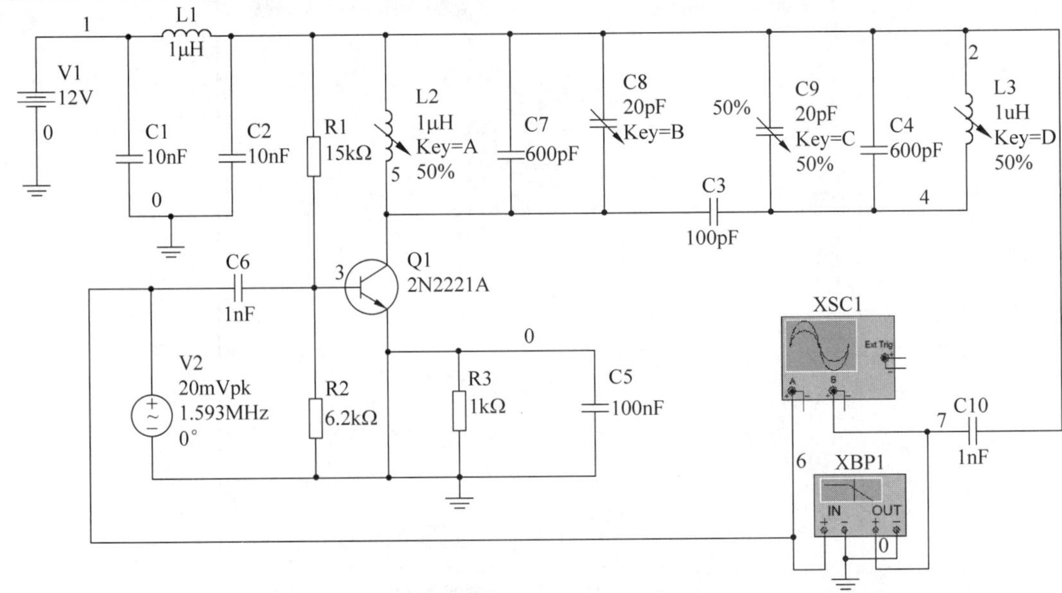

图 10.1.5 共发射极双调谐高频小信号放大电路原理图

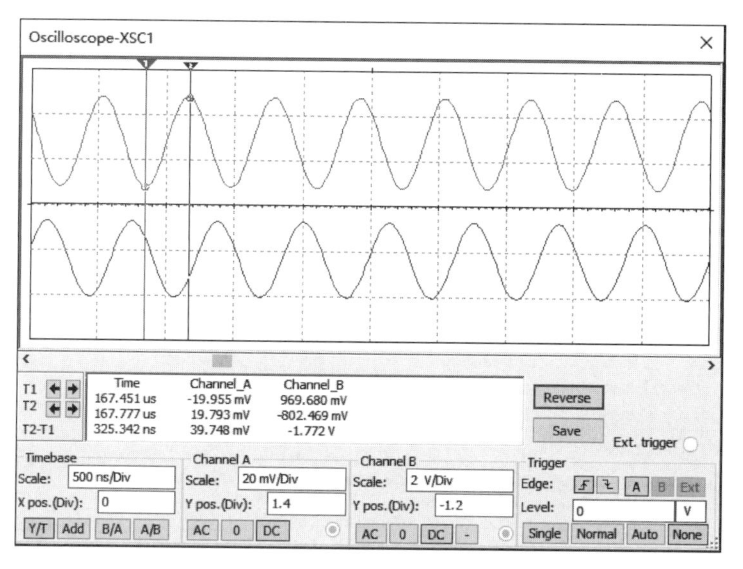

图 10.1.6 Oscilloscope-XSC1 对话框(显示双调谐高频小信号放大电路的输入与输出信号波形)

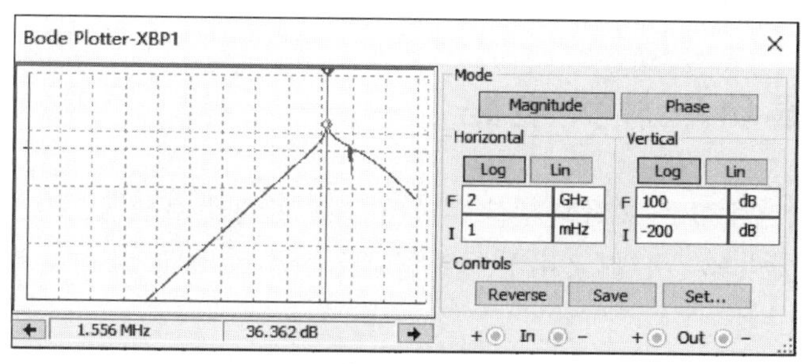

(a) 幅频特性曲线

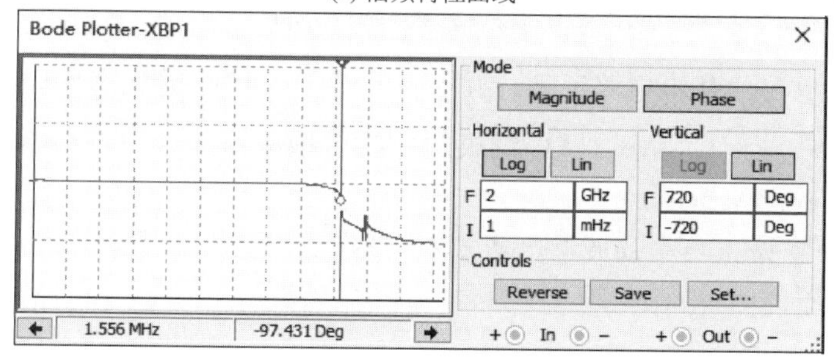

(b) 相频特性曲线

图 10.1.7 Bode Plotter-XBP1 对话框(显示双调谐高频小信号放大电路的仿真测量数据)

在 Multisim 14 主界面中，选择菜单栏中 Simulate→Analyses and simulation 命令，打开 Analyses and Simulation 对话框，单击 AC Sweep 选项。

(1) 选择 Frequency parameters 选项卡，设置其中的参数：Start frequency 输入 1，选择 Hz 选项；Stop frequency 输入 10，选择 GHz 选项；Sweep type 选择 Decade 选项；Number of points per decade 输入 100；Vertical scale 选择 Decibel 选项。单击 Save 按钮。

(2) 选择 Output(输出)选项卡，设置其中的参数：Variables in circuit，选择 V(7)，再单击 Add 按钮，将电路的输出节点电压 V(7)作为待分析的输出电路节点；单击 Run 按钮，得到输出信号的幅频特性曲线和相频特性曲线，如图 10.1.8 所示。

进行理论计算谐振频率，$f_0 \approx 1.593\text{MHz}$，利用 XBP1 测得谐振频率为 1.556MHz，AC Sweep 测得谐振频率为 1.5746MHz，由此可知仿真测量数据与理论计算数值基本一致。

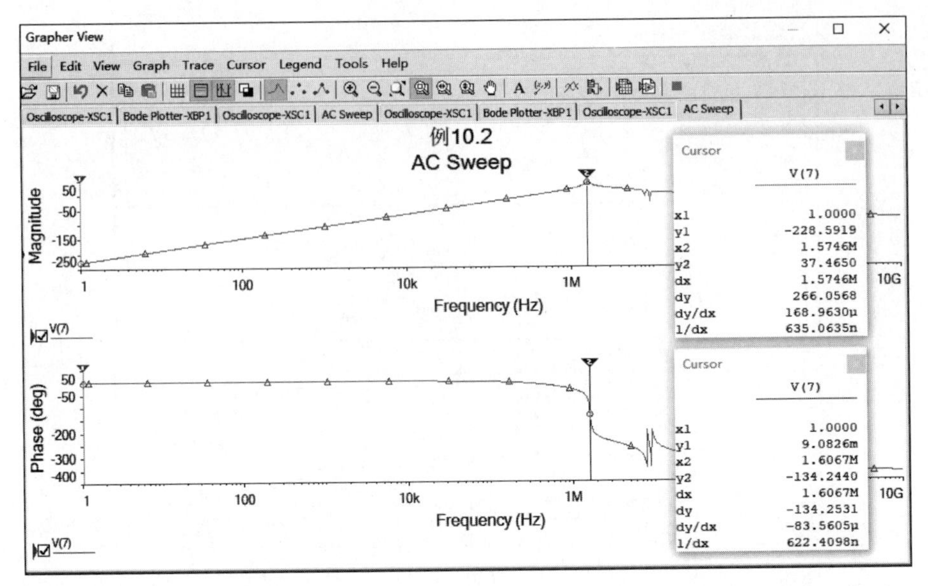

图 10.1.8 Grapher View 对话框(显示 AC Sweep 测得幅频特性曲线和相频特性曲线)

10.2 谐振功率放大电路

谐振功率放大电路主要用来对高频信号进行高效率的功率放大。由于工作频率高，相对带宽窄，谐振功率放大电路一般都采用 LC 谐振回路作负载，故该电路又称为高频谐振功率放大电路。

10.2.1 谐振功率放大电路的基本电路

谐振功率放大电路的基本电路原理：为使晶体管工作在丙类状态，基极偏置电压 V_{BB} 应使输入信号 $v_i=0$ 时，$i_c=0$；由 R、L、C 组成的并联谐振回路作为负载，调谐在输入信号的频率上起滤波和阻抗匹配的作用。

【例 10.3】 分析谐振功率放大电路的基本电路。

解：新建电路原理图，操作步骤参见 2.2.5 节。按图 10.2.1 创建电路，在 Multisim 14 主

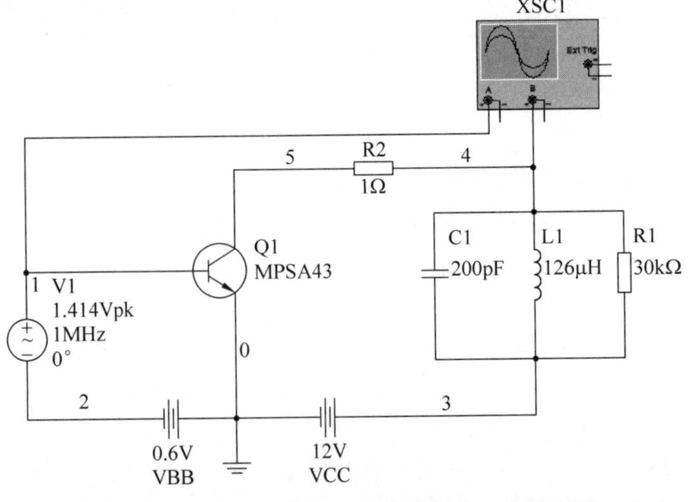

图 10.2.1 谐振功率放大电路的基本电路原理图

界面中，单击“仿真”按钮，双击 XSC1 观察输入和输出信号波形，如图 10.2.2 所示，第一行信号波形为输入信号波形，第二行信号波形为输出信号波形；拖动游标，可以看出集电极输出信号是一串频率与输入信号相同的信号。

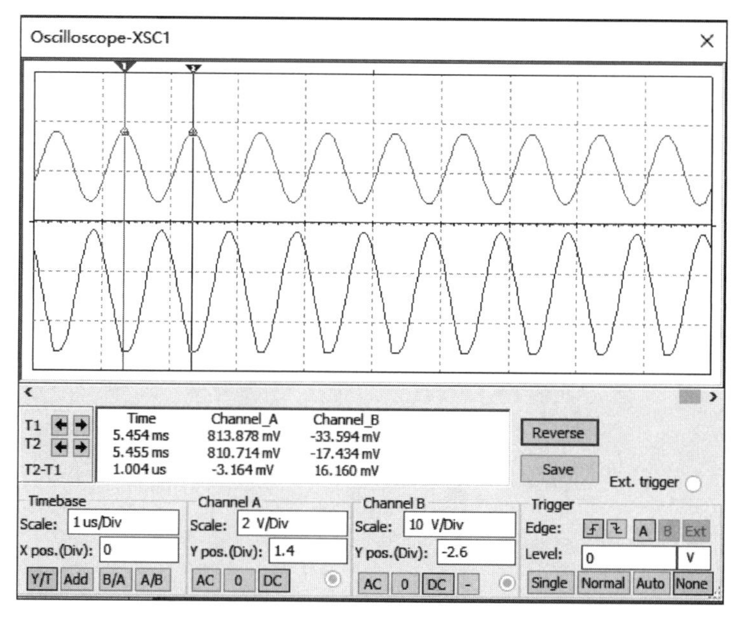

图 10.2.2 Oscilloscope-XSC1 对话框(显示谐振功率放大电路的输入和输出信号波形)

10.2.2 谐振功率放大电路的特性分析

谐振功率放大电路具有负载特性、放大特性、集电极调制特性和基极调制特性等，这些特性有助于用户了解谐振功率放大电路性能变化的特点，并在调试谐振功率放大电路时起指导作用。

1. 负载特性

若谐振功率放大电路的 V_{CC}、V_{BB} 和输入信号 v_i 保持不变时，谐振功率放大电路的电流、电压、功率和效率等随谐振回路的阻抗 Z 的变化而变化，这种特性称为谐振功率放大电路的负载特性。

【例 10.4】 验证谐振功率放大电路的负载特性。

解：运行图 10.2.1 所示谐振功率放大电路，在 Multisim 14 主界面中，选择菜单 Simulate→Analyses and simulation 命令，打开 Analyses and Simulation 对话框，单击 Parameter Sweep(器件参数扫描分析)选项。

(1) 选择 Analysis parameters(分析参数)选项卡，如图 10.2.3 所示。

设置选项区域 Sweep parameters(参数扫描分析)中各参数：Sweep parameter 选择 Device parameter(器件参数)选项；Device type(器件类型)选择 Resistor(电阻)选项；Name(名称)选择 R1 选项。

设置选项区域 Points to sweep(待扫描的点)中各参数：Sweep variation type(扫描变量方式)选择 Linear(线性)选项；Start(开始值)输入 10，选择 kΩ 选项；Stop(终止值)输入 330，选择 kΩ 选项；Number of points(点数)输入 3；Increment(增长值)输入 160，选择 kΩ 选项。

设置选项区域 More Options(更多选项)中参数：Analysis to sweep(待扫描的分析)选择 Transient(瞬时分析)选项。单击 Save 按钮。

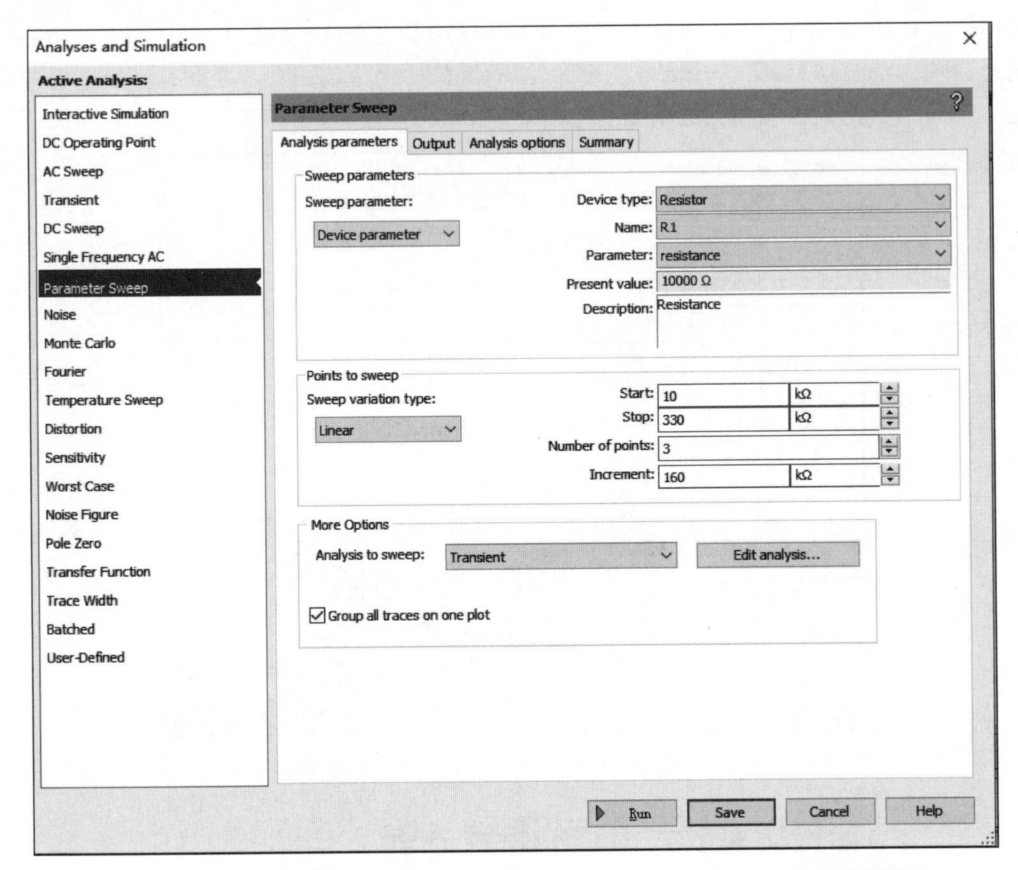

图 10.2.3　Analyses and Simulation 对话框-Parameter Sweep 选项(负载特性设置 Analysis parameters 选项卡)

(2) 选择 Output(输出)选项卡,设置选项区域 Variables in circuit 中参数,选择 V(4)选项,再单击 Add 按钮,将电路的输出节点电压 V(4)作为待分析的输出电路节点;单击 Run 按钮,得到改变图 10.2.1 谐振功率放大电路中电阻 R1 参数分别为 10kΩ、170kΩ、330kΩ 时,对应输出信号器件参数扫描分析特性曲线和拖动游标检测负载特性参数,如图 10.2.4(a)和图 10.2.4(b)所示。

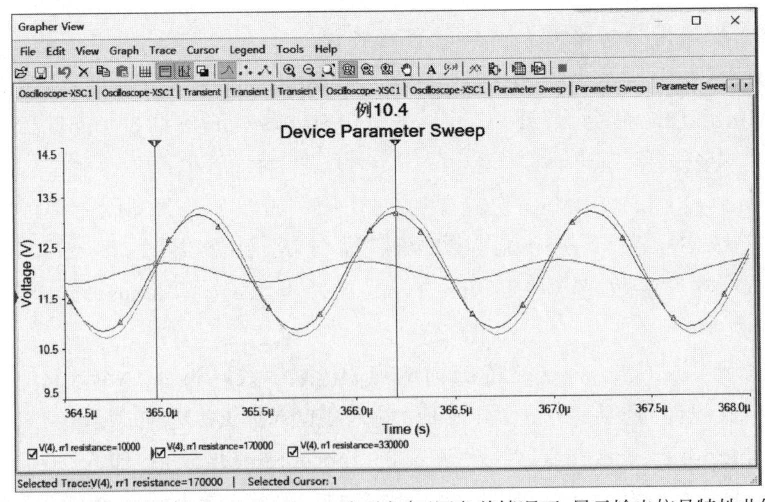

(a) Grapher View对话框Parameter Sweep选项卡(不同负载情况下,显示输出信号特性曲线)

图 10.2.4　当 R1 为 10kΩ、170kΩ、330kΩ 时,负载特性的参数扫描分析

Cursor

	V(4), rrl resistance=10000	V(4), rrl resistance=170000	V(4), rrl resistance=330000
x1	364.9718µ	364.9718µ	364.9718µ
y1	12.1826	12.1879	12.0836
x2	366.2028µ	366.2028µ	366.2028µ
y2	12.0872	13.1382	13.2806
dx	1.2310µ	1.2310µ	1.2310µ
dy	-95.3650m	950.2235m	1.1970
dy/dx	-77.4692k	771.9087k	972.3403k
1/dx	812.3444k	812.3444k	812.3444k

(b) 拖动游标检测负载特性参数

图 10.2.4 (续)

2. 放大特性

若谐振功率放大电路的 V_{CC}、V_{BB} 和负载阻抗 R_P 不变，只改变 V_{im} 时，电路的性能随之变化，这种特性称为谐振功率放大电路的振幅特性，也称为谐振功率放大电路的放大特性。

【例 10.5】 验证谐振功率放大电路的放大特性。

解： 运行图 10.2.1 所示谐振功率放大电路，分别替换输入信号电压源 v_s 的幅值 V_{im} 为 1.2V、1.8V、1.9V，其余电路参数不变，电路如图 10.2.5(a)、图 10.2.6(a)和图 10.2.7(a)所示；在 Multisim 14 主界面中，单击"仿真"按钮，双击 XSC1，拖动游标，Oscilloscope-XSC1 对

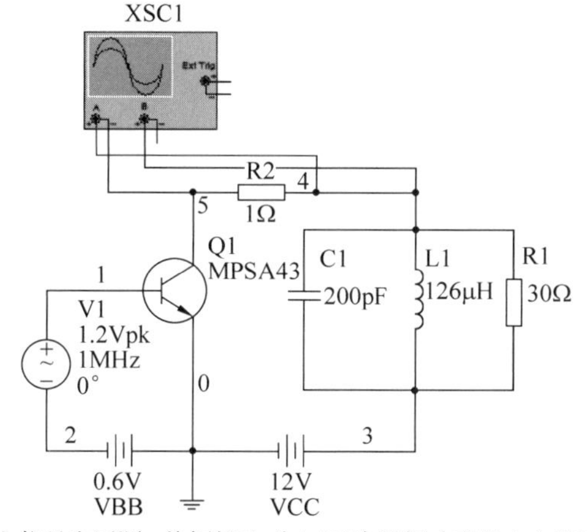

(a) 输入信号电压源v_s的幅值V_{im}为1.2V时，谐振功率放大电路原理图

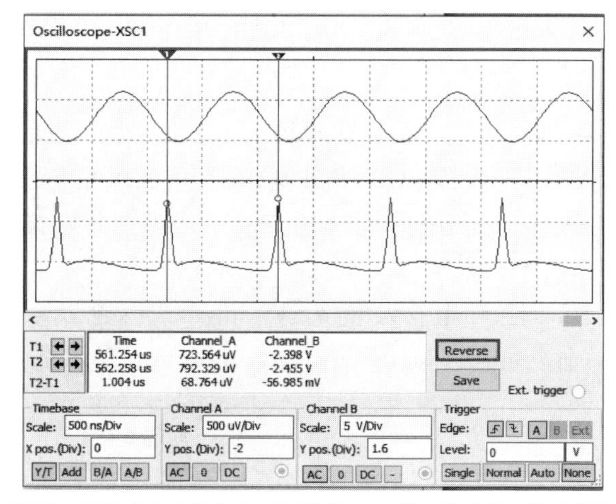

(b) Oscilloscope-XSC1对话框（显示当V_{im}为1.2V时，输出电压v_o的波形和集电极输出电流i_c的波形）

图 10.2.5 当输入信号电压源 v_s 的幅值 V_{im} 为 1.2V 时，放大特性的检测分析

话框显示的第一行信号波形为输出电压 v_o 的波形，第二行信号波形为集电极输出电流 i_c 的波形，分别如图 10.2.5(b)、图 10.2.6(b)和图 10.2.7(b)所示。

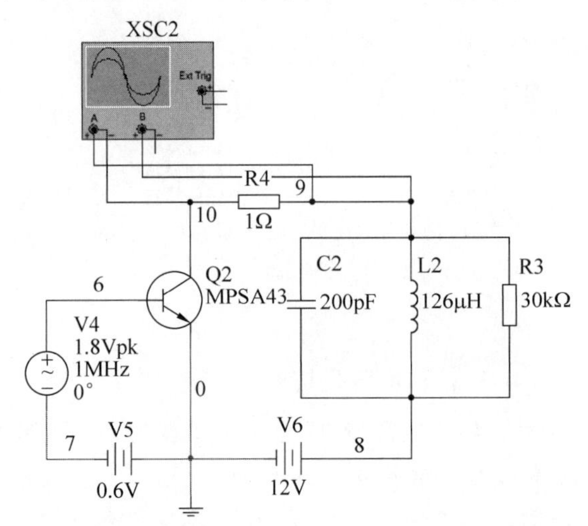

(a) 输入信号电压源v_s的幅值V_{im}为1.8V时，谐振功率放大电路原理图

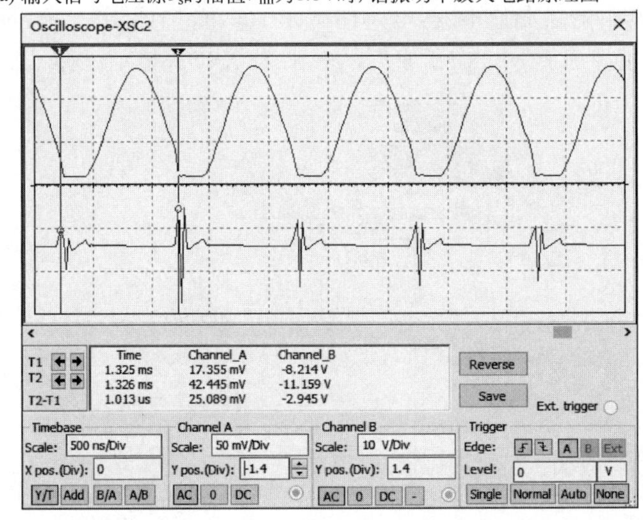

(b) Oscilloscope-XSC2对话框（显示当V_{im}为1.8V时，输出电压v_o的波形和集电极输出电流i_c的波形）

图 10.2.6 当输入信号电压源 v_s 的幅值 V_{im} 为 1.8V 时，放大特性的检测分析

3. 集电极调制特性

若谐振功率放大电路的 V_{BB}、V_{im} 和负载阻抗 R_P 不变，只改变集电极直流电源电压 V_{CC} 时，电路的工作状态将会随之变化。当 V_{CC} 由小增大时，电路输出信号电压 v_o 的幅值将随之增大，从而实现集电极调幅，这种特性称为谐振功率放大电路的集电极调制特性。

【例 10.6】 验证谐振功率放大电路的集电极调制特性。

解：运行图 10.2.1 所示谐振功率放大电路，在 Multisim 14 主界面中，选择菜单 Simulate→Analyses and simulation 命令，打开 Analyses and Simulation 对话框，单击 Parameter Sweep 选项。

(1) 选择 Analysis parameters 选项卡，如图 10.2.8 所示。

设置选项区域 Sweep parameters 中各参数：Sweep parameter 选择 Device parameter；Device type 选择 Vsource(电压源)选项；Name 选择 V3 选项；Parameter(参数)选择 dc(直流)选项。

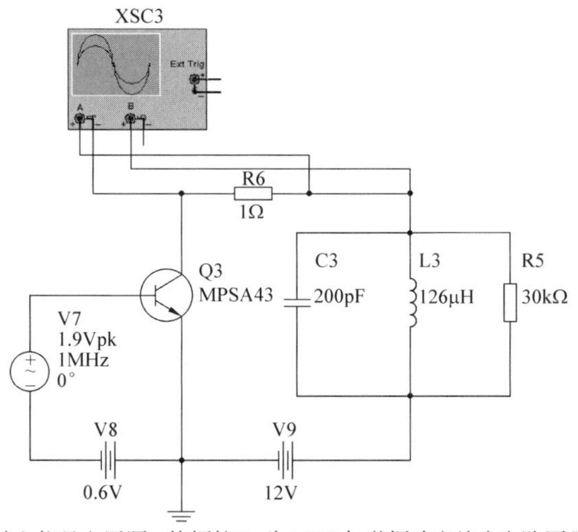

(a) 输入信号电压源v_s的幅值V_{im}为1.9V时，谐振功率放大电路原理图

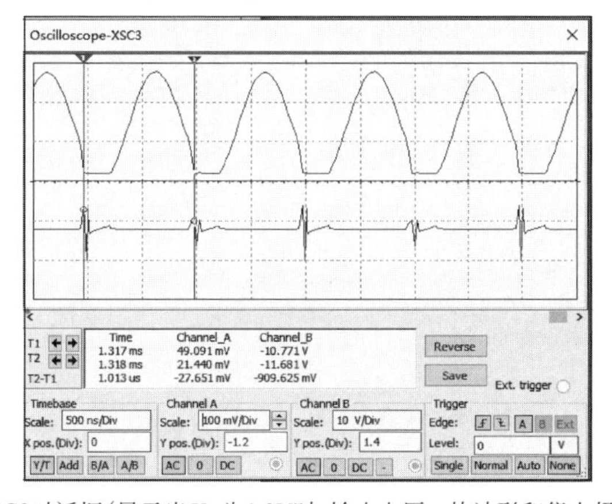

(b) Oscilloscope-XSC3对话框(显示当V_{im}为1.9V时，输出电压v_o的波形和集电极输出电流i_c的波形)

图 10.2.7 当输入信号电压源 v_s 的幅值 V_{im} 为 1.9V 时，放大特性的检测分析

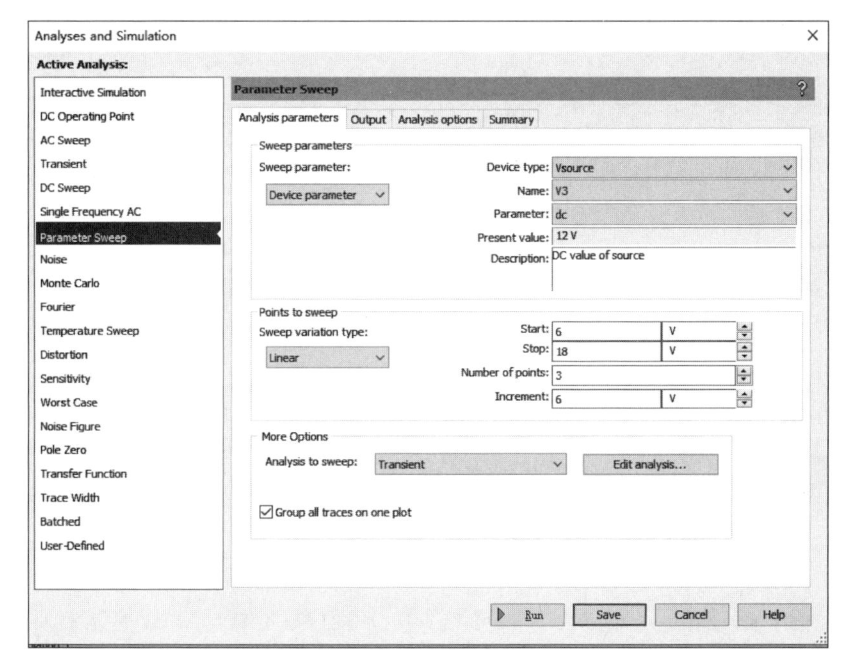

图 10.2.8 Analyses and Simulation 对话框-Parameter Sweep 选项(集电极调制特性设置 Analysis parameters 选项卡)

设置选项区域 Points to sweep 中各参数：Sweep variation type 选择 Linear 选项；Start 输入 6，选择 V 选项；Stop 输入 18，选择 V 选项；Number of points 输入 3；Increment 输入 6，选择 V 选项。

设置选项区域 More Options 中参数：Analysis to sweep 选择 Transient 选项。单击 Save 按钮。

（2）选择 Output 选项卡，设置选项区域 Variables in circuit 中各参数，选择 V(4)选项，再单击 Add 按钮，将电路的输出节点电压 V(4)作为待分析的输出电路节点；单击 Run 按钮，得到改变图 10.2.1 谐振功率放大电路的集电极电压 V_{CC} 分别为 6V、12V、18V 时，对应输出信号 v_o 的波形和拖动游标检测输出信号 v_o 幅值的特性参数，分别如图 10.2.9(a)和图 10.2.9(b)所示。

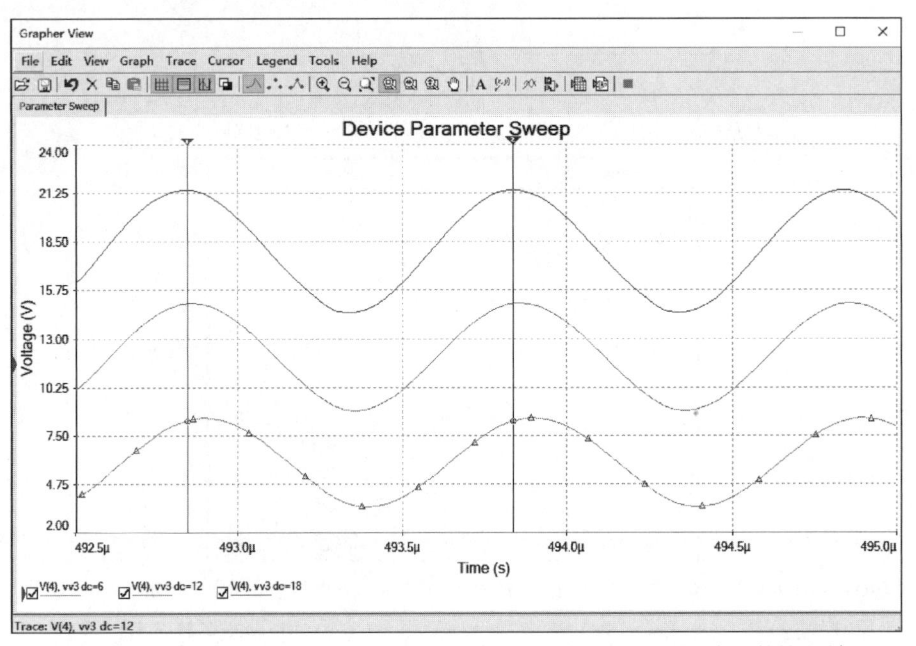

(a) Grapher View对话框Parameter Sweep选项卡（不同V_{CC}情况下，显示输出信号特性曲线）

Cursor

	V(4), vv3 dc=6	V(4), vv3 dc=12	V(4), vv3 dc=18
x1	492.8436µ	492.8436µ	492.8436µ
y1	8.3394	14.9822	21.4088
x2	493.8373µ	493.8373µ	493.8373µ
y2	8.3079	14.9701	21.4107
dx	993.6999n	993.6999n	993.6999n
dy	-31.4762m	-12.1019m	1.8406m
dy/dx	-31.6758k	-12.1786k	1.8522k
1/dx	1.0063M	1.0063M	1.0063M

(b) 拖动游标检测输出信号v_o幅值的特性参数

图 10.2.9 当 V_{CC} 为 6V、12V、18V 时，集电极特性的参数扫描分析

10.3 正弦波振荡电路

正弦波振荡电路(Sinewave Oscillation Circuit)是不需要输入信号控制就能自动地将直流能量转换为特定频率和振幅的正弦交变能量的电路。正弦波振荡电路广泛应用于各种电子

设备中，目前应用最广泛的是三点式振荡电路，它属于利用正反馈原理构成的反馈振荡电路。作为反馈振荡电路，当它刚接通电源时，振荡电压是不会立即建立起来的，而是必须经历一段振荡电压从无到有逐步增长的过程，直到进入平衡状态，使振荡电压的振幅和频率维持在相应的平衡值上。即使有外界不稳定因素的影响，振幅和频率仍应稳定在原平衡位置附近，而不会产生突变或停止振荡。因此，反馈振荡电路进入平衡状态后，能够保证输出等幅持续振荡的平衡条件，如式(10-3-1)所示：

$$T = AF = 1 \tag{10-3-1}$$

其中，T 为环路增益，A 为电压放大倍数，F 为反馈系数。

三点式振荡电路是采用 LC 谐振回路作为相移网络的 LC 正弦波振荡电路，主要包括电感三点式振荡电路和电容三点式振荡电路。在实际应用过程中，电容三点式振荡电路由于晶体管极间存在的寄生电容均与谐振回路并联，会使振荡频率产生偏移，且极间电容的大小会随晶体管工作状态的变化而变化，从而引起振荡频率的不稳定，反馈系数 F 发生变化，可能出现环路增益 $T \neq 1$ 的情况，进而打破平衡条件，容易出现停止振荡。因此，改进型的电容三点式振荡电路被提出：Clapp(克拉泼)振荡电路和 Seiler(西勒)振荡电路。

10.3.1 Clapp 振荡电路

Clapp 振荡电路与电容三点式振荡电路的差别，仅在于 LC 谐振回路中电感支路上串联一个电容值较小的电容，故该电路又称为串联型改进电容三点式振荡电路。

【例 10.7】 Clapp 振荡电路仿真分析。

解：新建电路原理图，操作步骤参见 2.2.5 节。按图 10.3.1(a)创建电路，使用一个步进时间为 1ms 后跃变为 12V 的步进电压，在 Multisim 14 主界面中，单击“仿真”按钮，双击 XFC1(Frequency counter，频率计)检测 Clapp 振荡电路输出信号的振荡频率，如图 10.3.1(b)所示；双击 XSC1 观察 Clapp 振荡电路输出信号的电压波形，如图 10.3.1(c)所示，以及 Clapp 振荡电路起振瞬间输出信号的电压波形，如图 10.3.1(d)所示。

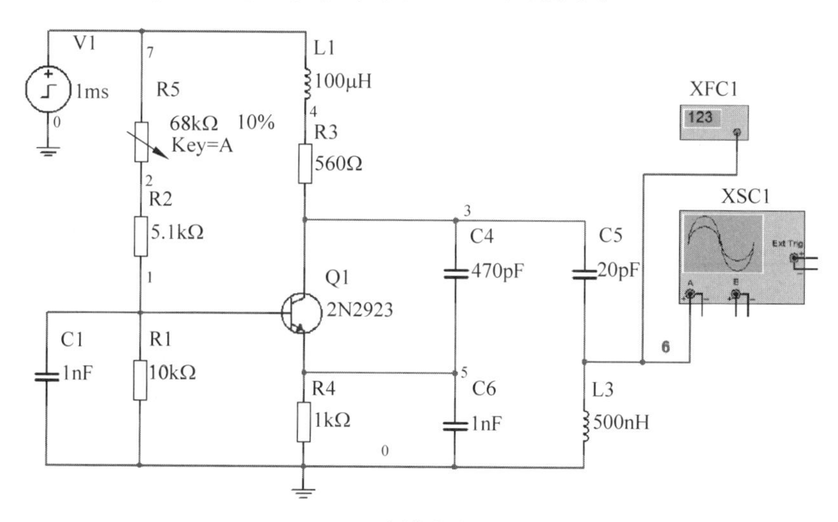

(a) Clapp振荡电路原理图

图 10.3.1 Clapp 振荡电路原理图及仿真检测分析

(b) Frequency counter-XFC1对话框（显示Clapp振荡电路输出信号的振荡频率）

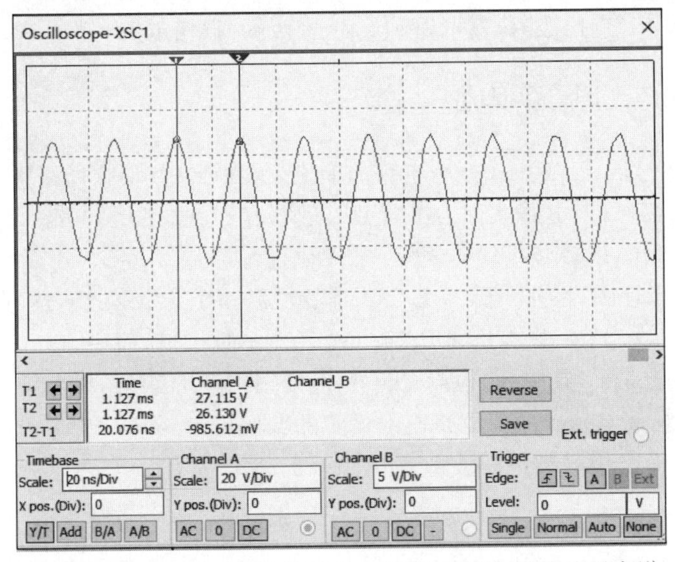

(c) Oscilloscope-XSC1对话框（显示Clapp振荡电路输出信号的电压波形）

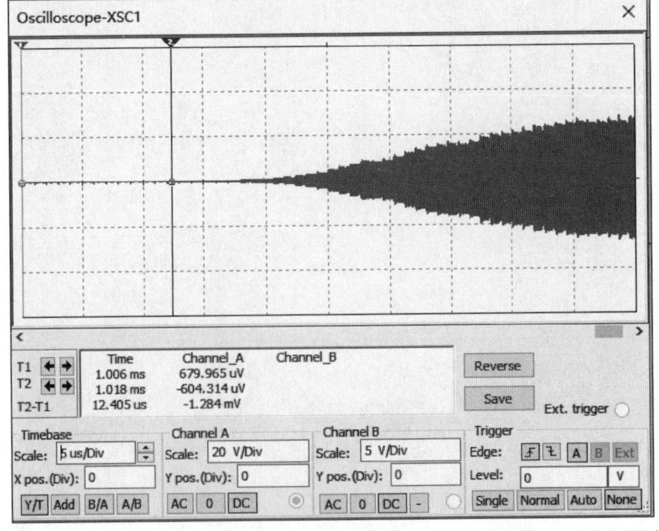

(d) Oscilloscope-XSC1对话框（显示Clapp振荡电路起振瞬间输出信号的电压波形）

图 10.3.1 （续）

10.3.2 Seiler 振荡电路

Seiler 振荡电路是电容三点式振荡电路的改进型电路，与电容三点式振荡电路的差别，仅在于 LC 谐振回路中电感支路上并联一个电容值较小的电容，故该电路又称为并联型改进电容三点式振荡电路。

【例 10.8】 Seiler 振荡电路仿真分析。

解：新建电路原理图，操作步骤参见 2.2.5 节。按图 10.3.2(a)创建电路，使用一个步进时间为 1ms 后跃变为 12V 的步进电压，在 Multisim 14 主界面中，单击“仿真”按钮，双击 XFC1 检测 Seiler 振荡电路输出信号的振荡频率，如图 10.3.2(b)所示；双击 XSC1 观察 Seiler 振荡电路输出信号的电压波形，如图 10.3.2(c)所示，以及 Seiler 振荡电路起振瞬间输出信号的电压波形，如图 10.3.2(d)所示。

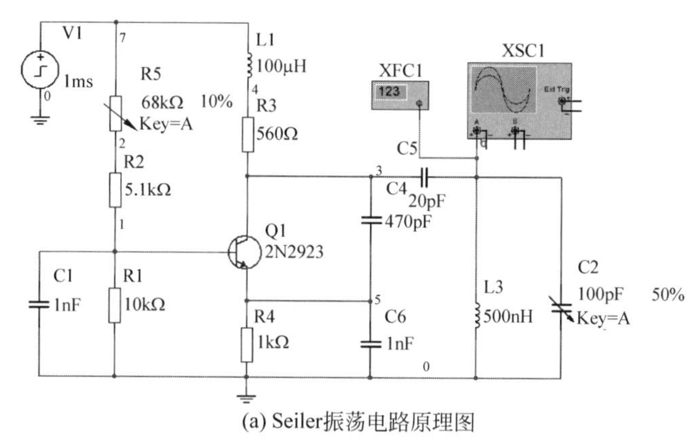

(a) Seiler振荡电路原理图

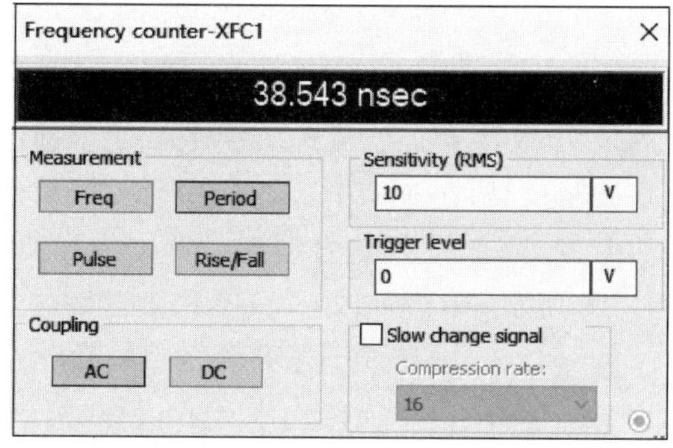

(b) Frequency counter-XFC1对话框（显示Seiler振荡电路输出信号的振荡频率）

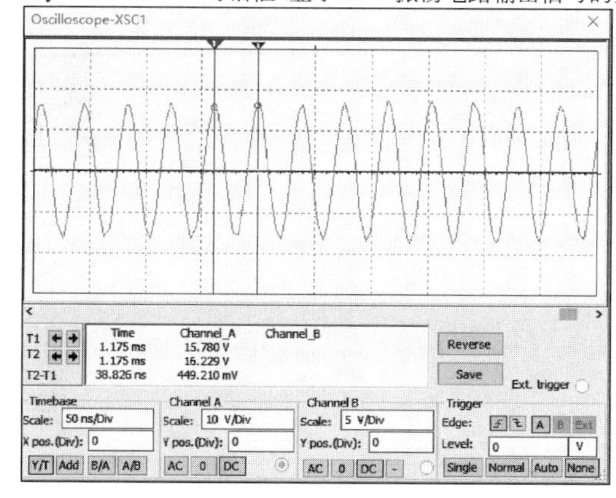

(c) Oscilloscope-XSC1对话框（显示Seiler振荡电路输出信号的电压波形）

图 10.3.2 Seiler 振荡电路原理图及仿真检测分析

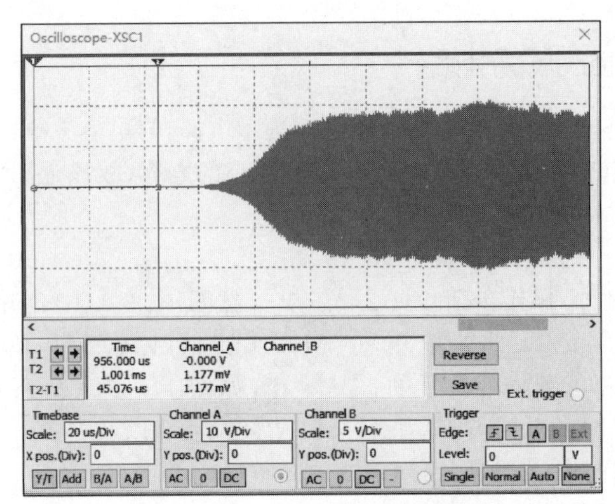

(d) Oscilloscope-XSC1对话框(显示Seiler振荡电路起振瞬间输出信号的电压波形)

图 10.3.2 (续)

10.4 振幅调制电路

振幅调制电路简称调幅电路,主要包括普通调幅(AM)电路、双边带调幅(DSB)电路和单边带调幅(SSB)电路等。

10.4.1 普通调幅电路

普通调幅电路产生普通调幅信号,它是载波信号振幅按调制信号规律变化的一种振幅调制信号,简称调幅信号。

【例 10.9】 二极管平衡调制 AM 电路仿真分析。

解:新建电路原理图,操作步骤参见 2.2.5 节。按图 10.4.1 创建电路,V1、V2 是等幅、同频和同相的载波信号,V3 是调制信号,在 Multisim 14 主界面中,单击"仿真"按钮,双击 XSC1 观察信号波形,如图 10.4.2(a)所示,第一行信号波形是调制信号波形,第二行信号波形是调幅信号波形;根据图 10.4.2(b)所示,在 Oscilloscope-XSC1 对话框中,拖动游标,测得调幅信号电压 V_{max}=107.394mV,V_{min}=51.877mV,并计算电路的调幅系数 M_a,如式(10-4-1)所示。

$$M_a = \frac{V_{max} - V_{min}}{V_{max} + V_{min}} = \frac{107.397 - 51.877}{107.397 + 51.877} \approx 0.349 \tag{10-4-1}$$

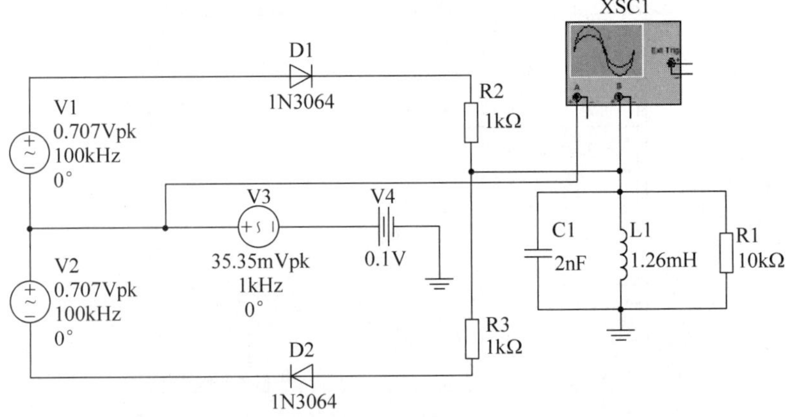

图 10.4.1 二极管平衡调制 AM 电路原理图

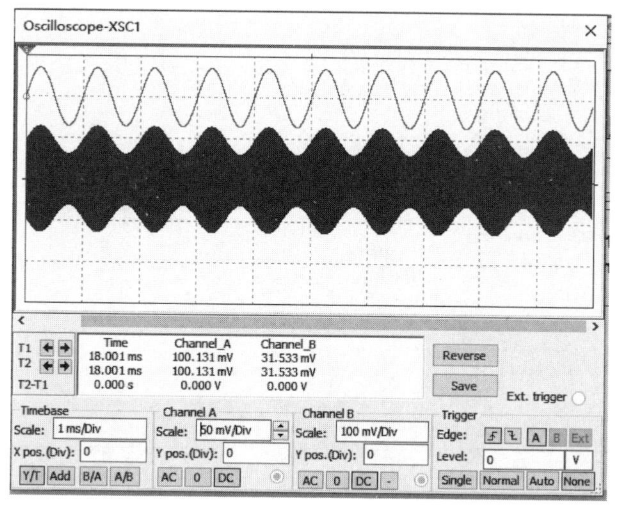

(a) Oscilloscope-XSC1对话框(显示二极管平衡调制AM电路的调制信号与调幅信号波形)

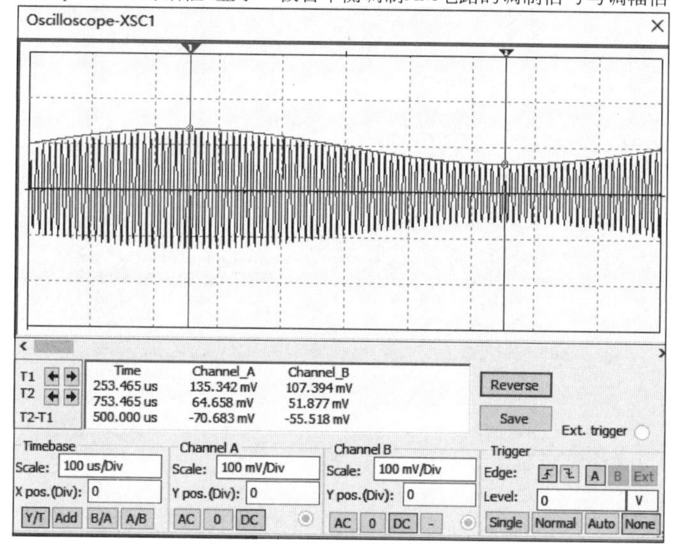

(b) Oscilloscope-XSC1对话框(测量二极管平衡调制AM电路的调制信号电压最值)

图 10.4.2 二极管平衡调制 AM 电路仿真检测分析

【例 10.10】 模拟乘法器调制 AM 电路。

解:新建电路原理图,操作步骤参见 2.2.5 节。按图 10.4.3(a)创建电路,在 Multisim 14 主界面中,选择菜单栏中 Place→Component 命令,打开 Select a Component 对话框,设置选项区域 Group 中参数,单击右侧的下三角按钮弹出列表,选择 Sources→CONTROL_FUNCTION_BLOCKS 选项。设置选项区域 Component 中参数,选择 MULTIPLIER(模拟乘法器)选项,单击 OK 按钮,调出 A1,如图 10.4.3(b);在 Multisim 14 主界面中,单击"仿真"按钮,双击 XSC1 观察信号波形,如图 10.4.4 所示,第一行信号波形是调制信号波形,第二行信号波形是调幅信号波形;在 Oscilloscope-XSC1 对话框中,拖动游标,测得调幅波信号电压 $V_{\max}=1.491\text{V}$,$V_{\min}=504.822\text{mV}$,并计算电路的调幅系数 M_a,如式(10-4-2)所示。

$$M_a=\frac{V_{\max}-V_{\min}}{V_{\max}+V_{\min}}=\frac{1.491-0.504822}{1.491+0.504822}\approx 0.494 \tag{10-4-2}$$

【例 10.11】 AM 电路频谱分析。

解:运行图 10.4.3(a)所示模拟乘法器 AM 电路,在 Multisim 14 主界面中,选择菜单栏

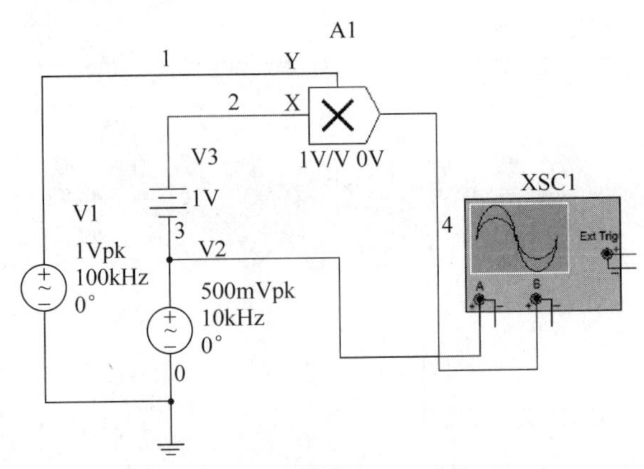

(a) 模拟乘法器调制AM电路原理图

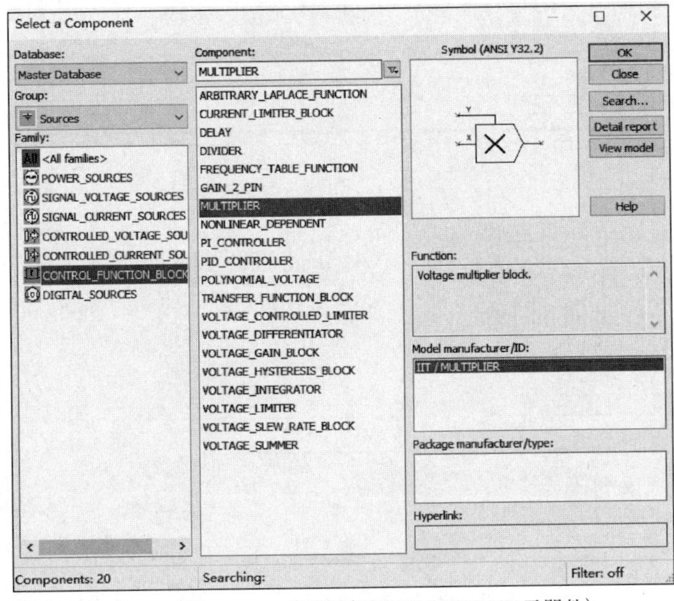

(b) Select a Component对话框（调出MULTIPLIER元器件）

图 10.4.3　模拟乘法器调制 AM 电路

中 Simulate→Analyses and simulation 命令，打开 Analyses and Simulation 对话框，单击 Fourier（傅里叶分析）选项。

（1）选择 Analysis parameters 选项卡，如图 10.4.5(a)所示。

设置选项区域 Sampling options（采样选项）中各参数：Frequency resolution（频率分辨率）输入 10000；Number of harmonics（谐波个数）输入 20；Stop time for sampling（终止采样时间）输入 0.001。

设置选项区域 Results（仿真结果）中参数：选择 Display as bar graph（柱状图显示）选项；Display（显示）选择 Chart and Graph（图表和曲线图）选项；Vertical Scale（纵轴刻度）选择 Linear 按钮。

设置选项区域 More Options 中参数：Sampling frequency（采样频率）输入 2.1e+06。单击 Save 按钮。

（2）选择 Output 选项卡，设置选项区域 Variables in circuit 中参数，选择 V(4)选项，再单击 Add 按钮，将电路的输出节点电压 V(4)作为待分析的输出电路节点，如图 10.4.5(b)所示；单击 Run 按钮，得到模拟乘法器普通 AM 电路调幅信号的频谱图，如图 10.4.5(c)所示。如

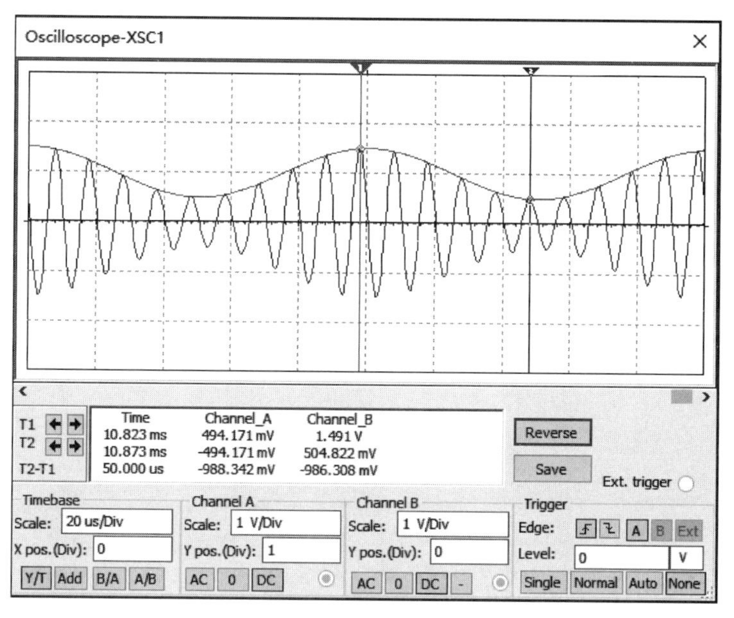

图 10.4.4 Oscilloscope-XSC1 对话框（显示模拟乘法器调制 AM 电路的调制信号与调幅信号波形）

图 10.4.4 所示，在 Oscilloscope-XSC1 对话框中，拖动游标，测得调幅信号频率 $f_{\text{AM包络}}=10\text{kHz}$；如图 10.4.5(c)所示，在 Grapher View 对话框中，拖动游标或翻阅分析数据表格，测得模拟乘法器普通 AM 电路中调制信号频率 f_{Ω}，调幅信号的上、下边带频和振幅，频谱带宽 BW_{AM}，如表 10.4.1 所示。

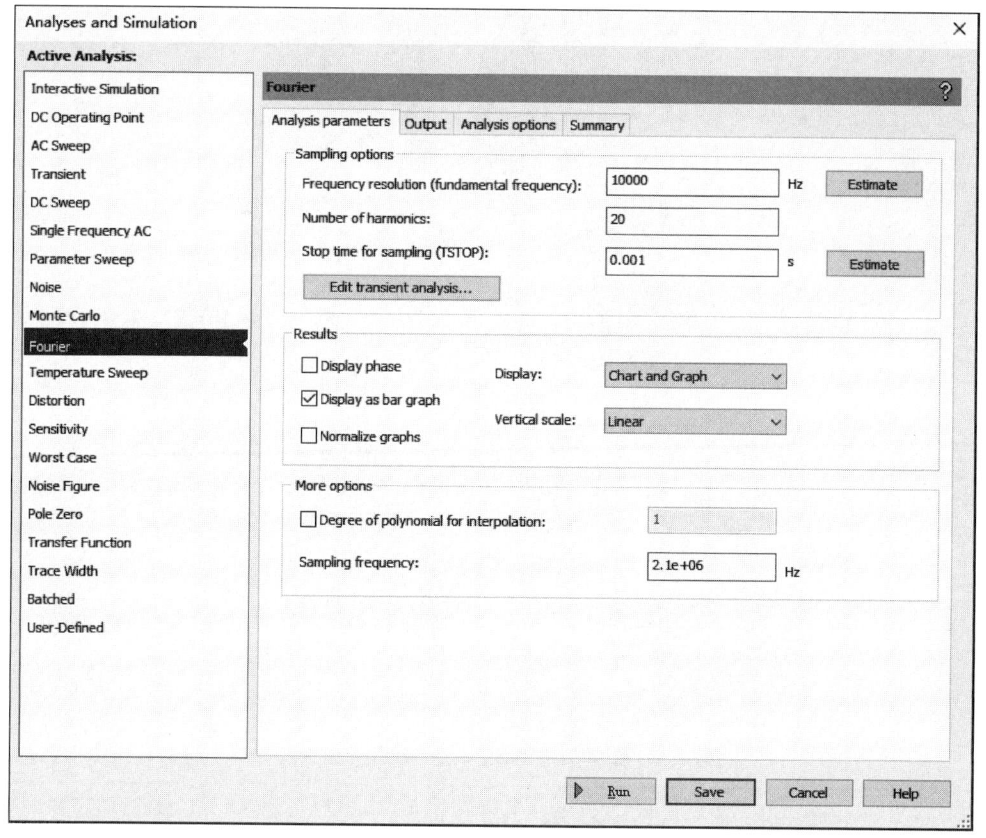

(a) Analyses and Simulation对话框-Fourier选项（设置Analysis parameters选项卡）

图 10.4.5 Fourier 分析参数设置及调幅信号的频谱分析

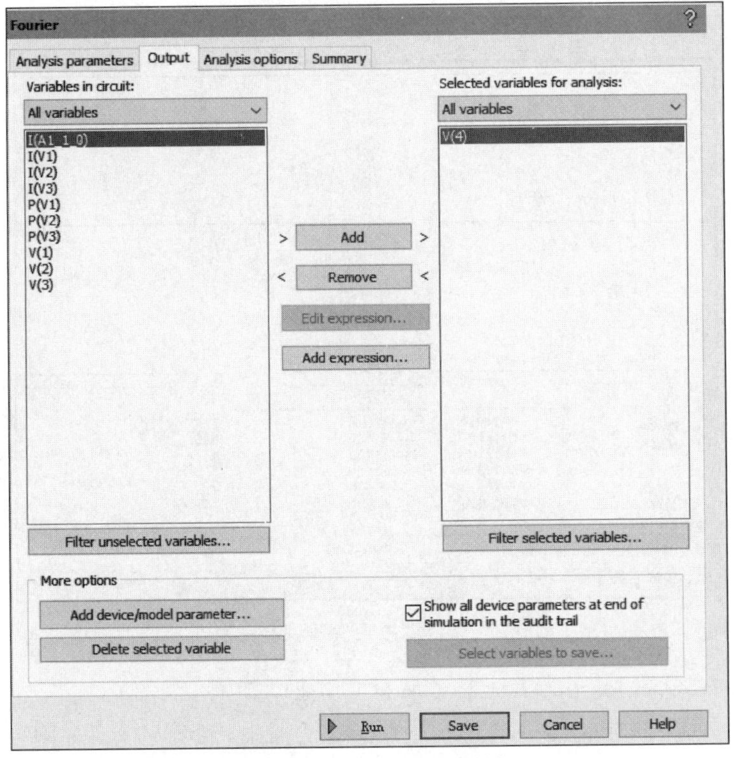

(b) Fourier对话框-Output选项卡

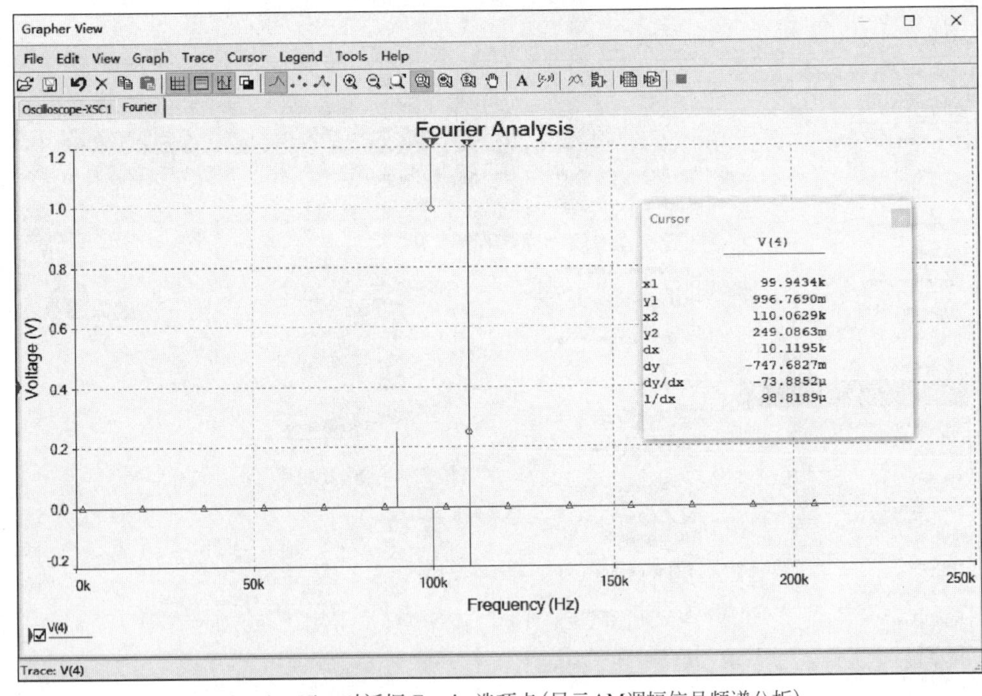

(c) Grapher View对话框-Fourier选项卡(显示AM调幅信号频谱分析)

图 10.4.5 (续)

表 10.4.1 模拟乘法器调制 AM 电路仿真检测数据

f_{Ω}/kHz	$f_{\mathrm{AM包络}}$/kHz	上边带频/kHz	下边带频/kHz	BW_{AM}/kHz	上、下边带频振幅/mV
10.1195	10	110.0629	89.8239	20.239	249.0863

10.4.2 双边带调幅电路

为节省发射功率，可采用抑制载波信号的双边带调幅(DSB)电路，也称为平衡调幅电路。

【例 10.12】 二极管平衡调制 DSB 电路仿真分析。

解：新建电路原理图，操作步骤参见 2.2.5 节。按图 10.4.6(a)创建电路，在 Multisim 14 主界面中，单击"仿真"按钮，双击 XSC1 观察信号波形，如图 10.4.6(b)所示，第一行信号波形为调制信号波形，第二行信号波形为双边带调幅信号波形。所以，双边带调幅信号仍随调制信号的变化而变化，但其包络线已不再反映原调制信号的形状，当调制信号 $v_{\Omega}(t)$ 进入负半周时，$v_{\mathrm{DSB}}(t)$ 波形反相，载波信号产生 180°相移，因而，当 $v_{\Omega}(t)$ 自正值或负值通过零值变化时，$v_{\mathrm{DSB}}(t)$ 波形都将发生 180°的相位突变。

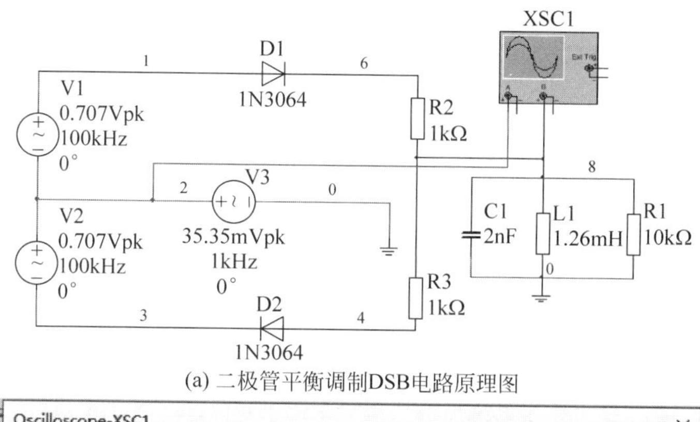

(a) 二极管平衡调制DSB电路原理图

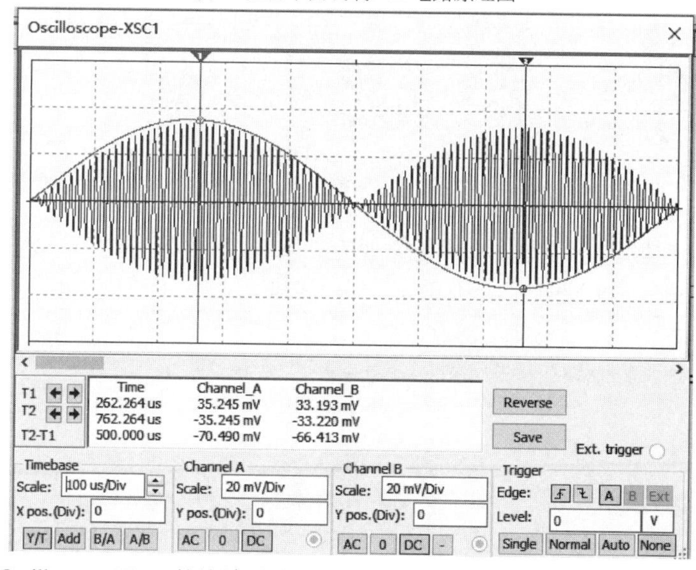

(b) Oscilloscope-XSC1对话框(二极管平衡调制DSB电路的调制信号与调幅信号波形)

图 10.4.6 二极管平衡调制 DSB 电路仿真检测分析

【例 10.13】 模拟乘法器调制 DSB 电路。

解：新建电路原理图，操作步骤参见 2.2.5 节。按图 10.4.7(a)创建电路，在 Multisim 14 主界面中，单击"仿真"按钮，双击 XSC1 观察信号波形，如图 10.4.7(b)所示，第一行信号波形为调制信号波形和第二行信号波形为双边带调幅信号波形。选择菜单栏中 Simulate→Analyses and simulation 命令，打开 Analyses and Simulation 对话框，单击 Fourier(傅里叶分析)选项。设置 Analysis parameters 和 Output 选项卡，操作过程和参数设置同例 10.11。利

A1
1 Y
X
1V/V 0V
XSC1
V1
1Vpk
100kHz
0°
4
3
V2
500mVpk
10kHz
0 0°

(a) 模拟乘法器调制DSB电路原理图

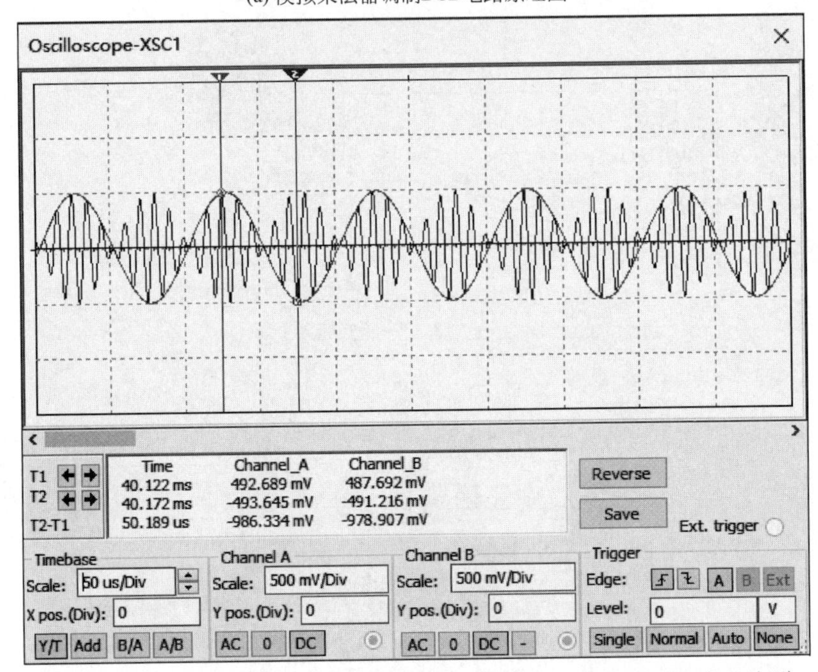

(b) Oscilloscope-XSC1对话框(模拟乘法器调制DSB电路的调制信号与调幅信号波形)

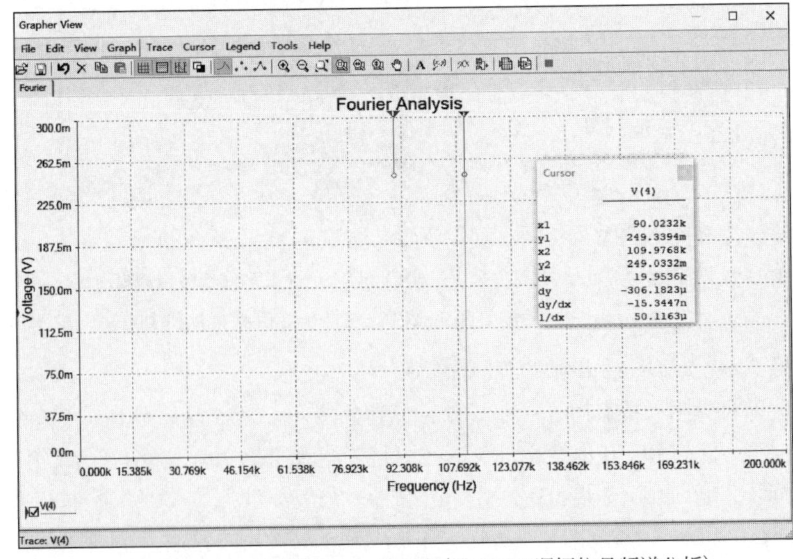

(c) Grapher View对话框-Fourier选项卡(显示DSB调幅信号频谱分析)

图 10.4.7　模拟乘法器调制 DSB 电路仿真检测分析

用 Fourier 分析输出信号频谱，如图 10.4.7(c)所示。从理论上分析，该电路实现 DSB 调制的原理；通过对输出信号的频谱进行分析，说明双边带调幅电路也实现了频谱线性搬移，同时，在传输前将无用的载波分量抑制掉，仅发送上、下边频带，从而在不影响传输信息的情况下，节省发射功率，实现 DSB 调制，其带宽与普通调幅波一样，$BW_{DSB}=2f_{\Omega}$，双边带调幅电路并不节省频带。

10.4.3 单边带调幅电路

为节省发射功率，减少调幅信号的频谱带宽，提高频带利用率，可采用只发射一个边带(上边带或下边带)信号，这种传输一个边带的调制方式称为抑制载频的单边带调制(或调幅)，简称 SSB。

【例 10.14】 模拟乘法器调制 SSB 电路仿真分析。

解：新建电路原理图，操作步骤参见 2.2.5 节。按图 10.4.8 创建电路，DSB 信号产生电路仍沿用图 10.4.7(a)所示电路的相关部分，图中的带通滤波器设计，借助 Multisim 14 的 Filter wizard(滤波器向导)工具，步骤如下。

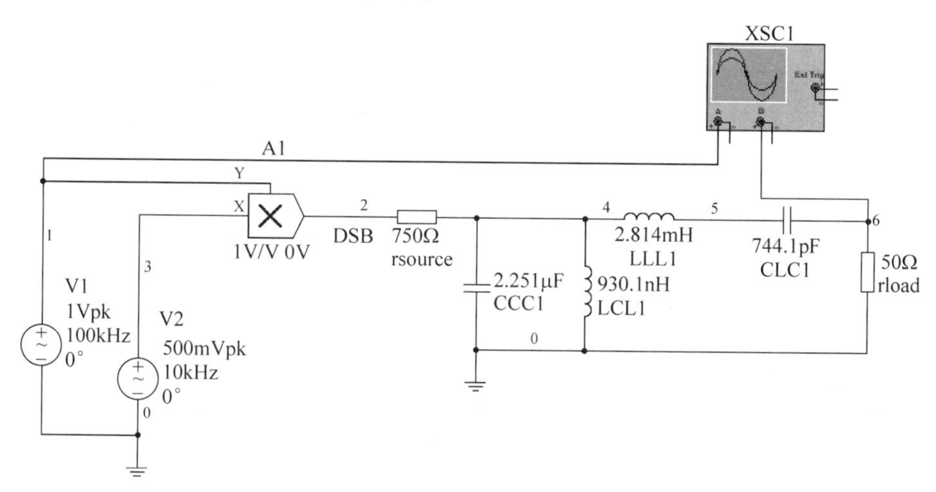

图 10.4.8 模拟乘法器调制 SSB 电路

(1) 在 Multisim 14 主界面中，选择菜单栏中 Tools→Circuit wizards→Filter wizard 命令，打开 Filter Wizard 对话框，如图 10.4.9 所示。

设置选项区域 Type：选择 Band pass filter(带通滤波器)选项。

设置选项卡：Low end pass frequency(低端通过频率)输入 109，选择 kHz 选项；Low end stop frequency(低端终止频率)输入 99，选择 kHz 选项；High end pass frequency(高端通过频率)输入 111，选择 kHz 选项；High end stop frequency(高端终止频率)输入 112，选择 kHz 选项；Pass band gain(通带增益)输入−1；Stop band gain(阻带增益)输入−25；Filter load(过滤载荷)输入 50，选择 Ω 选项。

Type 选择 Butterworth(巴特沃斯)选项；Topology(拓扑)选择 Passive(无源)选项；Source impedance(源阻抗)选择 10 times>Load(10 倍>负载)选项。

(2) 单击 Verify 按钮，显示 Calculation was successfully completed；单击 Build circuit 按钮，即可得到相应的带通滤波器电路，删除其中 0V 直流电源，即为所要求的 4 阶巴特沃斯带通滤波器电路，如图 10.4.8 模拟乘法器调制 SSB 电路中的相关部分所示。

运行图 10.4.8 模拟乘法器调制 SSB 电路，在 Multisim 14 主界面中，单击“仿真”按钮，双击

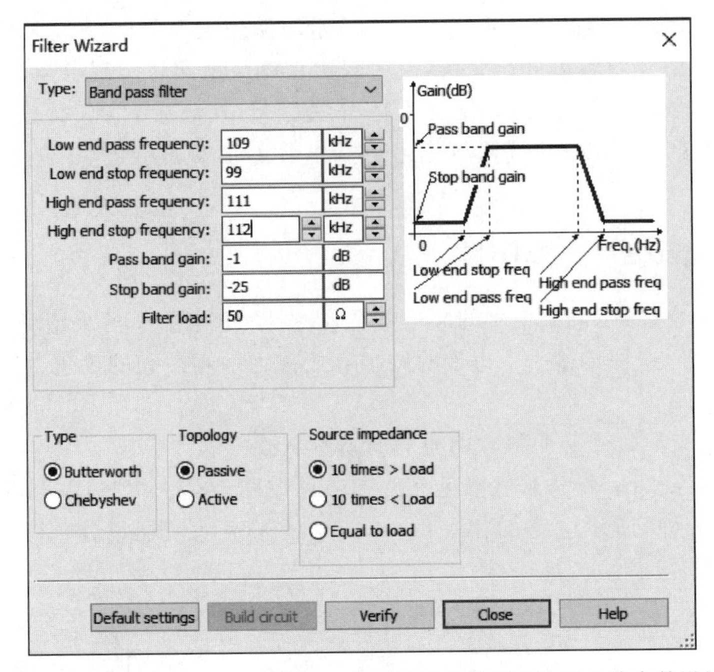

图 10.4.9　Filter Wizard 对话框(4 阶巴特沃斯带通滤波器电路参数设计)

XSC1(Oscilloscope)观察信号波形,如图 10.4.10(a)所示,第一行信号波形为调制信号波形,第二行信号波形为单边带调幅信号波形;在 Multisim 14 主界面中,选择菜单 Simulate→Analyses and simulation 命令,打开 Analyses and Simulation 对话框,单击 Fourier(傅里叶分析)选项。

(1) 选择 Analysis parameters 选项卡,操作过程和参数设置同例 10.11。

(2) 选择 Output 选项卡,设置选项区域 Variables in circuit 中参数,选择 V(6)选项,再单击 Add 按钮,将电路的输出节点电压 V(6)作为待分析的输出电路节点,10.4.10(b);单击 Run 按钮,得到模拟乘法器调制 SSB 电路调幅信号的频谱图,如图 10.4.10(c)所示。

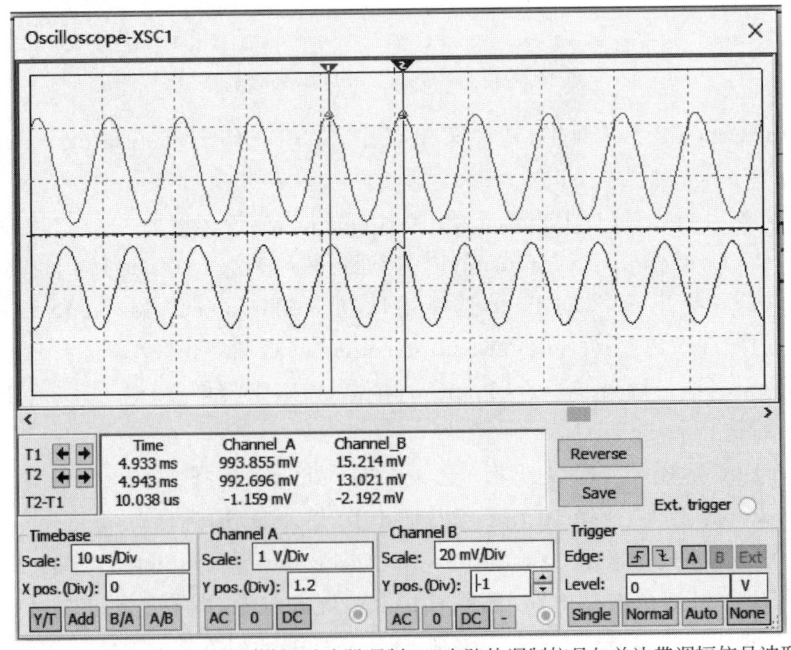

(a) Oscilloscope-XSC1对话框(模拟乘法器调制SSB电路的调制信号与单边带调幅信号波形)

图 10.4.10　模拟乘法器调制 SSB 电路仿真检测分析

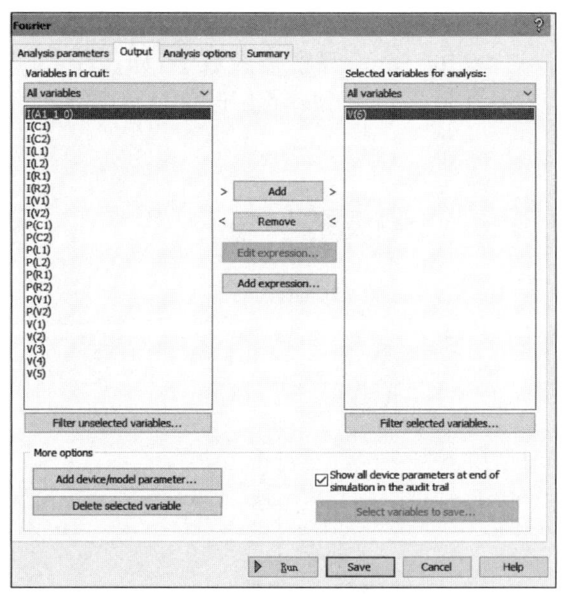

(b) Fourier对话框-Output选项卡

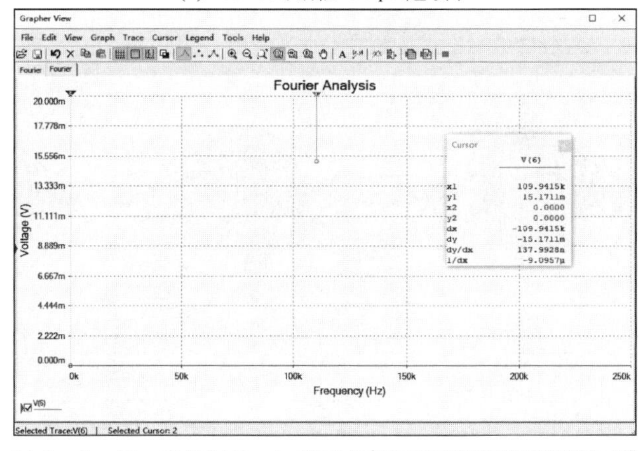

(c) Grapher View对话框-Fourier选项卡（显示SSB调幅信号频谱分析）

图 10.4.10 （续）

10.5　振幅解调电路

把高频调幅信号还原为低频调制信号的过程称为解调，也称振幅检波，简称检波。常用的振幅解调电路可分为包络检波电路和同步检波电路两大类。包络检波电路常适用于普通调幅波的检波，同步检波电路又称为相干检波电路，主要适用于解调双边带调幅信号和单边带调幅信号，也可以用于普通调幅信号的解调。

10.5.1　包络检波电路

从调幅信号中将低频信号解调出来的过程，就叫作包络检波。也就是说，包络检波是幅度检波。实现包络检波电路常用的方法是采用二极管进行单向过滤后再进行低通滤波。

【例 10.15】　二极管峰值包络检波电路。

解：新建电路原理图，操作步骤参见 2.2.5 节。按图 10.5.1(a)创建电路，在 Multisim 14 主界面中，单击"仿真"按钮，双击 XSC1 观察信号波形，如图 10.5.1(b)所示，Oscilloscop-XSC1 对话框显示第一行信号波形为解调出来的调制信号波形，第二行信号波形为普通调幅信号。

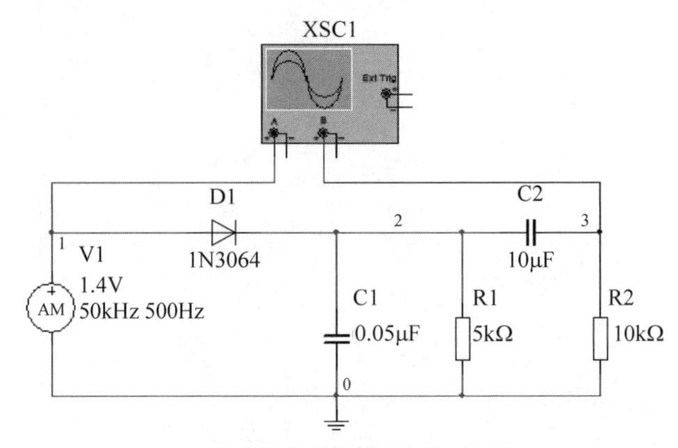

(a) 二极管峰值包络检波电路原理图

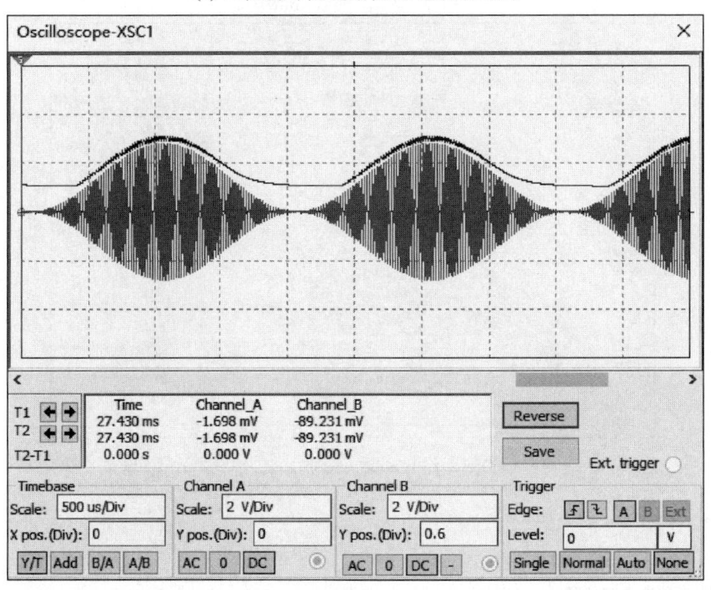

(b) Oscilloscope-XSC1对话框（显示二极管峰值包络检波电路解调出来的调制信号和普通调幅信号波形）

图 10.5.1 二极管峰值包络检波电路仿真检测分析

【例 10.16】 修改图 10.5.1(a)检波电路中的 C1＝0.5μF，R1＝500kΩ，再观察输出信号波形变化，说明这种变化的原因。

解：新建电路原理图，操作步骤参见 2.2.5 节。按图 10.5.2(a)创建电路，在 Multisim 14 主界面中，单击"仿真"按钮，双击 XSC2 观察信号波形，如图 10.5.2(b)所示，Oscilloscope-XSC2 对话框显示第一行信号波形为解调出来的调制信号，第二行信号波形为普通调幅信号。通过分析信号波形特点，由于放电时间常数 $\tau_{放}=R_L C$ 过大，在一段时间内普通调幅信号输入信号电压总是低于电容 C 上的电压，二极管始终处于截止状态；输出信号电压不受输入信号的控制，而是取决于放电时间常数，产生惰性失真。

(a) 产生惰性失真的二极管包络检波电路原理图

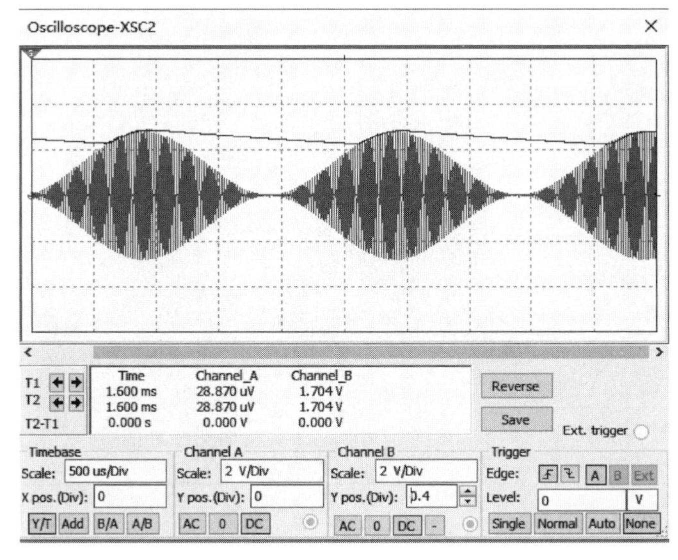

(b) Oscilloscope-XSC2对话框(显示二极管峰值包络检波电路解调出来的调制信号和普通调幅信号波形)

图 10.5.2 产生惰性失真的二极管包络检波电路仿真检测分析

10.5.2 同步检波电路

同步检波电路也称为相干检波电路,适用于所有线性振幅调制(包括普通调幅波)。抑制载波的双边带调幅或者单边带调幅只能通过同步检波电路解调。

【例 10.17】 模拟乘法器双边带调幅同步检波电路分析。

解:新建电路原理图,操作步骤参见 2.2.5 节。按图 10.5.3 创建电路,同步检波电路中的低频滤波器,借助 Multisim 14 的 Filter wizard 工具,步骤如下:

(1) 在 Multisim 14 主界面中,选择菜单栏中 Tools→Circuit wizards→Filter wizard 命令,打开 Filter Wizard 对话框,如图 10.5.4 所示。

设置选项区域 Type:选择 Low pass filter(低通滤波器)选项。

设置各参数:Pass frequency(通过频率)输入 10,选择 kHz 选项;Stop frequency 输入 15,选择 kHz 选项;Pass band gain 输入−1;Stop band gain 输入−25;Filter load 输入 50,选择 Ω 选项。

Type 选择 Butterworth 选项；Topology 选择 Passive 选项；Source impedance 选择 10 times>Load 选项。

(2) 单击 Verify 按钮，显示 Calculation was successfully completed；单击 Build circuit 按钮，即可得到相应的低通滤波电路，删除其中 0V 直流电源，即为所要求的 9 阶巴特沃斯低通滤波器电路，如图 10.5.3 同步检波电路中的相关部分所示。

双击 XSC1，观察信号波形，如图 10.5.5 所示，Oscilloscope-XSC1 对话框第一行信号波形为双边带调幅输入信号，第二行信号波形为解调出来的调制信号。

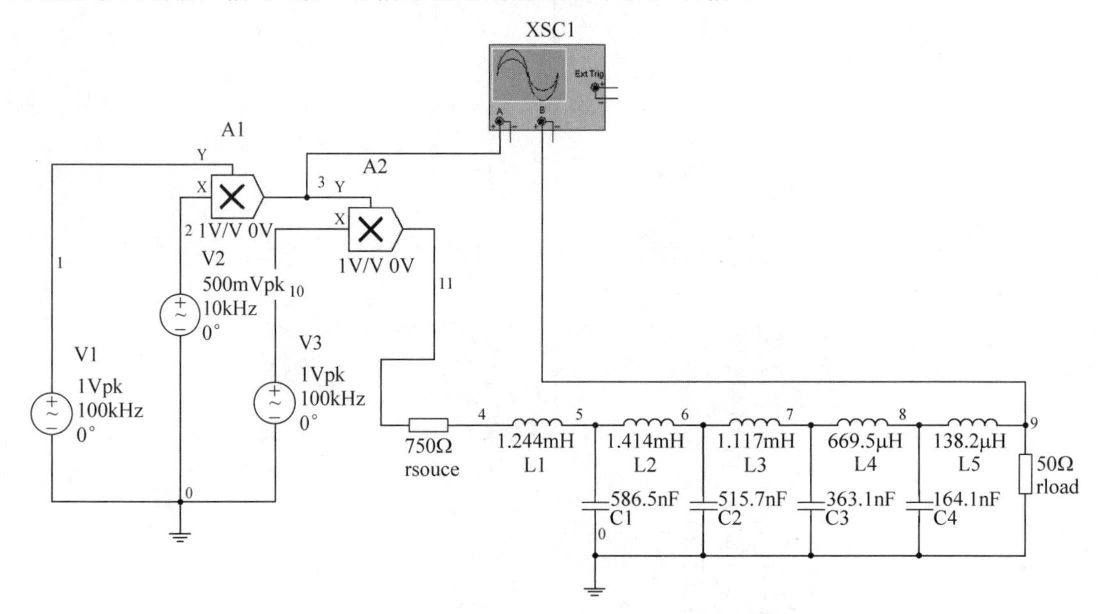

图 10.5.3　双边带调幅同步检波电路原理图

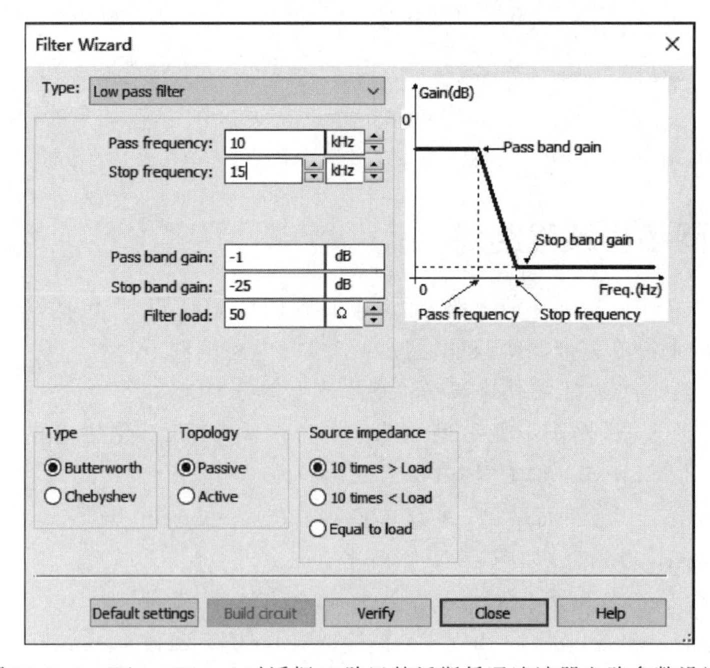

图 10.5.4　Filter Wizard 对话框(9 阶巴特沃斯低通滤波器电路参数设计)

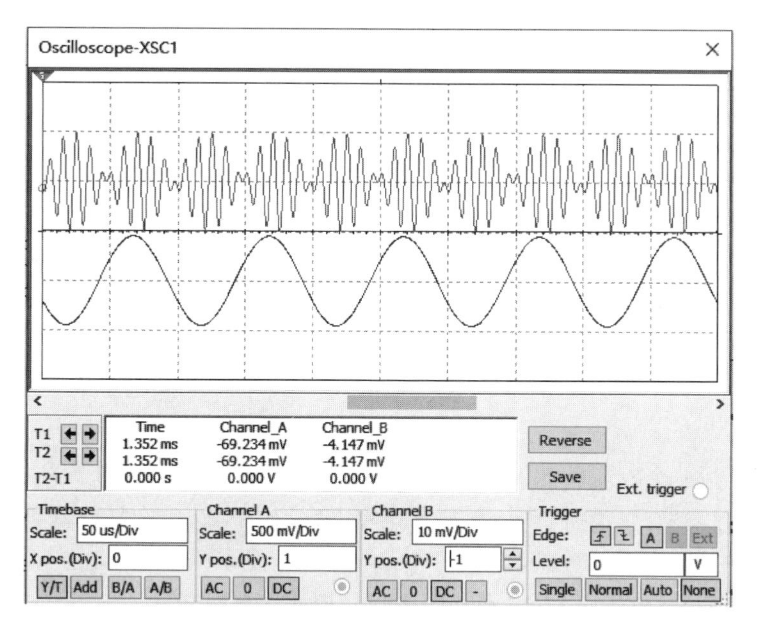

图 10.5.5 Oscilloscope-XSC1 对话框(显示同步检波电路中双边带调幅信号和解调出来的调制信号的波形)

第11章

CHAPTER 11

Multisim 14 在电子技术课程设计中的应用

Multisim 14是一个较完整的EDA集成系统，可以完成电路的设计和仿真等功能，是一个非常人性化的设计环境，其设备齐全、元器件丰富、实验效率高、成本低。基于以上的特点在电子技术课程设计中引入Multisim 14，对设计的电路进行仿真和验证，增强理论和实践相结合的能力，减少器件消耗，节省资金，得到和实际焊接电路相同的效果。

11.1 双向流动彩灯控制器的设计

双向流动彩灯控制器主要从设计的主要性能及设计要求出发，根据电路原理选择方案，再应用Multisim 14进行仿真和验证。

11.1.1 设计的主要性能及设计要求

设计的主要性能及设计要求如下。

(1) 控制五路彩灯，每路以100W、220V的白炽灯为负载(或在实验中以发光二极管作为负载)。

(2) 要求彩灯双向流动点亮，其闪烁频率在1～10Hz内连续可调。

(3) 可实现两种控制方式：①电路控制；②音乐控制(由音频信号发生器给出，选做)。

(4) 逻辑门电路采用集成电路。

(5) 应用Multisim 14进行仿真。

11.1.2 方案的选择和电路原理

1. 方案的选择

双向流动彩灯控制器可以采用两种方法实现：一种是采用微机控制，优点是编程容易、控制的图案花样多，还可以随时因场地及气氛而改变，需增加的外接电路简单；另一种是利用电子电路装置控制，其电路简单、易懂，制作和调试容易，成本也较低。

本设计中采用电子电路装置控制。

2. 双向流动彩灯控制器的基本工作原理

双向流动彩灯控制器的电路原理图如图11.1.1所示。

市电220V通过可控硅器件SCR加至各彩灯ZD_1、ZD_2……两端，当可控硅导通时，彩灯点亮，否则熄灭。可控硅的导通与否是由其控制极是否加入触发信号决定的。这些触发信号由顺序脉冲发生器给出。通过时钟信号发生器产生的时钟脉冲CP送入顺序脉冲发生器。随

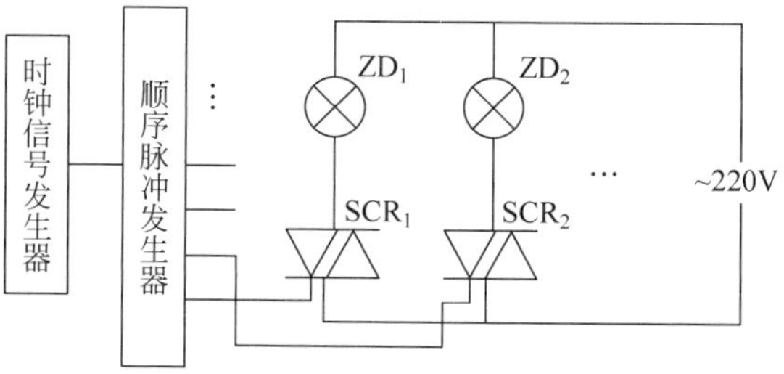

图 11.1.1　双向流动彩灯控制器电路原理图

着时钟信号脉冲的不断输入，顺序脉冲发生器的各输出端依次变为高电平，形成时序控制信号；时序控制信号经驱动电路送入可控硅的控制极，使各可控硅依次导通，于是各彩灯依次点亮。

由上可见，彩灯的变化完全是由顺序脉冲发生器输出的时序控制信号决定的，改变时序控制信号，即脉冲的产生顺序或周期等，就可以控制各个彩灯的点亮时间和顺序。所以说，顺序脉冲发生器电路是双向流动彩灯控制器的关键电路。

3. 电路的分析与设计

1）总体电路的确定

根据设计要求和电路原理中介绍的双向流动彩灯控制器电路的基本组成，可以确定双向流动彩灯控制器应包含时钟信号发生器电路、顺序脉冲发生器电路、可控硅触发器电路、彩灯点亮方向控制器电路和直流稳压电源电路等部分。

2）各单元电路的分析与设计

（1）时钟信号发生器的单元电路设计。

时钟信号可以由逻辑门电路或 555 定时器构成的多谐振荡器产生。本设计电路时钟信号发生器，是由 555 定时器 LM555CN 及其外接元件 R1、R2、C1 组成的典型自激多谐振荡器。如图 11.1.2 所示，电位器 R3 用来调节振荡频率，以改变彩灯流动点亮的速度。

双向流动彩灯控制器电路的时钟信号频率通常都较低，最高也不超过数十赫兹，最低可达到零点几赫兹。设计时，电容 C1 的容量要取得大一些（几微法拉以上），以减小分布电容的影响。如果由逻辑门电路构成的多谐振荡器产生时钟信号，最好在多谐振荡器的输出端接入非门电路，对输出的振荡信号进行整形。

（2）顺序脉冲发生器的单元电路设计。

顺序脉冲发生器在时钟信号的作用下，能输出在时间上有先后顺序的脉冲。它通常是由计数器和译码器组成。

计数器应具有加法和减法计数的功能，以便为改变彩灯点亮方向提供方便。能实现这种计数功能的计数器有很多，比如 4510BD_5V、4029 等。本次设计采用 4510BD_5V 作为十进制加/减计数器（四位码 BCD 输出），其带负载能力强，能够输出较大的驱动电流。

译码器的选择要和所采用的计数器相配合，因为计数器的输出端是与译码器的输入端直接相连的。本设计采用 4028BD_5V，它是 4 线-10 线译码器，当输入信号为四位 BCD 码时，该译码器十个输出端的对应端

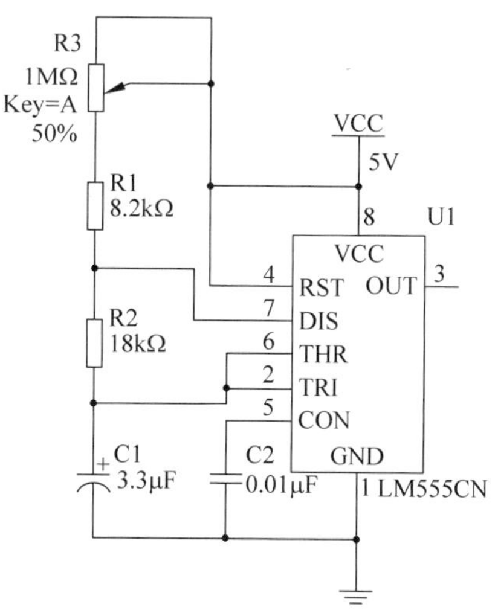

图 11.1.2　时钟信号发生器的单元电路原理图

变为高电平。

根据以上的分析和器件的选择，顺序脉冲发生器的单元电路原理图如图 11.1.3 所示，图中 C3、R4 组成微分电路，接至计数器清零端 R，以便在开机时，使清零端得到一个高电平脉冲，使计数器清零。CLK 脉冲由时钟信号发生器的单元电路 3 引脚端引入。在 4510BD_5V 计数器中，U/～D 引脚端加高电平进行加计数，加低电平进行减计数，输出端为 Q1、Q2、Q3、Q4。计数器的输出端加在译码器的输入端 A0、A1、A2、A3，译码器输出端直接与彩灯点亮方向控制器电路连接。由于 4028BD_5V 有十个引脚输出端，所以它最多可以控制十路彩灯。本设计只需控制五路彩灯，故 4028BD_5V 只需 5 个引脚输出端 Q0、Q1、Q2、Q3、Q4，这 5 个输出端即可控制五路彩灯点亮顺序。

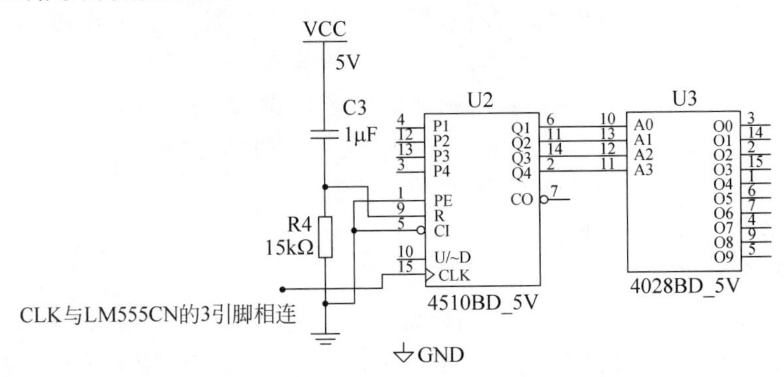

图 11.1.3 顺序脉冲发生器的单元电路原理图

(3) 可控硅触发器的单元电路设计。

可控硅是有控制极的可控整流器件。它的导通要同时具备两个条件：阳极和阴极间加正向电压，控制极输入正向时(相对阴极)触发脉冲。要关断已经导通的可控硅，应该把可控硅的阳极电流减小到维持电流以下才行，因此，电源电压过零时可控硅被关断。

在双向流动彩灯控制器电路中，应用更广泛的是双向可控硅，它相当于把两个相同的可控硅反向并联起来。其用于交流控制电路中时(只要控制极加有触发信号时)，在交流电的正、负半周均可以被导通。

图 11.1.4 双向可控硅的电路符号

双向可控硅的电路符号，如图 11.1.4 所示。它有三个极，分别为第一阳极、第二阳极和控制极。它和单向可控硅的主要区别是：只要控制极加有触发信号，无论第一阳极和第二阳极间的电压为正或为负，它均能导通。

在可控硅触发器电路中，译码器的输出信号作为可控硅控制极的触发脉冲，为了增大输入到可控硅控制极的触发电流，插入了一个三极管射极输出器。当译码器某输出端为高电平时，使对应的三极管射极输出器导通，于是其射极有电流产生，通过 75Ω 电阻加到可控硅的控制极，则对应的双向可控硅就导通了，使该路彩灯被点亮。

① 双向可控硅的选取。

可控硅导通，点亮对应的彩灯。由此选取可控硅要根据负载电流的大小确定。可控硅的两个参数——额定电压和额定电流，是选取可控硅的重要依据，选取的基本原则是：

- 可控硅的额定电压要大于元件在电路中实际承受的最大电压。考虑到电源电压波动等因素，一般选取可控硅的额定电压要等于电路实际承受电压的 2～3 倍。
- 可控硅的额定电流要大于实际流过管子的电流的最大值。可控硅的电流过载能力很差，带电阻性负载时电路还会有较大的启动电流。因此，选择可控硅时要留有充分的余地。工程上，一般选取其额定电流值为电路中流过管子最大电流的1.5～2倍。

双向可控硅在电路中承受的电压，$U=220V$，即电源电压，则额定电压应选大于$2U$的，$U_{额}\geqslant 440V$，流过其的实际电流$I=\dfrac{100W}{220V}\approx 0.46A$，即额定电流不应低于$2I$，$I_{额}\geqslant 2\times 0.46A=0.92A$。本设计采用的双向可控硅的型号为2N5567。

② 双向可控硅触发器的单元电路由三极管射极输出器组成。三极管和发光二极管的选取如下：

- 选取BC107BP为组成射极输出器的三极管。参数为$V_{(BR)CBO}\geqslant 30V$；$I_{CM}=100mA$。
- $\beta\geqslant 40$，$V_{(BR)EBO}\leqslant 5V$；$V_{(BR)CEO}\geqslant 25V$，电路中$I_b=\dfrac{5V}{51K\Omega}\approx 0.098mA$；$\beta\geqslant 40$，则$I_e\geqslant 3.92mA$，取$\beta=50$，$I_e=4.9mA$，查手册，选取2EFR51发光二极管。参数为$V_{BR}\geqslant 5V$；$V_F$标准值1.6V；最大值2V；$I_{FM}=50mA$。

根据以上的分析，可控硅触发器的单元电路原理图如图11.1.5所示。

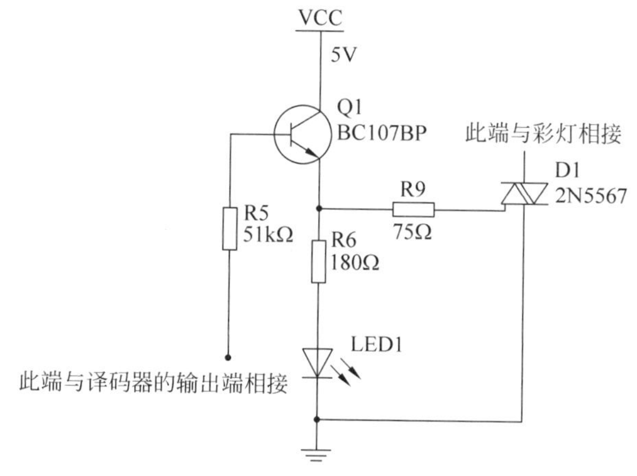

图11.1.5 可控硅触发器的单元电路原理图

(4) 彩灯点亮方向控制器的单元电路设计。

彩灯点亮方向控制器的单元电路由一个三极管反相器、积分电路和D触发器组成，电路如图11.1.6所示。

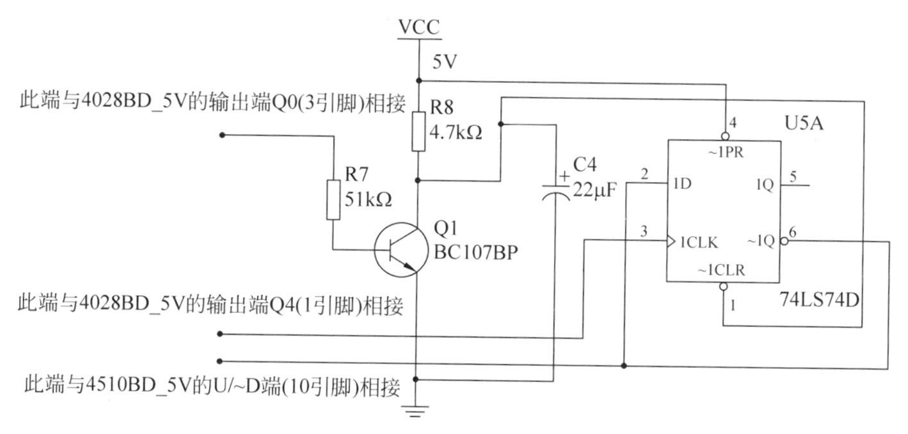

图11.1.6 彩灯点亮方向控制器的单元电路原理图

在图11.1.6中，积分电路的充/放电时间应略小于振荡周期。$R8C4\leqslant T=0.1s$；$C4=$

21.2μF，取 C4＝22μF，D 触发器选用 74LS74D 芯片。

由 Q1 组成的反相器输入端由 4028BD_5V 译码器的输出端 Q0(3 引脚)引入。当 Q0 为高电平时，经反相器输入给 D 触发器 74LS74D 的～1CLR 端为低电平，则 D 触发器输出～1Q 端为高电平，此信号送给 4510BD_5V 的 U/～D 端(10 引脚)，则计数器进行加计数；当 Q0 为低电平时，D 触发器 74LS74D 的～1CLR 端为高电平，直到 4028BD_5V 的输出端 Q4 为高电平，给 D 触发器 74LS74D 的 1CLK 脉冲，触发器翻转，计数器进行减计数，彩灯方向发生变化。变化规律为

$$Q0 \rightarrow Q1 \rightarrow Q2 \rightarrow Q3 \rightarrow Q4 \rightarrow Q3 \rightarrow Q2 \rightarrow Q1 \rightarrow Q0 \rightarrow Q1 \cdots\cdots$$

(5) 直流稳压电源电路的设计。

在电子设计中，直流稳压电源电路的设计是不可缺少的。应采用变压器和整流桥将 220V 的交流电变为较低电压的直流电，考虑到电压波动等因素，需再加一个三端稳压器保持输入电路的电压恒定，以稳定地给电路供能使之连续工作。

以上电路原理图中的 VCC 为直流电 5V，芯片上所加电压不宜过高，采用的三端稳压器型号为 LM7805CT，输出恒定的 5V 电压，并在两端增加滤波电容。完整直流稳压电源电路如图 11.1.7 所示。

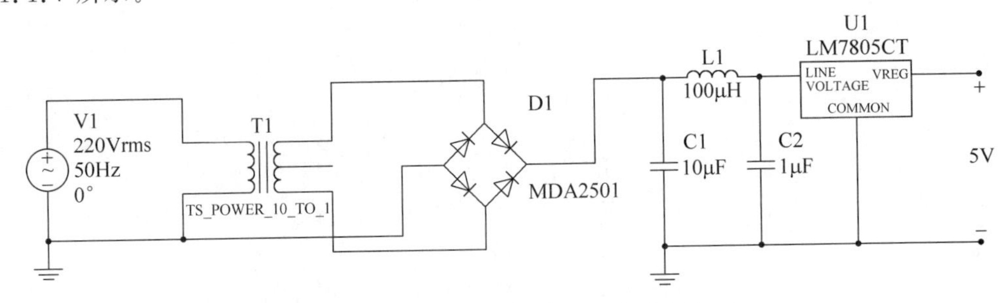

图 11.1.7 直流稳压电源电路原理图

11.1.3 应用 Multisim 14 进行仿真和验证

以上 5 个单元电路设计完成后，可以用 Multisim 14 进行仿真和验证。在仿真过程中可用虚拟元件，部分参数可由用户根据需要自行确定，且虚拟元件无元件封装，故制作印制电路板时，虚拟元件将不会出现在 PCB 元件中。下面以放置实际元件为例说明放置元件的过程。

1. 对直流稳压电源电路设计的仿真和验证

在 Multisim 14 的工作区中新建电路原理图，操作步骤参见 2.2.5 节。按图 11.1.8 创建电路，双击 XMM1，打开 Multimeter-XMM1 对话框，显示直流稳压电源输出的电压，读数为 5.02V。因此，证明了电路设计的正确性。

2. 对时钟信号发生器电路设计的仿真和验证

电路设计要求彩灯双向流动点亮，其闪烁频率在 1～10Hz 内连续可调，在仿真时可测两个频率，最高的 10Hz 和最低的 1Hz。二者的测试方法完全相同，把 XSC1 接在 LM555CN 的输出 OUT 端上测量输出信号波形。以测 10Hz 为例，把电位器 R3 调到 0%，电路原理图如图 11.1.9(a)所示。在 Oscilloscope-XSC1 对话框中显示可读出其闪烁频率大约为 10Hz，如图 11.1.9(b)所示。

3. 对彩灯点亮方向控制器电路的仿真和验证

为了验证方便和直观，如图 11.1.10 所示，用逻辑探针 X1～X5 指示 4028BD_5V 的输出端 Q0Q1Q2Q3Q4 的高、低电平。新建电路原理图，操作步骤参见 2.2.5 节。按图 11.1.10 创

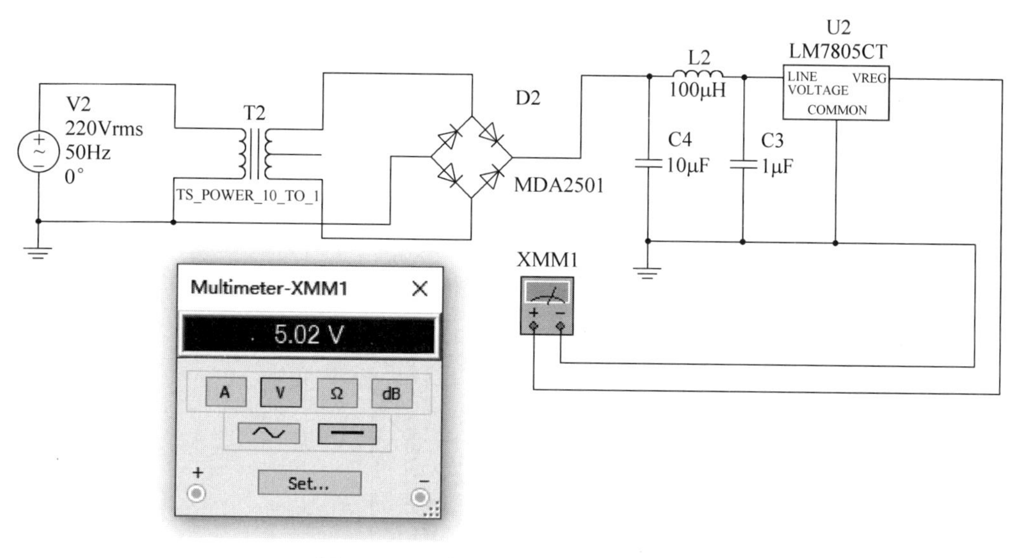

图 11.1.8 直流稳压电源电路原理图

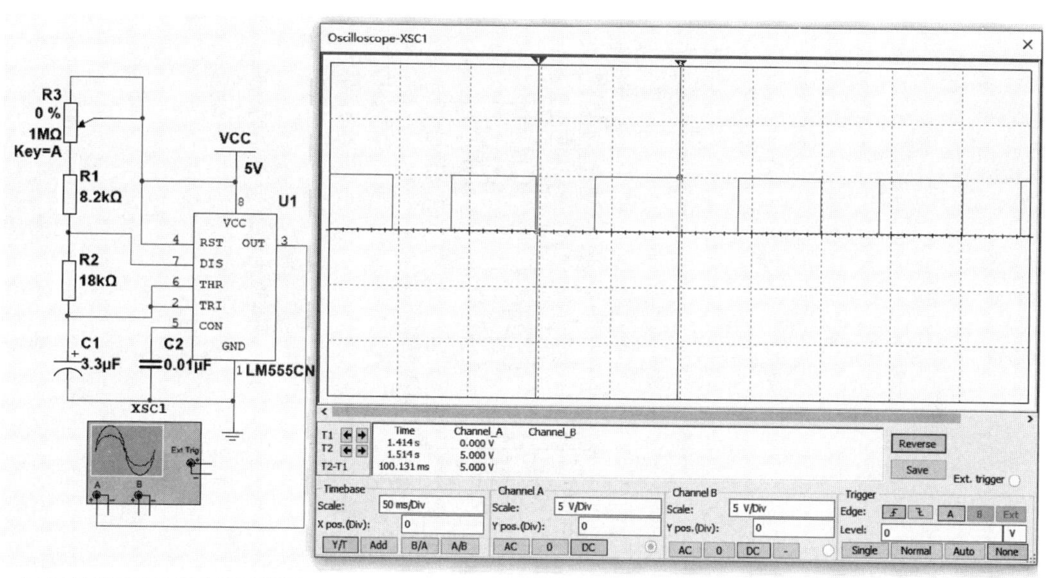

(a) 时钟信号发生器电路原理图 (b) Oscilloscope-XSC1对话框(显示时钟信号波形)

图 11.1.9 时钟信号发生器电路的仿真和验证

建电路，在 Multisim 14 主界面中，单击“仿真”按钮。逻辑探针按 X1→X2→X3→X4→X5→X4→X3→X2→X1→X2……的规律依次点亮。

4. 对整体电路的仿真和验证

在以上环节已经验证和调试完毕的基础之上，把电路的可控硅触发器电路的输入端接在 4028BD_5V 的输出端 Q0Q1Q2Q3Q4 上，在 Multisim 14 主界面中，单击“仿真”按钮，验证电路信号的正确性。确认无误后去掉逻辑探针 X1～X5，设计完毕。完整的双向流动彩灯控制器的仿真电路如图 11.1.11 所示。

5. 总体电路的分析与改进

本设计采用电路控制的方式实现彩灯双向流动点亮。要对其进行音乐控制，则需进行以下改进：

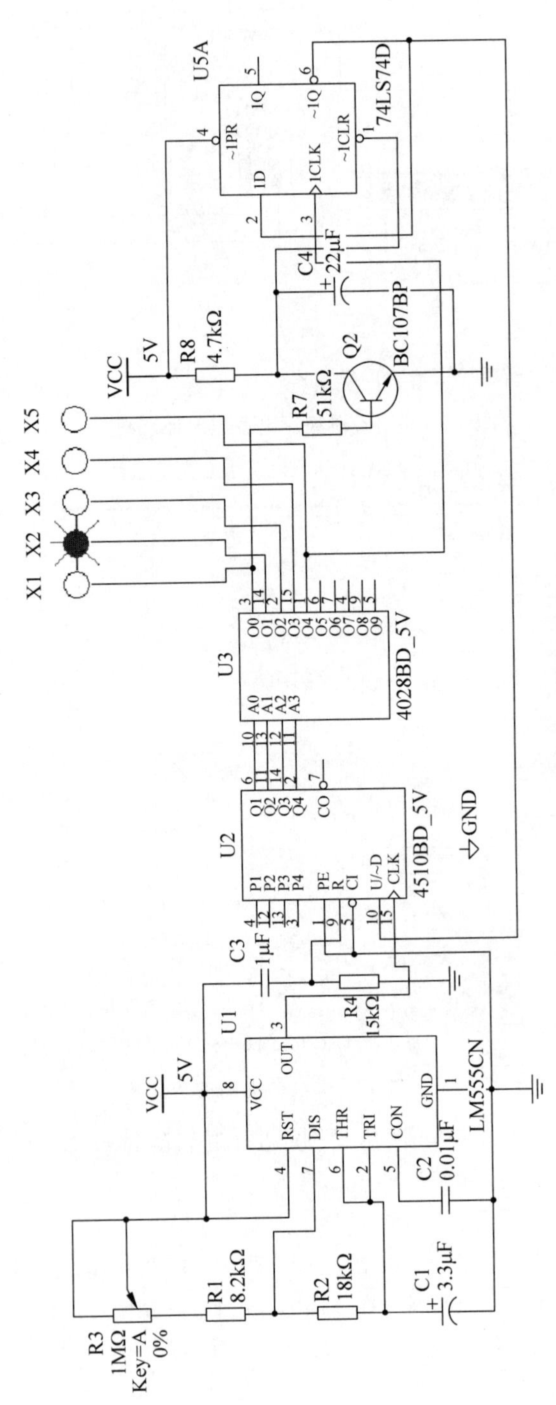

图 11.1.10　彩灯点亮方向控制器电路的仿真和验证

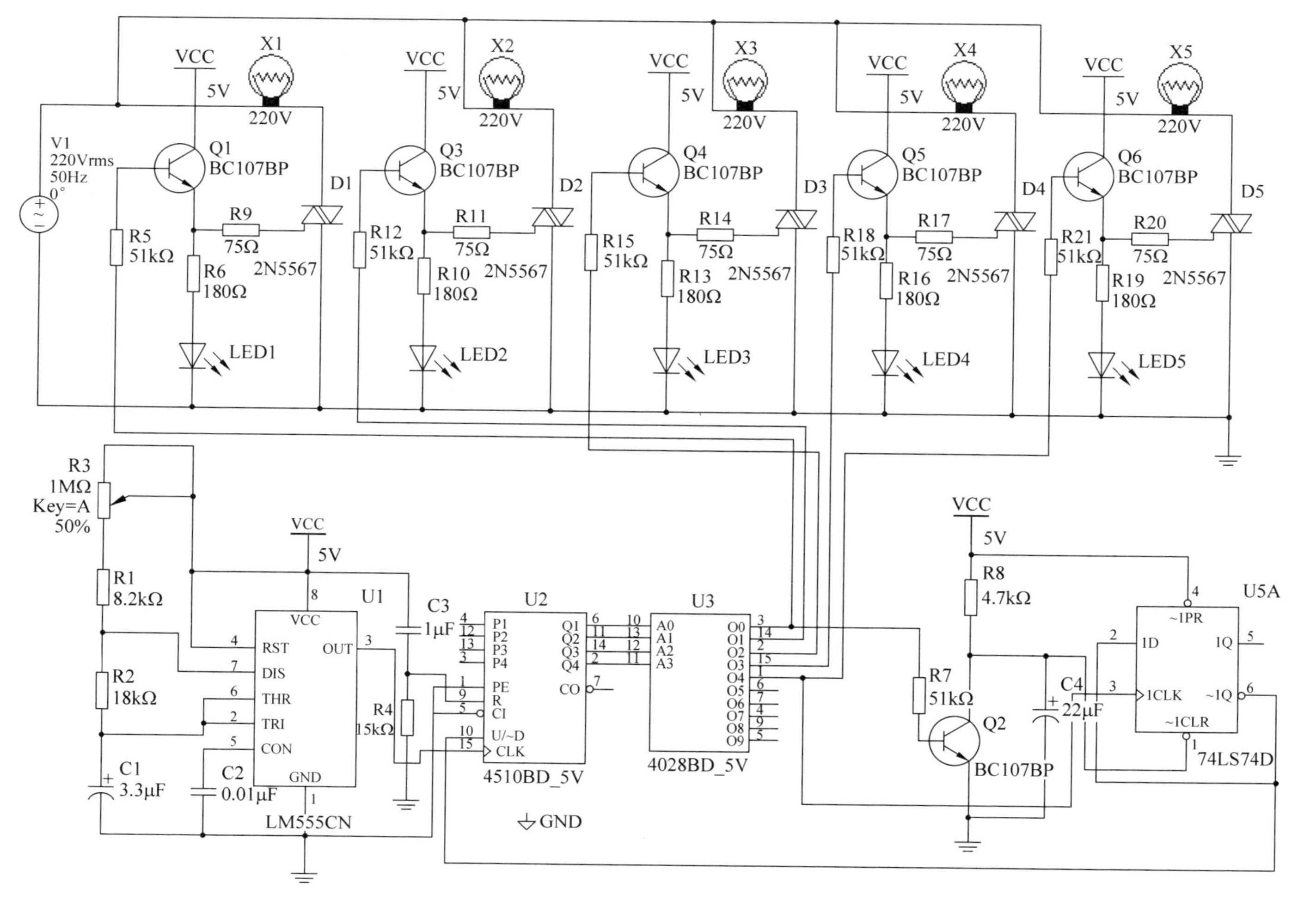

图 11.1.11 完整的双向流动彩灯控制器的仿真电路

将音频信号发生器发出的音频信号，注入计数器的时钟信号输入端，使计数器计数（通过音频信号频率的改变控制计数器），这样电路仍像电路控制方法中分析的，逐步实现对顺序脉冲发生器电路、可控硅触发器电路的控制，最终实现所需要的彩灯双向流动点亮的效果。

11.2 电子技术课程设计题目和要求

参照双向流动彩灯控制器的设计和仿真过程，以下几个电路的设计和仿真由读者自行完成。

11.2.1 直流稳压电源与充电电源的设计

1. 直流稳压电源与充电电源的设计内容与要求

设计的主要内容与要求如下。

（1）输入电压。3V、6V 两挡，正、负极性可以转换。

（2）输出电流。额定电流为 150mA；最大电流为 500mA。

（3）额定电流输出时，$\Delta U_0/U_0$ 小于±10%。

（4）能对 4 节 5 号或 7 号可充电电池“慢充”或“快充”。“慢充”的充电电流为 50～60mA；“快充”的充电电流为 110～130mA。

2. 直流稳压电源与充电电源的设计原理与电路原理图

整体电路原理图如图 11.2.1 所示。

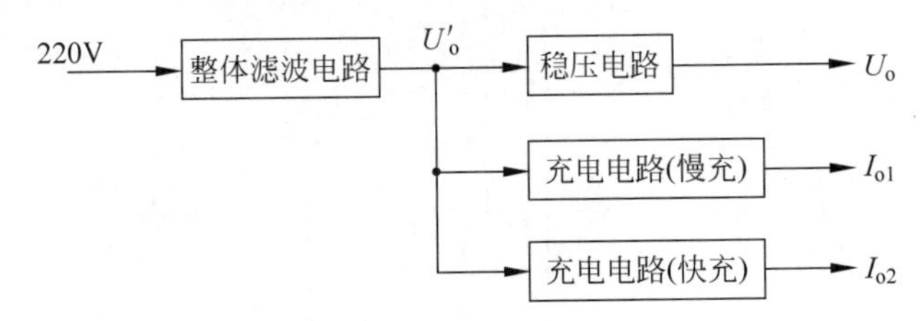

图 11.2.1 整体电路原理图

（1）整流滤波电路采用桥式整流电容滤波电路。

（2）稳压电路采用带有限流型保护电路的晶体管串联型稳压电路。

（3）充电电路采用两个晶体管恒流源电路。

11.2.2 电冰箱保护器的设计

1. 电冰箱保护器的设计内容与要求

设计的主要内容与要求如下。

（1）设计制作电冰箱保护器，使其具有过压、欠压、上电延时等功能。

（2）电压在 180～250V 范围内正常供电，绿灯指示，正常范围内可根据需要调节。

（3）欠压、过压保护：当电压低于设定允许最低电压或高于设定允许最高电压时，自动切断电源，且红灯指示。

（4）上电、欠/过压保护或瞬间断电时，延时 3～5min 才允许接通电源。

（5）负载功率>200W。

2. 电冰箱保护器的设计原理与电路原理图

电冰箱保护器电路包含电源采样电路、过压/欠压比较电路、延迟电路和控制电路等部分。如图 11.2.2 所示。

电源采样电路 → 过压/欠压比较电路 → 延迟电路 → 控制电路 →

图 11.2.2 电冰箱保护器电路原理图

在电源电路及电源采样电路中，稳压电源包含电源变压器、整流、滤波和稳压四部分电路。

电源采样电路的作用是将电网电压转换成直流电压 V_{out} 送入比较电路，电网电压的波动超出正常工作范围时，通过监测和控制电路实现冰箱自动断电保护。

11.2.3 数字逻辑信号电平测试器的设计

1. 数字逻辑信号电平测试器的设计内容与要求

设计的主要内容与要求如下。

(1) 基本功能：测试高电平、低电平或高阻。

(2) 测量范围：低电平小于 0.8V；高电平大于 3.5V。

(3) 高、低电平分别用 1kHz 和 800Hz 的音响表示，被测信号在 0.8～3.5V 时不发出声响。

(4) 工作电源为 5V，输入电阻大于 20kΩ。

2. 数字逻辑信号电平测试器的设计原理与电路原理图

在数字电路测试、调试和检修时，经常要对电路中某点的逻辑电平进行测试，采用万用表或示波器等仪器仪表很不方便，而采用数字逻辑信号电平测试器可以通过声音表示被测信号的逻辑状态，使用简单方便。

如图 11.2.3 所示为数字逻辑信号电平测试器的电路原理图，主要由输入电路、逻辑信号识别电路和音响信号产生电路等部分组成。

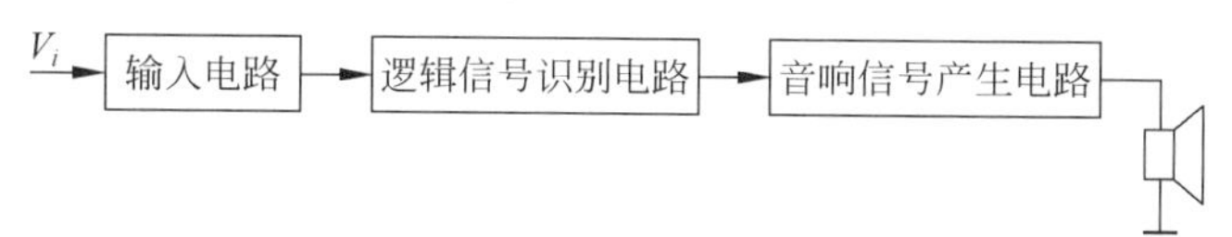

图 11.2.3 数字逻辑信号电平测试器的电路原理图

11.2.4 多路智力竞赛抢答器的设计

1. 多路智力竞赛抢答器的基本功能

设计的基本功能如下：

(1) 设计一个多路智力竞赛抢答器，可同时供 8 名选手或 8 个代表队参加比赛，他们的编号分别是 0、1、2、3、4、5、6、7，各用一个抢答按钮，按钮的编号与选手的编号相对应，分别是 S0、S1、S2、S3、S4、S5、S6、S7。

(2) 给节目主持人设置一个控制开关，用来控制系统的清零(编号数码管显示器灭灯)和抢答的开始。

(3) 多路智力竞赛抢答器具有数据锁存和显示的功能。抢答开始后，若有选手按动抢答按钮，则编号立即锁存，并在数码管显示器上显示选手的编号，同时扬声器给出音响提示。此外，要封锁输入电路，禁止其他选手抢答。优先抢答选手的编号一直保持到主持人将系统清零为止。

2. 多路智力竞赛抢答器的扩展功能

设计的扩展功能如下：

(1) 多路智力竞赛抢答器具有定时抢答的功能，且一次抢答的时间可以由节目主持人设定(如 30s)。当节目主持人启动“开始”开关后,要求定时器立即递减计时,并用定时数码管显示器显示剩余时间,同时扬声器发出短暂的声响,声响持续时间在 0.5s 左右。

(2) 参赛选手在设定的时间内抢答,抢答有效定时器停止工作,数码管显示器显示选手的编号和抢答时间,并将它保持到主持人将系统清零为止。

(3) 如果定时器的时间已到,却没有选手抢答,则本次抢答无效,系统短暂报警,并封锁输入电路,禁止选手超时后抢答,同时在定时数码管显示器上显示 00。

3. 多路智力竞赛抢答器的设计原理与电路原理图

多路智力竞赛抢答器(简称抢答器)的电路原理图如图 11.2.4 所示,主要由主体电路和扩展电路两部分组成。主体电路完成基本抢答功能,即开始抢答后,当选手按动抢答器按钮时,数码管显示器显示选手的编号,同时封锁输入电路,禁止其他选手抢答。扩展电路完成定时抢答的功能。

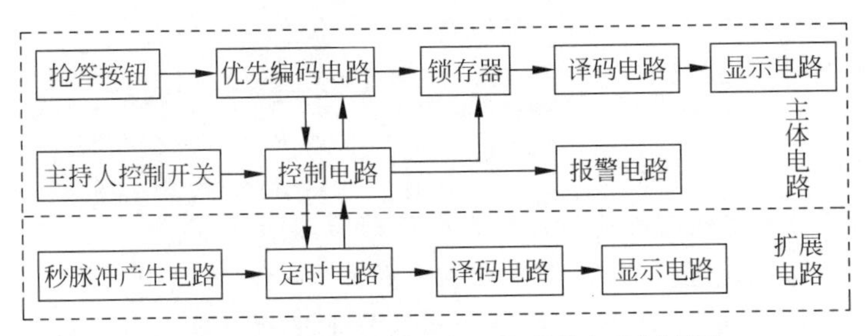

图 11.2.4 多路智力竞赛抢答器的电路原理图

多路智力竞赛抢答器的工作过程是:在接通电源时,节目主持人将开关置于“清除”位置,抢答器处于禁止工作状态,编号数码管显示器灭灯,定时数码管显示器显示设定的时间;当节目主持人宣布抢答题目后,说一声“抢答开始”,同时将控制开关拨到“开始”位置,此时扬声器给出声响提示,抢答器处于工作状态,定时器倒计时。当定时时间到,却没有选手抢答时,系统报警,并封锁输入电路,禁止选手超时后抢答。当选手在定时时间内按下抢答按钮时,抢答器要完成以下四项工作。

(1) 优先编码电路立即分辨出抢答者的编号,由锁存器进行锁存,然后由译码电路和显示电路显示选手编号。

(2) 扬声器发出短暂声响,提醒节目主持人注意。

(3) 控制电路要对输入编码电路进行封锁,避免其他选手再次进行抢答。

(4) 控制电路要使定时器停止工作,定时数码管显示器显示剩余的抢答时间,并将它保持到主持人将系统清零为止。选手回答完毕后,节目主持人应操作控制开关,使系统恢复到禁止工作状态,以便进行下一轮抢答。

11.2.5 简易数字频率计的设计

1. 简易数字频率计的设计内容与要求

设计的主要内容与要求如下。

(1) 测量频率:范围为 0～9999Hz 和 1～100kHz。

(2) 测量信号:方波峰值范围为 3～5V(与 TTL 电平兼容)。

(3) 闸门时间:10ms、0.1ms、1s 和 10s。

(4) 选做内容:用计数法测量周期。

2. 简易数字频率计的设计原理与电路原理图

数字频率计是一种用十进制数字显示被测信号频率的数字测量仪器,其基本功能是测量正弦信号、方波信号、尖脉冲信号以及其他各种单位时间内变化的物理量，因此，其用途十分广泛。

简易数字频率计的电路原理图如图 11.2.5 所示。它有四个基本单元：可控制的计数锁存、译码显示系统；石英晶体振荡器及多级分频系统；带衰减器的放大系统和门控电路系统。

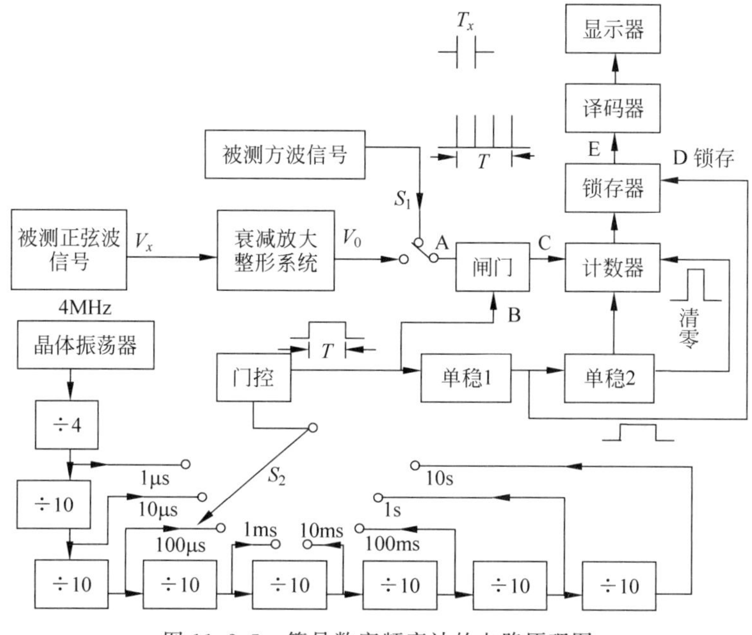

图 11.2.5 简易数字频率计的电路原理图

由石英晶体振荡器、多级分频系统及门控电路得到具有固定宽度 T 的方波脉冲作为门控信号，将 T 作为时间基准，又称为闸门时间。宽度为 T 的方波脉冲控制闸门(与门电路)的一个输入端 B。被测信号频率为 f_x，周期为 T_x，该信号经放大整形后变成序列窄脉冲送到闸门另一个输入端 A。当门控信号到来后，闸门开启，周期为 T_x 的信号脉冲和周期为 T 的门控信号相“与”通过闸门，在闸门输出端 C 产生的脉冲信号被送到计数器，计数器开始计数，直到门控信号结束，闸门关闭。单稳 1 的暂态送入锁存器的使能端，锁存器将计数结果锁存，计数器停止计数并被单稳 2 的暂态清零。若取闸门的时间 T 内通过闸门的信号脉冲个数为 N，则锁存器中锁存计数为 $N=T/T_x=Tf_x$、$f_x=N/T$。

测量频率是按照频率的定义进行的，若 $T=1\text{s}$，计数器显示的数字 $f_x=N$；若取 $T=0.1\text{s}$，通过闸门的脉冲个数仍为 N 时，则 $f_x=N_1/0.1=10N_1$(N_1 是闸门时间为 0.1s 时通过闸门的脉冲个数)。由此可见闸门的时间决定量程，可以通过闸门时间选择开关选项，选择 T 大一些，测量准确度就高一些。根据被测频率选择闸门时间，显示器的小数点对应闸门时间显示数据量程。实验时若加小数点显示，闸门时间 T 为 1s，被测信号频率通过计数器锁存可直接从计数器上读出。调试时观测 A、B、C、D 和 E 各点波形可得一组完整的数字频率计波形，各部分的波形如图 11.2.6 所示。

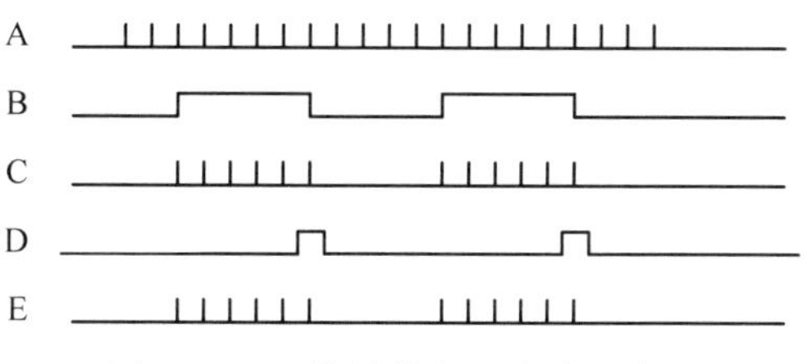

图 11.2.6 简易数字频率计的波形

11.2.6 汽车尾灯控制器电路的设计

1. 汽车尾灯控制器电路的设计内容与要求

设计的主要内容与要求如下。

(1) 假设汽车尾部左右两侧各有 3 个指示灯(用发光二极管模拟)。

(2) 汽车正常运行时指示灯全灭。

(3) 在右转弯时,右侧 3 个指示灯按右循环顺序点亮。

(4) 在左转弯时,左侧 3 个指示灯按左循环顺序点亮。

(5) 在临时刹车时,所有指示灯同时点亮。

2. 汽车尾灯控制器电路的设计原理与电路原理图

(1) 列出汽车运行状态与尾灯点亮状态表,如表 11.2.1 所示。

表 11.2.1 汽车运行状态与尾灯点亮状态表

开关控制		运行状态	左尾灯	右尾灯
S_1	S_0		$D_4D_5D_6$	$D_1D_2D_3$
0	0	正常运行	灯灭	灯灭
0	1	右转弯	灯灭	按 $D_1D_2D_3$ 顺序循环点亮
1	0	左转弯	按 $D_4D_5D_6$ 顺序循环点亮	灯灭
1	1	临时刹车	所有的尾灯随时钟 CP 同时闪烁	

(2) 设计原理与电路原理图。电路原理图如图 11.2.7 所示。由于汽车左转弯或右转弯时,3 个指示灯循环点亮,所以用三进制计数器控制译码器电路顺序输出低电平,从而控制尾灯按要求点亮。由此得出在每种运行状态下,各指示灯与各给定条件(S_1、S_0、CP、Q_1、Q_0)之间的关系,即真值表,如表 11.2.2 所示(表中 0 表示灯灭状态,1 表示灯亮状态)。

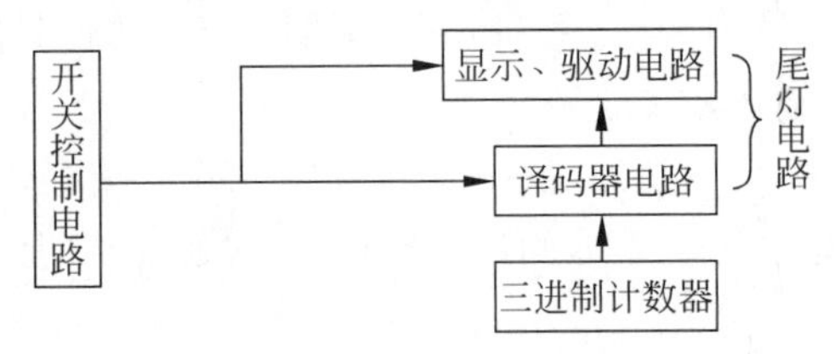

图 11.2.7 汽车尾灯控制器电路原理图

表 11.2.2 汽车尾灯控制器电路真值表

开关控制		三进制计数器		6 个指示灯					
S_1	S_0	Q_1	Q_0	D_6	D_5	D_4	D_3	D_2	D_1
0	0			0	0	0	0	0	0
0	1	0	0	0	0	0	1	0	0
		0	1	0	0	0	0	1	0
		1	0	0	0	0	0	0	1
1	0	0	0	0	0	1	0	0	0
		0	1	0	1	0	0	0	0
		1	0	1	0	0	0	0	0
1	1			CP	CP	CP	CP	CP	CP

11.2.7 篮球竞赛30s计时器的设计

1. 篮球竞赛30s计时器的设计内容与要求

设计的主要内容与要求如下：

（1）具有显示30s的计时功能。

（2）设置外部操作开关，控制计时器的直接清零、启动和暂停/继续功能。

（3）计时器为30s递减计时时，其计时间隔为1s。

（4）当计数器递减计时到零时，数码管显示器不能灭灯，应发出光电报警信号。

2. 篮球竞赛30s计时器的设计原理与电路原理图

根据功能要求，绘制电路原理图如图11.2.8所示。

电路原理图包括秒脉冲发生器、计数器、译码显示电路、辅助时序控制电路（简称控制电路）和报警电路五部分。其中，计数器和控制电路是系统的主要部分。计数器完成30s计时功能，而控制电路具有直接控制计数器的启动计数、暂停/继续计数、译码显示电路的显示和灭灯功能。为了满足系统的设计要求，在设计控制电路时，应正确处理各个信号之间的时序关系。在操作直接清零开关时，要求计数器清零，数码管显示器灭灯。当启动开关闭合时，控制电路应封锁时钟信号CP，同时计数器完成置数功能，译码显示电路显示30s字样；当启动开关断开时，计数器开始计数；当暂停/继续开关拨在暂停位置上时，计数器停止计数，处于保持状态；当暂停/继续开关拨在继续位置上时，计数器继续递减计数。另外，外部操作开关都应采取去抖动措施，以防止机械抖动造成电路工作不稳定。

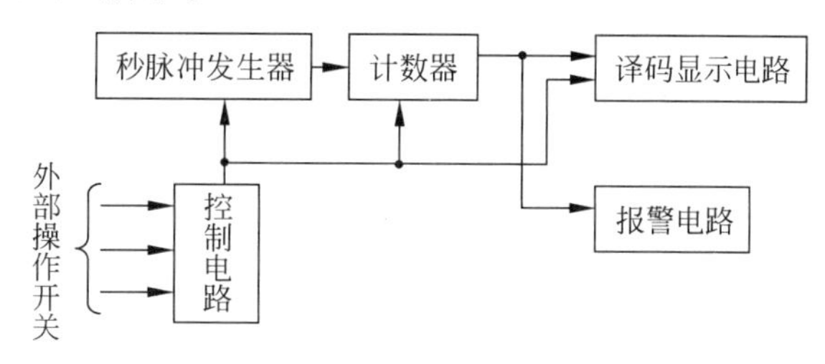

图11.2.8 篮球竞赛30s计时器电路原理图

11.2.8 多功能数字时钟的设计

1. 多功能数字时钟的设计原理与要求

设计的主要内容与要求如下。

（1）准确计时，以数字形式显示时、分、秒的时间。

（2）以小时为单位的计时要求为“12翻1”，以分和秒为单位的计时要求为60进位。

（3）校正时间。

2. 多功能数字时钟的扩展功能

设计的扩展功能如下。

（1）定时控制。

（2）仿广播电台整点报时。

（3）报整点时数。

（4）触摸报整点时数。

3. 多功能数字时钟的设计原理与电路原理图

多功能数字时钟电路原理图如图11.2.9所示，多功能数字时钟电路由主体电路和扩展电路两大部分组成。其中，主体电路完成数字时钟的基本功能；扩展电路完成数字时钟的扩展功能。

该电路的设计原理是，振荡器产生稳定的高频脉冲信号作为数字时钟的时间基准，再经分频器输出标准秒脉冲。秒计数器计满60s后向分计数器进位，分计数器计满60mins后向小时

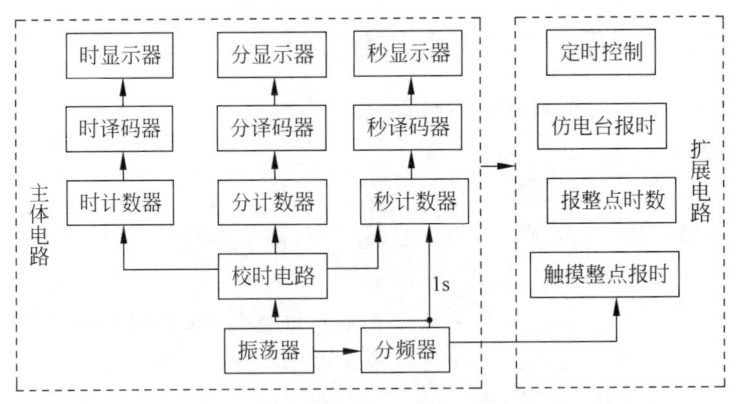

图 11.2.9　多功能数字时钟电路原理图

计数器进位，时计数器按照“12 翻 1”的规律计数。计数器的输出经译码器送至显示器。若计时出现误差时，则可以用校时电路进行校时、校分、校秒。扩展电路必须在主体电路正常运行的情况下才能完成扩展功能。

11.2.9　交通灯控制系统的设计

在城镇街道的十字交叉路口，为保证交通秩序和行人安全，一般在每条道路上各有一组红、黄、绿交通信号灯，其中，红灯亮表示该条道路禁止通行；黄灯亮表示该条道路上未过停车线的车辆禁止通行，已过停车线的车辆继续通行；绿灯亮表示该条道路允许通行。交通灯控制电路自动控制十字路口两组红、黄、绿交通灯的状态转换，指挥各种车辆和行人安全通行，实现十字路口交通管理的自动化。

1. 交通灯控制系统的设计内容与要求

设计的主要内容与要求如下。

(1) 设计一个十字路口的交通灯控制系统，要求甲车道和乙车道两条交叉道路上的车辆交替运行，每次通行时间都设为 25s。

(2) 要求黄灯先亮 5s，才能变换运行车道。

(3) 黄灯亮时，要求每秒钟闪亮一次。

2. 交通灯控制系统的设计原理与电路原理图

交通灯控制系统的电路原理图如图 11.2.10 所示。它主要由控制器、定时器、译码器和秒脉冲信号发生器等部分组成。秒脉冲信号发生器是该系统中定时器和控制器的标准时钟信号源，译码器输出两组信号灯的控制信号，经驱动电路后驱动信号灯工作，控制器是系统的主要部分，由它控制定时器和译码器的工作。

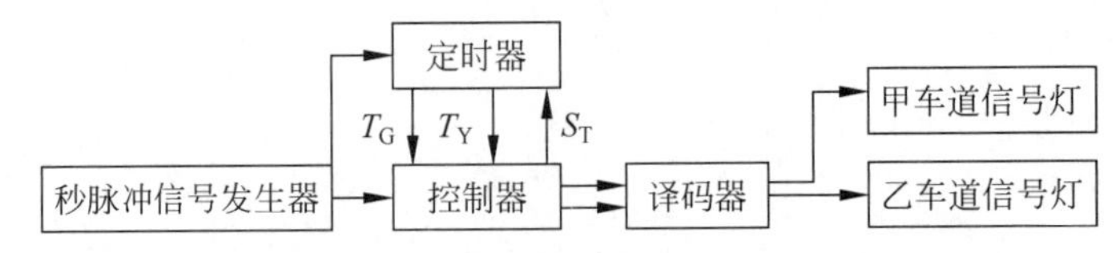

图 11.2.10　交通灯控制系统的电路原理图

T_G：表示甲车道或乙车道绿灯亮的时间间隔为 25s，即车辆正常通行时间间隔。定时时间到，$T_G=1$；否则，$T_G=0$。

T_Y：表示黄灯亮的时间间隔为 5s。定时时间到，$T_Y=1$；否则，$T_Y=0$。

S_T：表示定时器到了规定的时间后，由控制器发出状态转换信号。

参考文献

[1] 董玉冰，李明晶，程广亮，等. Multisim 9 在电工电子技术中的应用[M]. 北京：清华大学出版社，2008.

[2] 黄智伟. 基于 NI Multisim 的电子电路计算机仿真设计与分析[M]. 3 版. 北京：电子工业出版社，2017.

[3] 熊伟，侯传教，梁青，等. 基于 Multisim 14 的电路仿真与创新[M]. 北京：清华大学出版社，2021.

[4] 程春雨. 模拟电路实验与 Multisim 仿真实例教程[M]. 北京：电子工业出版社，2020.

[5] 周润景，李波，王伟. Multisim 14 电子电路设计与仿真实战[M]. 北京：化学工业出版社，2023.

[6] 张新喜，许军，韩菊，等. Multisim 14 电子系统仿真与设计[M]. 2 版. 北京：机械工业出版社，2020.

[7] 王连英，李少义，万皓，等. 电子线路仿真设计与实验[M]. 北京：高等教育出版社，2019.